全国高职高专工程测量技术专业系列教材

测绘CAD

CEHUI CAD

第2版

高永芹　主　编

王勇智　李家法　符韶华　副主编

中国电力出版社

CHINA ELECTRIC POWER PRESS

内 容 提 要

本书以中文版AutoCAD 2010为基础，详细讲述了AutoCAD 2010操作基础，二维图形的绘制及编辑技巧，绘图环境定义，图块、外部参考和设计中心，文字、表格、尺寸标注与图形查询，测绘符号的制作和定制，地形图、地籍及房产图、道路测量工程图的绘制，图形的打印与输出等内容。本书突出实用性，强调理论知识与实践操作紧密结合，书中不仅配有大量的实例、课后习题和思考题，而且在随书光盘中，还精心设计了课堂练习和平面图综合练习，非常有利于读者对教材内容的理解和AutoCAD 2010使用技能的提高。本书既能满足初学者入门的需求，又能使有一定基础的读者快速掌握AutoCAD 2010新功能的使用技巧。

本书可作为高职高专工程测量、地理信息系统、地籍测量与土地管理等测绘类专业的教材，也可作为广大测绘工程技术人员和施工人员自学参考用书。

图书在版编目（CIP）数据

测绘CAD/高永芹主编. —2版. —北京：中国电力出版社，2012.1（2023.1重印）

全国高职高专工程测量技术专业规划教材

ISBN 978-7-5123-2351-3

Ⅰ.①测… Ⅱ.①高… Ⅲ.①工程测量－AutoCAD软件－高等职业教育－教材 Ⅳ.①TB22-39

中国版本图书馆CIP数据核字（2011）第233050号

出版发行：中国电力出版社
地　　址：北京市东城区北京站西街19号（邮政编码100005）
网　　址：http://www.cepp.sgcc.com.cn
责任编辑：王晓蕾（010－63412610）
责任校对：黄　蓓　常燕昆
装帧设计：赵姗姗
责任印制：杨晓东

印　　刷：三河市航远印刷有限公司
版　　次：2012年1月第2版
印　　次：2023年1月北京第20次印刷
开　　本：787毫米×1092毫米　16开本
印　　张：17.25
字　　数：414千字　1插页
定　　价：42.00元（1CD）

前　　言

《测绘 CAD》教材自 2007 年 8 月出版以来，深受广大读者的喜爱。随着 AutoCAD 软件的不断更新，其功能越来越强大，其应用越来越智能。与此同时，测绘技术在社会日常生活及工程领域中的使用日益深入。为了把《测绘 CAD》新功能和新技术及时传递给读者，服务于社会，我们根据教学和工程的实际需求完成了本次修订工作。

本书以最新的 AutoCAD 2010 绘图软件为平台，充分体现 AutoCAD 2010 在二维绘图方面的便捷和智能。在讲解 AutoCAD 各项功能和操作的基础上，突出测绘行业的绘图特点，为测绘技术人员在没有专业软件情况下，用 AutoCAD 解决测绘行业图形绘制及施工测量问题提供了一套可行的方案。本书采用由浅及深、循序渐进的讲述方法，先基础后应用，知识结构合理，并突出测绘 CAD 的专业性和实用性。为提高学生的学习兴趣和学习效率，对所学的知识及时掌握和巩固，书中配以经过精心设计、针对性强的实例、章后习题与思考题。为了实现学、练的紧密结合，本次修订增加了随书光盘，内容包括“课堂练习”和“平面图综合练习”两部分。“课堂练习”是为读者在学习完课本中每一章的每一小节后，巩固该节内容而设计的操作练习题。“平面图综合练习”是为读者在学完前 6 章后，进一步强化二维绘图技能而设计的综合性练习。

本书既适用于初学者入门，又能使有一定基础的读者快速掌握 AutoCAD 2010 新增功能的使用技巧。对在校学生、施工测绘人员、规划测绘设计人员来说，本书是一本不可多得的好书。

本书由高永芹任主编，王勇智、李家法、符韶华任副主编。全书共分 11 章内容和 1 个附录。参加编写的有：高永芹（第 1 章、第 8 章、附录），王春波（第 2 章），孔令惠（第 3 章），王勇智（第 4 章），王怀球（第 5 章），张丽军（第 6 章 6.1～6.5 节），吴亮清（第 6 章的 6.4～6.6 节），符韶华（第 7 章），孙艳崇（第 9 章），李家法（第 10 章），孙清娟（第 11 章）。全书由高永芹统稿。

本书在编写过程中，收集了大量的资料和实例，借鉴了 AutoCAD 技术与应用的书籍及网站上的相关资料，在此谨向有关作者表示衷心感谢。

由于编者能力有限，书中难免有不妥或疏误之处，恳请使用教材的师生、读者批评指正。

编　者

第1版前言

随着测绘科学和计算机科学的发展、将测绘技术与计算机技术结合起来的现代测绘手段已成为当今测绘行业的主流技术，将野外采集的测量数据，用计算机绘图软件绘制成地形图、地籍图是高职高专学校工程测量专业学生必须具备的基本技能之一。《测绘CAD》是根据教育部《关于加强高职高专教育人才培养工作的意见》的文件精神，按照全国高职“工程测量技术”专业通用教材编写（武汉）会议规划编写的全国“工程测量技术”通用系列教材之一。本教材遵循高职高专教育教学改革的精神，突出教学内容的实用性，强调理论知识和实践操作紧密结合，注重学生适应市场需求和就业能力的培养。

AutoCAD是当今世界上使用最广泛的计算机辅助绘图软件，近期发布的中文版AutoCAD 2006与以前的版本相比，在性能和功能两大方面都有了较大的增强和改善。本书以AutoCAD 2006绘图软件为平台，在讲解AutoCAD各项功能和操作的基础上，突出测绘专业的绘图特点。本书共分11章，主要介绍了AutoCAD的基础知识，二维图形的绘制和编辑，图案及其编辑，定义绘图环境和精确绘图的方法，块与块属性操作以及外部参考技术，文字标注，创建表格、编辑表格，图形对象信息查询，地形图符号和填充图案的定制与开发，用AutoCAD绘制数字地形图，地籍图，道路纵、横断面图的方法和步骤，图形的输出和打印等内容。为了帮助读者了解和使用AutoCAD命令，在最后的附录中介绍了AutoCAD 2006命令全集。

本书采用由浅入深，循序渐进的讲述方法，先基础，后应用，结构合理，突出专业性和实用性。在讲解过程中，配以实例，并附有操作时命令行的提示和操作说明，使读者更加容易理解。既能满足初学者入门，又能使有一定基础的读者快速掌握AutoCAD 2006新增功能的使用技巧。测绘符号的制作与定制内容，对从来没有涉及过开发内容的读者是一个启蒙；对正在摸索开发技术的读者无疑是前进道路上亮起的一盏启明灯。第8章至第10章的内容为在没有专业绘图软件的情况下，直接使用AutoCAD来绘制地形图，地籍图，道路纵、横断面图，提供了一套可行的方案。本书每章后配有习题与思考题，使学者在学完每一章后，能够自我检查，通过练习巩固操作技术。本书对测绘行业的技术人员来说是一本不可多得的好书。

本书由高永芹任主编，王春波、王怀球、邓传军、曾国柱任副主编。参加编写的有：高永芹（第1章，第8章），王春波（第2章，第7章），王怀球（第5章，第11章），邓传军（第4章，第9章），郝海森（第6章），曹志勇（第10章），赵风阳（第3章），曾国柱（附录）。全书由高永芹负责统稿工作。

山东科技大学崔先国教授审阅了本书稿，并提出了许多宝贵意见，在此表示真挚的感谢。

本书在编写过程中，参考了国内AutoCAD技术与应用方面的一些书籍，在此谨向有关作者表示衷心感谢。

由于编者能力和水平有限，且时间仓促，书中难免有不妥或疏误之处，敬请读者批评指正。

编　者

目　　录

前言
第 1 版前言
第 1 章　绪论 …… 1
1.1　AutoCAD 概述 …… 1
1.1.1　AutoCAD 的发展 …… 1
1.1.2　AutoCAD 中文版主要功能 …… 3
1.2　AutoCAD 2010 的安装 …… 3
1.2.1　AutoCAD 2010 对系统的需求 …… 3
1.2.2　AutoCAD 2010 的安装 …… 4
1.3　AutoCAD 2010 操作基础 …… 5
1.3.1　AutoCAD 2010 的启动 …… 5
1.3.2　AutoCAD 2010 的用户界面 …… 5
1.3.3　AutoCAD 图形文件管理 …… 9
1.3.4　退出 AutoCAD 2010 …… 13
1.4　AutoCAD 坐标系 …… 13
1.4.1　世界坐标系与用户坐标系 …… 13
1.4.2　笛卡尔坐标系统与极坐标系 …… 14
1.4.3　坐标输入 …… 14
1.4.4　在图形中插入地理位置信息 …… 16
1.4.5　坐标值的显示 …… 17
1.5　系统设置和帮助 …… 17
1.5.1　系统变量 …… 17
1.5.2　设置系统参数 …… 18
1.5.3　帮助信息 …… 20
小结 …… 21
习题与思考题 …… 21
第 2 章　二维图形的绘制 …… 23
2.1　绘制点 …… 23
2.1.1　设置点样式 …… 23
2.1.2　绘制点 …… 24
2.1.3　绘制定数等分点 …… 24
2.1.4　绘制定距等分点 …… 25
2.2　绘制直线及折线图形 …… 26
2.2.1　绘制直线 …… 26

2.2.2 绘制射线和构造线 …… 26
2.2.3 绘制多段线 …… 28
2.2.4 绘制矩形和正多边形 …… 29
2.3 绘制曲线图形…… 32
2.3.1 绘制圆 …… 32
2.3.2 绘制圆弧 …… 34
2.3.3 绘制圆环 …… 36
2.3.4 绘制椭圆和椭圆弧 …… 37
2.4 绘制特殊线…… 39
2.4.1 绘制和编辑多线 …… 39
2.4.2 绘制和编辑样条曲线 …… 44
2.4.3 徒手绘制图形 …… 45
2.5 图案填充…… 46
2.5.1 创建面域 …… 46
2.5.2 设置图案填充 …… 47
2.5.3 设置渐变色填充 …… 51
2.5.4 编辑图案填充和控制图案填充的可见性 …… 52
2.5.5 区域覆盖 …… 53
小结 …… 54
习题与思考题 …… 55
第3章 编辑二维图形 …… 56
3.1 选择对象…… 56
3.1.1 选择对象的方法 …… 56
3.1.2 构造选择集 …… 57
3.1.3 用夹点编辑对象 …… 58
3.2 复制和删除对象…… 59
3.2.1 复制和删除 …… 59
3.2.2 镜像 …… 61
3.2.3 偏移 …… 62
3.2.4 阵列 …… 62
3.3 改变图形的位置和大小…… 65
3.3.1 移动 …… 65
3.3.2 旋转 …… 66
3.3.3 对齐 …… 67
3.3.4 反转 …… 68
3.3.5 缩放 …… 69
3.3.6 修剪和延伸 …… 70
3.3.7 拉伸和拉长 …… 73
3.4 其他编辑工具…… 75

3.4.1 倒角和圆角 …… 75
3.4.2 打断、打断于点和合并 …… 79
3.4.3 分解 …… 81
3.5 参数化绘图 …… 82
3.5.1 约束设置 …… 82
3.5.2 几何约束 …… 83
3.5.3 标注约束 …… 85
3.5.4 自动约束对象与动态约束 …… 86
小结 …… 87
习题与思考题 …… 87
第 4 章 定义绘图环境 …… 88
4.1 设置图形环境 …… 88
4.1.1 调整视窗 …… 88
4.1.2 设置图形界限 …… 88
4.1.3 设置图形单位 …… 89
4.2 图层管理—图层特性管理 …… 90
4.2.1 图层特性管理器 …… 91
4.2.2 创建和指定当前图层 …… 91
4.2.3 设置图层颜色 …… 93
4.2.4 使用与管理图层的线型 …… 94
4.2.5 设置图层线宽 …… 95
4.2.6 设置图层特性 …… 96
4.2.7 对图层进行排序和过滤 …… 97
4.2.8 使用图层工具管理图层 …… 99
4.3 图层管理—管理图层状态 …… 100
4.3.1 保存、恢复和编辑图层状态 …… 100
4.3.2 输入和输出图层状态 …… 101
4.4 对象特性 …… 101
4.4.1 设置对象特性 …… 102
4.4.2 编辑对象特性 …… 102
4.5 精确绘图辅助工具 …… 104
4.5.1 栅格和捕捉 …… 104
4.5.2 正交模式 …… 105
4.5.3 自动追踪 …… 105
4.5.4 对象捕捉 …… 106
4.5.5 动态输入 …… 107
4.5.6 快捷特性选项板 …… 108
4.6 控制图形显示 …… 109
4.6.1 图形缩放 …… 109

4.6.2　图形平移……………………………………………………………………… 110
4.6.3　鸟瞰视图……………………………………………………………………… 110
4.6.4　刷新屏幕显示………………………………………………………………… 111
4.6.5　多视口显示…………………………………………………………………… 111
小结……………………………………………………………………………………… 112
习题与思考题…………………………………………………………………………… 112
第5章　块、外部参照和设计中心……………………………………………………… 113
5.1　图块操作 ……………………………………………………………………… 113
5.1.1　图块的定义…………………………………………………………………… 113
5.1.2　创建外部块文件……………………………………………………………… 116
5.1.3　图块插入……………………………………………………………………… 117
5.2　块属性操作 …………………………………………………………………… 119
5.2.1　块属性的创建与修改………………………………………………………… 119
5.2.2　属性的编辑…………………………………………………………………… 122
5.3　动态块 ………………………………………………………………………… 123
5.3.1　动态块的创建………………………………………………………………… 123
5.3.2　动态块的使用………………………………………………………………… 126
5.4　外部参照技术 ………………………………………………………………… 126
5.4.1　外部参照的设置……………………………………………………………… 126
5.4.2　外部参照的编辑……………………………………………………………… 128
5.4.3　外部参照管理………………………………………………………………… 129
5.5　AutoCAD设计中心 …………………………………………………………… 130
5.5.1　设计中心功能和操作界面 …………………………………………………… 130
5.5.2　在当前图形中插入设计中心的内容………………………………………… 131
小结……………………………………………………………………………………… 131
习题与思考题…………………………………………………………………………… 131
第6章　文字、表格、尺寸标注与图形查询……………………………………………… 133
6.1　注释图形 ……………………………………………………………………… 133
6.1.1　注释性对象…………………………………………………………………… 133
6.1.2　注释比例……………………………………………………………………… 133
6.2　文字标注 ……………………………………………………………………… 134
6.2.1　设置文字样式………………………………………………………………… 134
6.2.2　标注文字……………………………………………………………………… 136
6.2.3　巧用CAD字体替换 …………………………………………………………… 141
6.3　尺寸标注 ……………………………………………………………………… 142
6.3.1　尺寸标注的基本概念………………………………………………………… 142
6.3.2　创建与设置标注样式………………………………………………………… 142
6.3.3　标注尺寸……………………………………………………………………… 145
6.3.4　编辑尺寸标注………………………………………………………………… 147

6.3.5 多重引线 …… 148
6.4 创建表格样式和表 …… 150
6.4.1 创建表格样式 …… 150
6.4.2 设置表的数据、标题和表头样式 …… 151
6.4.3 管理表格样式 …… 152
6.4.4 创建表 …… 152
6.4.5 编辑表和表单元 …… 153
6.5 查询图形对象信息 …… 155
6.5.1 查询对象几何特征 …… 155
6.5.2 对象信息列表 …… 155
6.5.3 查询对象状态 …… 155
小结 …… 156
习题与思考题 …… 156
第7章 测绘符号的制作和定制 …… 157
7.1 建立地形图图式符号的一般原则 …… 157
7.2 创建地形图独立地物符号 …… 158
7.2.1 定位点的选择 …… 159
7.2.2 符号尺寸大小的确定 …… 159
7.2.3 利用图块的功能创建独立地物符号 …… 159
7.2.4 利用形的功能创建独立地物符号 …… 161
7.3 定制地形图线型 …… 166
7.3.1 线型文件的定义格式 …… 167
7.3.2 标准线型文件 …… 168
7.3.3 简单线型的定制 …… 170
7.3.4 复合线型的定制 …… 171
7.3.5 线型的加载和调用 …… 173
7.4 定制地形填充图案 …… 174
7.4.1 AutoCAD 中图案的定义格式 …… 175
7.4.2 填充图案的开发 …… 176
7.4.3 测绘填充符号的定制 …… 178
小结 …… 179
习题与思考题 …… 180
第8章 地形图的绘制 …… 181
8.1 地形图绘制的基本知识 …… 181
8.1.1 地形图的比例尺 …… 181
8.1.2 地形图的分幅和编号 …… 181
8.1.3 地形图图式 …… 182
8.1.4 图中注记 …… 185
8.1.5 地形图颜色 …… 186

8.2 数据准备和图形环境设置 …… 186
8.2.1 数据准备 …… 186
8.2.2 设置图形环境 …… 189
8.3 展绘控制点 …… 192
8.3.1 手工展绘控制点 …… 192
8.3.2 用展点程序展绘控制点 …… 194
8.4 绘制碎部点 …… 197
8.4.1 展碎部点 …… 197
8.4.2 绘制地物符号 …… 197
8.5 等高线的绘制 …… 203
8.5.1 手工绘制等高线 …… 203
8.5.2 用程序自动绘制的等高线 …… 204
8.5.3 高程点及注记 …… 204
8.6 文字注记和图廓的绘制 …… 204
8.6.1 文字注记 …… 204
8.6.2 地形图图廓的绘制 …… 205
小结 …… 208
习题与思考题 …… 208
第9章 地籍及房地产图的绘制 …… 209
9.1 地籍图及房地产图的基础知识 …… 209
9.1.1 地籍图的基本概念 …… 209
9.1.2 地籍图的种类 …… 210
9.1.3 房产图的基本概念 …… 210
9.1.4 房产图的种类 …… 213
9.2 地籍图的绘制 …… 215
9.2.1 地籍图的精度要求及原则 …… 215
9.2.2 展绘点位 …… 216
9.2.3 地籍图的符号绘制 …… 216
9.2.4 图幅拼接 …… 216
9.2.5 图廓 …… 216
9.3 宗地图绘制与面积测算 …… 216
9.3.1 宗地图内容 …… 217
9.3.2 宗地图绘制的技术要求 …… 217
9.3.3 宗地图绘制 …… 218
9.3.4 面积量算 …… 218
9.4 地籍成果表的制作 …… 219
9.4.1 地籍成果表的内容 …… 219
9.4.2 地籍成果表绘制方法 …… 219
9.5 房产图绘制 …… 220

9.5.1 房产分幅图及分丘图的技术要求…………………………………………………… 221
9.5.2 房屋分户平面图的技术要求……………………………………………………… 221
9.6 房地产面积测算 ……………………………………………………………………… 222
9.6.1 套面积计算（成套房屋建筑面积的计算） ……………………………………… 222
9.6.2 共有建筑面积的分摊……………………………………………………………… 223
小结……………………………………………………………………………………………… 223
习题与思考题…………………………………………………………………………………… 223
第 10 章 道路测量工程图绘制 …………………………………………………………… 224
10.1 道路绘图基本知识……………………………………………………………………… 224
10.1.1 图幅 ……………………………………………………………………………… 224
10.1.2 图线 ……………………………………………………………………………… 225
10.1.3 文字 ……………………………………………………………………………… 225
10.1.4 坐标 ……………………………………………………………………………… 226
10.1.5 比例 ……………………………………………………………………………… 226
10.2 路线平面图的绘制……………………………………………………………………… 227
10.2.1 图示内容 ………………………………………………………………………… 227
10.2.2 用 AutoCAD 绘制路线平面图步骤及注意事项 ………………………………… 229
10.3 道路纵断面图的绘制…………………………………………………………………… 232
10.3.1 纵断面的图示内容 ……………………………………………………………… 232
10.3.2 用 AutoCAD 绘制路线纵断面图的步骤及注意事项 …………………………… 233
10.4 道路横断面图的绘制…………………………………………………………………… 235
10.4.1 道路横断面图相关知识 ………………………………………………………… 235
10.4.2 用 AutoCAD 绘制路线横断面图步骤及注意事项 ……………………………… 236
10.4.3 用 AutoCAD 与 Excel 表自动绘制道路横断面图 ……………………………… 237
10.5 AutoCAD 在施工测量中的应用 ……………………………………………………… 239
10.5.1 用 AutoCAD 图解交会坐标 …………………………………………………… 239
10.5.2 用 AutoCAD 和 Excel 表计算土方量 ………………………………………… 240
10.5.3 用 AutoCAD 图解路基边桩测设数据 ………………………………………… 241
10.5.4 AutoCAD 在施工坐标转换中的应用…………………………………………… 242
小结……………………………………………………………………………………………… 243
习题与思考题…………………………………………………………………………………… 244
第 11 章 图形打印与输出 ………………………………………………………………… 245
11.1 模型与布局……………………………………………………………………………… 245
11.1.1 模型空间 ………………………………………………………………………… 245
11.1.2 图纸空间 ………………………………………………………………………… 245
11.1.3 模型空间与图纸空间的切换 …………………………………………………… 245
11.1.4 “模型”选项卡与“布局”选项卡的操作 ……………………………………… 246
11.2 视图的设置及样板图框的调用………………………………………………………… 246
11.2.1 视图的设置 ……………………………………………………………………… 247

11.2.2　视口的设置 …… 248
11.2.3　设置视口图形比例 …… 249
11.3　创建布局…… 249
11.3.1　使用向导创建布局 …… 249
11.3.2　创建布局 …… 250
11.4　打印设置及输出…… 252
11.4.1　打印图纸 …… 252
11.4.2　输出到其他程序 …… 256
小结…… 257
习题与思考题…… 257
附录　AutoCAD 常用快捷命令和快捷键 …… 258
参考文献…… 263

第1章 绪 论

AutoCAD是目前世界上功能最强大的绘图软件。在测绘行业，使用AutoCAD直接绘图，或用以AutoCAD为平台开发出的各种绘图软件来绘制图形，大大提高了绘图的精度、准度和速度。从这一章起，我们来学习和认识最新版本AutoCAD 2010，并逐步学会使用它来绘制测绘工程图形。通过本章的学习，使我们对AutoCAD 2010有一个全方位的、概括性的了解，为学习后面章节的内容奠定基础。

本章主要内容：

- AutoCAD概述
- AutoCAD 2010的安装
- AutoCAD 2010操作基础
- AutoCAD坐标系
- 系统设置和帮助

1.1 AutoCAD概述

AutoCAD（CAD：Computer Aided Design计算机辅助设计）是美国Autodesk公司于20世纪80年代开发的交互式绘图软件，经过不断的完善，现已广泛应用于机械、电子、土木、建筑、测绘、地质、航空、航天、轻工、纺织等专业，是业界应用最广泛、功能最强大的通用型辅助设计绘图软件，主要用于二维绘图设计，其三维建模能力在不断增强。AutoCAD具有良好的用户界面和多文档设计环境，让非计算机专业人员能很快地学会使用，从而提高工作效率。

1.1.1 AutoCAD的发展

AutoCAD的发展过程可分为五个阶段，即初级阶段、发展阶段、高级发展阶段、完善阶段和进一步完善阶段。

1. 初级阶段

AutoCAD R1.0版于1982年12月正式发行。其数据量小，非常简单，使用一张软盘便可解决，但由于交互性差，使用者需记熟命令，很不方便。以后Autodesk公司不断推出新的版本，AutoCAD软件的功能不断强大。

1983年4月，AutoCAD 1.2版本问世。该版本多了一些功能，如尺寸标注命令。

1983年8月，AutoCAD 1.3版本问世。该版本加强了组态设置功能、输出功能、定义标准化的颜色号码等数十个功能。

1983年10月，AutoCAD 1.4版本问世。它的功能就强大许多，比如增加了标注、捕捉、打断、填充等功能。

1984 年 10 月，AutoCAD 2.0 版本问世。

2. 发展阶段

1985 年 5 月，AutoCAD 2.17 版本和 AutoCAD 2.18 版本问世。

1986 年 6 月，AutoCAD 2.5 版本问世。

1987 年 11 月，AutoCAD 的版本命名有了改变，新版的名称为 R9.0。

3. 高级发展阶段

1988 年 10 月，AutoCAD R10 版发行。此时，AutoCAD 已基本确立在 CAD 系统中的领先地位。

1990 年 8 月，AutoCAD R11 版本问世，采用了 AME 外挂模块来改善 AutoCAD 三维绘图功能较弱的问题。

1992 年 6 月发行的 AutoCAD R12。其对用户界面做了全面改进，同时为顺应操作系统 Windows 的出现，该版本也出现了 AutoCAD R12 For Windows 版。

4. 完善阶段

1994 年 11 月，AutoCAD R13 版改版完成，实际是一个过渡版本。

1998 年 1 月，比较成熟的版本 AutoCAD R14 版出现了。该版本具有划时代的意义，它完全建立在 Windows 操作系统平台上。

1999 年 1 月，Autodesk 公司也和其他软件公司一样，以“2000”来命名自己的软件，推出了 AutoCAD 2000 版本。

2000 年 8 月，AutoCAD 2000i 问世。这个版本是 AutoCAD2000 的成熟版，除了改进了一些功能外，主要增强了对 Internet 的支持。

5. 进一步完善阶段

2001 年 9 月，Autodesk 公司发行了 AutoCAD 2002 版本。

2003 年 5 月，AutoCAD 2004 版发行。它与 AutoCAD 2002 相比，在速度、数据共享和软件管理方面有显著的改进和提高。

2004 年 9 月，AutoCAD 2005 问世。新的 AutoCAD 2005 做了较大改进，包括更简易的绘图组织，自动在每页加入页数、计划名称、客户资讯，自动设置指标，简易化的图表设置和文字编辑，整体运行速度等都有相当大的改进。

2005 年 3 月，推出 AutoCAD2006 版，增加了新的功能：动态图块的操作、选择多种图形的可见性、使用多个不同的插入点、贴齐到图中的图形、编辑图块几何图形、数据输入和对象选择。

2006 年 3 月，AutoCAD2007 面世，与以往相比，它拥有强大直观的界面，可以轻松而快速地进行外观图形的创作和修改，2007 版致力于提高 3D 设计效率。

2007 年 12 月，AutoCAD 2008 发行，提供了创建、展示、记录和共享构想所需的所有功能。将惯用的 AutoCAD 命令和熟悉的用户界面与更新的设计环境结合起来，使您能够以前所未有的方式实现并探索构想。

2008 年 5 月，Autodesk 公司发布了 AutoCAD 2009，软件整合了制图和可视化功能，加快了任务的执行，能够满足了个人用户的需求和偏好，能够更快地执行常见的 CAD 任务，更容易找到那些不常见的命令。

2009 年 5 月，Autodesk 公司推出了 AutoCAD 2010 版。AutoCAD 2010 中引入了最令

人兴奋的新功能——参数化。

1.1.2　AutoCAD 中文版主要功能

1. AutoCAD 的基本绘图功能

• 提供了绘制各种二维图形的工具，可以对绘制的图形进行测量和标注尺寸。

• 具备对图形进行修改、删除、移动、旋转、复制、偏移、修剪、圆角等多种强大的编辑功能。

• 缩放、平移等动态观察功能，并具有透视、投影、轴测图、着色等多种图形显示方式。

• 提供栅格、正交、极轴、对象捕捉及追踪等多种精确绘图辅助工具。

• 提供块及属性等功能可以提高绘图效率，对于经常使用到的一些图形对象组可以定义成块并且附加上从属于它的文字信息，需要的时候可反复插入到图形中，甚至可以仅仅修改块的定义便可以批量修改插入进来的多个相同块。

• 使用图层管理器管理不同专业和类型的图线，可以根据颜色、线型、线宽分类管理图线，并可以控制图形的显示或打印与否。

• 可对指定的图形区域进行图案填充。

• 提供在图形中编辑文字、绘制表格、尺寸标注等功能。

• 创建三维几何模型，并可以对其进行修改和提取几何与物理特性。

2. AutoCAD 的辅助设计功能

• 可以方便地查询绘制好的图形的长度、面积、体积、力学特性等。

• 提供在三维空间中的各种绘图和编辑功能，具备三维实体和三维曲面的造型功能，便于用户对设计有直观地了解和认识。

• 提供多种软件的接口，可方便地将设计数据和图形在多个软件中共享，进一步发挥各个软件的特点和优势。

3. AutoCAD 的开发定制功能

• 具备强大的用户定制功能，用户可以方便地将软件改造得更易于自己使用。

• 具有良好的二次开发性，AutoCAD 提供多种方式以使用户按照自己的思路去解决问题。AutoCAD 开放的平台使用户可以用 AutoLisp、Lisp、ARX、Visual Basic 等语言开发适合特定行业使用的 CAD 产品。

1.2　AutoCAD 2010 的安装

1.2.1　AutoCAD 2010 对系统的需求

1. 硬件环境

• 处理器（CPU）：支持 SSE2 技术的英特尔奔腾 4 或 AMD Athlon 双核处理器（3GHz 或更高主频）。

• 内存（RAM）：2 GB 内存。

• 视频：1024×768 VGA 真彩色显示器。

• 硬盘安装：1 GB 可用磁盘空间（用于安装）。

• 输入设备：鼠标、轨迹球或其他设备。

• CD-ROM：任意速度（仅用于安装）或下载安装。

• 一块品质优秀的显卡。

• 可选硬件：打印机、绘图仪、扫描仪、数字化仪等。

以上是最低硬件配置要求。按目前市场上硬件的主流配置而装配的计算机，都完全能满足 AutoCAD 2010 软件要求。

2. 软件环境

• 操作系统：Windows XP Professional x64 版本（SP2 或更高）或 Windows Vista（SP1 或更高）。

• 浏览器：Microsoft Internet Explorer 7.0 或更高版本。

此外，建议在与 AutoCAD 语言版本相同的操作系统上或英文版操作系统上安装和运行 AutoCAD，即中文版的 AutoCAD 必须安装到中文版的操作系统上。

课堂练习：查看你所操作的电脑的软件环境和硬件环境，是否满足 AutoCAD 2010 对系统的需要。

1.2.2 AutoCAD 2010 的安装

（1）将 AutoCAD 2010 软件光盘放入计算机的 CD-ROM 驱动器，或打开下载的安装包，运行 setup.exe 文件，安装程序自动运行并弹出“AutoCAD 2010”安装对话框。

（2）单击“安装产品”选项卡，会弹出“选择要安装的产品”对话框，在该对话框中，单击“下一步”，在该对话框的左下角会提示“正在初始化 AutoCAD 2010…”，并伴随有进度条。

（3）初始化完成后，自动弹出“接受许可协议”界面，选中单选按钮“我接受”，然后单击“下一步”，弹出“产品与用户信息”对话框。

（4）在“序列号”和“产品密钥”的相应位置，输入 AutoCAD 2010 产品包装上或安装包中的“序列号”和“产品密钥”的相应的信息。在“姓氏”、“名字”和“组织”中，输入自己的相关信息。单击“下一步”，弹出“查看—配置—安装”对话框。

（5）在“查看—配置—安装”对话框中，默认安装位置在 C/program files/ AutoCAD 2010。如果要改变安装位置，单击“配置”，在弹出的“选择许可类型”对话框中，单击“下一步”。

（6）在“选择安装类型”对话框中，指定所需的安装类型。用户可以在典型和自定义两种类型之间选择一种进行安装。在“产品安装路径”框中，修改默认路径，或单击“浏览”按钮，在弹出的对话框中，选择安装路径框。然后单击“配置完成”，返回到“查看—配置—安装”对话框，单击“安装”，在弹出询问对话框中，选择“是”。系统开始安装，在对话框的左侧，显示正在安装的部件，并伴有进度条和文字提示：“安装需要一定的时间，请耐心等待”。

（7）软件安装结束后，将显示“安装完成”对话框，单击“完成”按钮，会打开软件自述文件，如果取消“查看 AutoCAD 2010 自述”复选框中的对勾，关闭说明文件安装完毕。

如果安装的是未经 Autodesk 许可的产品，在第一次使用时，系统将提示进行产品注册及激活，在保证电脑网络畅通的情况下，用户只需要按照提示一步一步进行操作即可激活，激活后就可正常使用了。

1.3 AutoCAD 2010 操作基础

AutoCAD 2010 是 Autodesk 公司最新推出的基于 Windows 平台的可供各行业绘图使用的应用软件。它的二维绘图和编辑功能比以前的版本更为完善，文字标注功能更方便用户完成较复杂的文字输入。软件的界面与其他高版本的 Windows 应用软件相类似，易于接受，现在开始来学习 AutoCAD 2010。

1.3.1 AutoCAD 2010 的启动

启动 AutoCAD 2010 可以通过以下几种方式：

（1）开始菜单。单击“开始”菜单→所有程序→Autodesk→AutoCAD 2010-simplified Chinese→ AutoCAD 2010。

（2）快捷方式。双击桌面上 AutoCAD 2010 图标 。

AutoCAD 2010 启动后，首先看到的“AutoCAD 2010 初始化”对话框，在此可以选择最适合你工作领域的行业，可选择的行业有建筑、土木工程、电气工程等，然后开始进行 AutoCAD 2010 某些基本自定义操作，收集有关 AutoCAD 中的特定功能和设置的信息，更好地将用户选择行业的基本工具添加到默认工作空间，并指定要在创建新图形时使用的图形样板。也可以不选择行业，单击“跳过”，在“跳过初始设置”对话框中，单击“启动 AutoCAD 2010”。

系统启动并弹出“新功能专题研习”对话框，在该对话框中，AutoCAD 2010 为用户查看新功能专题研习提供了三个单选项，用户可以根据自己的实际情况选择。如果选择“是”，则进入新功能研习。如果选择“以后再说”，每次启动 AutoCAD 2010 时都会出现该对话框，如果在以后的启动中不想再看到该对话框，可以选择“不，不再显示此消息”。

1.3.2 AutoCAD 2010 的用户界面

在对“新功能专题研习”选择结束后，将出现如图 1-1 所示的窗口，这就是 AutoCAD 2010 带功能区的工作界面。此界面是 AutoCAD 2010 的一个亮点，减少了显示的用户界面元素的数量，使用户调用命令方便快捷。AutoCAD 2010 打开后默认的界面是“二维草图即

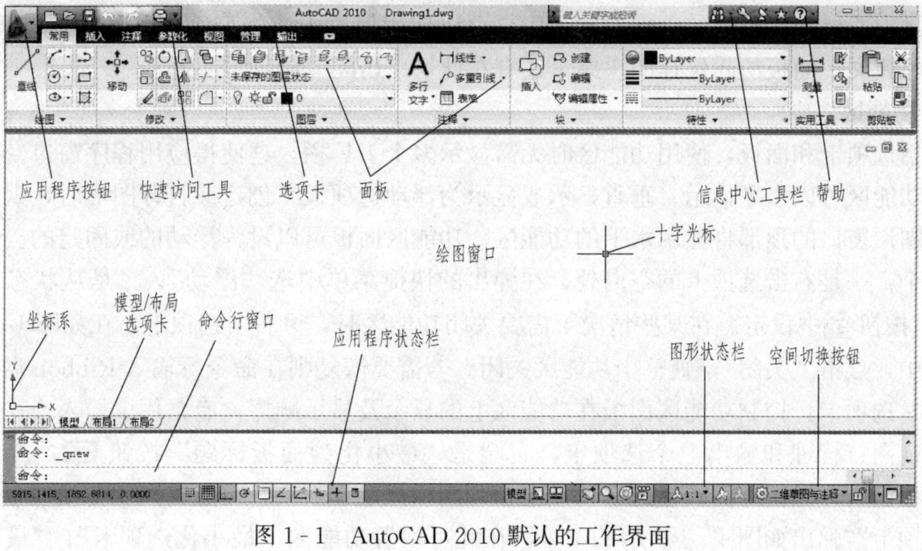

图 1-1 AutoCAD 2010 默认的工作界面

注释”工作空间，界面上主要有“应用程序按钮”、“快速访问工具栏”、“信息中心工具栏”、“选项卡”“面板”、“状态栏”、“命令窗口”、“十字鼠标”、“坐标系和模型/布局选项卡”等。

1. 应用程序按钮

单击工作界面的左上角图标，会弹出下拉菜单，如图 1 - 2 所示。在此可以进行“新建”、“打开”、“保存”、“另存为”及“输出”、“打印”等十个常用选项操作，且每一选项又有下一级多个选项，可满足用户相应操作要求。通过单击图标，可以查看最近使用的文件及存放文档路径；单击图标，查看现在打开的所有文件及存放路径。在搜索栏中输入搜索术语，可在快速访问工具栏、应用程序菜单和功能区中执行对命令的实时搜索。单击右下角“选项”按钮，可打开选项对话框（在后面介绍），单击“退出 AutoCAD”，则退出 AutoCAD 系统。

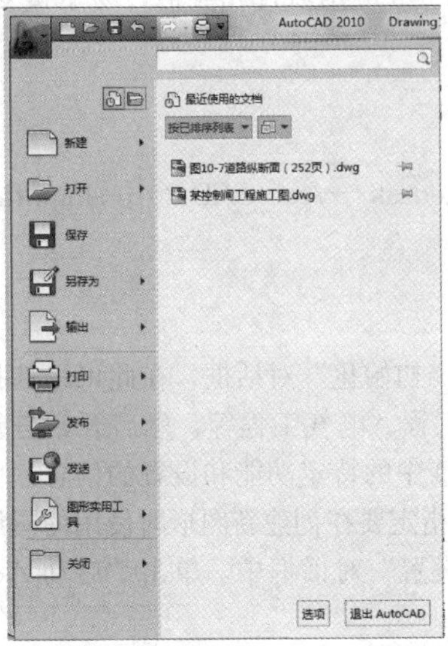

图 1 - 2　AutoCAD 2010 应用程序菜单

2. 快速访问工具栏

该工具栏位于窗口顶端的左部，它包括新建、打开、保存、撤销、重做、打印按钮，并且通过右侧的下拉箭头还可增添特性匹配、打印预览、特性等多项常用功能到工具栏中，也可根据需要隐去某些项，把最常用的工具放在该工具栏，目的是便于用户快速访问。

3. 标题栏

位于主窗口顶端的中部，包括应用程序名称和当前打开的文件的名称，若是刚启动 AutoCAD 2010 新建的第一个文件，也没有打开其他图形文件，则显示文件名为 Drawingl. dwg。在标题栏的右击菜单中可以实现窗口的还原、最大化、最小化功能。标题栏的右侧的三个按钮功能相同。

4. 信息中心

信息中心位于主窗口的顶端右部，用户可以使用信息中心查询、搜索各种信息源。如：通过“收藏夹”面板访问保存的主题，还有在此可以访问“帮助”主题。

5. 功能区

包括选项卡和面板，使用功能区时无需显示多个工具栏，这使得应用程序窗口变得简洁有序。功能区可以水平显示、垂直显示或显示为浮动选项板。创建或打开图形时，默认情况下，在图形窗口的顶部将显示水平的功能区。功能区面板可以设为浮动的或固定的。设置方法有两个：一是右击选项卡的空白处，在弹出的快捷菜单中选“浮动”；二是从状态栏右侧“锁定”按钮中设定。在某些情况下需要关闭功能区时，可右击选项卡，在如图 1 - 3 所示的菜单中，点击“关闭”，则整个功能区关闭。若需要恢复则在命令行输入 Ribbon 后回车。

（1）选项卡：控制功能区面板在功能区上的显示及显示顺序，有常用、插入、注释、参数化、视图、管理和输出七个选项卡，右端是“最小化为面板标题”按钮，点击该按钮，面板消失，只留下面板标题，再点击，则面板标题也消失，再点击则恢复面板全貌。右击“选项卡”弹出如图 1 - 3 所示的菜单，在此可设置功能区“最小化选项卡”、“最小化为面板标题”、“显示还是完全显示”（在某些情况下需要绘图区域比较大时，可以将功能区最小化），还可设置每一选项卡是否显示，设置该选项卡下的每一面板是否显示。

（2）面板：在每一个选项卡下，都对应着数个功能面板，每一个面板只将常用的功能显示，额外的工具包含在滑出式面板中。当需要时可点击面板标题右侧的黑三角将面板展开来选择功能。若功能区面板中某项功能需经常使用，可右击该控件，从弹出的菜单中可将其添加到快速访问工具栏。

若面板右下角有小图标，说明该功能区面板有相关的对话框，单击该图标以显示相关对话框。

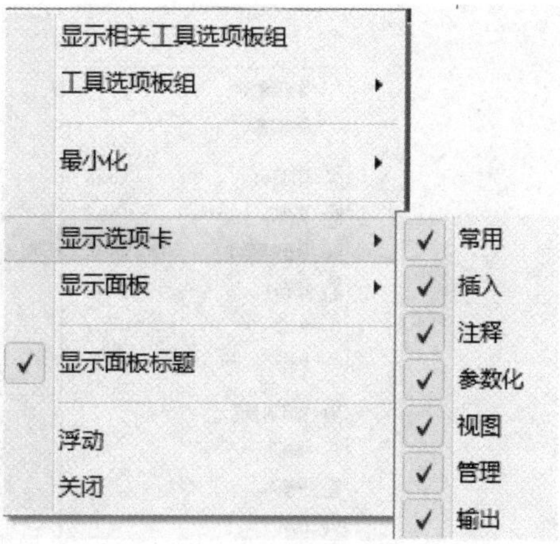

图1-3　选项卡右击菜单

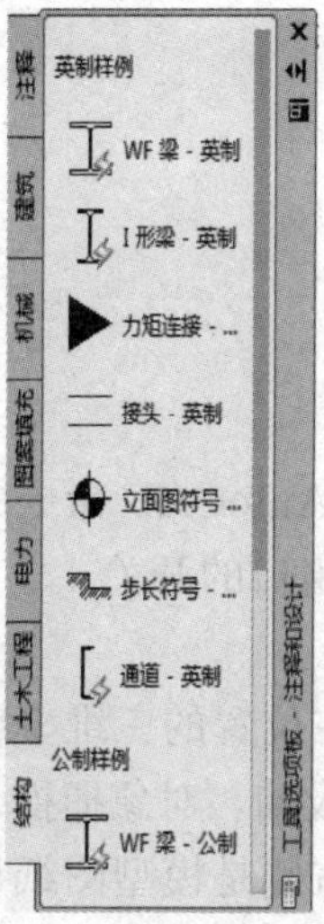

图1-4　工具选项板

6. 工具选项板

针对结构、土木工程、电力等多个专业 AutoCAD 2010 为其提供了该专业的常用符号，如图1-4所示。当用户需要绘制某些符号时，直接点击然后插入到图形中，大大提高了用户的工作效率。若界面中不显示该选项板，则点击“视图”选项卡→“选项板”面板→“工具选项板”按钮，就弹出“工具选项板—所有选项板”，然后根据需要选择相关工具选项板。

7. 绘图窗口

绘图窗口是显示、绘制、编辑图形对象的窗口，在 AutoCAD 2010 用户界面的中部，它就像一张绘图纸，图纸的大小可以是任意的。它包括绘图区、标题栏、滚动栏及系统按钮。在该区域中有十字光标和用户坐标系图标。在工作区视窗的右边和下面分别有垂直滚动条和水平滚动条，利用它可进行视图的移动。点击状态栏右侧“锁定”按钮，从弹出的菜单中设定浮动窗口或固定窗口。

8. 绘图区快捷菜单

AutoCAD 提供了右击弹出快捷菜单，该功能非常灵活，可在不同的位置和不同的情况下出现不同的内容。如图1-5所示，分别是在没有选取对象、选取对象和按住 Shift 键右击弹出的快捷菜单。在操作过程中随时都可以通过快捷菜单来实现某些功能，非常方便。

9. 命令行窗口

在绘图区的下面，用来输入命令和显示命令提示信息的就是命令行窗口。在绘图时，用户要注意命令行的各种提示，以便准确快捷地绘图。命令窗口的大小，用户可根据需要调整，将鼠标移到命令窗口的边框线上界线，按住左键上下移动鼠标即可。AutoCAD 的命令不分大小写，输入时可使用完整命令，也可使用简化命令。在命令行窗口单击鼠标右键，弹出一个快捷菜单，用户可以通过它来选择最近使用过的6个命令、复制选定的文字或全部命令历史、粘贴文字，以及打开“选项”对话框。Ctrl+9 是命令行开关。

无选中对象时　　　　选中对象时　　　　按住Shift键时

图 1-5　绘图区快捷菜单

10. 文本窗口

文本窗口与命令行的功能一致，它是一个浮动窗口，便于查看当前 AutoCAD 命令的任务操作情况，主要用于查看较长的输出结果，F2 键为 AutoCAD 的文本窗口的开关。

11. 状态栏

AutoCAD 2010 界面的底部是状态栏。它左侧显示当前十字光标所在位置的三维坐标值和 AutoCAD 2010 绘图辅助工具的切换按钮，包括捕捉、栅格、正交、极轴、对象捕捉、对象追踪、动态 UCS、动态输入、显示线宽、快捷特性 10 个切换按钮，右侧是模型图纸切换模式、快速查看布局、快速查看图形、平移、缩放、导航控制盘、视口比例、切换工作空间、锁定、应用状态栏菜单，全拼显示等按钮，如图 1-6 所示。

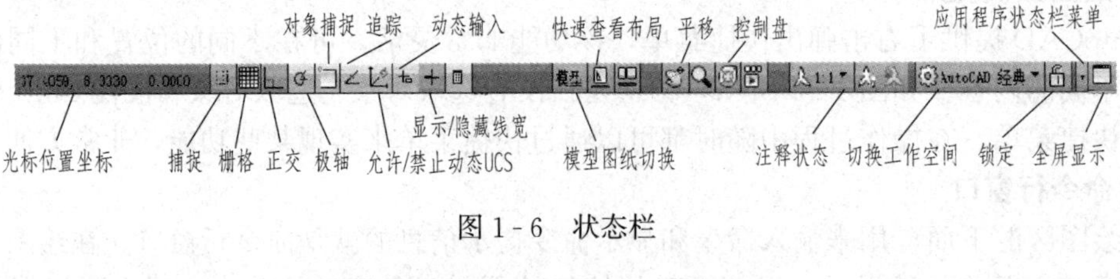

图 1-6　状态栏

左侧这些按钮相当于自锁的开关，按钮颜色呈淡蓝色为“开”状态，辅助工具的功能生效；灰色为“关”状态，辅助工具的功能失效。右侧各项选择后可实现相应功能操作，通过“切换工作空间”按钮，用户可选择适合自己的工作空间形式。通过“锁定”按钮，可实现工具栏/面板、窗口的浮动、固定、锁定和解锁功能。单击“应用程序状态栏菜单”按钮，弹出一个显示状态栏中各项开/关（或选中）状况的菜单，在此可以对各按钮进行设置。

还可以通过“视图”选项卡→“窗口”面板→“状态栏”选项→选择相应的控制按钮，来控制状态栏中的每一个按钮的开关状态。

12. 十字光标

绘图区域中有两条在交叉点处带有一个小方框的十字交叉线，小方框称为拾取框，交叉线称为十字线。鼠标在绘图区域总是以十字形式显示，可以使用十字光标定位点，选择和绘制对象。十字光标的形式也可自己定义，从“应用程序菜单”→“选项”按钮→“显示”选项卡→“十字光标大小”中可以设置十字光标的大小，从“选择”选项卡→“拾取框大小”中可设置拾取框的大小。

13. 坐标系图标

坐标系图标显示图形的方向。AutoCAD 2010 有一个固定的世界坐标系（WCS）和一个活动的用户坐标系（UCS）。在默认情况下，这两个坐标系在新图形中是重合的。通常在二维视图中，WCS 的原点为 X 轴和 Y 轴的交点（0，0），X 轴水平，Y 轴垂直。图形文件中的所有对象均由其 WCS 坐标定义。但是，使用可移动的 UCS 创建和编辑对象通常更方便。

14. 模型/布局选项卡

在绘图区视窗的左下角是模型/布局选项卡，通过其中的按钮用户可方便地在模型（图形）空间和布局（图纸）空间来回切换。一般情况下，先在模型空间绘制图形，然后创建布局以绘制和打印图纸空间中的模型。

15. 工作空间

AutoCAD 2010 为用户提供了二维草图与注释、三维建模、AutoCAD 经典三种工作空间，如图 1-1 所示的是二维草图与注释。对 AutoCAD2007 以前版本的一些老用户，可能更习惯于原来的菜单栏、工具栏方式的界面，可切换到 AutoCAD 经典工作空间。在图 1-1 所示的 AutoCAD 2010 工作界面中，单击状态栏右侧的“切换工作空间”按钮，选择“AutoCAD 经典”，工作界面切换为经典界面，在经典界面下关闭 AutoCAD 2010，再次打开时，仍然是经典界面的形式。用户可根据自己的需要和习惯选择，也可以在上述工作空间的基础上自定义空间。无论哪种工作空间，各命令的功能是相同的。

课堂练习：完成随书光盘“课堂练习”的“第1章”的“练习 1-1”。

1.3.3 AutoCAD 图形文件管理

1. 新建图形文件

在绘制一幅新图形之前，用户先要建立一个新的图形文件。在 AutoCAD 2010 中，用户可以通过如下几种方式创建新的图形文件：

- 访问常用工具：。
- →新建→“图形”。
- 命令行：qnew。
- 快捷键：Ctrl+N。

用上述方法中的任一种命令，AutoCAD 都会出现图 1-7 所示的“选择样板”对话框。在该对话框的“名称”下，出现 AutoCAD 自带的样板图形文件，默认的有两个可选项：

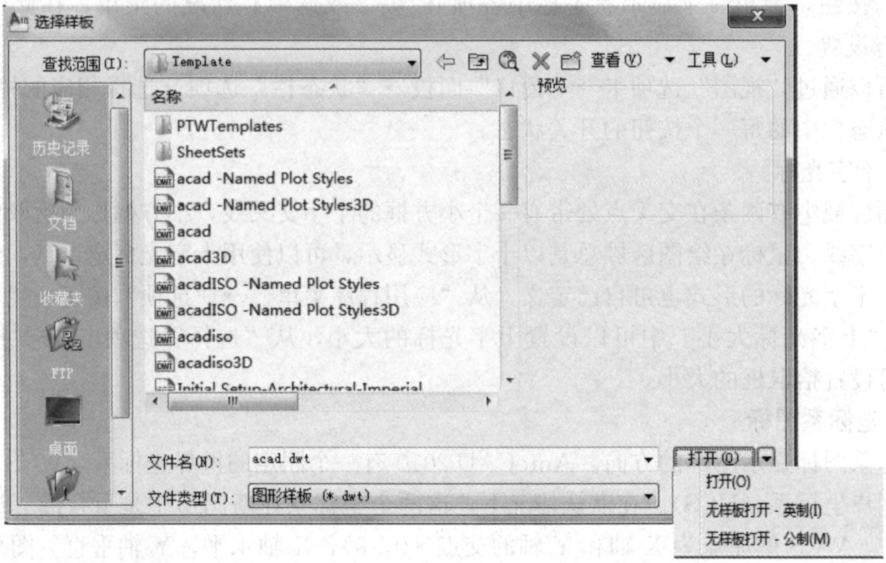

图 1-7 “选择样板”对话框

• 英制：使用英制单位系统（英尺和英寸）创建新图形。图形基于 acad.dwt 样板文件。

• 公制：使用公制单位系统（米/毫米）创建新图形。图形基于 acadiso.dwt 样板文件。

用户可以在“名称”样板列表中选择一个样板文件，然后点击“打开”按钮，则新建一个带样板的图形文件，样板文件也可自己建立，使用样板文件，用户可以提高成图速度。用户也可以从“打开”右侧的下拉列表框中选择“无样板打开——公制”，这样建立一个无样板的图形文件。AutoCAD 默认的新建文件为 .dwg 格式的文件。

2. 打开原来的图形

在 AutoCAD 2010 中，用户可以通过如下几种方法打开原有的图形文件：

• 访问常用工具栏：。

• →打开→“图形”。

• 命令行：open。

• 快捷键：Ctrl+O。

用上述方式中的任一种，AutoCAD 都将出现“选择文件”对话框，如图 1-8 所示。在该对话框中，用户可以在“文件类型”输入框中选择要打开图形的类型，然后在“文件名”输入框中直接输入文件名或在“名称”列表框选择要打开的文件，打开已有的图形文件。在“选择文件”对话框中，用户可以配合“Ctrl”键和“Shift”键，选择打开多个图形以方便编辑。也可以通过从资源管理器中拖放多个图形文件到 AutoCAD 界面的方式打开多个图形文件，以节省文件打开的时间，提高效率。当然，如果所使用的计算机硬件配置不高，或打开的文件太多太大，反而会影响操作速度。

AutoCAD 2010 提供给用户的有四种打开方式，单击“打开”按钮右侧的，出现一个下拉列表框，内容分别为“打开”、“以只读方式打开”、“局部打开”、“以只读方式局部打开”。

对于“打开”和“以只读方式打开”的效果，与其他的 Windows 应用程序意义相同，

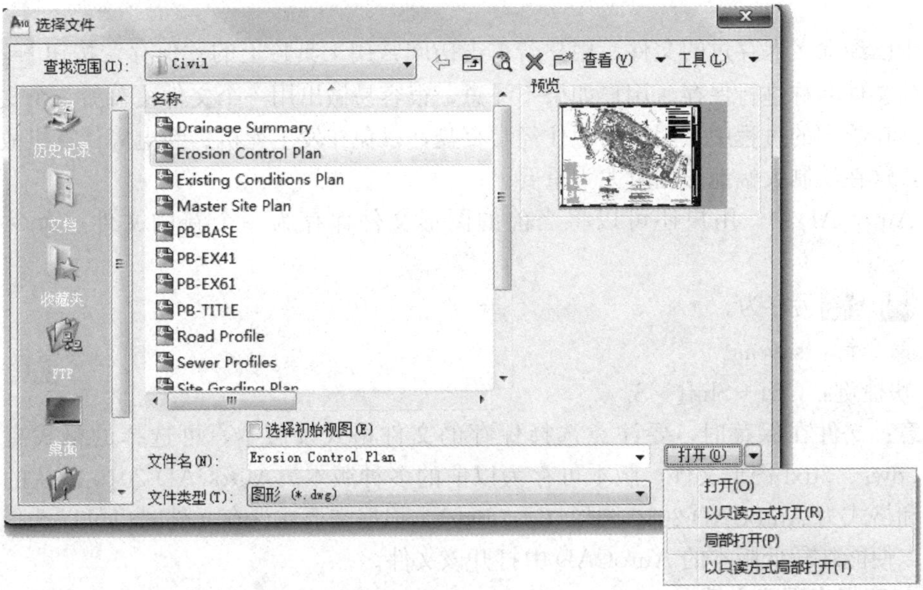

图1-8 “选择文件”对话框

这里不再赘述。

在处理一个比较大的图形时，可以使用“局部打开”选项，选择图形中要处理的视图和几何图形图层，如图1-9所示。默认视图为“范围”，对“局部打开”的图形，只能编辑和处理已加载图形文件的内容。图中显示了AutoCAD 2010的工具提示功能，当鼠标进入“要加载几何图形视图”栏和“要加载几何图形图层”栏时，鼠标后就会出现对该操作的文字说明，用户通过阅读这些信息可了解相关内容。

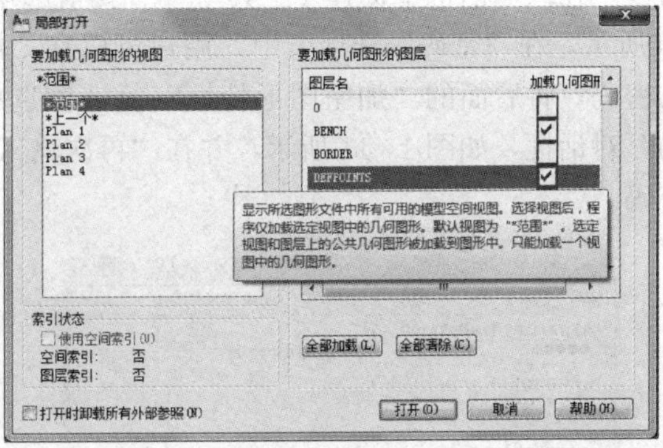

图1-9 “局部打开”对话框

AutoCAD 2010的原始图形文件格式与早期版本AutoCAD软件不兼容。AutoCAD 2010可以打开早期版本中的图形文件，但是在早期版本AutoCAD中打不开AutoCAD 2010文件，有时因此会影响到工作。

3. 保存当前图形文件

在AutoCAD 2010中，用户可以利用以下几种方法保存当前的图形文件：

- 访问常用工具栏：。
- 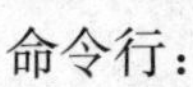保存。
- 命令行：save或qsave。

对一个还没有命名保存的新图形，使用上述方式中的任一种方式，均出现“图形另存为”对话框，其结构与选择文件对话框类似。用户可利用该对话框，将当前的文件命名保存。

对于已经命名保存过的文件，用户若单击访问常用工具栏上的“保存”按钮，文件将以当前文件名称进行保存。用户如果不注意，很容易做出用一个文件覆盖另一个文件的错误操作。在绘图的过程中，用户要记住经常存盘，以免在发生死机、断电等计算机故障时丢失文件，这在绘制大幅地形图时尤为重要。

在 AutoCAD 中，用户还可以将当前的图形文件保存为一个新的文件，命令调用方式为：

- →另存为。
- 命令行：saveas。
- 快捷键：Ctrl+Shift+S。

注意：文件在保存时，要注意选择保存的文件格式及版本，可选择的格式有 .dwg、.dwt、.dws、.dxf 图形文件，版本可存为以前的多种版本。AutoCAD 2010 默认的图形文件版本和格式为 AutoCAD 2010 图形（*.dwg），根据需要在保存文件时也可以选择较低的版本，以便能在较低版本的 AutoCAD 中打开该文件。

4. 加密保存图形文件

在 AutoCAD 2010 中，用户在保存文件时，可以使用密码保护功能，对文件加密保存。加密保存的方法如下：选择“文件”→“保存”或“另存为”，系统打开“图形另存为”对话框。在该对话框中选择“工具”→“安全选项”，系统打开“安全选项”对话框，如图 1-10 所示，在“密码”选项卡中，用户可以在“用于打开此图形的密码和短语”文本框中输入密码，将后面的“加密图形特性”复选框选中，然后单击“确定”按钮，打开“确认密码”对话框，如图 1-11 所示，并在“再次输入用于打开此图形的密码”文本框中输入确认密码。

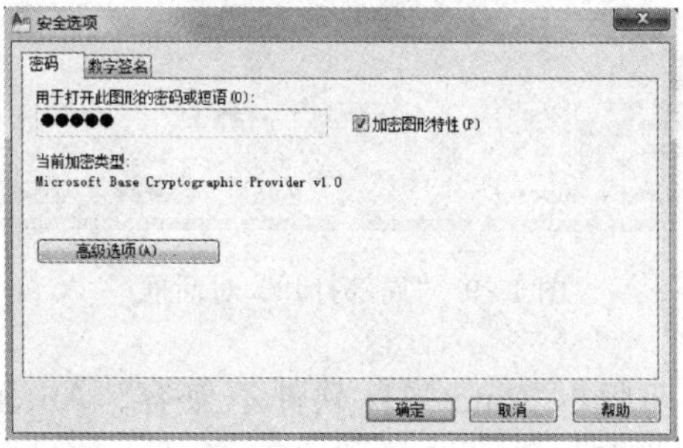

图 1-10 “安全选项”对话框

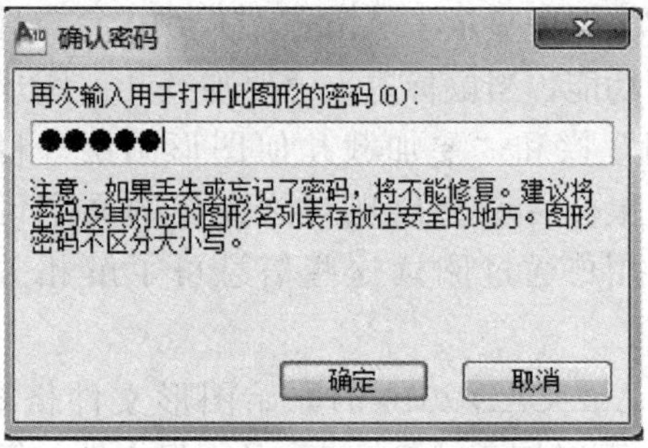

图 1-11 “确认密码”对话框

为文件设置密码后，用户在打开文件时，系统将打开“口令”对话框，要求用户输入正确密码，否则将无法打开，这对于需要保密的图纸非常重要。如果在图 1-10 中没有选中“加密图形特性”，则图形加密了，但仍可看到其缩略图。为了更好地保密图形文件，建议选中“加密图形特性”。

5. 关闭图形文件

可用以下方式关闭图形：

- →关闭→“当前图形”（或“所有图形”）。

• 命令行：close（仅关闭当前图形）。

如果图形的修改结果还没有保存过，则 AutoCAD 将显示一个警告提示，提示用户选择是否保存修改结果。系统还提供了一个 Closeall 命令，用来关闭所有打开的图形文件。

1.3.4 退出 AutoCAD 2010

用户退出 AutoCAD 2010 方法有如下几种：

• →“退出”。

• 命令行：quit。

• 控制图标：单击右上角的关闭按钮。

• 快捷键：Alt+F4。

若用户的当前文件没有保存，AutoCAD 将提示用户保存文件的信息。用户若选取“是”按钮或直接回车，AutoCAD 将当前图形文件存盘之后退出；用户若选取“否”按钮，AutoCAD 将不保存当前图形直接退出；用户若选取“取消”按钮，则取消退出 AutoCAD 的操作，重新回到 AutoCAD 的工作界面。

课堂练习：完成随书光盘“课堂练习”的“第1章”的“练习1-2”。

1.4 AutoCAD 坐标系

在 AutoCAD 的图形绘制和编辑中，用户所操作的对象绝大多数都有特定的大小，必须将这些数据告知 AutoCAD，通过指定屏幕上点的坐标来完成操作。故 AutoCAD 坐标系是一个非常重要的概念，是绘图的基础。

1.4.1 世界坐标系与用户坐标系

AutoCAD 默认的坐标系是世界坐标系 WCS（World Coordinate Systems）。对于一幅图形来说 WCS 是固定的，不能改变。在 AutoCAD 中，用户可以根据需要在世界坐标系内创建任意多个用户坐标系统 UCS（User Coordinate Systems），默认情况下用户坐标系统与世界坐标系统相重合。用户也可以根据自己的需要重新定义。在一个图形中，可以设置多个 UCS，还可以对 UCS 进行保存，需要的时候可以很方便地调出保存的 UCS。

创建新的用户坐标系的方法如下（有多种途径，这里仅以“原点”创建为例）：

• 功能区：“视图”选项卡→“坐标”面板→“原点”。

命令窗口提示如下：

当前 UCS 名称：*世界*（系统默认的用户坐标系与世界坐标系重合）

指定 UCS 的原点或［面(F)/命名(NA)/对象(OB)/上一个(P)/视图(V)/世界(W)/X/Y/Z/Z 轴(ZA)］＜世界＞：_o

指定新原点＜0，0，0＞：150，150，0（输入用户坐标系原点比如：150，150，0）

这时新的用户坐标系已经创建成功，在世界坐标系的（150，150，0）处，出现用户坐标系图标，如图1-12（b）所示，从图中可以看出两坐标系的区别，世界坐标系 X、Y 轴交点处有方框，而用户坐标系则没有。

为了方便使用，用户可以对 UCS 进行命名、保存、恢复和移动等一系列操作，方法如此下：

• 功能区：“视图”选项卡→“坐标”面板→“UCS 设置” 。

系统弹出如图 1 - 13 所示对话框，在图中所示位置右击鼠标，可以对用户坐标系重命名、删除、置为当前操作。也可了解其详细信息（包括坐标原点等）。

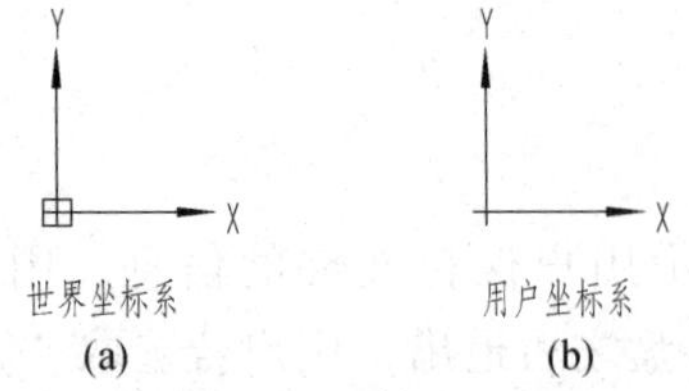

图 1 - 12　世界坐标系、用户坐标系

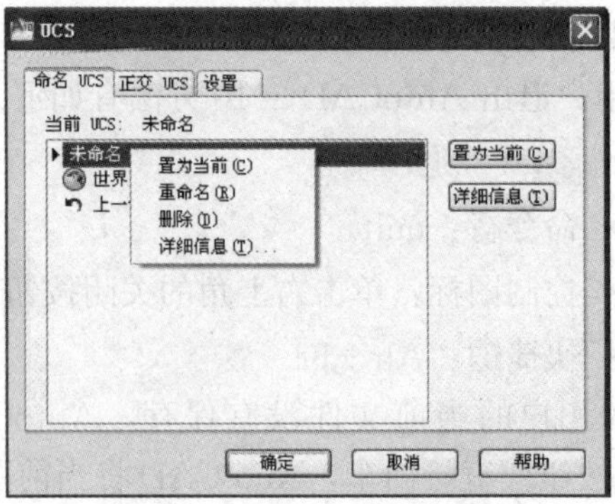

图 1 - 13　命名用户坐标系

当用户坐标系置为当前时，状态栏中坐标值显示的是鼠标处用户坐标系下的坐标值。如果在用户坐标系 UCS 下想要参照世界坐标系 WCS 指定点，在坐标值前加星号“＊”。

课堂练习：完成随书光盘“课堂练习”的“第 1 章”的“练习 1 - 3”。

1.4.2　笛卡尔坐标系统与极坐标系

1. 笛卡尔坐标系统

笛卡尔坐标系统也叫直角坐标系统，该坐标系统中通过三个坐标轴 X、Y、Z 来确定空间中的点。该坐标系的 X 轴为水平轴，向右为正方向；Y 轴为垂直轴，向上为正方向；Z 轴为垂直于屏幕的轴，向外为正方向（AutoCAD 的坐标系为右手坐标系）；坐标原点位于绘图工作区的左下方，坐标值为（0，0，0），如图 1 - 14（a）所示，并以此点为参照来确定空间中或平面上任意点的位置。缺省的绘图区域相当于直角坐标系的第一象限。

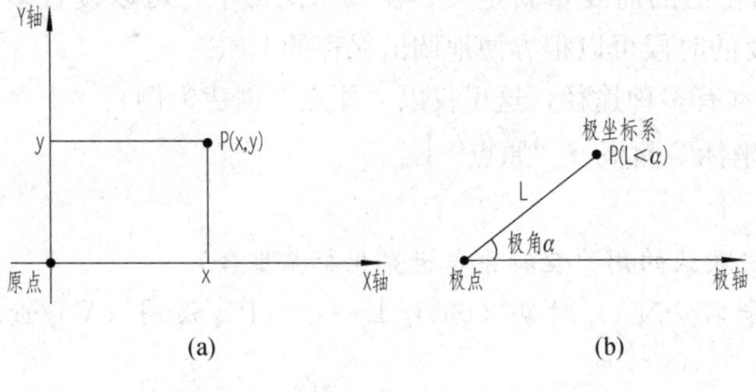

图 1 - 14　笛卡尔坐标系和极坐标系

（a）笛卡尔坐标系；（b）极坐标系

2. 极坐标系

极坐标系是由一个极点和一个极轴构成，如图 1 - 14（b）所示，极轴的方向为水平向右。平面上任何一点 P 都可以由该点到极点的连线长度 L 和连线与极轴的交角 α（极角，逆时针方向为正）所定义，即用一对坐标值（L＜α）来定义一个点，例如，某点的极坐标为（5＜30）。

1.4.3　坐标输入

坐标输入可分为直角坐标输入和极坐标输入。

1. 直角坐标输入

直角坐标输入又分为绝对直角坐标输入和相对直角坐标输入。

(1) 绝对直角坐标输入。当知道点在当前坐标系中绝对坐标值时，可以以分数、小数或科学记数法等形式输入点的 X、Y、Z 的坐标值，坐标之间用逗号（英文状态下的逗号）隔开，输入格式为“X，Y，Z”。如在定位点的时候输入“10，20，15”。在二维绘图中，只要输入 X、Y 轴的坐标值即可，Z 轴的坐标值缺省为 0 或采用当前的缺省高度。

(2) 相对直角坐标输入。如果采用相对直角坐标方式，在绘图过程中输入坐标时，其参考点是前一个输入点，输入的值是新的点相对于前一个点在 X、Y、Z 方向上的增量，且需要在前面加一个“@”符号，格式为“@X，Y，Z”。二维绘图中只要输入 X、Y 轴的坐标增量。

2. 极坐标输入

极坐标输入又分为绝对极坐标输入和相对极坐标输入。

(1) 绝对极坐标输入。当知道点到原点的距离、点与原点的连线和 X 轴正方向的角度时，可以用数字代表距离、用角度代表方向来确定点的位置，输入格式为“距离＜角度”。缺省规定角度以 X 轴的正方向为 0°，按逆时针方向增大。如果距离值为正，则表示角度是以 X 轴的正方向为基准 0°；距离值为负，则表示角度是以 X 轴的反方向为基准 0°。距离和角度之间用“＜”号分开。

绝对极坐标的使用较少，一般用在绘图的起点。当知道该点到原点的距离及点与原点的连线和 X 轴正方向的夹角时才使用。

例如指定位点时输入“20＜45”，则表示该点与原点的连线和 X 轴的正方向成 45°，距原点距离为 20 的位置。

(2) 相对极坐标输入。如果知道某点相对于上一个点的位置关系，就可采用输入相对坐标的方式来确定点的位置。如果采用相对极坐标的方式输入，仍为“距离＜角度”的顺序，但需要在距离值前面加一个“@”符号，输入格式为“@距离＜角度”。这时的距离为新点与上一点的距离，但角度为新点与上一点连线和 X 轴的夹角。

例如，在 XOY 平面上用直线（LINE）命令绘制一个 400×300 的一个矩形，分别用三种坐标输入方法来绘制。

1) 绝对直角坐标输入。

命令：line
指定第一点：100，100
指定下一点或［放弃（U）］：500，100
指定下一点或［放弃（U）］：500，400
指定下一点或［闭合（C）/放弃（U）］：100，400
指定下一点或［闭合（C）/放弃（U）］：c

绘制的图形如图 1-15 所示。

2) 相对直角坐标输入。

命令：line
指定第一点：100，100
指定下一点或［放弃（U）］：@400，0
指定下一点或［放弃（U）］：@0，300
指定下一点或［闭合（C）/放弃（U）］：@－400，0
指定下一点或［闭合（C）/放弃（U）］：c

绘制的图形如图 1-16 所示。

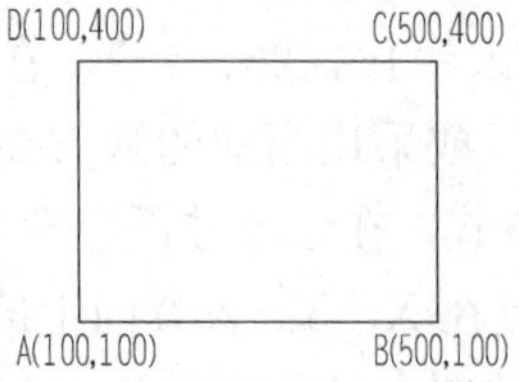

图 1-15　绝对直角坐标输入

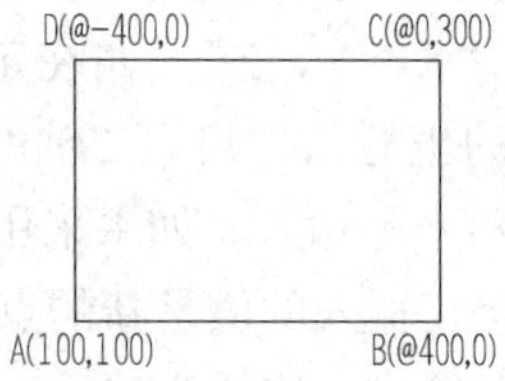

图 1-16　相对直角坐标输入

3）用相对极坐标输入。

命令：line

指定第一点：100，100

指定下一点或［放弃（U）］：@400<0

指定下一点或［放弃（U）］：@300<90

指定下一点或［闭合（C）/放弃（U）］：@400<180

指定下一点或［闭合（C）/放弃（U）］：c

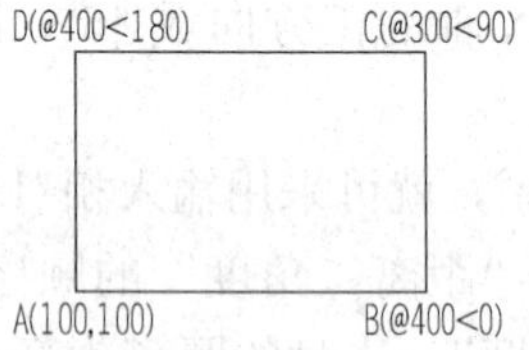

图 1-17　相对极坐标输入

绘制的图形如图 1-17 所示。

绝对极坐标输入很不方便，一般情况下不使用。

以上三种坐标输入方法得到的图形是相同的，在实际绘图中，可依据具体情况选择一种方便的方法。在大多数绘制图过程中，使用相对坐标输入方便、快捷。

课堂练习：完成随书光盘“课堂练习”的“第 1 章”的“练习 1-4”。

1.4.4　在图形中插入地理位置信息

地面上一点的地理位置，是用其在地理坐标系中的经度和纬度表示的。现在我们已进入 GIS（地理信息系统）时代，CAD 图形是 GIS 数据源之一，CAD 图形中若地面点有其地理位置是很实用的。在 AutoCAD 2010 具有在图形中插入地理位置信息的功能，用户可以通过三种方式来定义地理位置信息，即输入具有适当位置信息的 KML 或 KMZ 文件、通过 Google Earth 输入位置和使用“地理位置”对话框。在此以使用“地理位置”对话框方式说明。具体操作如下：

在“AutoCAD 经典”工作空间（当前工作空间的功能区上未提供）中，菜单栏：“工具”→“地理位置”系统弹出如图 1-18 所示的对话框，单击“输入位置值”→“地理位置”对话框（图 1-19）→选择十进制或度分秒表示经度/纬度→输入经度、纬度、方向、时区，或者单击“使用地图”→“位置选择”对话框→选择要标定的点所在的“地区”、“城市”“时区”→确定→返回“地理位置”对话框→在“坐标和标高”中输入要标记点在世界坐标系（WCS）中的 X、Y、Z 坐标值和标高值或点击“拾取”按钮，“地理位置”对话框关闭，用鼠标点击绘图区相应的点高→“位置选择”对话框→输入“北向”和“向上方向”的数值或点击其后的“拾取”按钮进行拾取→“确定”。完成位置标记操作，在相应的位置会出现标记图标。这个标记过程相当于把整个图形又放入刚才设置的地理坐标系中。因此图中任何位置的地理坐标（经纬度）都可查到。

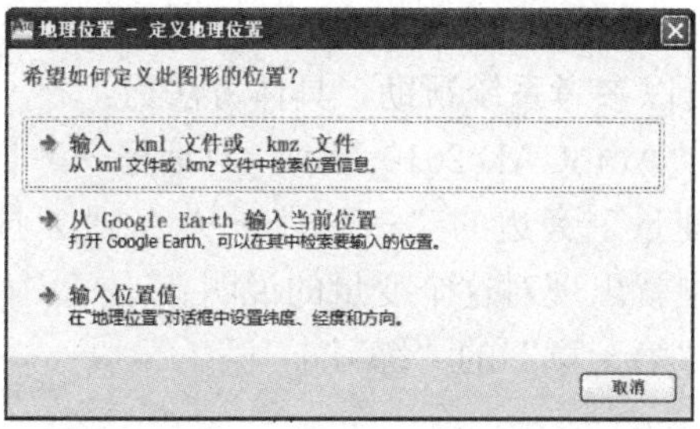

图 1-18 “定义地理位置”对话框

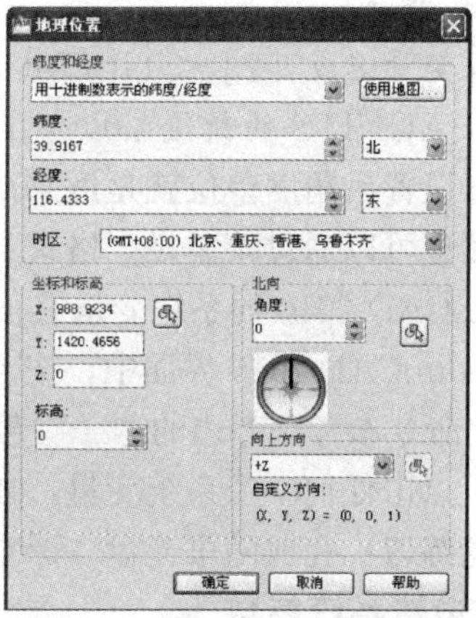

图 1-19 “地理位置”对话框

1.4.5　坐标值的显示

在屏幕底部的状态栏左端显示当前光标所处位置的坐标值，该坐标值有三种显示状态。

- 绝对坐标状态：显示光标所在位置的坐标。
- 相对极坐标状态：在相对于前一点来指定第二点时可使用此状态。
- 地理位置：显示光标所在处的地理位置。
- 关闭状态：颜色变为灰色，并“冻结”关闭时所显示的坐标值。

用户可根据需要在这四种状态之间进行切换，在状态栏中显示坐标值的区域，双击左键，进行坐标显示开关切换；右击，弹出快捷菜单中有“相对”、“绝对”、“地理”、“开/关”四项，可根据需要选择显示状态。

课堂练习：完成随书光盘“课堂练习”的“第 1 章”的“练习 1-5”。

1.5　系统设置和帮助

AutoCAD 2010 是一个开放的绘图平台，用户可以非常方便地进行系统变量和系统参数设置，以满足具体绘图的需要。

1.5.1　系统变量

AutoCAD 将操作环境和某些命令的值存储在系统变量中。可以通过直接在命令提示下输入系统变量名来检查任意系统变量和修改任意可写的系统变量，也可以通过使用 Setvar 命令来实现，许多系统变量还可以通过对话框选项访问。

如：系统变量 ZOOMWHEEL 用于滚动鼠标中间的滑轮时，切换透明缩放操作的方向。其值为 0 时，向前滚动滑轮为放大操作，向后滚动滑轮为缩小操作。其值为 1 时，向前滚动滑轮为缩小操作，向后滚动滑轮为放大操作。系统变量 APBOX 用来设置打开或关闭自动捕捉靶框的显示，0 为关闭，1 为打开。

用户可以直接在命令行中修改系统变量，具体操作步骤方法如下：

- 命令行：setvar。

例如：建立角度单位模式的系统变量 Aunits，该变量保存在图形中，初始值为 0。

0——是十进制角度，1——度/分/秒，2——梯度，3——弧度，4——测量单位。

命令：Setvar

输入变量名或［?］＜TILEMODE＞：AUNITS

输入 AUNITS *的新值*＜0＞：1

这样设置后角度单位就是度/分/秒，若需要再更换角度单位，则重新输入 AUNITS 新值。当然也可以通过菜单栏“格式”→“单位”→“图形单位”对话框来设置。

AutoCAD 2010 的系统变量有很多，用户可以参考系统帮助，具体方法为：

在 AutoCAD 2010 界面中，按“F1”键→“AutoCAD 2010 帮助”对话框→“目录”选项卡→“命令参考”旁边的“+”号→“系统变量”旁边的“+”号→从 A 到 Z 打头的系统变量，点击任何一个系统变量，在右侧窗口中就出现对这个变量的说明。

课堂练习：完成随书光盘“课堂练习”的“第 1 章”的“练习 1-6”。

1.5.2 设置系统参数

设置系统参数的方法如下：

- →“选项”。
- 命令行：options。

当没有执行任何命令时，可以在绘图区或命令行，单击鼠标右键，弹出快捷菜单，选择“选项”。

系统打开“选项”对话框，用户可以在“文件”、“显示”、“打开和保存”、“打印与发布”、“系统”、“ 用户系统配置”、“草图”、“三维建模”“选择集”和“配置”10 个选项卡中设置相关参数选项。各选项卡的作用简单介绍如下：

1.“文件”选项卡

打开“文件”选项卡，在设置搜索路径、文件名和文件位置列表框内，系统以树状形式列出 AutoCAD 的各支持路径及有关支持文件的位置与名称。每一个选项的左边有“+”或“−”，表示该选项处于折叠或展开状态。在需要时可对相应的选项进行设置。右边还有 6 个功能按钮，如图 1-20 所示。“浏览”用于修改某一支持路径或支持文件。“添加”、“删除”用于添加或删除新路径或新文件。“上移”、“下移”分别用于将选中项目向上或向下移动位置，即调整 AutoCAD 对路径或文件的搜索顺序，“置为当前”用于将选中项目置为当前。

2.“显示”选项卡

打开“显示”选项卡，可以看到“窗口元素”、“显示精读”、“布局元素”、“显示性能”、“十字光标大小”、“淡入度控制”6 部分内容，如图 1-21 所示，从中设置显示性能，“应用”后“确定”。如：十字光标大小，系统默认的是 5，可以根据需要改变其大小。

3.“打开与保存”选项卡

打开“打开与保存”选项卡，可以看到“文件保存”、“文件安全措施”、“文件打开”、“外部参考”和“ObjectARX 应用程序”5 个部分，如图 1-22 所示。从中设置打开和保存图形文件有关操作的选择项。如设置图形文件自动保存时间，设置文件保存的格式等。

4.“打印和发布”选项卡

打开“打开与保存”选项卡，可以看到“新图形的默认打印设置”、“打印到文件”、“后台处理选项”、“打印并发布日志文件”、“常规打印选项”、“指定打印偏移相对于”、“打印戳记设置 ”、“打印样式表设置”和“自动发布”9 个部分。从中设置打印和打印参数。如设置打印时的偏移是相对于可打印区域的，还是相对于图纸边缘的。

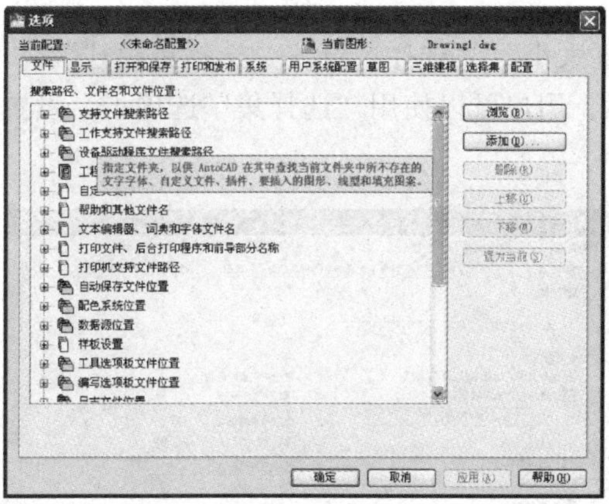

图 1-20　“文件”选项卡

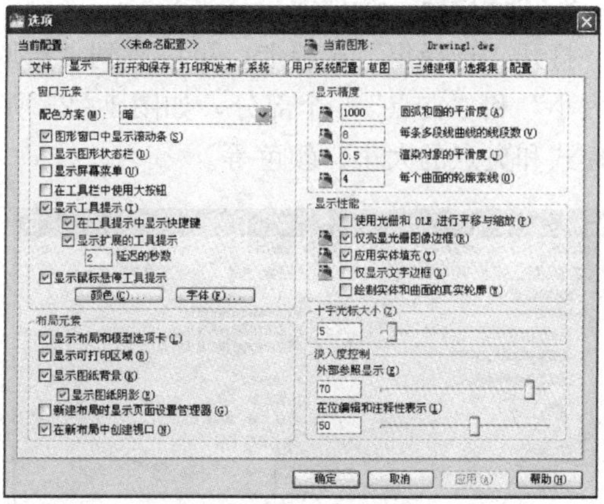

图 1-21　“显示”选项卡

5.“系统”选项卡

打开“系统”选项卡，以看到“当前三维图形显示”、“当前定点设备”、“布局重生成选项”、“数据库连接选项”、“常规选项”和“Live Enable 选项”6 个部分，用户可以从中设置系统参数。

6.“用户系统配置”选项卡

打开“用户系统配置”选项卡，可以看到“Windows 标准”、“插入比例”、“字段”、“坐标数据输入的优先级”、“关联标注”、“超链接”、“放弃/重作”、“线宽设置”、“编辑比例缩放列表”、“块编辑器设置”和“初始设置”11 部分。如图 1-23 所示。用户可以使用“用户系统配置”选项卡优化 AutoCAD 的工作方式。如：在启动 AutoCAD 时跳过了“初始设置”，则点击“初始设置”按钮，弹出“初始设置”对话框，进行初始设置。

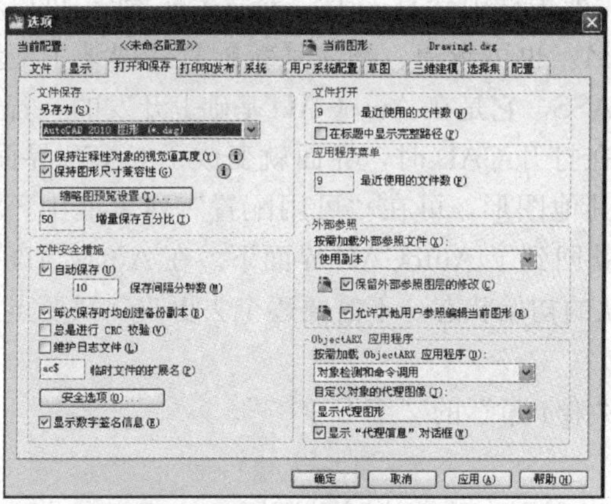

图 1-22　“打开与保存”选项卡

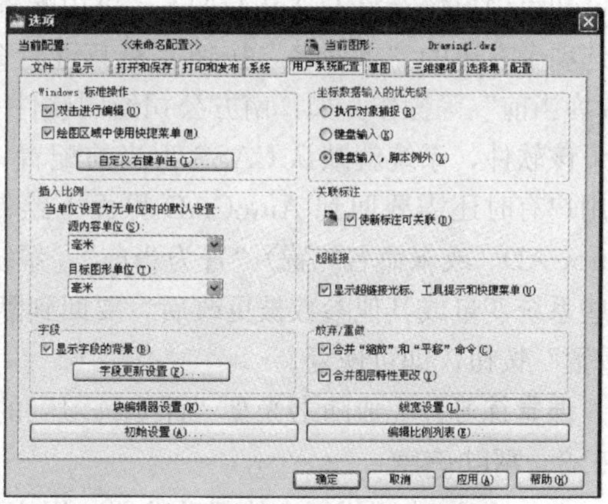

图 1-23　“用户系统配置”选项卡

7.“草图”选项卡

打开“草图”选项卡，可以看到“自动捕捉设置”、“自动捕捉标记大小”、“对象捕捉选项”、“自动追踪设置”、“对齐点获取”、“靶框大小”和“设置工具栏提示外观”等部分，如

图 1-24 所示。用户可以使用“草图”选项卡设置自动捕捉、自动追踪、靶框大小等。

8.“选择集”选项卡

打开“选择集”选项卡，可以看到“拾取框大小”、“选择预览”、“选择集模式”、“ 夹点大小”和“夹点”5 个部分，如图 1-25 所示。用户可以使用“选择集”选项卡，设置选择模式和夹点的大小、颜色等。

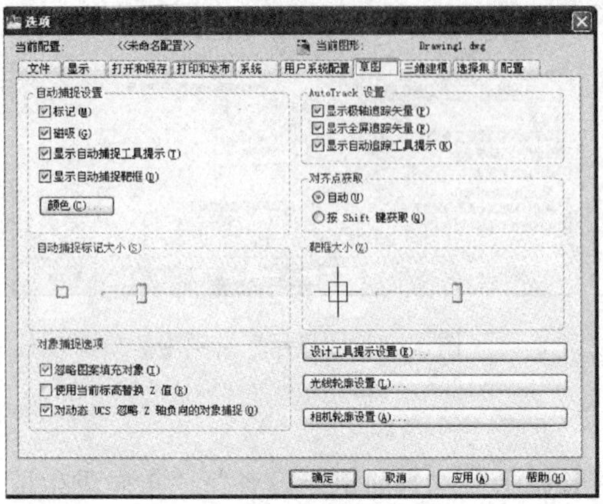

图 1-24 “草图”选项卡

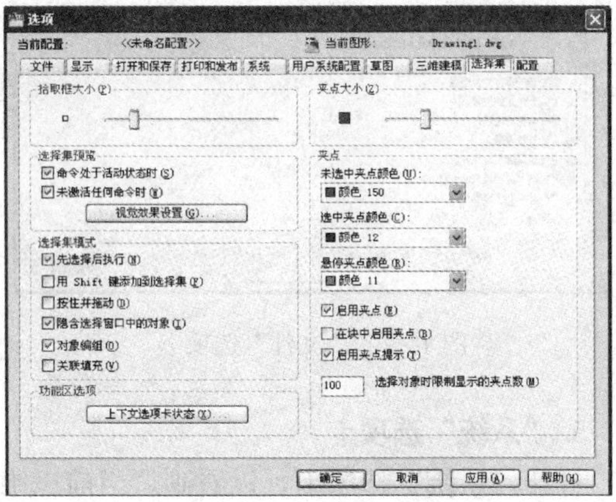

图 1-25 “选择集”选项卡

9.“三维建模”选项卡

在“三维建模”选项卡中，可以看到“三维十字光标”、“显示 ViewCube 或 UCS 图标”、“动态输入”、“三维对象”、“三维导航”5 个部分，在绘制三维立体图时，对相关项进行设置。

10.“配置”选项卡

打开“配置”选项卡，可以看到在“可用配置”列表框中，显示了当前可用的配置文件，如果用户仅安装了 AutoCAD，“可用配置”列表框中会有一个“未命名配置”，可以单击选项卡右边的“重命名”按钮，对其进行命名。也可新建、删除系统配置、把某个配置“置为当前”等操作。如：南方公司绘图软件 CASS，它是在 AutoCAD 基础上开发的，若安装了该软件，系统就默认 CASS 为当前配置，在打开 CAD 时，界面就变成了 CASS 界面，而用户有时还需要回到 AutoCAD 界面下绘制其他图形，可在“可用配置”列表框中，将 AutoCAD（或未命名配置）“置为当前”，系统就回到了 AutoCAD 界面下。在 AutoCAD 中一些系统变量或其他参数被更改后，要回到默认的初始状态，不需要逐个去更改，只要点击“重置”按钮，即可恢复。

课堂练习：完成随书光盘“课堂练习”的“第 1 章”的“练习 1-7”。

1.5.3 帮助信息

AutoCAD 中提供了在线帮助功能，用户可以利用多种方式随时调用 AutoCAD 2010 的帮助文件来查询相关的帮助信息。该命令的调用方式为：

- 信息中心工具栏：→?。
- 命令行：help 或“?”。
- 快捷键：F1。

用上述方法中的任一种方法启动帮助命令，AutoCAD 都将显示“AutoCAD 2010 帮助”对话框，如图 1-26 所示。

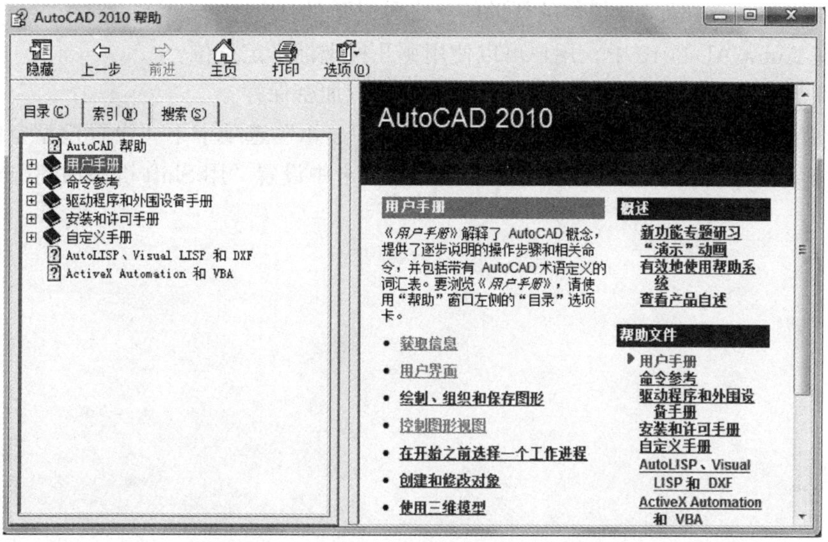

图 1-26　“AutoCAD 2010 帮助”对话框

“目录”选项卡中显示 AutoCAD 的操作目录和命令目录，用户单击所需的目录名，然后单击所需的子目录，从中查找所需的项目名，单击项目名，就可以进入该项目的帮助窗口。

在“索引”选项卡中，允许用户通过输入要检索的项目的前几个字母进行检索，同时下面的列表框中将显示出有关帮助主题。用户双击所需的选项，在右侧窗口中就可以看到相应的信息。

在“搜索”选项卡中，用户可以在“输入要搜索的文字”文本框中输入要查找的关键词，在“选择要搜索的部分”文本框中选择“全部文档”，然后点击“搜索”按钮，在“选择主题”框中选择需要帮助的内容，用鼠标双击，在右侧的窗口就会弹出相应的详细信息。

用户可以利用帮助对话框来获得个人所需的帮助信息，尤其对自学者来说，“帮助”是一位最好的无声老师。

课堂练习：完成随书光盘“课堂练习”的“第 1 章”的“练习 1-8”。

小　　结

通过本章的学习读者应了解 AutoCAD 的发展历程，AutoCAD 2010 的安装过程，熟悉 AutoCAD 的基本操作，AutoCAD 中的坐标系、系统设置和帮助的使用等内容。重点掌握 AutoCAD 工作界面中各部分的名称和用途，打开和保存图形文件的操作步骤、直角坐标和极坐标的输入方法等。

习 题 与 思 考 题

1-1　简述如何启动和退出 AutoCAD。

1-2　在 AutoCAD 2010 中，如何创建用户坐标系？

1-3　如何使用 AutoCAD 中提供的样板？

1-4　如何利用 AutoCAD 提供的帮助信息来寻求帮助？

1-5　在 AutoCAD 2010 中，用户可以使用哪几种坐标来定点位？

1-6　在 AutoCAD 2010 中，如何对图形文件进行加密保存？

1-7　在 AutoCAD 2010 的“选项”对话框中，“显示”选项卡下，设置模型空间背景的颜色为白色，十字光标的大小为 10；在“选择集”选项卡中设置“用 Shift 键添加到选择集”。

第2章 二维图形的绘制

AutoCAD 2010 提供了丰富的绘图命令，利用这些命令我们可以绘制出各种基本实体，并在此基础上构造出更复杂的图形对象。在熟练掌握基本图形的绘制方法之后，就可以方便、快捷地绘制出各种复杂图形。

本章将向读者详细介绍各种基本绘图命令的使用方法，并提供了一定数量的实例。本章的内容是运用 AutoCAD 2010 的必要前提和基础。

本章主要内容：

- 绘制点
- 绘制直线及折线图形
- 绘制曲线图形
- 绘制特殊线
- 图案填充

在 AutoCAD 2010 中实现基本的图形绘制，首先需要知道如何调用或输入这些命令。为了方便用户使用，在 AutoCAD 2010 二维草图和注释工作空间（默认的工作空间）下提供了下述两种方法进行绘图：

- 利用命令绘图。
- 利用功能区的“常用”选项卡的“绘图”面板绘图。如图 2 - 1 所示，用鼠标单击相应的绘图图标，然后根据命令提示窗口中的提示信息进行操作。

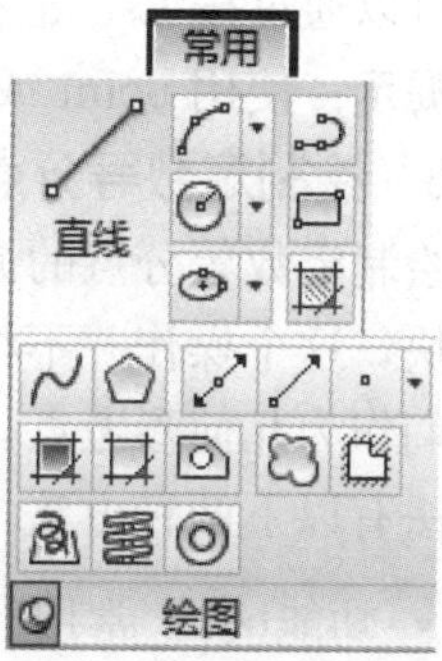

图 2 - 1 “绘图”面板

2.1 绘制点

点是组成图形最基本的实体对象之一。点对象由一个单一的点或是其他 19 种点样式中的一种组成，用于表示节点或参照点。例如，在绘图时，有时需要沿车道中心线使用点对象标记出车站的位置。利用 AutoCAD 2010，用户可以方便地创建各种形式的点。

2.1.1 设置点样式

在 AutoCAD 2010 中可以定制点的类型，从而得到各种需要的点类型。定制点的类型是通过“点样式”对话框完成的，可以通过以下两种方法调出“点样式”对话框。

- 功能区：“常用”选项卡→“实用工具”→“点样式”。
- 命令行：ddptype。

通过以上任何一种方法，都会出现如图 2 - 2 所示的点样式对话框。该对话框提供了 20 种点样式，用户可以根据需要选择其中一种，即可以在下次的绘制点命令中使用该样式。如果改变了点样式，AutoCAD 2010 自动重新生成图形，所有点的样式（包括以前绘制的点）

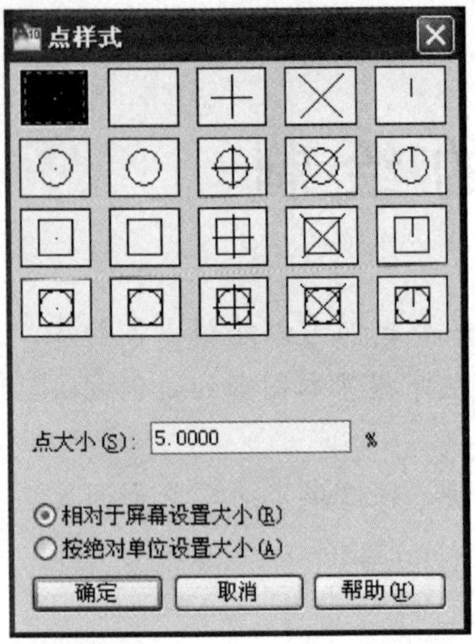

图 2-2 在“点样式”对话框中修改点的样式和大小

都将变为新设定的点样式。

此外，用户还可以在该对话框中设置点的大小，设置方式有两种：

- 相对于屏幕设置尺寸：按屏幕尺寸的百分比设置点的显示大小。当执行显示缩放时，显示出的点的大小不改变。
- 用绝对单位设置尺寸：按实际单位设置点的显示大小。当执行显示缩放时，显示出点的大小随之而改变。

2.1.2 绘制点

在 AutoCAD 2010 中，激活绘制点命令的方法有如下几种：

- 功能区：“常用”选项卡→“绘图”面板→“点”图标。
- 命令行：point 或 po。

启动该命令后，AutoCAD 2010 将显示当前点的模式和大小，并提示用户指定点的位置。命令行窗口提示如下：

当前点模式： PDMODE=0 PDSIZE=0.0000

指定点：

在该提示下，用户可以连续用光标或用键盘在多个位置创建点对象。完成点实体的绘制后，可以通过按 Esc 键来终止该命令。

提示：使用 point 或 po 命令只能实现单点的绘制。

2.1.3 绘制定数等分点

绘制定数等分点的命令是 divide，定数等分点可以在对象上按指定数目等间距创建点或插入块，这个操作并不将对象实际等分为单独的对象；它仅仅是标明定数等分的位置，以便将它们作为几何参考点。被等分的对象可以是直线、圆、圆弧、多段线等实体。调用该命令的方法有以下两种方法：

- 功能区：“常用”选项卡→“绘图”面板→→“定数等分点”。
- 命令行：divide。

执行 divide 命令后，命令行提示如下：

选择要定数等分的对象：

输入线段数目或［块（B）］：

在此提示下直接输入等分数，即响应默认项，AutoCAD 在指定的对象上绘出等分点。如果执行［块（B）］选项，表示将在等分点处插入块（图块的具体使用方法，参见第 5 章）。

利用 divide 命令绘制等分点后，用户可能会发现所操作的对象并没有发生变化，这是因为当前点的样式为一个普通点，其与所操作的对象正好重合。用户可以参照 2.1.1 设置“点样式”，这样等分点就能够在绘图窗口中显示出来。

下面的例子表示了如何在一条线段上绘制 4 等分点的具体方法。

（1）在屏幕上画一条线段：

命令行：line

指定第一点：(用光标在屏幕上拾取一点 A 作为直线的起点)

指定下一点或［放弃（U）］：(用光标在屏幕上拾取一点 B 作为直线的终点)

指定下一点或［放弃（U）］：(结束画线)

(2) 功能区："常用"选项卡→"实用工具"→"点样式"，弹出"点样式"对话框。

(3) 在第一排第四个类型框中单击，选择该类型。

(4) 单击"确定"按钮，关闭"点样式"对话框。

(5) 功能区："常用"选项卡→"绘图"面板→ →"定数等分点"，在"选择要定数等分的对象："提示符下，用选择框选取已画好的直线。

(6) 在"输入线段数目或［块（B）］："提示符下输入"5"，完成操作后，图形如图 2-3 所示。

图 2-3　点等分线

课堂练习： 完成随书光盘中"课堂练习"的"第 2 章"的"练习 2-1"。

2.1.4　绘制定距等分点

绘制定距等分点的命令是 measure。该命令可以从选定对象的一个端点划分出相等的长度。调用该命令的方法有如下两种方法：

- 功能区："常用"选项卡→"绘图"面板→ →"定距等分点"。
- 命令行：measure。

定距等分点的具体操作过程如下：执行 measure 命令后，命令行显示如下提示信息：

选择要定距等分的对象：

指定线段长度或［块（B）］：

在此提示下输入等分线段的长度，即执行默认选项，系统就会自动测量实体，并以给定的线段长度在对象上等距绘制点。若用户输入（B）选择"块"选项，系统将会按给定线段长度等距插入给定的图块。

提示： divide 命令是按给定数目等分所选对象；而 measure 命令则是以给定单元段长度在所选对象上插入点或块标记，直到余下部分不足一个间距为止，等分对象的最后一段可能要比指定的间隔短。

为了使用户熟练地掌握定距等分点的使用方法，下面练习一下，绘制如图 2-4 所示的简单图形。

(1) 在屏幕上画一条线段。

(2) 功能区："常用"选项卡→"实用工具"→"点样式"，弹出"点样式"对话框。

(3) 在第一排第四个类型框中单击，选择该类型。

(4) 单击"确定"按钮，关闭"点样式"对话框。

(5) 功能区："常用"选项卡→"绘图"面板→ →"定距等分点"。

(6) 在"选择要定距等分的对象："提示符下，用选择框选取已画好的直线。

在"指定线段长度或［块（B）］："提示符下输入"15"，完成操作后，图形如图 2-4 所示。

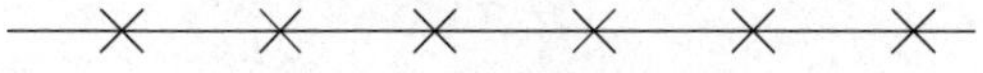

图 2-4　定距等分线

课堂练习： 完成随书光盘中"课堂练习"

的“第 2 章”的“练习 2－2”。

2.2 绘制直线及折线图形

2.2.1 绘制直线

AutoCAD 中的大多数对象可能都含有直线，50％以上的图形是由直线组成的。一条直线由两个点组成：起点和端点。在 AutoCAD 2010 中，激活绘制直线命令的方法有如下几种：

- 功能区：“常用”选项卡→“绘图”面板→“直线”图标。
- 命令行：line 或 l。

执行该命令后，AutoCAD 提示如下：

line 指定第一点：（确定起始点位置）

指定下一点或［放弃（U）］：

此时用户可直接确定另一点的位置，以确定一条直线段，也可以执行“放弃（U）”选项，取消已确定的线段起始点，以便重新确定起始点位置。当在“指定下一点或［放弃（U）］：”提示下确定了直线的端点位置后，AutoCAD 将绘制该直线线段，并重复提示：

指定下一点或［闭合（C）/放弃（U）］：

用户可在此提示下继续给出线段的端点位置。若要结束操作，则可按回车键或空格键结束命令。若在直线命令处于激活状态时，可以通过键入 U（undo）命令放弃上一个绘制的直线线段。绘制了两条以上的直线线段后，可以键入 C（代表“封闭”选项），创建一条与起点相连的直线线段并结束直线命令。

为了使用户熟练地掌握直线的绘制方法，充分理解直线命令，练习绘制如图 2－5 所示的简单图形。

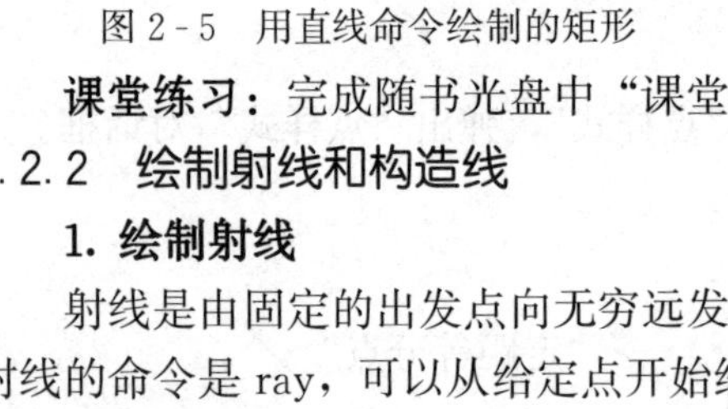

图 2－5　用直线命令绘制的矩形

命令：line

指定第一点：60，40

指定下一点或［放弃（U）］：20，40

指定下一点或［放弃（U）］：20，20

指定下一点或［闭合（C）/放弃（U）］：60，20

指定下一点或［闭合（C）/放弃（U）］：c

课堂练习：完成随书光盘中“课堂练习”的“第 2 章”的“练习 2－3”。

2.2.2 绘制射线和构造线

1. 绘制射线

射线是由固定的出发点向无穷远发射的一条直线，一般用作绘图过程中的辅助线。绘制射线的命令是 ray，可以从给定点开始绘制一端无限长的射线。用户可以通过以下两种方法激活射线命令。

- 功能区：“常用”选项卡→“绘图”面板→“射线”图标。
- 命令行：ray。

执行射线命令后，AutoCAD 提示如下：

指定起点：（指定射线的起点）

指定通过点：（指定射线要通过的点）

指定通过点：（指定一点以绘制另一条射线或按 Enter 键结束命令）

这样，就可以绘制一条从指定点开始，通过第二点且可以单向无限延伸的射线。如果用户只画一条射线，则可在下次出现“指定通过点：”提示符时按回车键或空格键结束射线命令。若想画多条射线，在“指定通过点：”提示符下继续输入射线通过的点即可。

绘制如图 2-6 所示的两条射线，熟悉和练习射线的绘制方法。

这两条射线的共同端点为（200，200），一条射线为水平线，另一条射线与这条射线的夹角为 30°。下面的过程即为创建该图形的具体步骤：

- 启动 ray 命令，输入端点坐标（200，200）。
- 用相对极坐标输入与水平成 120°的射线通过该点的坐标。
- 输入水平射线通过点的坐标。

通过上述步骤，即可绘出图 2-6 所示的射线图形，这个过程的命令清单如下：

命令：ray

指定起点：200，200

指定通过点：@200，120

指定通过点：300，200

指定通过点：（回车或空格）

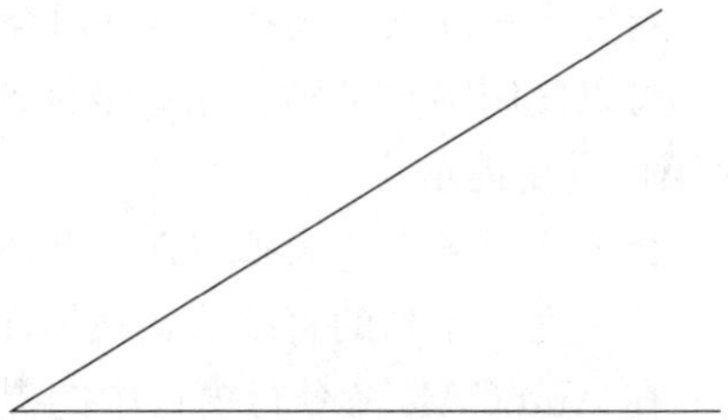

图 2-6　用射线命令绘制的射线

课堂练习：完成随书光盘中“课堂练习”的“第 2 章”的“练习 2-4”。

2. 绘制构造线

xline 命令用于通过给定的点绘制两端无限长的参照线。用户可以通过以下两种方法激活构造线命令。

- 功能区：“常用”选项卡→“绘图”面板→“构造线”图标。
- 命令行：xline。

执行构造线命令后，AutoCAD 提示如下：

指定点或［水平（H）/垂直（V）/角度（A）/二等分（B）/偏移（O）］：（指定一点或单击右键从快捷菜单中选择一个合适的选项）

指定一个点作为参照线的基点，这点同时被定义为参照线的中点，AutoCAD 将提示：

指定通过点：（指定参照线通过的点）

输入第二点即绘出一条通过两点两端无限长的参照线，然后 AutoCAD 提示选择其他点绘制。

各选项含义如下：

（1）“水平”绘制通过给定点且平行于 UCS 的 X 轴的参照线。

（2）“垂直”绘制通过给定点且平行于 UCS 的 Y 轴的参照线。

（3）“角度”绘制给定角度的参照线。

（4）“二等分”绘制通过给定点且平分由第二点、给定点和第三点所形成的夹角的参照线，其中给定点为夹角的顶点。

（5）“偏移”绘制与选定的对象平行且偏移指定的距离的参照线。

2.2.3 绘制多段线

多段线是 AutoCAD 中最常用而且功能较强的实体之一，是由等宽或不等宽的直线或圆弧组成的对象。多段线中的“多段”指的是单个对象中包含多条直线或圆弧。它的优点在于无论这条多段线由多少条直线和圆弧组成，它都是一个实体，可以统一对其进行编辑。此外，多段线中的线条可以设置成不同的线宽和线型，具有很强的实用性。在 AutoCAD 2010 中，创建二维多段线的命令有以下两种：

- 功能区：“常用”选项卡→“绘图”面板→“多段线”图标 。
- 命令行：pline 或 pl。

执行多段线后，AutoCAD 命令行窗口提示如下：

指定起点：

用鼠标在绘图窗口指定多段线的起点后，命令行窗口提示如下：

当前线宽为 0.0000

指定下一点或［圆弧（A)/半宽（H)/长度（L)/放弃（U)/宽度（W)］：

指定下一点或［圆弧（A)/闭合（C)/半宽（H)/长度（L)/放弃（U)/宽度（W)］：

可以使用绝对坐标、相对坐标或其他绘图工具在屏幕上输入点的位置，完成以后，AutoCAD 重复提示：

指定下一点或［圆弧（A)/闭合（C)/半宽（H)/长度（L)/放弃（U)/宽度（W)］：

绘制完一系列的直线后，按回车键将结束该命令。

在 AutoCAD 命令行窗口中的提示共有 6 个选项，下面分别介绍这些选项的含义。

指定下一点：确定多段线另一个端点的位置，是默认项。用户响应后，AutoCAD 将会以当前的多段线设置绘出一段从前点到该点的多段线，然后又重复出现前面的提示。

圆弧：该选项可以使得当前命令由绘直线方式变为绘圆弧的方式。

闭合：必须至少指定两个点才能使用“闭合”选项。执行该选项后，AutoCAD 将从当前点向多段线的起点以当前宽度绘制多段线，即封闭所绘制的多段线，然后结束命令的执行。

半宽：该选项可以确定所绘制多段线的半宽度，即输入值是多段线宽度的一半。

长度：执行该选项后，AutoCAD 将以用户指定的长度值沿着上一次所绘制直线的方向继续绘制直线。

放弃：选择该选项将删除最后加到多段线上的直线或圆弧，利用它可及时修改在绘制多段线过程中出现的错误。

宽度：执行该选项可以确定多段线的起始宽度和终止宽度。

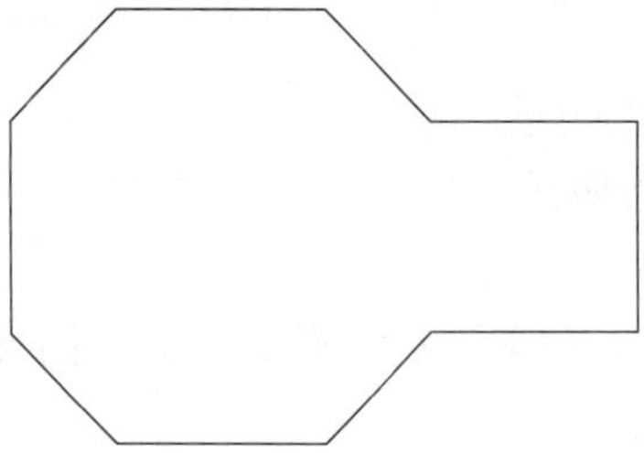

图 2-7　用多段线创建的连续多段线

图 2-7 为用多段线命令绘制的连续多段线，命令清单如下：

命令：pline

指定起点：20，20

当前线宽为 0.0000

指定下一点或［圆弧（A)/半宽（H)/长度（L)/放弃（U)/宽度（W)］：30，20

指定下一点或［圆弧（A)/闭合（C)/半宽（H)/

长度（L)/放弃（U)/宽度（W)]：35，15

指定下一点或［圆弧（A)/闭合（C)/半宽（H)/长度（L)/放弃（U)/宽度（W)]：45，15

指定下一点或［圆弧（A)/闭合（C)/半宽（H)/长度（L)/放弃（U)/宽度（W)]：45，5

指定下一点或［圆弧（A)/闭合（C)/半宽（H)/长度（L)/放弃（U)/宽度（W)]：35，5

指定下一点或［圆弧（A)/闭合（C)/半宽（H)/长度（L)/放弃（U)/宽度（W)]：30，0

指定下一点或［圆弧（A)/闭合（C)/半宽（H)/长度（L)/放弃（U)/宽度（W)]：20，0

指定下一点或［圆弧（A)/闭合（C)/半宽（H)/长度（L)/放弃（U)/宽度（W)]：15，0

指定下一点或［圆弧（A)/半宽（H)/长度（L)/放弃（U)/宽度（W)]：15，5

指定下一点或［圆弧（A)/闭合（C)/半宽（H)/长度（L)/放弃（U)/宽度（W)]：15，15

指定下一点或［圆弧（A)/闭合（C)/半宽（H)/长度（L)/放弃（U)/宽度（W)]：c

课堂练习：完成随书光盘中“课堂练习”的“第 2 章”的“练习 2-5”。

2.2.4　绘制矩形和正多边形

1. 绘制矩形

利用 AutoCAD 2010 提供的 Rectang 命令可以绘制矩形。用 AutoCAD 画一个矩形，只需要指定它的两个对角点。绘制的时候，可以设置矩形边线的宽度、顶点处的倒角距离以及圆角的半径。

激活矩形命令的方法有如下几种：

- 功能区：“常用”选项卡→“绘图”面板→“矩形”图标 。
- 命令行：rectang 或 rectangle。

执行矩形命令后，AutoCAD 提示如下：

指定第一个角点或［倒角（C)/标高（E)/圆角（F)/厚度（T)/宽度（W)]：

指定另一个角点或［面积（A)/尺寸（D)/旋转（R)]：

下面对矩形命令的各选项功能说明如下：

指定第一个角点：该选项是默认项。执行该选项，即确定矩形的第一个角点位置后，拖动鼠标时，屏幕上显示出一个矩形。

指定另一个角点：该选项提示用户指定矩形的另外一个角点以完成矩形的绘制。

倒角：指定矩形各角点倒角的大小。

标高：该选项一般用于三维绘图，确定矩形在三维空间内某面的高度。

圆角：设定矩形四角为圆角以及圆角的半径大小。

厚度：该选项一般用于三维绘图，设置矩形的厚度，即 Z 轴方向的高度。

宽度：为要绘制的矩形指定多段线的宽度。

下面通过绘制一个含有倒角的矩形和圆角的矩形介绍这些选项的用法，具体步骤如下：

命令：rectang

指定第一个角点或［倒角（C）/标高（E）/圆角（F）/厚度（T）/宽度（W）］：F

指定矩形的圆角半径<5.0000>：10

指定第一个角点或［倒角（C）/标高（E）/圆角（F）/厚度（T）/宽度（W）］：（在绘图窗口单击鼠标左键指定矩形的一个角点）

指定另一个角点或［面积（A）/尺寸（D）/旋转（R）］：（在绘图窗口单击鼠标左键指定矩形的另一个角点）

完成后，绘图区中的效果如图 2-8 所示。

命令：rectang

指定第一个角点或［倒角（C）/标高（E）/圆角（F）/厚度（T）/宽度（W）］：C

指定矩形的第一个倒角距离<0.0000>：10

指定矩形的第二个倒角距离<10.0000>：10

指定第一个角点或［倒角（C）/标高（E）/圆角（F）/厚度（T）/宽度（W）］：（在绘图窗口单击鼠标左键指定矩形的一个角点）

指定另一个角点或［面积（A）/尺寸（D）/旋转（R）］：（在绘图窗口单击鼠标左键指定矩形的另一个角点）

完成后，绘图区中的效果如图 2-9 所示。

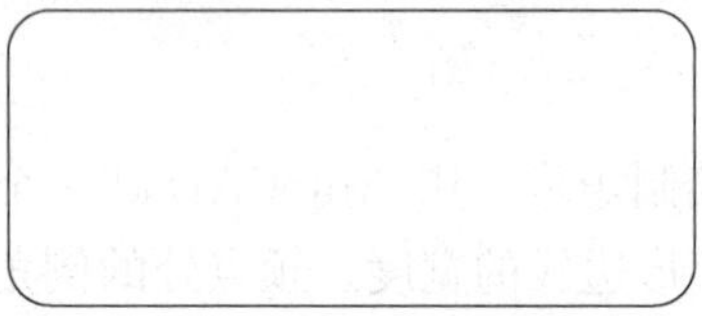

图 2-8　绘制带有圆角的矩形

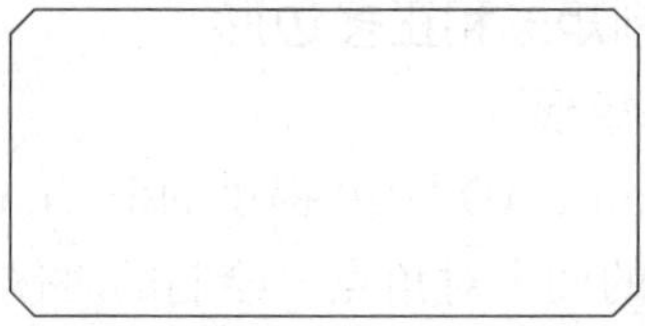

图 2-9　绘制带有倒角的矩形

2. 绘制正多边形

Polygon 命令用于绘制边数为 3 ～1024 的二维正多边形。AutoCAD 2010 用多段线绘制正多边形，可根据需要用 Pedit 命令修改多段线，如修改正多边形的宽度。激活多边形命令的方法如下所示：

- 功能区："常用"选项卡→"绘图"面板→"多边形"图标。
- 命令行：polygon。

执行创建正多边形命令后，AutoCAD 提示如下：

命令：输入边的数目<4>：

指定正多边形的中心点或［边（E）］：

输入选项［内接于圆（I）/外切于圆（C）］<I>：

指定圆的半径：

定义了正多边形的中心点后，AutoCAD 提供两个选项：内接于圆（I）和外切于圆（C）。

（1）"内接于圆"绘制一个内接于假想圆的正多边形，如图 2-10 所示，这种画法需要用户提供正多边形的边数、外接圆的半径以及正多边形的中心点。

例如，下面为用“内接于圆”命令绘制正六边形的具体步骤：

命令：polygon

输入边的数目<4>：6

指定多边形的中心点或［边（E）］：30，30

输入选项［内接于圆（I）/外切于圆（C）］<I>：（按 Enter 键接受默认选项“内接于圆”）

指定圆的半径：20

AutoCAD 绘制了一个中心位于（30，30）点，顶点至中心点的距离为 20 的正六边形，如图 2-11 所示。

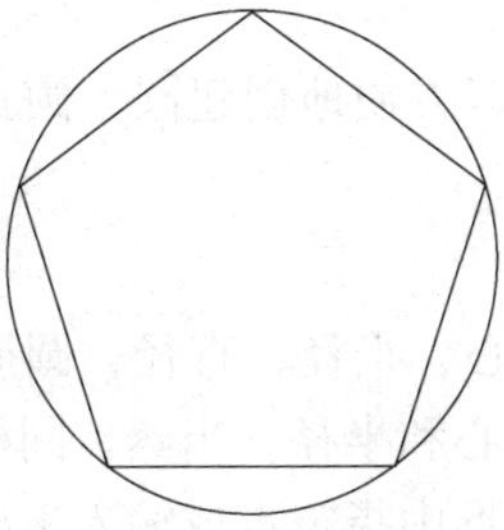

图 2-10　内接于假想圆的正多边形

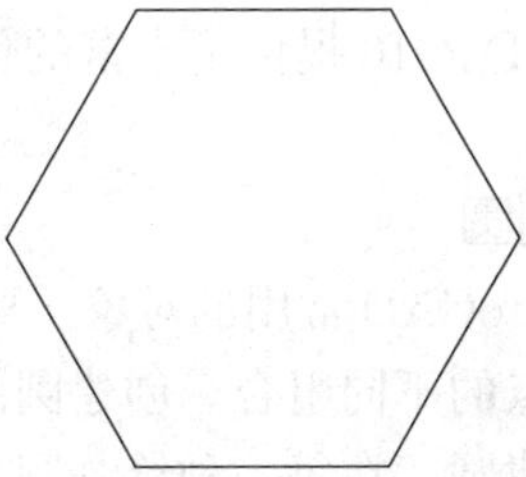

图 2-11　“内接于圆”绘制的正六边形

（2）“外切于圆”绘制一个外切于假想圆的正多边形，即各边都与内接圆相切，如图 2-12所示。这种画法需要用户提供正多边形的边数、内接圆的半径以及正多边形的中心点。

例如，下面为用“外切于圆”命令绘制正九边形的具体步骤：

命令：polygon

输入边的数目<4>：9

指定多边形的中心点或［边（E）］：30，30

输入选项［内接于圆（I）/外切于圆（C）］<I>：c

指定圆的半径：20

AutoCAD 绘制了一个中心位于（30，30）点，从中心到边的距离为 20 的正九边形，如图 2-13 所示。

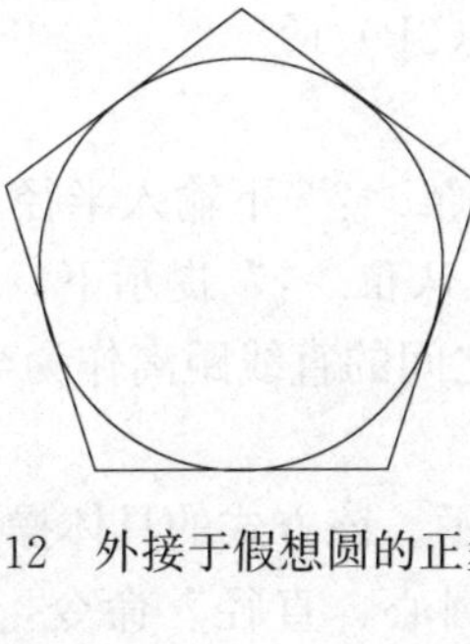

图 2-12　外接于假想圆的正多边形

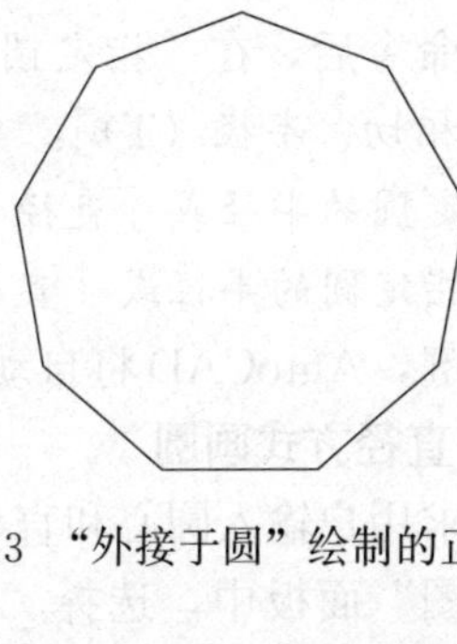

图 2-13　“外接于圆”绘制的正九边形

（3）“边”通过指定第一条边的两个顶点绘制正多边形。这种方式需要用户提供正多边形

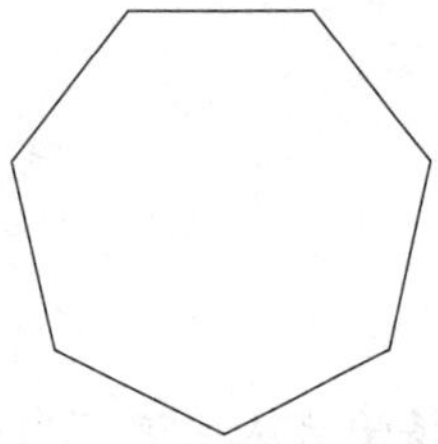

图 2-14　通过边长绘制的正七边形

形的边数和边长，这种方式适用于边长已知的情况。例如，下面的命令提示为绘制一个正七边形的具体步骤（如图 2-14 所示）：

命令：polygon

输入边的数目<4>：7

指定多边形的中心点或［边（E）］：e

指定边的第一个端点：1，1

指定边的第二个端点：3，1

课堂练习：完成随书光盘中“课堂练习”的“第 2 章”的“练习 2-6”。

2.3　绘制曲线图形

AutoCAD 2010 提供了丰富的创建曲线功能，用户可以方便地创建圆、圆弧、圆环等曲线对象。

2.3.1　绘制圆

圆是 AutoCAD 常用的对象。要创建圆，可以指定圆心、半径、直径、圆周上的点和其他对象上的点的不同组合。创建圆的默认方式是：指定圆心和半径。当然，同样可以使用其他的方式创建圆。在每一种绘制圆的方式中，都可以在图形中指定点或输入坐标，或组合使用这两种方法。

在 AutoCAD 2010 中，激活圆命令的方法有如下几种：

- 功能区：“常用”选项卡→“绘图”面板→“圆”图标 。
- 命令行：Circle 或 C↙。

单击功能区：“常用”选项卡→“绘图”面板→“圆”图标旁的 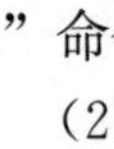，如图 2-15 所示 AutoCAD 2010 提供的绘制圆的方法。

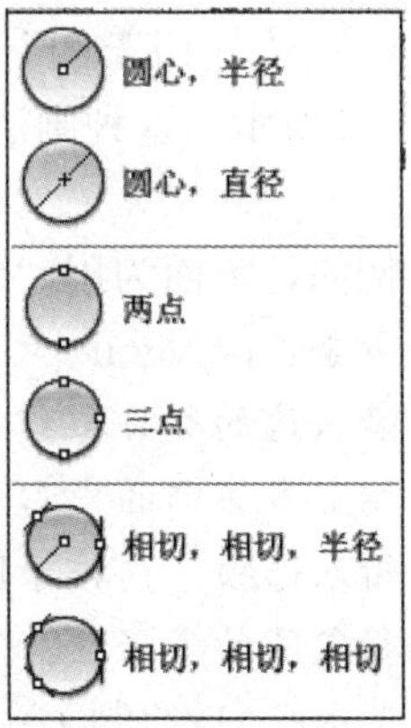

图 2-15　AutoCAD 提供绘制圆的方法

1. 用圆心、半径方式画圆

这种方式要求用户输入圆心和半径，如图 2-16 所示。该方式的具体操作步骤如下：

(1) 从“绘图”面板中，选择“圆”图标下的“圆心、半径”命令。

(2) 启动圆命令后，在“指定圆的圆心或［三点（3P)/两点（2P)/相切、相切、半径（T)］:”提示下指定圆心。

(3) 在“指定圆的半径或［直径（D)］<当前默认值>:”下输入半径。

提示：在“指定圆的半径或［直径（D)］<当前默认值>:”提示下，移动十字光标至合适位置单击左键，AutoCAD 将自动把圆心和新定点之间的直线距离作为半径大小。

2. 用圆心、直径方式画圆

这种方式要求用户输入圆心和直径，如图 2-17 所示。该方式的具体操作步骤如下：

(1) 从“绘图”面板中，选择“圆”图标下的“圆心、直径”命令，启动圆命令后，AutoCAD 提示如下：

“指定圆的圆心或［三点（3P）/两点（2P）/相切、相切、半径（T）］：”

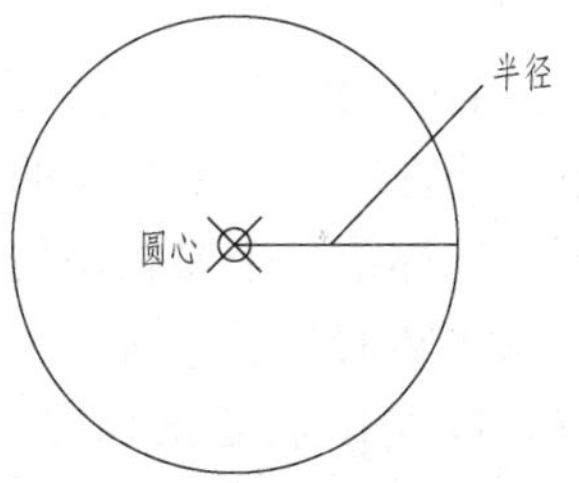

图2-16　用圆心和半径方式画圆

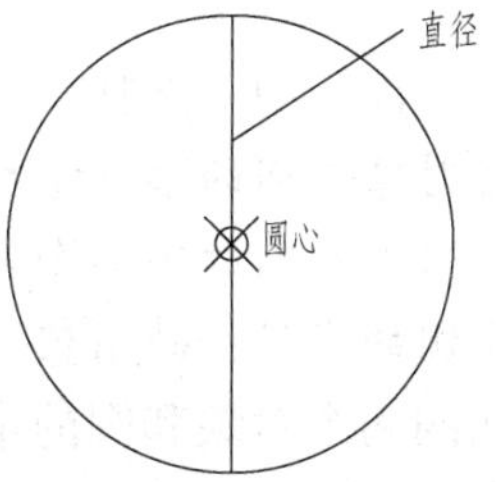

图2-17　用圆心和直径方式画圆

（2）指定圆心位置。屏幕上将会显示一个圆。随着鼠标的移动，圆的尺寸相应的改变。AutoCAD提示如下：

指定圆的直径（D）<当前默认值>：

（3）输入直径。

3. 三点画圆

这种方式是基于圆周上的三点绘制圆，如图2-18所示。具体操作步骤如下：

（1）从“绘图”面板中，选择“圆”图标下的“三点”命令。

（2）在“指定圆上的第一个点：”提示下，确定圆周上的第一点。

（3）在“指定圆上的第二个点：”提示下，确定圆周上的第二点。

（4）在“指定圆上的第三个点：”提示下，确定圆周上的第三点。

可在图形窗口依次指定三点，或通过键盘输入三点的坐标，AutoCAD 2010将绘出过这三点的圆。

4. 两点画圆

该方式用于绘制经过指定两点，且以这两点为直径的圆，如图2-19所示。具体操作步骤如下：

（1）从“绘图”面板中，选择“圆”图标下的“两点”命令。

（2）在“指定圆直径的第一个端点：”提示下，确定直径上的第一个端点。

（3）在“指定圆直径的第二个端点：”提示下，确定直径上的第二个端点。

可在图形窗口依次指定圆直径的两个端点，或通过键盘输入两个端点的坐标，AutoCAD 2010将绘出以这两点为直径的圆。

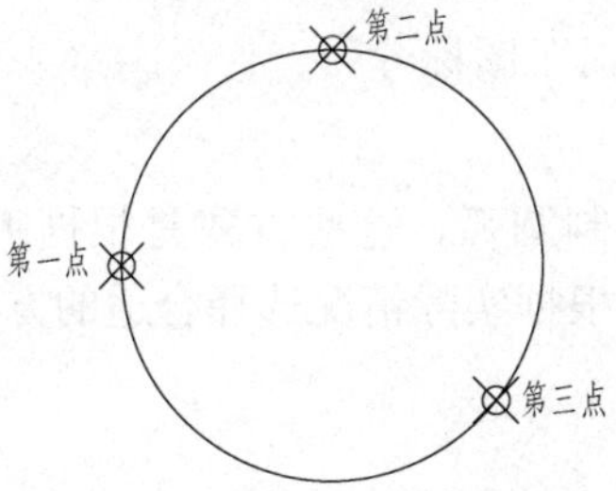

图2-18　三点画圆

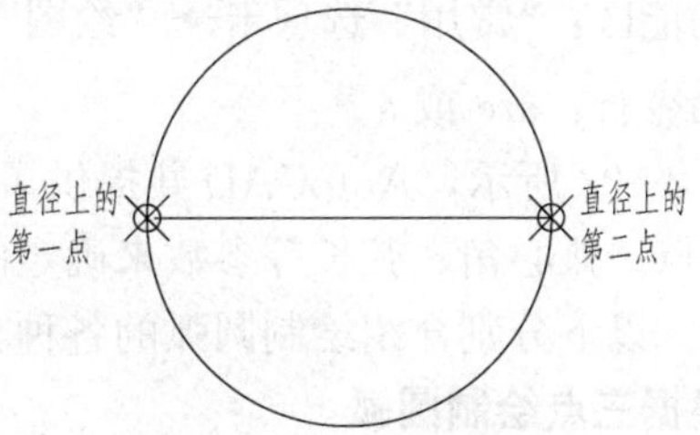

图2-19　两点画圆

5. 相切、相切、半径（T）

该方式要求用户确定和圆相切的两个实体以及圆的半径，如图 2-20 所示。具体的操作步骤如下：

（1）从“绘图”面板中，选择“圆”图标下的“相切、相切、半径”命令。

（2）在“指定对象与圆的第一个切点：”提示下，选择第一个要相切的对象。

（3）在“指定对象与圆的第二个切点：”提示下，选择第二个要相切的对象。

（4）在“指定圆的半径<缺省值>：”提示下，输入圆的半径。

依次确定相切的两个对象和圆的半径后，AutoCAD 2010 将绘出相应的圆。

6. 相切、相切、相切

当需要画三个实体的公切圆时，可采用这种方式。该方式要求用户确定公切圆和这 3 个实体的相切点，如图 2-21 所示。

（1）从“绘图”面板中，选择“圆”图标下的“相切、相切、相切”命令。

（2）在“指定圆上的第一个点：_tan 到”提示下，选择第一个目标实体。

（3）在“指定圆上的第二个点：_tan 到”提示下，选择第二个目标实体。

（4）在“指定圆上的第三个点：_tan 到”提示下，选择第三个目标实体。

按照提示完成相应的操作后，AutoCAD 2010 将绘出与指定的三个对象相切的圆。

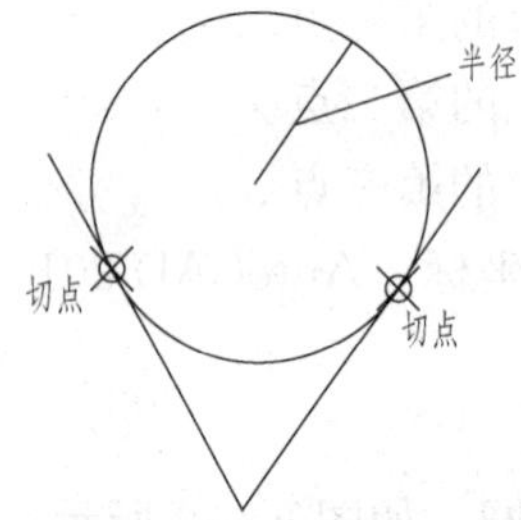

图 2-20　用相切、相切、半径方式画圆

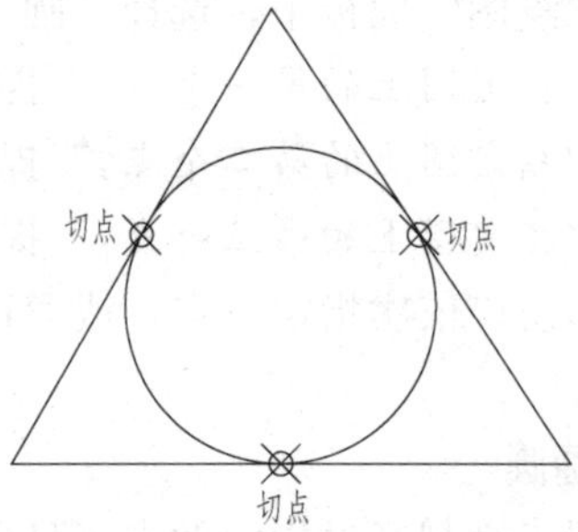

图 2-21　用相切、相切、相切方式画圆

课堂练习：完成随书光盘中“课堂练习”的“第 2 章”的“练习 2-7”。

2.3.2　绘制圆弧

圆弧是圆的一部分，是图形中的一个重要的实体。要绘制圆弧，可以指定圆心、端点、起点、半径、角度、弦长和方向值的各种组合形式。绘制圆弧的默认方法是指定三个点：起点、第二点、端点。用户可以通过如下几种方法输入圆弧命令：

- 功能区：“常用”选项卡→“绘图”面板→“圆弧”图标 。
- 命令行：arc 或 a。

如图 2-22 所示，AutoCAD 共提供了 11 种方法绘制圆弧，这些方式是根据弧的起点、方向、终点、弧心角、弦长等参数来确定的，用户可以根据实际情况选择合适的方式完成圆弧的绘制。以下分别介绍绘制圆弧的各种方法。

1. 根据三点绘制圆弧

用三点的方式绘制圆弧，要求用户输入弧的起点、第二点和终点。绘出的圆弧的方向是由起点、终点的位置确定的，顺时针和逆时针方向都可以。输入终点时，可以用鼠标将弧拖至所需的位置，也可以用键盘输入坐标，如图 2-23 所示。

2. 用起点、圆心和端点绘制圆弧

用起点、圆心和端点绘制圆弧，这种方式适用于已知弧的起点、圆心和终点的情况。给出弧的起点和圆心就决定了弧的半径，终点只决定圆弧的长度。使用不同的选项，可以先指定起点，也可以先指定圆心。图 2 - 24 所示的图形表明了起点、圆心和端点的位置关系。

3. 根据起点、圆心以及角度绘制圆弧

用起点、圆心和角度绘制圆弧，该方式要求用户输入圆弧的起点、圆心及其所对应的弧心角，如图 2 - 25 所示。

提示：当用鼠标拖动输入包含角时，角度是从零角度方向开始测量的角度，如图 2 - 25 所示的角 A，而不是起点、圆心和指定点形成的角。

4. 根据起点、圆心、弦长绘制圆弧

用起点、圆心、弦长绘制圆弧，其中弦长指的是圆弧所对应的弦长。若弦长为正值时，则得到与弦长相对应的短弧，反之，则得到最长的弧，如图 2 - 26 所示。

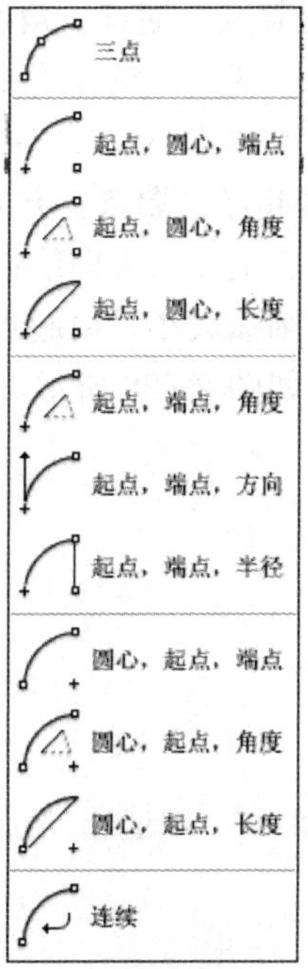

图 2 - 22　AutoCAD 共提供 11 种方法绘制圆弧

图 2 - 23　三点画弧

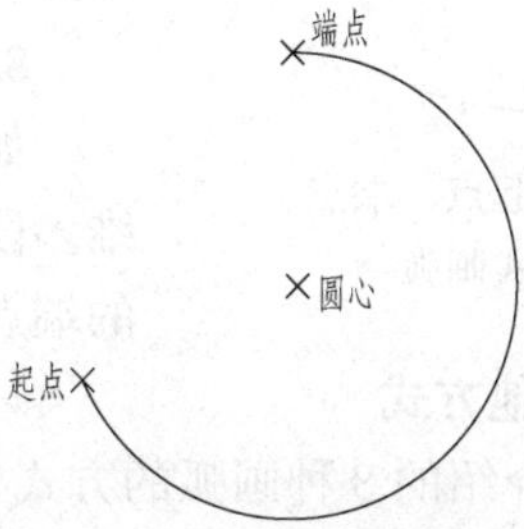

图 2 - 24　用起点、圆心和端点方式画弧

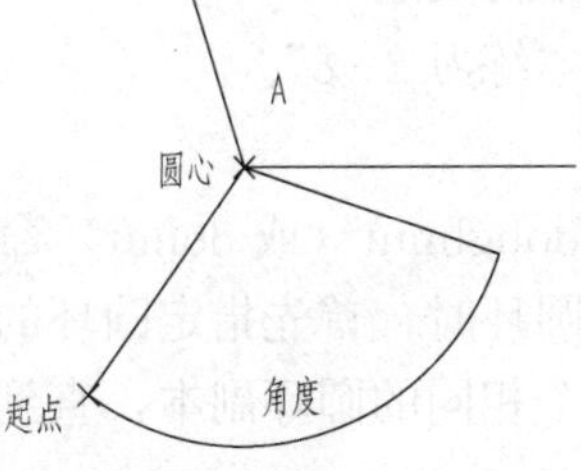

图 2 - 25　用起点、圆心、弧心角方式画弧

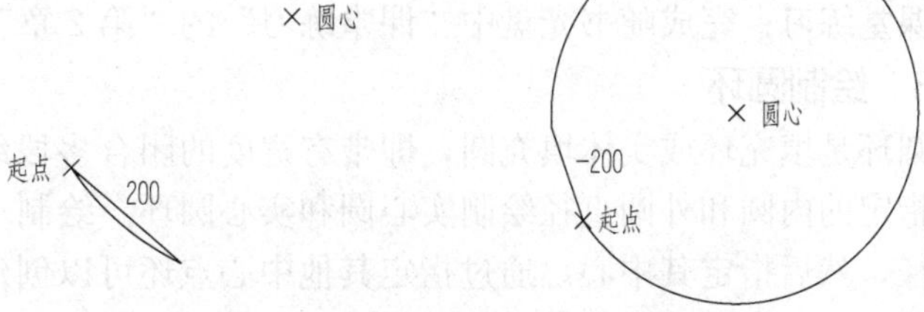

图 2 - 26　用起点、圆心和弦长方式画弧

5. 根据起点、端点、角度绘制圆弧

用起点、端点、角度绘制圆弧，采用此方式时，绘制的圆弧形状以及大小是由用户输入的起点、终点和弧心角决定的，如图 2-27 所示。

6. 根据起点、端点、方向绘制圆弧

用起点、端点、方向绘制圆弧，在该方式中，方向指的是圆弧的切线方向，用角度表示。绘制的圆弧大小是由起点与端点间的距离以及弧度决定的。弧的起始方向与给出的方向是相切的，如图 2-28 所示。

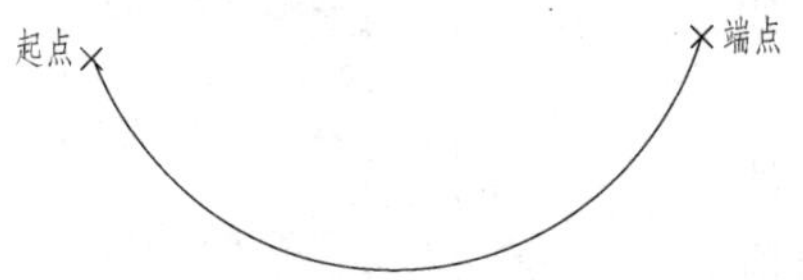

图 2-27　用起点、端点和角度方式画弧

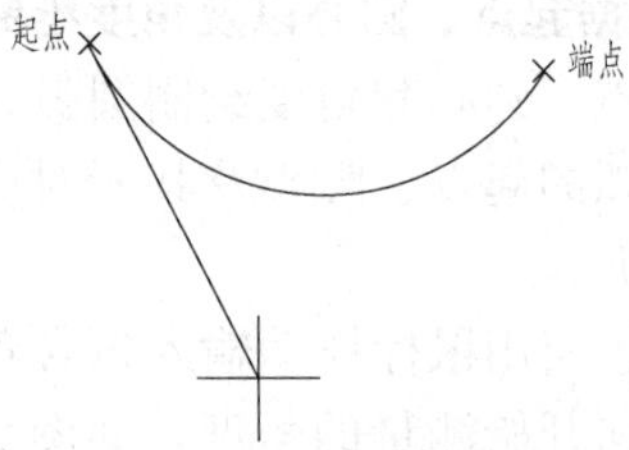

图 2-28　用起点、端点、方向方式画弧

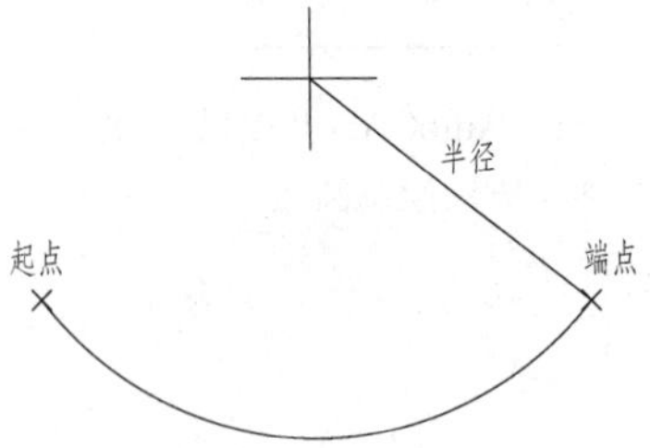

图 2-29　用起点、端点、半径方式画弧

7. 根据起点、端点、半径绘制圆弧

用起点、端点以及圆弧的半径绘制圆弧，画弧时只能沿逆时针方向画弧，如图 2-29 所示。如果半径值为正，则得到的弧为起点和终点之间的短弧，反之，得到的是长弧。

8. 使用连续方式画弧

如果绘制的上一个对象是圆弧、直线或一个打开的二维多段线，可以绘制一个圆弧与此对象相切，并将该对象的端点作为圆弧的起点。

9. 画弧的其他方式

除了以上所介绍的 8 种画弧的方式外，还有下面 3 种方式也可绘制弧。

- 用圆心、起点、端点绘制圆弧。
- 用圆心、起点、角度绘制圆弧。
- 用圆心、起点、长度绘制圆弧。

这 3 种方法和前面介绍的“起点、圆心、端点”、“起点、圆心、角度”、“起点、圆心、长度”类似，只是这 3 种方法先指定圆心，再指定起点，此处不再赘述。

课堂练习：完成随书光盘中“课堂练习”的“第 2 章”的“练习 2-8”。

2.3.3　绘制圆环

圆环是填充环或实体填充圆，即带有宽度的闭合多段线。doughnut（或 donut）命令用于按指定的内圆和外圆直径绘制实心圆和实心圆环。绘制一个圆环时，首先指定圆环的内径和外径，然后指定其中心。通过指定其他中心点还可以创建多个相同的圆环副本，直到按回车键，结束命令。调用 donut 命令的方法有如下几种：

- 功能区：“常用”选项卡→“绘图”面板→“圆环”图标 。
- 命令行：donut。

激活命令后，AutoCAD 2010 提示如下：

指定圆环的内径＜当前值＞：（指定距离或按 Enter 键接受当前值）

指定圆环的外径＜当前值＞：（指定距离或按 Enter 键接受当前值）

指定圆环的中心点＜退出＞：（指定一点绘制圆环）

除了通过键盘直接输入直径值外，还可以在屏幕上指定两个点，AutoCAD 将测量这两点的距离以确定实心圆环的内圆或外圆直径。

可以通过输入坐标值或用鼠标指定一点确定圆心点。当指定圆心点后，AutoCAD 将继续提示输入下一圆心点位置，依此类推，按 Enter 键结束圆环命令。

注意：利用填充（fill）命令可以控制绘制的圆环的填充情况。要确定系统变量 fillmode 是否设为打开（设置值为 1 ）状态，可以在命令行键入 fill 命令进行检查，AutoCAD 提示如下：

输入模式［开（ON）/关（OFF）］＜开＞：

如果 fillmode 设置为关闭状态，则圆环命令绘制出的图形只有外形轮廓线；只有在系统变量 fillmode 设置为打开状态时，创建的图形内部才能被填充。当系统变量 fillmode 由关闭状态重新设为打开状态时，需要使用 regen 命令重新生成图形，才能显示填充后的图形。

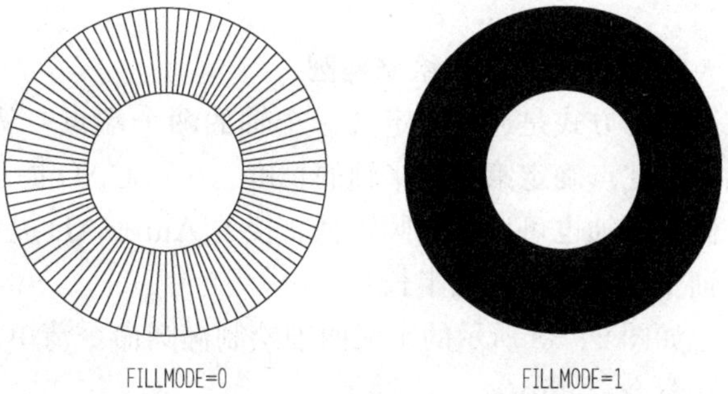

图 2-30　用圆环命令绘制实心圆

下面的命令提示为使用 donut 命令绘制实心圆的具体步骤，如图 2-30 所示，命令清单如下：

命令：donut

指定圆环的内径＜0.5000＞：10

指定圆环的外径＜1.0000＞：20

指定圆环的中心点＜退出＞：30，20

指定圆环的中心点＜退出＞：

2.3.4　绘制椭圆和椭圆弧

在 AutoCAD 2010 的绘图中，椭圆的形状主要是由椭圆的中心、长轴和短轴三个参数确定的。绘制椭圆的命令是 ellipse。

激活椭圆命令可以使用下列两种方法：

- 功能区：“常用”选项卡→“绘图”面板→“椭圆”图标。
- 命令行：ellipse。

如图 2-31 所示，AutoCAD 提供了三种方式绘制椭圆。

1. 通过定义圆心绘制椭圆

使用这种方式绘制椭圆时，是由最先确定的椭圆圆心来确定椭圆的位置，然后再分别定义两轴的端点，就可确定椭圆的形状。

如图 2-32 所示的定义圆心和两轴端点绘制椭圆命令的清单如下：

命令：ellipse

指定椭圆的轴端点或［圆弧（A）/中心点（C）］：c

指定椭圆的中心点：200，200

指定轴的端点：600，200

指定另一条半轴长度或［旋转（R）］：100，200

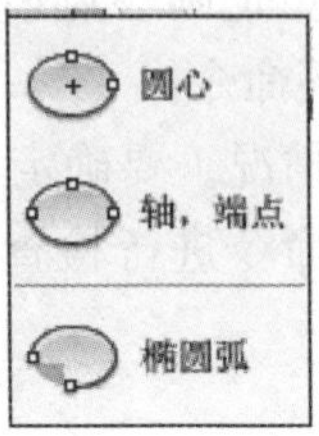

图 2-31　绘制椭圆方法

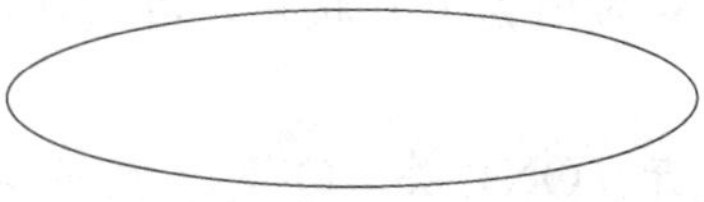

图 2-32　定义圆心和两轴端点绘制椭圆

2. 通过定轴端点绘制椭圆

这种方式是通过先定义一个轴的两个端点，从而定位一根轴，然后再通过定义第三个点，由此点确定第二根半轴的长度。AutoCAD 提示输入椭圆第一轴的两个端点，此轴可以是椭圆长轴也可以是椭圆短轴。接着 AutoCAD 提示输入椭圆另一轴的一个端点，该点至前一轴中点距离为该轴半长。

如图 2-33 所示的定义两轴绘制椭圆命令清单如下：

命令：ellipse

指定椭圆的轴端点或［圆弧（A）/中心点（C）］：300，500

指定轴的另一个端点：300，100

指定另一条半轴长度或［旋转（R）］：r

指定绕长轴旋转的角度：200

3. 绘制椭圆弧

类似于圆弧，通过 AutoCAD 2010，用户可以绘制出椭圆弧。绘制椭圆弧的方法与绘制椭圆相似。用户利用前面的方法创建一个虚拟的椭圆，之后，在命令行给出椭圆的起始点和终止点，椭圆弧从起点到端点按逆时针方向绘制。

启动椭圆弧绘制命令方法如下：

功能区："常用"选项卡→"绘图"面板→"椭圆"图标旁的▾→"椭圆弧"。

绘制如图 2-34 所示椭圆弧的具体操作如下：

（1）"常用"选项卡→"绘图"面板→"椭圆"图标旁的▾→"椭圆弧"。

（2）在"指定椭圆弧的轴端点或［中心点（C）］："提示下指定椭圆一个轴的第一个端点 1。

（3）在"指定轴的另一个端点："提示下指定该轴的第二个端点 2。

（4）在"指定另一条半轴长度或［旋转（R）］："提示下，指定第二根轴的端点 3。

（5）在"指定起始角度或［参数（P）］："提示下，指定椭圆弧的起始角度 4。

（6）在"指定终止角度或［参数（P）］："提示下，指定椭圆弧的终止角度 5。

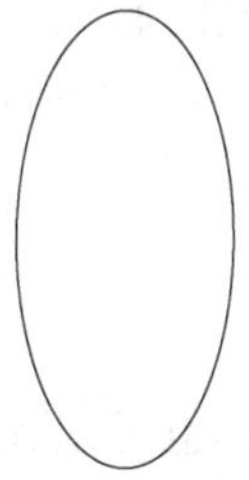

图 2 - 33　定义两轴绘制椭圆

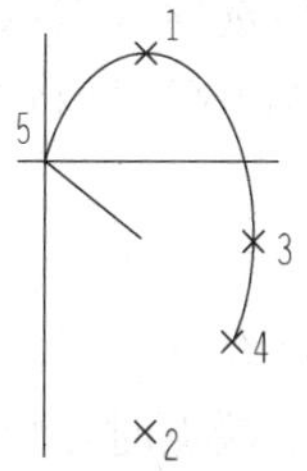

图 2 - 34　绘制椭圆弧的示意图

课堂练习：完成随书光盘中“课堂练习”的“第 2 章”的“练习 2 - 9”。

2.4　绘制特殊线

2.4.1　绘制和编辑多线

在实际应用中，我们经常需要绘制平行线。例如，在地形平面图中，用平行线可以表示墙和公路。尽管可以单独地绘制每一个平行线对象，但 AutoCAD 提供了一个特殊的对象类型可以用于该用途，这个对象称之为多线，由 1 ～ 16 条平行线（多线元素）组成，每一条平行线称为一个元素。用户可以自己定义元素的数目和每个元素的特性，包括每根线相对于多线原点（0，0）的偏移量、颜色、线型，还可以决定起点和端点是否闭合以及闭合样式（直线或圆弧），设定转折点处是否连线以及多线是否填充。绘制多线的方法与绘制直线的方法相似，都需要指定一个起点和端点。

AutoCAD 2010 中提供了 mline 命令用于绘制多重平行线。另外，还提供了 mledit 命令用于修改两条或多条多线的交点及封口样式，mlstyle 命令用于创建新的多线样式或编辑已有的多线样式。

1. 绘制多线

绘制多线的命令是 mline，该命令可同时绘制多条平行线，相当于将多段线偏移一次或多次。图 2 - 35 所示为使用 mline 命令绘制的图形。

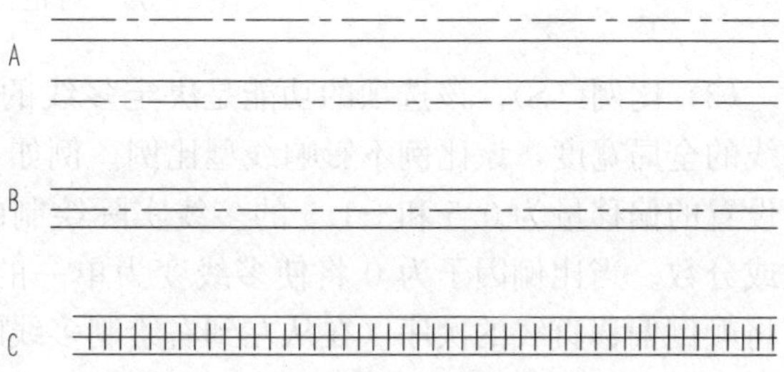

图 2 - 35　用 mline 命令绘制的图形

用户可以通过以下方法启动 mline 命令：

- 命令行：mline

激活多线命令后，AutoCAD 提示如下：

当前设置：对正 ＝ 当前对正方式，比例 ＝ 当前比例值，样式 ＝ 当前样式

指定起点或［对正（J）/比例（S）/样式（ST）］：（指定一点或输入一个选项或者单击右键从快捷菜单中选择一个合适的选项）

此时 AutoCAD 2010 显示当前的对正方式（Justification）、比例（Scale）和多线样式（Style）。要修改这些选项，可以键入代表各选项的大写字母并按回车键；或单击右键，从快捷菜单中选择所需的选项。例如，要选择一个其他的多线样式，键入 ST 并按回车键；或单击右键，从快捷菜单中选择“样式”选项。

下面对这几个选项分别作介绍。

(1) 指定起点。该选项（默认的选项）用于指定绘制多线的起点，并将它作为原点。指定了多线的起点后，AutoCAD 将按当前设置绘制多线，同时给出提示：

指定下一点：

指定下一点或［放弃（U）］：

指定下一点或［闭合（C）/放弃（U）］：

在指定多线的各个端点时，可以在屏幕上拾取所需的点，也可以在命令行输入所需要的点坐标。如果创建了两段或两段以上的多线，AutoCAD 将显示包含“闭合”选项的提示，如果选择“闭合”选项，AutoCAD 将把第一段多线与最后一条多线连起来形成闭合的多线，并退出该命令。

如果在绘制任意一段多线后（并且未退出 Mline 命令时），选择“放弃”选项，AutoCAD 将删除最后绘制的多线，直至回到多线的起点。

(2) 对正（J）。该选项的功能是控制将要绘制的多线相对于十字光标的位置。在指定起点前，选择“对正”选项，AutoCAD 2010 提示如下：

输入对正类型［上（T）/无（Z）/下（B）］<当前>：

“对正”选项中有三种可供选择的子选项：上（Top）/无（Zero）/下（Bottom），默认选项为“上”。选择不同对正选项绘图时，光标位置如图 2-36 所示。

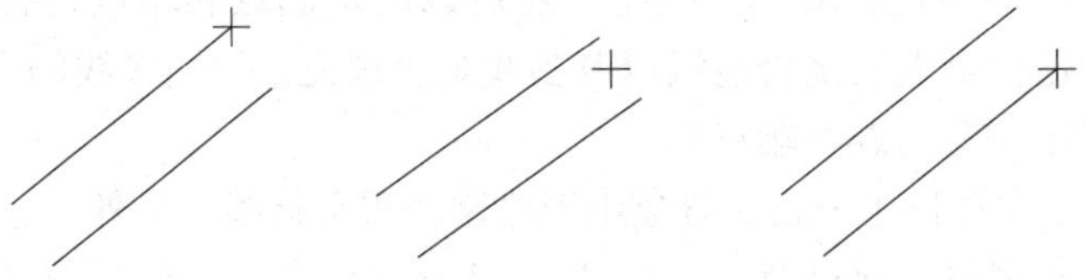

图 2-36　对正方式示意图

(3) 比例（S）。该选项的功能是决定多线的宽度是样式中所设置宽度的多少倍。控制多线的全局宽度，该比例不影响线型比例。例如，如果将比例值设置为 2，那么在多线样式中设置的偏移量为 0.5 和 −1.5 的多线实际绘制的偏移量分别为 1 和 −3。比例值可以是小数或分数。当比例因子为 0 将使多线变为单一的直线。注意在给多线定义比例因子时，负值将颠倒偏移直线的次序（在从左到右绘制多线时，偏移量最小的将被绘制在顶部）并按绝对值缩放多线。

(4) 样式（ST）。此选项的功能是为将要绘制的多线指定样式。在命令行输入 ST，将出现以下提示符序列：

输入多线样式名或［?］：（指定一个已存在的样式名）

样式名：指定已加载的样式名或创建的多线库（MLN）文件中已定义的样式名。

［?］：列出已加载的多线样式。

此时可以输入存在并已经加载的样式名，或者输入“?”。默认的样式为 Standard。

2. 设置多线样式

在绘制多线时，多线中的元素特性都是由当前的多线样式确定的。在多线样式中，可以定义多线特性，包括是否显示连接（即斜接面）和是否将端口用直线、内弧或外弧以及角度封闭。另外，通过多线样式还可以控制元素的颜色、线型、两条平行线间的偏移量以及多线的背景颜色。对多线样式的定义在“多线样式”对话框中实现，如图 2 - 37 所示。用户可以通过以下方式打开“多线样式”对话框。

• 命令行：mlstyle。

在该对话框中，列出了现有的多线样式，用户可以设定当前的多线样式，添加和加载多线样式，并对多线样式更名。下面介绍如何通过“多线样式”对话框对多线样式进行操作。

单击“新建（N）…”，显示“创建新的多线样式”对话框，如图 2 - 38 所示，从中可以创建新的多线样式，输入“新样式名”后，单击“继续”按钮，可以打开“新建多线样式”对话框，在此对话框中包括：说明文本框、封口区、填充、显示连接复选框和元素区，按照如图 2 - 39 所示进行选择，单击“确定”按钮，将返回图 2 - 40 所示的对话框，单击“置为当前”按钮，然后再单击“确定”按钮，即可完成多线样式的设置。

下面简单介绍“新建多线样式”对话框中各项的含义：

（1）说明。为多线样式添加说明。最多可以输入 255 个字符（包括空格）。

（2）封口。该部分的功能是控制多线起点和终点

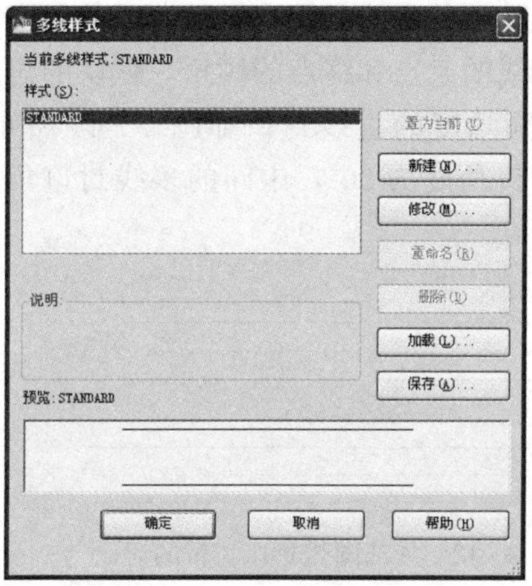

图 2 - 37　多线样式对话框

图 2 - 38　“创建新的多线样式”对话框

的封闭形式。用户可按需要选择端部的封闭形式。默认状态是多线的起点和终点不封口。“封口”有 4 个选项，分别为“直线”、“外弧”、“内弧”和“角度”。在“封口”的选项中，还可以控制是起点封口还是终点封口，或是二者都选择封口形式。下面介绍“封口”的选项。

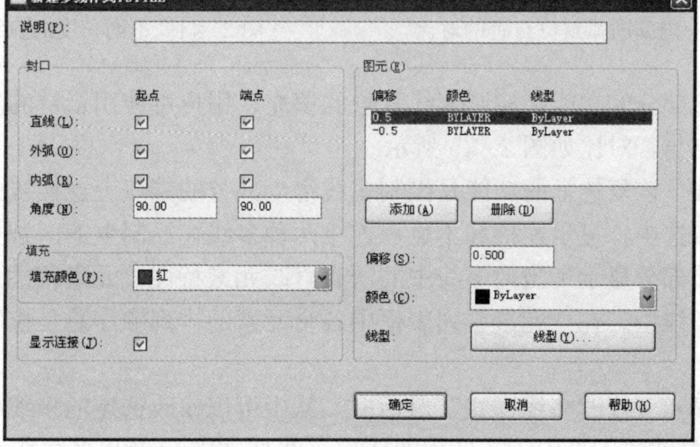

图 2 - 39　“新建多线样式”对话框

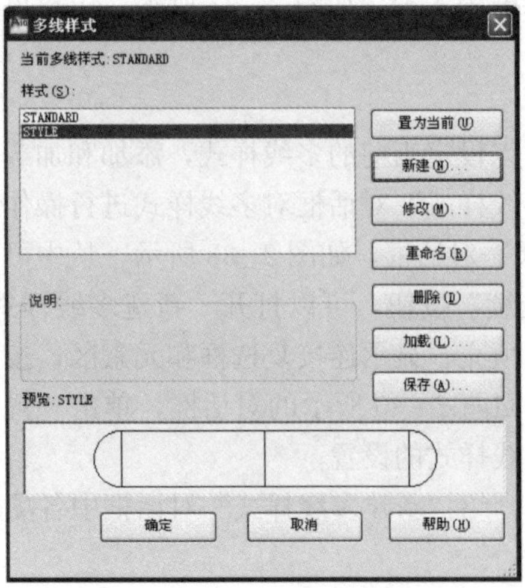

图 2 - 40 “多线样式”对话框

直线：此选项的功能是控制是否在多线的起点和终点使用直线封口。使用直线封口或不封口的对比如图 2 - 41 所示。

外弧：此选项的功能是控制是否在多线的起点和终点使用外部圆弧封口。使用外部圆弧封口或不封口的对比如图 2 - 42 所示。

内弧：此选项的功能是控制是否在多线的起点和终点使用内部圆弧封口。若元素个数为奇数，则中间的元素不连线。使用内部圆弧封口或不封口的对比如图 2 - 43 所示。

角度：此选项的功能是用户可以在“角度”文本框中指定多线的起点和终点的倾角，默认的角度值为 90°。不同角度的直线封口如图 2 - 44 所示，上边的多线封口角度为 90°，中间的多线封口角度为 45°，下边的多线封口角度为 30°。

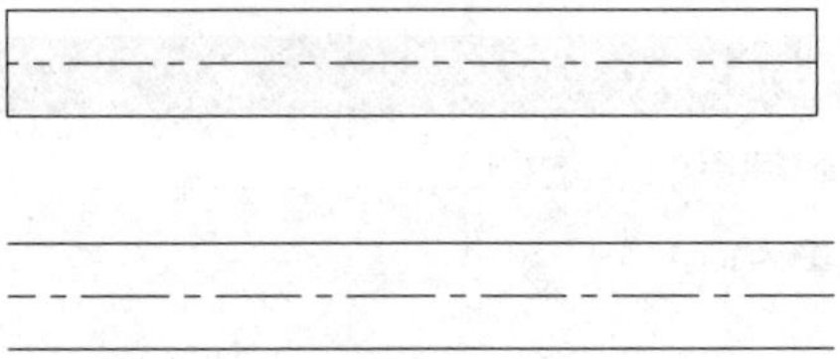

图 2 - 41 直线封口与否的对比

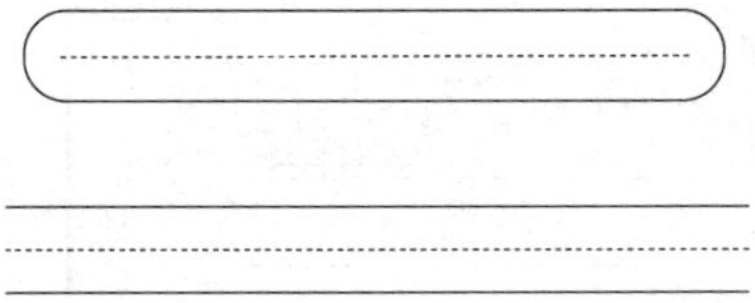

图 2 - 42 外部圆弧封口与否的对比

图 2 - 43 内部圆弧封口与否的对比

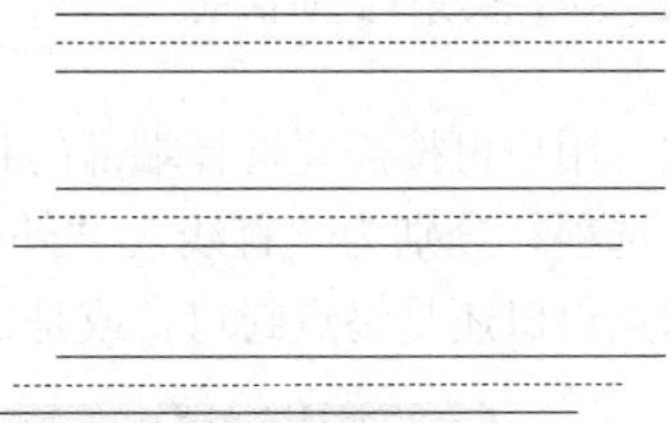

图 2 - 44 不同角度的直线封口

（3）填充。此部分的功能是控制多线背景的填充，用户可使用指定的颜色填充多线的背景，使用背景填充与否对比如图 2 - 45 所示。

（4）显示连接。该复选框的功能是控制多线每个部分的端点上连接线的显示。在默认状态下，此复选框未选中。显示连接和不显示连接两种多线在绘制上的区别如图 2 - 46 所示。

（5）元素。该部分显示了当前多线中的所有直线元素特性。元素特性包括每条直线元素的偏移量、颜色和线型。在“元素”列表框中各个元素的排列顺序总是按它们的偏移量从大到小排列。

（6）修改。显示“修改多线样式”对话框，从中可以修改选定的多线样式。但是不能编辑 Standard 多线样式或图形中正在使用的任何多线样式的元素和多线特性。要编辑现有多线样式，必须在使用该样式绘制多线之前进行。

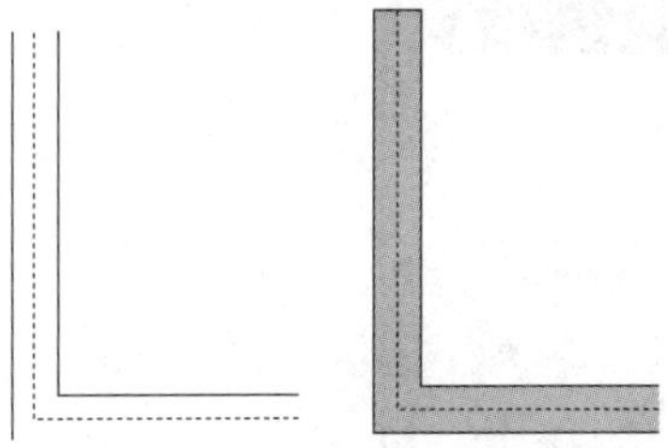

图 2-45　使用背景填充与否的对比

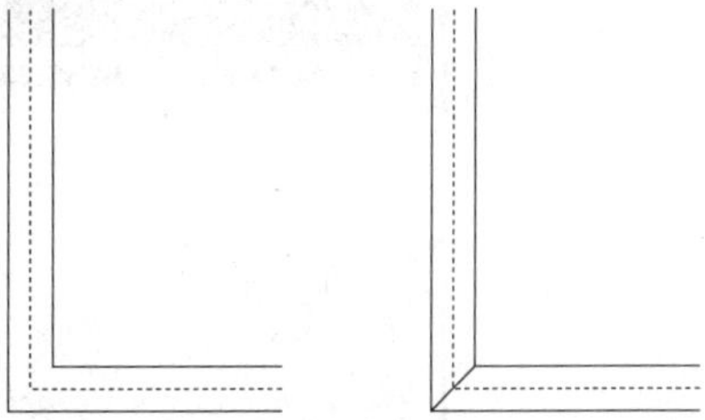

图 2-46　选中“显示连接”复选框与否的对比

(7) 重命名。该按钮的功能是对当前样式重新命名。此按钮是与“名称”文本框一起使用的。在修改多线样式名称时，先将需要更名的样式设为当前样式，在名称框中输入新的名称，然后单击“重命名”按钮即可。注意不能重命名 Standard 多线样式。

(8) 删除。从“样式”列表中删除当前选定的多线样式。此操作并不会删除 MLN 文件中的样式。不能删除 Standard 多线样式、当前多线样式或正在使用的多线样式。

(9) 加载。该按钮的作用是将多线库中的多线样式加载当前图形文件中。单击该按钮，显示“加载多线样式”对话框，如图 2-47 所示，在该对话框的多线样式列表中，显示的是 AutoCAD 2010 自带的 acad. mln 多线样式库中的多线样式。若用户需要从别的多线样式库文件中选取多线样式，可以单击“文件”按钮，则会弹出“从文件加载多线样式”的对话框，从中可选择需要的多线样式库文件。

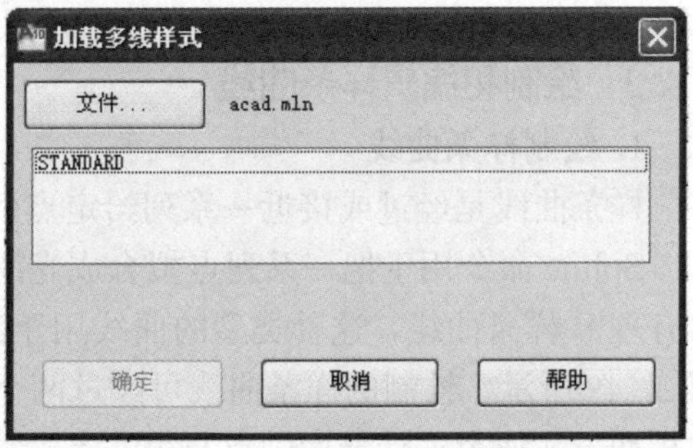

图 2-47　加载多线样式对话框

在“加载多线样式”对话框的多线样式列表中选择需要的多线样式，单击“确定”按钮，就可以加载该多线样式。

(10) 保存。该按钮的功能是存储当前所有样式到样式文件，通常存储为 *. mln 文件。单击“保存”按钮，将会弹出“保存多线样式”对话框，用户可以选择需要的多线样式文件，将新定义的多线样式保存到所选择的文件中，并且不会删除其中已有的定义。默认文件名是 acad. mln。

3. 编辑多线

用户可以利用编辑多线（mledit）命令来对由 multiline 命令绘制的多线进行编辑。用户可以通过如下方法输入 mledit 命令：

• 命令行：mledit。

具体的操作过程如下：

启动编辑多线命令后，则 AutoCAD 将弹出如图 2-48 所示的“多线编辑工具”对话框。

在“多线编辑工具”对话框中以四列显示样例图像。第一列控制交叉的多行，第二列控制 T 形相交的多行，第三列控制角点结合和顶点，第四列控制多行中的打断。该对话框中的各个图标形象地说明了 Mledit 所具有的功能。从中选择要编辑的形式，然后再选择要编辑的对象即可执行相应的编辑。

课堂练习：完成随书光盘中“课堂练习”的“第 2 章”的“练习 2-10”。

图 2-48 “多线编辑工具”对话框

2.4.2 绘制和编辑样条曲线

1. 绘制样条曲线

样条曲线是经过或接近一系列给定点的光滑曲线，可以控制曲线与点的拟合程度。

Spline 命令用于把一系列点拟合成光滑的曲线。AutoCAD 2010 使用的曲线类型为非均匀有理 B-样条曲线，这种类型的曲线用于绘制不规则的变半径曲线，如地形的轮廓线，如图 2-49 所示。绘制的样条曲线可经过两个或多个点，通过 Spline 命令的选项可以定义端点的相切方式或者连接最后一点与第一点，并在连接处相切，从而闭合样条曲线。

在 AutoCAD 2010 中，用户可以通过如下几种方法输入样条曲线命令：

- 功能区：“常用”选项卡→“绘图”面板→“样条曲线”图标。
- 命令行：spline。

下面简单介绍样条曲线的绘制步骤，如图 2-50 所示。

（1）功能区：“常用”选项卡→“绘图”面板→“样条曲线”图标。

（2）指定样条曲线的起点 1。

（3）指定点 2 至 5 以创建样条曲线，然后按 Enter 键。

（4）指定起点切线 6 和端点切线 7。

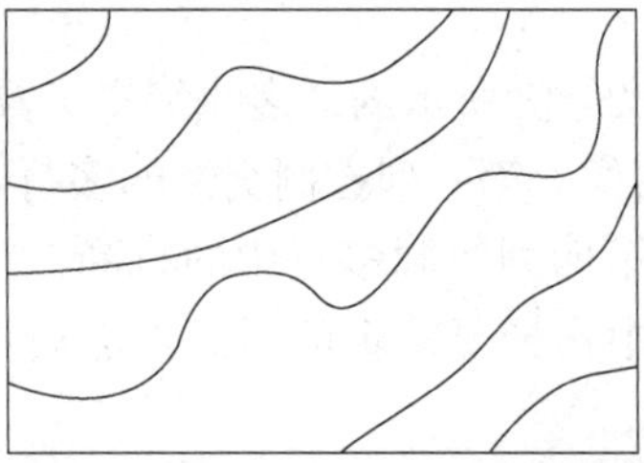

图 2-49 用样条曲线表示地形轮廓

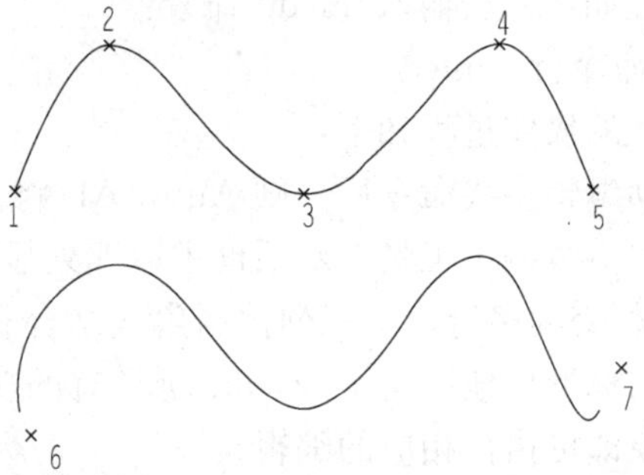

图 2-50 样条曲线的绘制

下面图 2 - 51 的样条曲线使用的点相同，但起点切线和端点切线不同，结果也就不同。

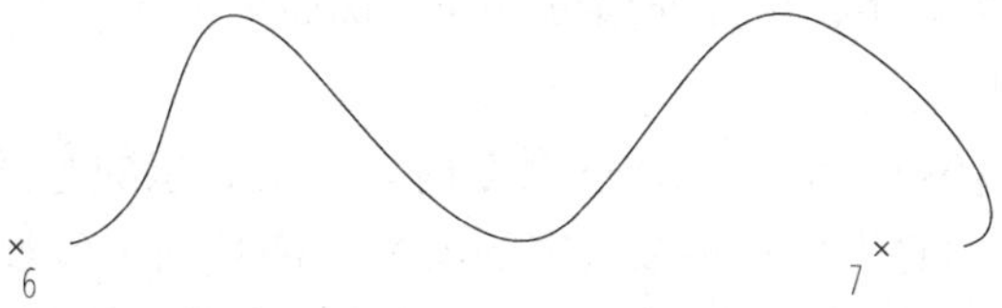

图 2 - 51　改变起点切线和端点切线的样条曲线的绘制

2. 编辑样条曲线

使用 splinedit 命令或夹点可以很方便地编辑样条曲线，并保留样条曲线定义。如果使用 pedit 命令编辑就会丢失这些定义，成为平滑多段线。

带有样条曲线的图形比带有平滑曲线的图形占据的空间和内存小。

用户可以通过编辑样条曲线命令来对由“多段线”命令绘制的样条曲线进行编辑。下面将介绍有关的操作过程。

用户可以通过如下方法调用“编辑样条曲线”命令：

- 功能区：“常用”选项卡→“修改”面板→“编辑样条曲线”图标 。
- 命令行：splinedit。

具体的操作过程如下：

（1）命令行：splinedit。

（2）选择要修改的样条曲线。

（3）通过输入一个或多个以下选项编辑样条曲线：

输入 F（拟合）编辑定义样条曲线的拟合数据。

输入 C（闭合）将开放样条曲线修改为连续闭合的环。

输入 M（移动顶点）将拟合点移动到新位置。

输入 R（优化）通过添加、权值控制点并提高样条曲线阶数来修改样条曲线定义。

输入 E（反转）反转样条曲线的方向。

输入 P（转换为多段线）将样条曲线转换为多段线。

输入 U（放弃）取消上一次编辑操作。

（4）输入 X（退出）结束样条曲线的编辑。

2.4.3　徒手绘制图形

sketch 命令用于徒手绘制线段，一般用于绘制地图轮廓、等高线、签名或者需要徒手画线的情况。直到记录后这些徒手线才能添加到图形中。绘图时可以使用定点设备控制屏幕上的画笔。

在 AutoCAD 2010 中，激活徒手绘制线段命令的方法如下：

- 命令行：sketch。

在命令行输入 sketch 命令后，AutoCAD 提示如下：

记录增量＜当前值＞：(指定一段距离，或按 Enter 键接受当前值)

可以键入坐标值或直接在屏幕上指定两个点，AutoCAD 将自动计算两点间距离，以此作为记录增量。记录增量确定后，AutoCAD 提示如下：

徒手画。画笔（P）/退出（X）/结束（Q）/记录（R）/删除（E）/连接（C）。

在执行 sketch 命令过程中，可以使用以上任一选项。

以上各选项含义如下：

（1）画笔（抬笔和落笔）。执行 sketch 命令时，一支假想的笔随着光标移动而移动。在落笔状态下，AutoCAD 随着光标移动按给定的增量距离从前一线段终点绘制徒手线。在抬笔状态下，笔随光标移动但不绘制徒手线。单击鼠标拾取键或键盘上的“P”键将改变抬笔和落笔状态。

（2）记录。落笔后屏幕光标移动绘制的线是临时的，在被永久记录前，临时线在屏幕上显示为绿色（如果当前层或实体为绿色，则临时线显示为红色），此时它们可以用 sketch 命令的选项修改。单击键盘上的“R”键记录所绘制的徒手线。单击键盘上的“R”键，将出现记录线段的总数量，如下所示：

已记录 n 条线

（3）删除。在用“记录”选项记录连接的直线之前，可以使用“删除”选项从最后绘制的线段到第一段中删除任一段或所有的线段。命令提示如下：

删除：选择删除端点

此时可以用光标从最后绘制的线段开始删除线段，得到满意结果后，单击键盘上的“P”键或鼠标的拾取键完成删除，再次单击键盘上的“E”键将退出“删除”选项并返回 sketch 命令，屏幕出现以下信息行：

删除终止

（4）连接。当徒手线出现断点，可以使用“连接”选项从最后的断点处继续绘制徒手线，直到退出 sketch 命令为止。AutoCAD 提示如下：

连接：移到直线端点

在此提示下，将光标移至最后的断点附近，当光标点与断点间距离小于增量长度时，AutoCAD 将从断点开始绘制徒手线。“连接”选项在落笔状态时无效，并在屏幕上给出以下信息：

没有已知的最后一点

（5）退出。记录所有临时线并退出 sketch 命令，执行此选项也可按 Enter 键或空格键。

（6）结束。不记录任一临时线并退出 sketch 命令，如同单击键盘上的“Esc”键。

2.5 图案填充

在一张图形中，绘图者因不同的用途需要重复使用某一种图案以填充某一区域，这个过程叫做图案填充。填充图案可以用来标识一物体的图案，填充图案帮助绘图者实现了表达信息的目的，例如一个建筑物的砖块图案，或地形图上的土壤和植被图案。用户在使用填充图案时，既可以选择图案库文件中预定义的图案样式，也可以从自定义库文件中选择一种图案样式。在 AutoCAD 2010 生成正式的填充图案之前，可以先预览，并根据实际需要修改某些选项，以满足使用要求。

2.5.1 创建面域

在 AutoCAD 2010 中，面域指的是具有边界的平面区域，它是一个面对象，内部可以包含孔。从外观来看，面域和一般的封闭线框没有区别，但实际上面域就像是一张没有厚度的纸，除了包括边界外，还包括边界内的平面。面域是由封闭区域形成的 2D 实体对象，其边界可以由直线、多段线、圆、椭圆或圆弧等对象形成。在 AutoCAD 2010 中，面域与圆、矩形等图形虽然都是封闭的，但却有着本质的区别。因为圆、矩形和正多边形只包含边的信息，没有面的信息，属于线框模型；但面域既包含边信息又包含面信息，属于实体模型。

在 AutoCAD 中不可以直接创建面域，用户可以通过以下方法将封闭图形转换为面域。

• 功能区："常用"选项卡→"绘图"面板→"面域"图标。

• 命令行：region。

执行面域命令后，AutoCAD 2010 提示：

选择对象：

用户在选择封闭图形对象，或组成封闭图形区域的多个图形对象后，按下 Enter 键即可将图形转换为面域。

在 AutoCAD 2010 中，可以用来创建面域的图形如图 2-52 所示，可以是矩形、圆、正多边形、椭圆以及由样条曲线构成的封闭图形等。

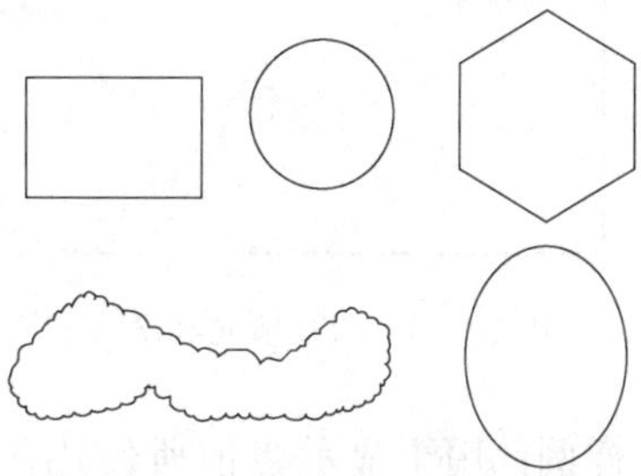

图 2-52　可以创建面域的封闭图形

2.5.2　设置图案填充

AutoCAD 2010 规定可以对封闭区域进行图案填充。当指定图案填充边界时，可在闭合区域中任意选择一点，由 AutoCAD 2010 自动搜索闭合边界，或通过选择对象来定义边界。在 AutoCAD 中可以通过以下方法启动图案填充的命令：

• 功能区："常用"选项卡→"绘图"面板→"图案填充"图标。

• 命令行：hatch。

执行图案填充命令后，将弹出"图案填充和渐变色"对话框，如图 2-53 所示。对话框中的控制项用于选择要使用的填充图案的类型，以及图案的比例和对齐方式，然后选择要应用填充图案的区域，在生成填充图案前可以进行预览，通过"预览"选项，可以方便地改变填充图案的样式而无需从头开始，这样可以节省绘图时间。

在如图 2-53 所示"图案填充"选项卡中，可以设置填充的类型、图案和角度等参数，具体说明如下：

1. 类型和图案

类型：设置图案类型。图案类型包括 3 种：选择"预定义"时，可使用已定义在 Acad.pat 文件中的图案，即 AutoCAD 2010 提供的图案进行填充；选择"用户定义"时，可使用当前线型定义的图案，该图案由一组平行线或相互垂直的两组平行线组成；选择"自定义"时，可以使用定义在其他 PAT 文件中的图案。

图案：当通过"类型"下拉列表框选择"预定义"填充图案类型进行填充时，"图案"下拉列表框用于确定具体的填充图案。用户既可以从"图案"下拉列表框中进行选择，也可以单击后面的[...]按钮，从弹出的"填充图案控制板"对话框中进行选择，如图 2-54 所示。该对话框中有四个选项卡：ANSI、ISO、其他预定义、自定义，可从其中选择任一种预定义图案。每一个选项卡显示不同的图案样式，选择其中的一个图标，单击"确定"按钮或双击该图标，可将选中的图案样式显示在“样例”栏中。

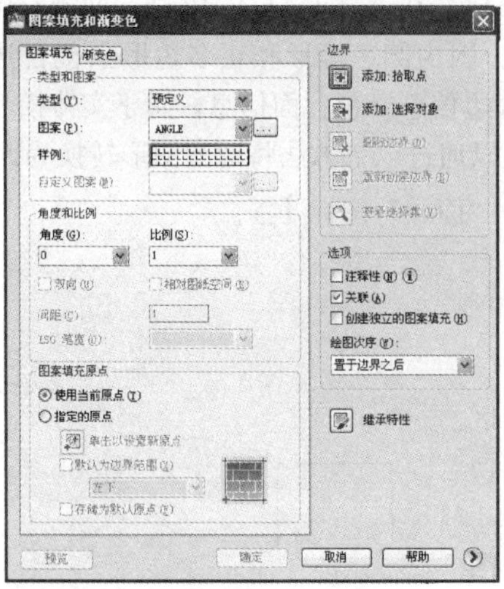

图 2-53 图案填充和渐变色对话框

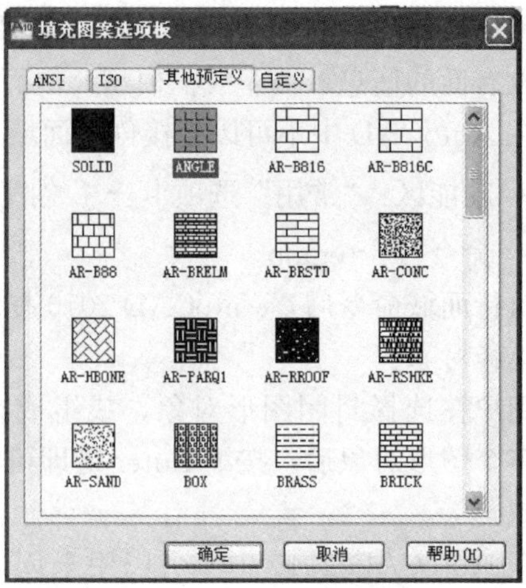

图 2-54 “填充图案选项板”对话框

样例：用于显示当前所使用填充图案的图案样式。单击“样例”框中的图案，AutoCAD 2010 也会弹出“填充图案选项板”对话框，以使用户方便地选择图案。

自定义图案：用于确定用户自定义的填充图案。只有在“类型”中选择了“自定义”，此选项才可用。用户既可以从下拉列表框中进行选择自定义图案，也可以单击后面的 ... 按钮，从弹出的对话框中进行选择。

2. 角度和比例

角度：用于指定填充图案的旋转角度。每种图案在定义时的旋转角度为零。用户既可在“角度”文本框内输入图案填充时要旋转的角度，也可以从该下拉框进行选择。

比例：用于确定填充图案时的图案比例，每种图案在定义时的初始比例为 1。若比例值大于 1，则放大填充图案；若比例值小于 1，则图案将比原始定义的图案小。

图 2-55 所示为不同比例值、角度值的图案填充效果。

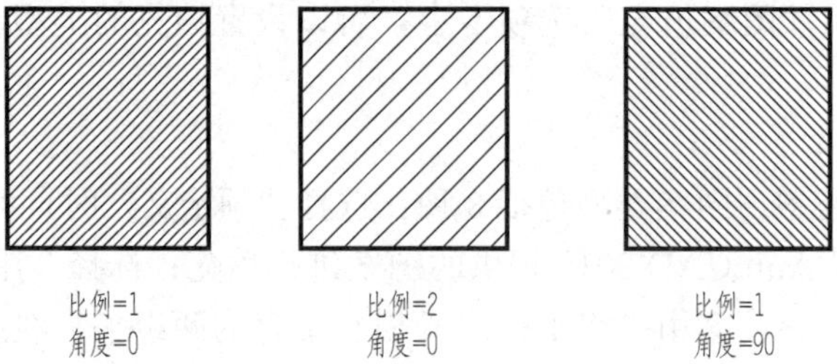

图 2-55 不同比例值的填充效果

双向：对于用户定义的图案，将绘制第二组直线，这些直线与原来的直线成 90 度角，从而构成交叉线。只有在“图案填充”选项卡上将“类型”设置为“用户定义”时，此选项才可用。

相对图纸空间：用于检查填充图案相对于图纸空间是否成比例。使用此选项，可很容易地做到以适合于布局的比例显示填充图案。该选项仅适用于布局空间。

间距：用于确定用户定义图案中的直线间距。只有将“类型”设置为“用户定义”时，此选项才可用。

ISO 笔宽：用于设置笔的宽度。只有将“类型”设置为“预定义”，并将“图案”设置为可用的 ISO 图案的一种，此选项才可用。

3. 图案填充原点

用于控制填充图案生成的起始位置。某些图案填充（例如砖块图案）需要与图案填充边界上的一点对齐。默认情况下，所有图案填充原点都对应于当前的 UCS 原点。

使用当前原点：默认情况下，AutoCAD 将原点设置为（0，0）。

指定的原点：指定新的图案填充原点。单击此选项可使“单击以设置新原点”、“默认为边界范围”、“存储为默认原点”选项可用。

单击以设置新原点：直接指定新的图案填充原点。

默认为边界范围：基于图案填充的矩形范围计算出新原点。可以选择该范围的四个角点及其中心。

存储为默认原点：将新图案填充原点的值存储在 hporigin 系统变量中。

4. 边界

“拾取点”按钮：以拾取点的形式确定填充区域的边界。单击该按钮，“图案填充和渐变色”对话框将暂时关闭，AutoCAD 临时切换到绘图屏幕，系统将会提示您拾取一个点。该点应位于要填充区域之内，在指定了一点后，AutoCAD 将分析图形并亮显边界对象。在选择了一点后，按回车键返回到“图案填充和渐变色”对话框。

在希望进行填充的封闭区域内任意拾取一点后，AutoCAD 会自动确定出包围该点的封闭填充边界，同时以虚线形式显示这些边界。

用“拾取点”方式，进行图案填充的步骤如下：

（1）单击功能区：“常用”选项卡→“绘图”面板→“图案填充”图标。

（2）单击“图案填充和渐变色”对话框中的“拾取点”按钮。

（3）在如图 2-56 所示的 A 的位置单击一下，图形将亮显边界对象。

（4）按回车键，弹出“图案填充和渐变色”对话框。

（5）选择填充的图案 JIS_LC_20，角度为 0，比例为 1。

（6）单击“图案填充和渐变色”对话框中的“确定”按钮，完成图案填充，如图 2-56 所示。

“选择对象”按钮：使用选择对象的方法确定填充区域边界，被选择的对象应能够构成封闭的边界区域，否则达不到所希望的填充效果。

用选择对象的方式进行图案填充的步骤如下：

（1）单击功能区：“常用”选项卡→“绘图”面板→“图案填充”图标。

（2）单击“图案填充和渐变色”对话框中的“选择对象”按钮。

（3）在如图 2-57 所示的圆周和矩形框上分别单击一下，图形将亮显边界对象。

（4）按回车键，弹出“图案填充和渐变色”对话框。

（5）选择填充的图案 ANSI31，角度为 0，比例为 2。

（6）单击“图案填充和渐变色”对话框中的“确定”按钮，完成图案填充，如图 2－57 所示。

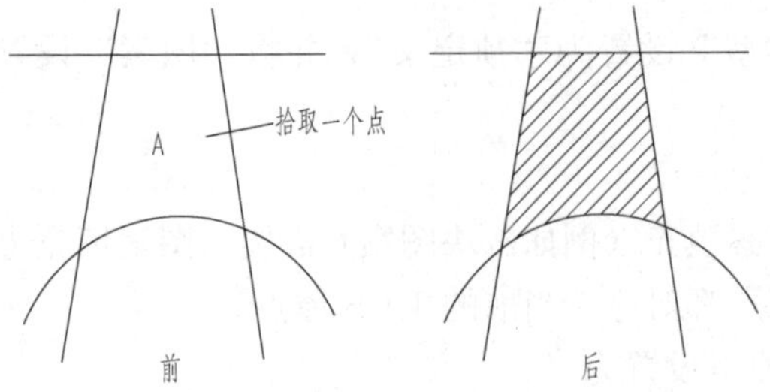

图 2－56　利用“拾取点”方式进行图案填充

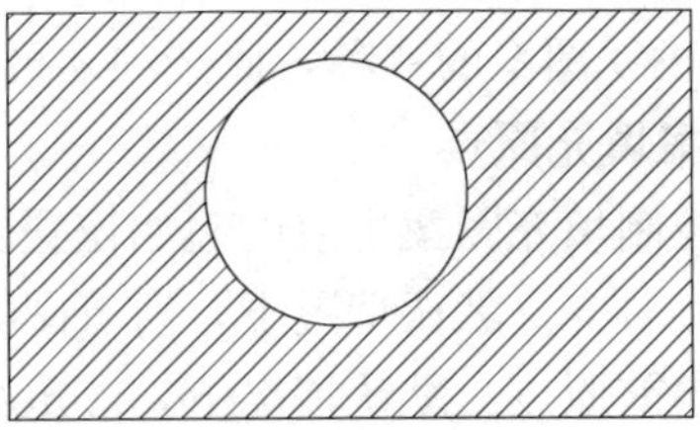

图 2－57　利用“选择对象”方式进行图案填充

删除边界：从边界定义中删除以前添加的任何对象。

单击“删除边界”时，“图案填充和渐变色”对话框将暂时关闭，命令行将显示提示。

选择对象或［添加边界（A）］：（选择要从边界定义中删除的对象、指定选项或按 Enter 键返回对话框）

在此提示下选择图案填充或填充的临时边界对象将它们删除，如图 2－58 所示。

图 2－58　删除边界的操作过程

重新创建边界：围绕选定的图案填充或填充对象创建多段线或面域，并使其与图案填充对象相关联（可选）。

查看选择集：查看所选择的填充边界。

5. 选项

关联：控制图案填充或填充的关联。关联的图案填充或填充在用户修改其边界时将会更新。

创建独立的图案填充：控制当指定了几个独立的闭合边界时，是创建单个图案填充对象，还是创建多个图案填充对象。

绘图次序：为图案填充或填充指定绘图次序。图案填充可以放在所有其他对象之后、所有其他对象之前、图案填充边界之后或图案填充边界之前。

6. 继承特性

选用已有的填充图案作为当前填充图案。在选定图案填充要继承其特性的图案填充对象之后，可以在绘图区域中单击鼠标右键，并使用快捷菜单在“选择对象”和“拾取内部点”选项之间进行切换以创建边界。

7. 预览

预览填充效果。确定填充边界和填充图案后，单击“预览”按钮，AutoCAD 会临时切换到绘图屏幕，按当前的填充设置进行预填充，并提示：

拾取或按 Esc 键返回到对话框或＜单击右键接受图案填充＞：

此时，用户单击图形或按 ESC 键返回“图案填充和渐变色”对话框，也可以单击鼠标右键或按 Enter 键接受该图案填充。如果没有指定用于定义边界的点，或没有选择用于定义边界的对象，则此选项不可用。

2.5.3　设置渐变色填充

在 AutoCAD 中可以通过以下方法启动渐变色填充的命令：

- 单击功能区：“常用”选项卡→“绘图”面板→“渐变色填充”图标。
- 命令行：hatch。

执行图案填充命令后，将弹出“图案填充和渐变色”对话框，如图 2-59 所示。

利用该对话框，可以使用一种或两种颜色形成的渐变色来填充图形，填充过程和图案填充相同。各选项的功能如下：

1. 颜色

单色：该单选按钮，可以使用由一种颜色产生的渐变色来填充图形。用户可通过单击其后的颜色框[...]，在打开的“选择颜色”对话框中选择所需要的渐变色，以及调整渐变色的渐变程度，如图 2-60 所示。

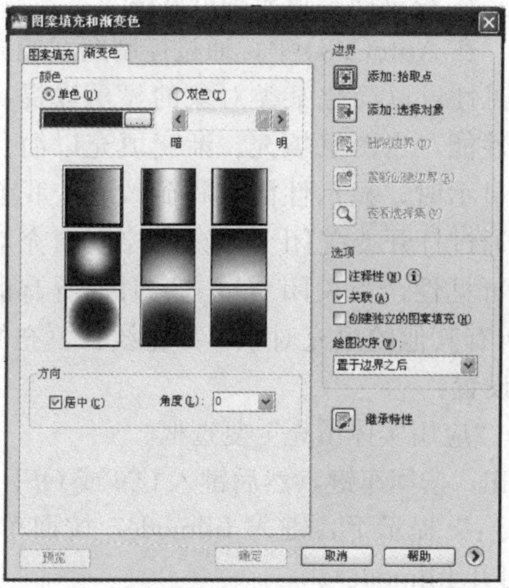

图 2-59　“图案填充和渐变色”对话框

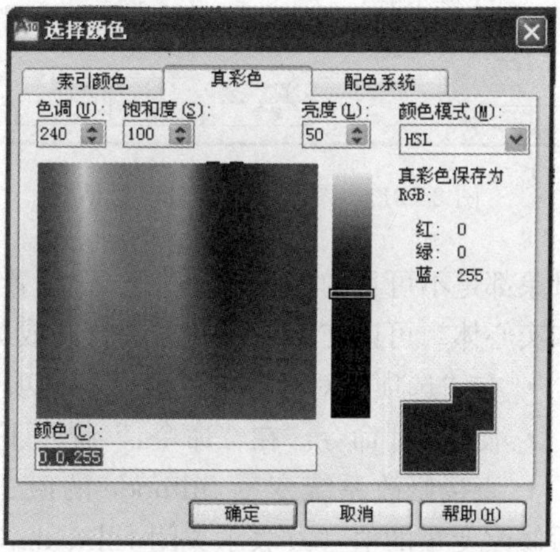

图 2-60　选择颜色对话框

双色：该单选按钮，可以使用由两种颜色产生的渐变色来填充图形。

2. 方向

居中：指定对称的渐变配置。如果没有选定此选项，渐变填充将朝左上方变化，创建光源在对象左边的图案。

角度：指定渐变填充的角度。相对当前 UCS 指定角度。此选项与指定给图案填充的角度互不影响。

其他选项含义可以参照 2.5.3 中的设置图案填充。

课堂练习：完成随书光盘中“课堂练习”的“第 2 章”的“练习 2-11”。

2.5.4 编辑图案填充和控制图案填充的可见性

1. 编辑图案填充

在 AutoCAD 中，我们可以对所填充的图案进行修改。在 AutoCAD 中可以通过以下方法启动图案填充的命令：

- 功能区：“常用”选项卡→“修改”面板→“编辑图案填充”图标。
- 命令行：hatchedit。

执行图案填充命令后，命令行窗口提示如下：

选择图案填充对象：

根据提示选择要编辑图案填充的对象后，将弹出“图案填充编辑”对话框，如图 2-61 所示，“图案填充编辑”对话框显示了选定图案填充或填充对象的当前特性，用户只能修改在“图案填充编辑”对话框中可用的特性，设置完成单击“确定”即可。

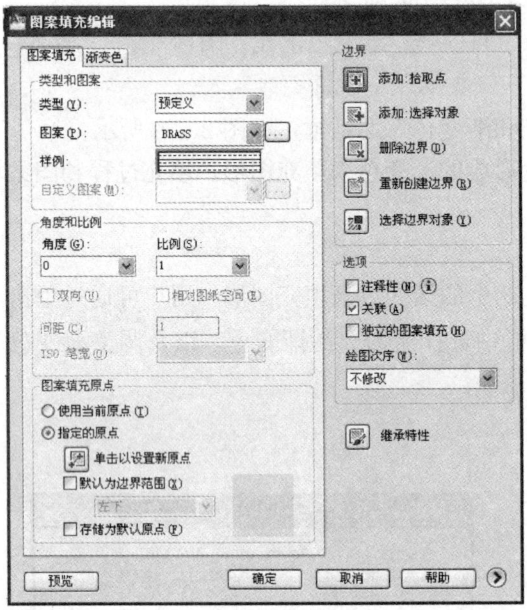

图 2-61 “图案填充编辑”对话框

2. 控制图案填充的可见性

在 AutoCAD 中，通过控制图案填充的可见性可以简化某类对象的显示以提高系统性能，当图案填充、渐变填充以简化格式显示时，显示性能将得到改善。我们可以通过打开或关闭“填充”控制填充对象的可见性，当关闭“填充”时，所有的填充对象都是不可见的。此外，“填充”设置还影响所有其他的填充对象，如宽线、填充的多线和实心体。可以使用以下的方法打开或关闭填充设置：

- 在“选项”对话框的“显示”选项卡中选择“应用实体填充”复选框。
- 使用 fill 命令。在“命令：”提示下，键入 fill，按回车键，然后键入 ON 或 OFF。
- 直接修改系统变量 fillmode 的值。在“命令：”提示下，键入 fillmode，按回车键，然后修改变量的值（0 表示关闭 fillmode，1 表示打开 fillmode）。

在打开或关闭填充后，要看到修改后的效果，必须重新生成图形。

打开或关闭实体填充显示的步骤如下：

（1）单击鼠标右键→选项（O）。

（2）在“选项”对话框的“显示”选项卡中，在“显示性能”下取消“应用实体填充”复选框，即可关闭图案填充的显示。选中则表示“填充”模式处于打开状态，如图 2-62 所示。

（3）单击“确定”。

（4）要显示更改后的变化，在命令行输入 regen 命令。

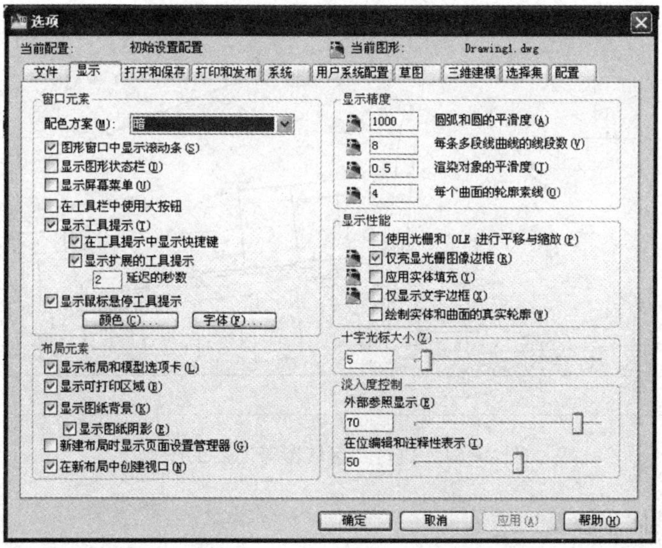

图 2-62 “选项”对话框

2.5.5 区域覆盖

使用区域覆盖对象可以在现有对象上生成一个空白区域，用于添加注释或详细的屏蔽信息。区域覆盖对象是一块多边形区域，它可以使用当前背景色屏蔽底层的对象。在 AutoCAD 2010 中，用户可以通过使用一系列点来指定多边形的区域创建区域覆盖对象，也可以将闭合多段线转换成区域覆盖对象。

使用空白区域覆盖如图 2-63 所示图形中的左侧两个独立房屋的步骤如下：

（1）单击功能区：“常用”选项卡→“绘图”面板→“区域覆盖”图标 。

（2）在被覆盖区域周边用鼠标指定若干点。

（3）按 Enter 键结束命令，结果如图 2-64 所示。

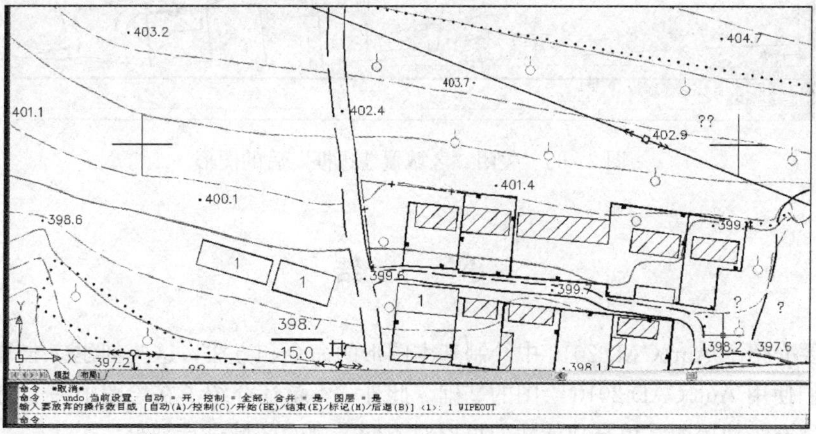

图 2-63 执行“区域覆盖”前的图形

在这里我们还可以控制区域覆盖边框的显示或关闭，关闭区域覆盖边框的结果如图 2-

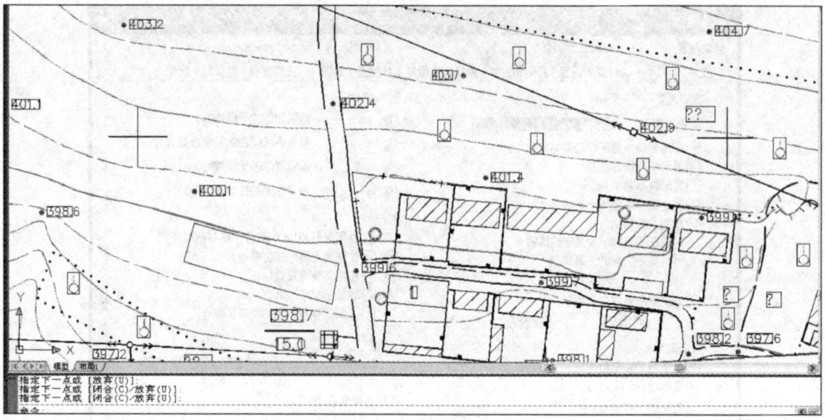

图 2-64　执行“区域覆盖”后的图形

65 所示。实现的具体步骤是：

（1）单击功能区：“常用”选项卡→“绘图”面板→“区域覆盖”图标。

（2）在命令提示“指定第一点或［边框（F）/多段线（P）］”下，输入 f（边框）。

（3）在命令提示“输入模式［开（ON）/关（OFF）］”下输入 OFF，并按 Enter 键，实现区域覆盖边框的关闭。

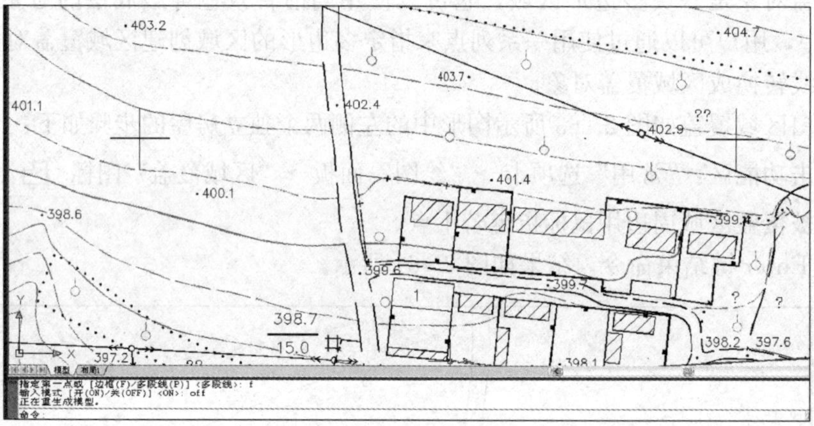

图 2-65　关闭“区域覆盖边框”后的图形

小　　结

本章主要介绍了 AutoCAD 2010 中绘制基本图形的命令和方法，这些创建二维图形实体的绘图命令是我们使用 AutoCAD 2010 绘图的基础。此外，本章还介绍了在绘图中一个比较重要的功能——图案填充，使用图案填充功能我们可以对不同类型的区域进行划分。

虽然本章中的练习比较简单，但这些练习都是最基本的训练，也是我们精通 AutoCAD 2010 所要掌握的内容，必须要熟练掌握。

习 题 与 思 考 题

2 - 1　填空题

1. 在 AutoCAD 2010 中，使用（　　　　）命令填充封闭的区域。

2. 在 AutoCAD 2010 中，绘制圆弧共有（　　　　）种方法。

3. 使用 polygon 命令最多可以画出（　　　　）条边的等边多边形。

4. AutoCAD 中，可以使用多段线来绘制矩形，但更方便的方法是使用（　　　　）命令来绘制矩形。

5. 要创建实体填充圆，需要调用（　　　　）命令，然后将（　　　　）指定为 0。

6. 多线的对正方式有（　　　　）、（　　　　）和（　　　　）。

7. 用起点、圆心、长度方式画圆弧时，若弦长为正，则得到与弦长相应的（　　　　）的弧，若弦长为负，则得到（　　　　）的弧。

8. 可通过（　　　　）、（　　　　）和（　　　　）方法来控制图案填充的可见性。

2 - 2　操作题

1. 绘制图 2 - 66 所示的图形。其中正三角形边长为 150，圆为三角形的内切圆，圆弧的圆心是其相对的三角形顶点。

2. 绘制边长为 100 的正 7 边形，然后画出它的内切圆，如图 2 - 67 所示。

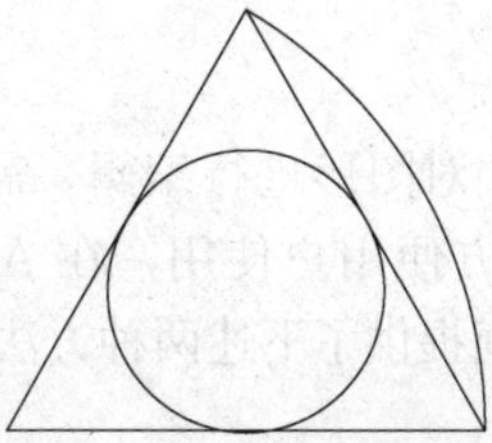

图 2 - 66　练习图形

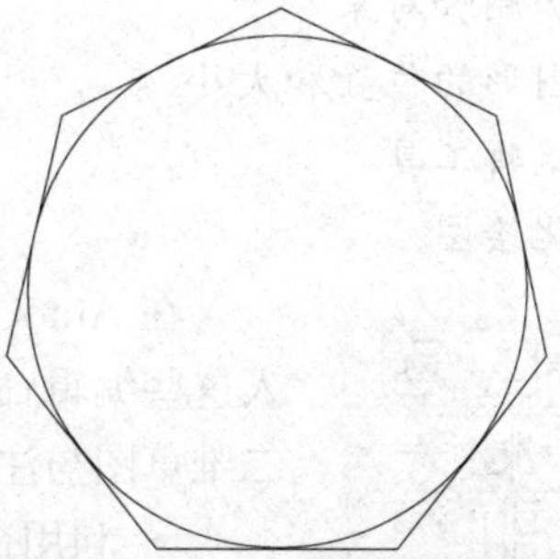

图 2 - 67　练习图形

3. 使用“图案填充”命令绘制如图 2 - 68 所示的效果。

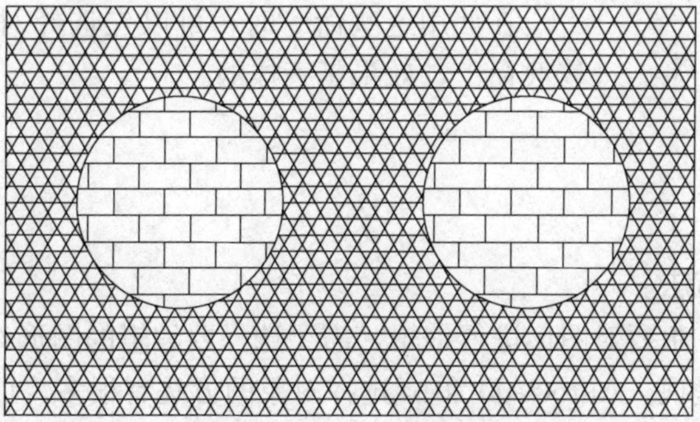

图 2 - 68　练习图形

第3章　编辑二维图形

在使用AutoCAD绘制图形过程中，仅绘制二维基本图形是远远不够的，要想使绘制的图形符合要求，达到设计意图，还必须在绘制基本图形的基础上进行各种编辑。AutoCAD 2010提供强大的编辑功能，包括删除、复制、镜像、偏移、阵列、移动、旋转、缩放、拉伸、修剪、延伸、打断、倒角、圆角、分解等。使用这些功能，可以对绘制的图形对象进行编辑修改，使所绘图满足设计要求，且提高绘图效率。AutoCAD 2010新增加的参数化绘图功能，使绘制的图形之间按设计意图存在着关联关系，该功能极大地提升了绘图效率。

本章中将向读者详细介绍各种编辑命令和参数化绘图的使用方法，并提供了一定数量的实例。

本章主要内容：

- 选择对象
- 复制和删除对象
- 改变图形的位置和大小
- 其他编辑工具
- 参数化绘图

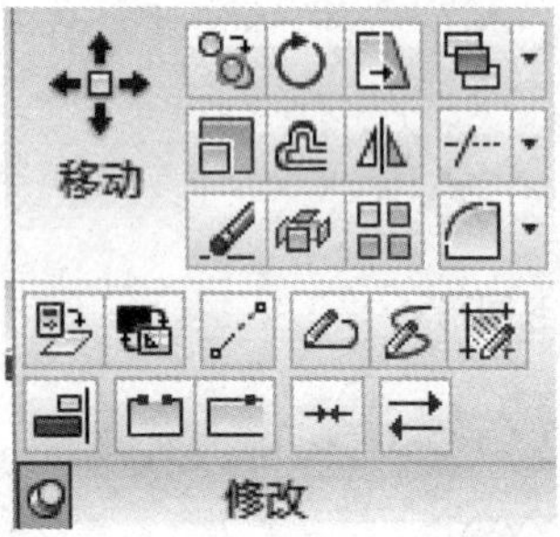

图3-1　“修改”面板

在AutoCAD 2010中对图形进行编辑，需要调用或输入这些编辑命令。为了方便用户使用，在AutoCAD 2010二维草图与注释工作空间提供了下述两种方法进行编辑：

- 利用命令。
- 利用功能区的“常用”选项卡的“修改”面板。如图3-1所示，用鼠标单击相应的修改图标，然后根据命令提示窗口中的提示信息进行操作。

在使用这些命令时，可以先选择对象也可以先选择修改命令，效果是一样的。

3.1　选择对象

3.1.1　选择对象的方法

在AutoCAD 2010中要对图形进行编辑，需要选择要编辑的图形对象，被选中的图形对象将以虚线亮显方式呈现。AutoCAD 2010选择对象的方法有很多，可以单击图形对象逐个选取，也可以利用窗口选取多个对象，常用的选取方法及选取效果见表3-1。通过表中各操作方法，图形对象即被选中。

表 3-1　　选择对象的方法与选取效果

选择对象的方法名称	操　作　方　法	作　　用
矩形窗口	从左往右拉一个矩形	所有包含在矩形内部的对象均被选中
交叉窗口	从右往左拉一个矩形	矩形内包含的对象及与窗口相交的对象均被选中
鼠标点选	用鼠标左键点击对象上的一点	可以依次选中若干个对象
窗口多边形	在命令行“选择对象”提示下输入 WP 并回车	只选择它完全包含的对象
交叉多边形	在命令行“选择对象”提示下输入 CP 并回车	选择包含或相交的对象
栏选	在命令行“选择对象”提示下输入 F 并回车	栏即是一条直线，直线穿过的对象都选中
命令行直接输入	Ctrl+A 并回车	将选中操作区的所有对象
	L 或 Last 并回车	自动选取最后绘出的那一个对象
	R 并回车	从已选择对象中扣除某一个

3.1.2　构造选择集

如果要选择多个对象，就可以构成选择集，这样可以减少重复性的工作，提高绘图效率。

1. 快速选择

调用快速选择的方法如下：

- 功能区：“常用”选项卡→“实用工具”面板→“快速选择”按钮。
- 命令行：qselect。

执行命令后，系统将弹出“快速选择”对话框，如图 3-2 所示，在其中可以指定过滤条件，如“对象类型”或“特性”来选择。

2. 过滤选择

与快速选择相比，对象选择过滤器可以提供更复杂的过滤选项，并可以命名和保存过滤器。该命令的调用方式为：

- 命令行：filter 或 fi。

执行该命令后，系统将弹出“对象选择过滤器”对话框，如图 3-3 所示。

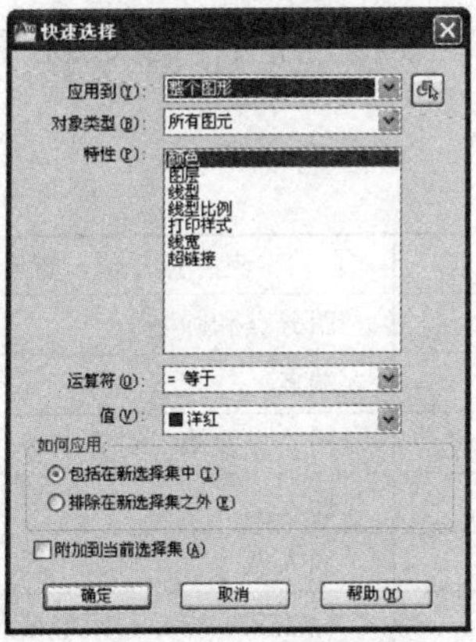

图 3-2　“快速选择”对话框

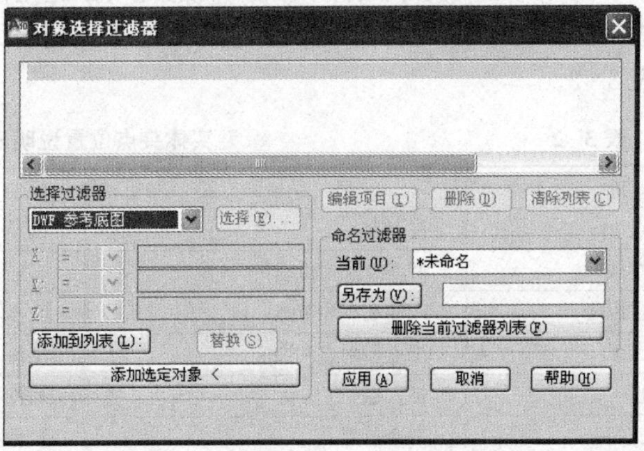

图 3-3　“对象选择过滤器”对话框

在该对话框中，左侧的“选择过滤器”下的深色下拉列表框可根据需要选择过滤名称；运算符不仅可选“=”，还可以选择“！=”、“>=”等逻辑运算符或通配符“*”；运算符后的值可根据需要输入。其中的“添加到列表”按钮可以用来将某些选择项添加到对话框最上部的列表框中。

如果列表框中有项目，可以通过对其中的某些项目进行“编辑”、“删除”或“清除列表”操作。通过右侧的“命名过滤器”可以给新过滤器进行“另存为”命名。

3. 使用编组

编组（group）是一种对象选择集，它由若干个对象成员组成，可以命名并随图形保存。当把图形插入到另一个图形中时，编组的定义仍然有效。使用编组，可以使用户更加方便灵活地对图形对象进行组织管理和操作。

- 命令行：group（或 g）。

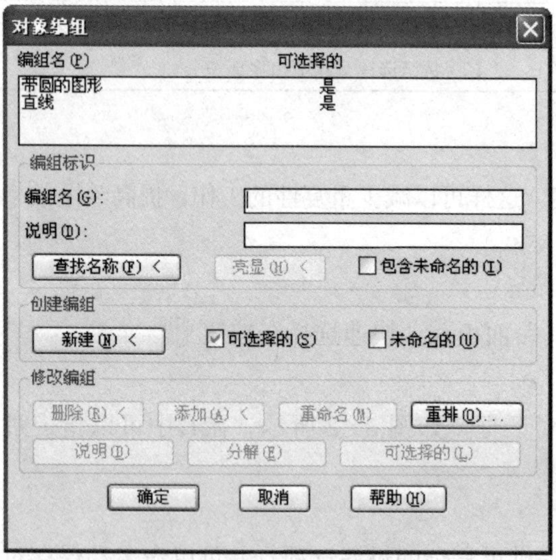

图 3-4 “对象编组”对话框

执行命令后，就会弹出“对象编组”对话框，如图 3-4 所示。

用户在创建或编辑编组时，可以指定它是否可选（Selectable）。对于一个可选编组，选择编组中的某一个成员时将使组中的所有成员都被选中，或通过编组的名称来选择编组中所有对象。而对于非可选编组只能单独地选择编组中的成员。

编组名最长可为 31 个字符，可以包括字母、数字和特殊符号[美元符号（$）、连字号（-）和下划线（_）]，不包括空格。AutoCAD 自动把编组名转换为大写字母。

3.1.3 用夹点编辑对象

在 CAD 中，夹点是指为了便于控制和操纵实体，而在每一个实体的某些特别的位置上设定的特征点，也称关键点。正确运用夹点，不仅可以用来获得实体上的点，而且还可以运用由夹点自动编辑模式提供的几种不同的方式（拉伸、移动、旋转、缩放和镜像等）来控制、编辑处理图形。各实体的夹点位置说明见表 3-2。

表 3-2　　实体夹点位置说明表

实　体	夹 点 位 置	实　体	夹 点 位 置
点	在点上	圆	四分点和圆心
直线	两端点及中点	多边形	端点
多段线	线的端点和节点	文本	插入点及第二对齐点
圆弧	端点、中点和圆心	图块	插入点
形	插入点	属性	插入点
宽线	四个节点	尺寸标注	标注文字中心和四个端点

1. 夹点选中

在不执行任何命令的情况下选中对象，对象中除显示出虚线，还显示出其夹点，这些点均默认为蓝色，称为“冷点”，然后单击其中一个夹点，夹点颜色将变为红色，称为“热点”，也称“基点”——指基准夹点的意思。

2. 拉伸操作

当对象上的夹点被选中之时，命令行即提示：

＊＊拉伸＊＊

指定拉伸点或［基点（B）/复制（C）/放弃（U）/退出（X）］：

此时命令处于拉伸模式，用户可以在该提示下用鼠标进行拉伸或移动对象。当选中的基点是直线的中点、单点、圆心、椭圆中心、文字的起点以及块的插入点时，执行的操作就同时进行拉伸操作，可以先按住 Shift 键，然后单击夹点进行同时拉伸。

3. 移动、旋转、缩放或镜像对象

虽然默认的编辑模式是拉伸，但是可以在拉伸的提示下按回车键或空格键，在镜像、移动、旋转、拉伸和比例缩放几种编辑模式之间循环切换，也可以通过在命令行输入“mi”（镜像）、“mo”（移动）、“ro”（旋转）“st”（拉伸）和“sc”（比例缩放）切换到相应的模式。

课堂练习：完成随书光盘中“课堂练习”的“第 3 章”的“练习 3 - 1”。

3.2　复制和删除对象

3.2.1　复制和删除

1. 在一张图纸上复制对象

在图形绘制过程中，经常会遇到相同的对象在一张图上多次出现的问题，此时为了使用户省去重复工作，CAD 系统提供了“复制”（copy）命令。操作方法如下：

- 功能区：“常用”选项卡→“修改”面板→“复制”按钮 。
- 命令行：copy。

执行命令后作之后，命令行提示如下：

选择对象：（选择一个或多个对象）

选择对象：

指定基点或［位移（D）］＜位移＞：

其中的“基点”是指复制的对象移动时的基准点，“位移”是指新复制的对象与原图形之间的距离。AutoCAD 2010 可连续进行多重复制。当不需要复制时，按“Esc”键或“Enter”键，退出该命令。图 3 - 5（a）和（b）为图形对象复制情况。

提示：为了按指定距离复制对象，在基点被确定以后，可以使用对象追踪及对象捕捉模式方便找到确定点位，也可是输入相对坐标来实现。

2. 将图形复制到其他程序中

用户经常会在 Microsoft Office 或画图等其他应用程序中用到 AutoCAD 中绘制的图形，此时可以利用 Windows 剪切板功能，具体操作为：

- 命令行：copyclip→选取要复制的图形对象。

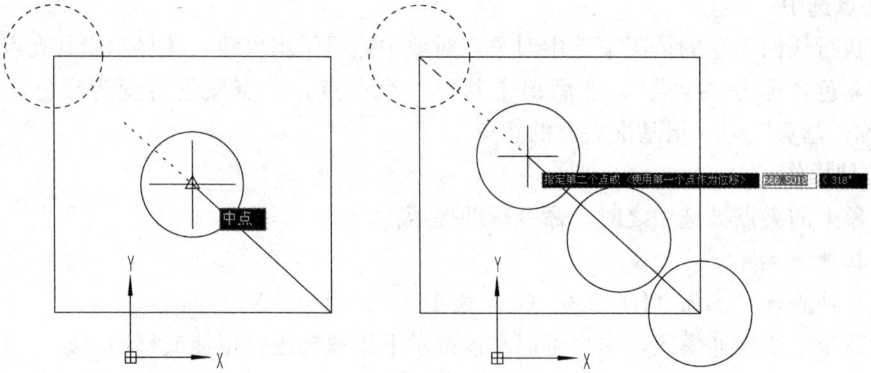

(a)　　　　(b)

图 3-5　图形对象复制

(a) 复制一次；(b) 多重复制

• 选取要复制的图形→右击快捷菜单→复制。

执行上述操作，图形已经被复制到 Windows 剪切板上，然后在应用程序中直接粘贴即可。

提示：这样直接粘贴图形会很大，根据需要调整尺寸才能满足要求。

3. 删除对象

在绘图过程中，需要对一些错误的或辅助性的图形进行删除，方法如下：

• 功能区："常用"选项卡→"修改"面板→"删除"按钮。

• 命令行：erase

执行命令后，AutoCAD 命令行提示：

选择对象：(选取要删除的对象)

选择对象：

可以连续多次选中对象进行删除。

提示：用 cutclip 命令，将选取图形删除的同时，也将其复制到 Windows 剪贴板上。所以在 Microsoft Office 文件中需要插入图形时，可以先在 AutoCAD 环境下绘制好，然后用此命令将该图形剪切走。

4. 图形的恢复

绘图中需要对误删除的图形进行恢复。

(1) 恢复最近一次删除的对象。

• 命令行：oops。

即可恢复已删除的对象。

(2) 恢复前几次删除的对象。对已经多次删除的对象需要逐一恢复，应用"undo"命令可以实现。

• 命令：undo。

该命令具有撤销命令的效果。

5. 删除的其他操作

purge、redraw、redraw、redrawall、regen 等命令在 AutoCAD 2010 软件中也具备一定

的删除功能。

（1）purge 命令。该命令可以用来删除图形中未使用的项目，例如块定义、标注样式、图层、线型和文字样式。通过 Purge，还可以删除零长度几何图形和空文字对象。

• 命令行：purge。

系统弹出如图 3-6 所示的“清理”对话框。选择“查看能清理的项目”选项，下面的列表中出现“图形中未使用的项目”，从中选择要清理的项目，然后点击“清理”按钮。

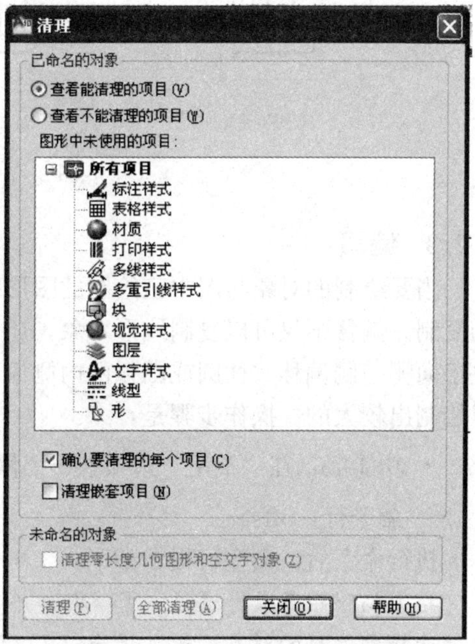

图 3-6 “清理”对话框

（2）redraw 命令。该命令一般用于删除绘图过程中留下的点标记、刷新当前视口中的显示。

• 命令行：redraw。即可完成相应的删除功能。

（3）redrawall 命令。该命令可实现刷新所有视口中的显示，去掉无用的点标记。

• 命令行：redrawall。即可从所有视口中删除编辑命令留下的点标记。

（4）regen 命令。要删除凌乱的像素，可使用 regen 命令。

• 命令行：regen。

实现在当前视口中重生成整个图形并重新计算所有对象的屏幕坐标，还重新创建图形数据库索引，优化显示和对象选择的性能。

3.2.2 镜像

镜像功能可以使图形对象绕指定对称轴翻转，创建对称的另一半镜像图像。

镜像对于绘制对称图形非常有用，可快速地绘制半个图形，然后将其镜像，得到整个图形。镜像的对称轴在 AutoCAD 中称为镜像线，在操作中需要输入两点确定一条直线作为镜像线。镜像结束后系统会提示是删除原对象还是保留原对象。

操作方法如下：

• 功能区：“常用”选项卡→“修改”面板→“镜像”按钮。

• 命令行：mirror。

执行命令后，命令行提示如下：

选择对象：（选取要镜像的图形对象）

选择对象：

指定镜像线的第一点：指定镜像线的第二点：（用鼠标在绘图区拾取镜像线上两点）

要删除源对象吗？[是（Y）/否（N）] <N>：（直接回车保留源图形，若输入 Y，则删除源图形）

图 3-7 为镜像复制的完整过程。

提示：对文字对象镜像，会有两种结果（一是完全镜像，二是可读式镜像），通常需要可读式镜像，这时要把系统变量 mirrtext 的值设为 0。

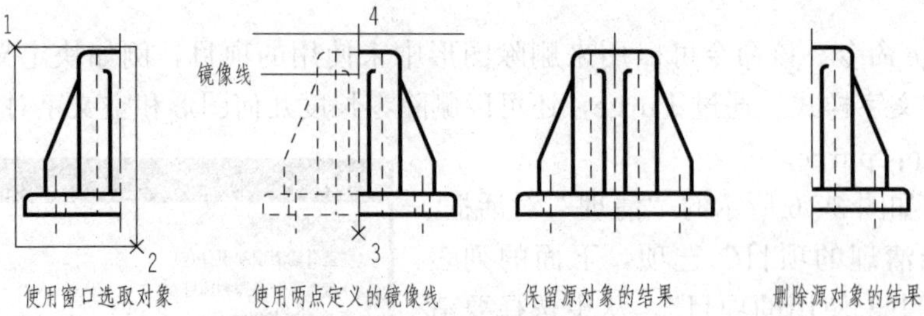

图 3-7　镜像复制的过程

3.2.3　偏移

当要绘制的对象与图中已绘制的图形平行时，可以使用偏移命令（OFFSET）进行对象的复制。偏移不仅可以复制线形对象，还可以对圆或圆弧创建更大或更小的圆或圆弧，这取决于向哪一侧偏移，往圆或圆弧的内侧偏移可以绘制较小的圆或圆弧，反之，往外侧偏移可以绘制出较大的。操作步骤是：

- 功能区：在“常用”选项卡→“修改”面板→“偏移”按钮 。
- 命令行：offset。

执行命令后，命令行提示如下：

指定偏移距离或［通过（T）/删除（E）/图层（L）］<通过>：（输入偏移距离值）

选择要偏移的对象，或［退出（E）/放弃（U）］<退出>：

指定要偏移的那一侧上的点，或［退出（E）/多个（M）/放弃（U）］<退出>：()

在输入偏移距离后，选定一个要偏移的对象（选中后该对象呈亮显），指定偏移的那侧之后，被偏移复制的副本就会绘制出来。在不知道偏移距离时，可以选择偏移时通过某个点，即选择“通过 T”选项，然后用鼠标拾取通过的点。

该命令可实现同一偏移距离下的多次偏移，直到按“E”或“Esc”或“Enter”键退出。图 3-8 为使用偏移命令的过程。

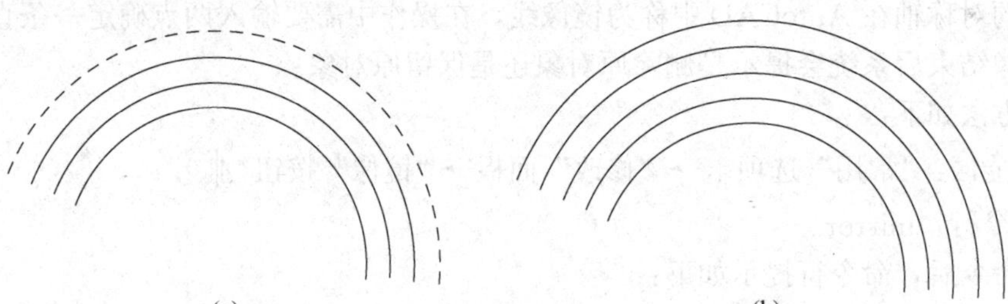

图 3-8　使用偏移命令

(a) 选中要偏移的对象；(b) 偏移后的效果图

3.2.4　阵列

当一个图形中有若干个按中心环形排列或按矩阵排列的同一对象时，我们可以先只绘出其中一个，然后按照阵列的状况，将该图形进行复制，以完成重复复制的过程。操作方法如下：

• 功能区："常用"选项卡→"修改"面板→"阵列"按钮 。
• 命令行：array。

执行命令后，系统会弹出如图 3－9 所示"阵列"对话框（矩形阵列），若需要环形阵列，可选择"环形阵列"单选框，"阵列"对话框变成了图 3－10 所示的内容。

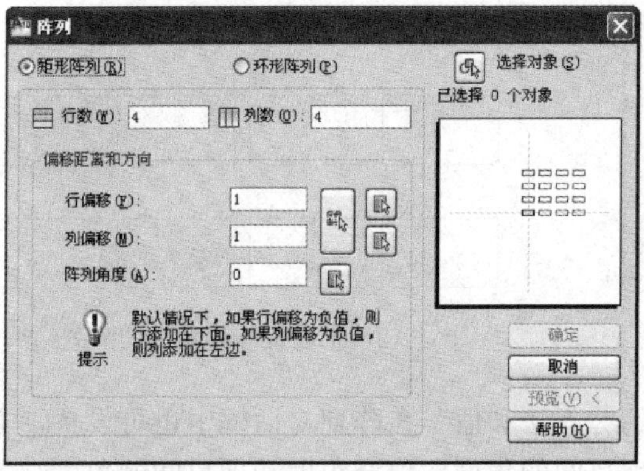

图 3－9 "阵列"对话框矩形阵列

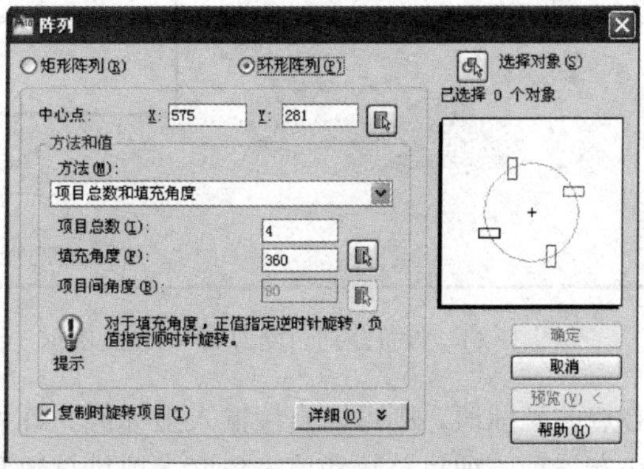

图 3－10 "阵列"对话框——环形阵列

这两种阵列方式有不同的阵列参数，设置完阵列参数后，就要选择阵列对象，点击图中右上角的 选择对象(S) 按钮，系统返回到绘图界面，在绘图区选取要阵列的对象，然后回车，系统又弹出"阵列"对话框，这时可点击"预览"按钮，在绘图区查看阵列的效果是否符合要求，按命令行提示操作，返回"阵列"对话框，可重新设置阵列参数，或按"确定"按钮，完成阵列复制操作。

下面介绍阵列参数的设置。

1. 矩形阵列

在矩形阵列中，需要设置相关参数，才能实现阵列。

（1）行、列数。在行数、列数之后的文本框输入相应的数值，就可确定出要阵列对象的数目。

（2）行偏移、列偏移。这两个量可以通过下列方式得到。

1）直接在文本框输入偏移距离的数值和偏移角度的数值；

2）通过点击按钮后用鼠标进行拾取或在命令行输入；

3）点击按钮在屏幕上画出矩形，该矩形的长、宽即分别是行间距和列间距的量。

（3）阵列角度，可在文本框中输入角值或通过在屏幕上拾取即可。该角度是指要复制的对象副本所连成的行与水平方向或列与竖直方向之间的夹角，该角度设置好后，在右侧的预览栏可以看到效果。

如图 3－11 预览框中为阵列角度为 30°的阵列效果，图 3－12 为未设置阵列角度的阵列结果。从两幅图中可以看出阵列角度设置的作用。

2. 环形阵列

环形阵列设置时需要指定阵列的中心点，也就是将来阵列复制之后，所有对象（包括源对象和副本）的中心。中心点的设置一般可以点击拾取按钮 在图中拾取，如果已知该中

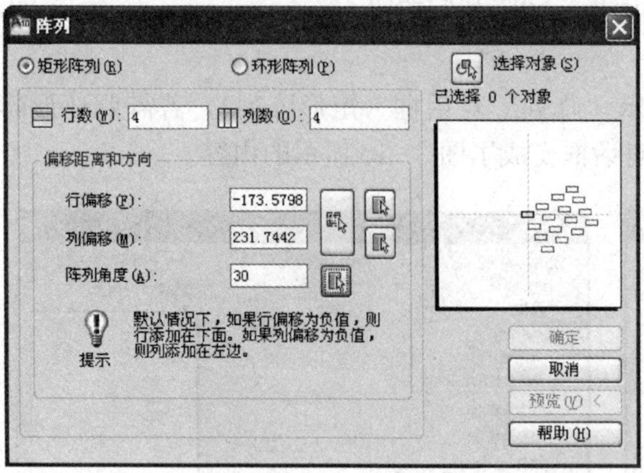

图 3-11　设置阵列角度为 30°的预览图形

图 3-12　未设置阵列角度的阵列结果

心点的坐标值，则可以直接输入坐标值。阵列的“方法和值”在阵列对话框中也可设置，方法有三种：项目总数和填充角度、项目总数和项目间的角度、填充角度和项目间的角度。阵列方法选择如图 3-13 所示。

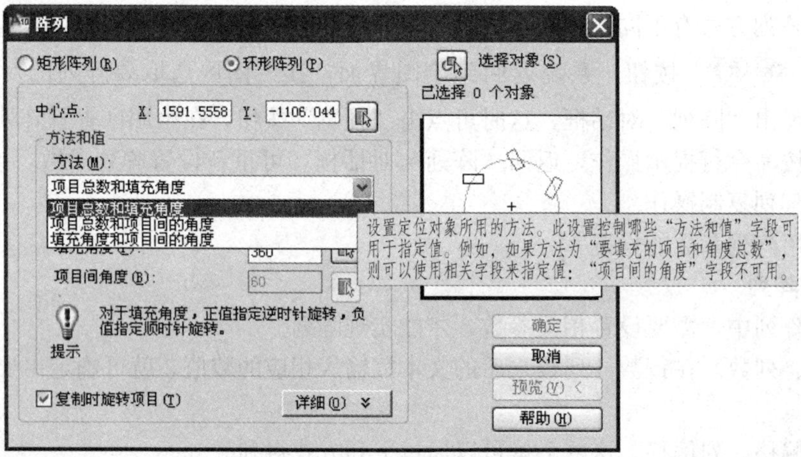

图 3-13　阵列方法选择

填充对象如果所围成的图形不是一个完整的圆，则也可以通过设置项目总数和项目间的角度完成设置。

提示：填充角度，如果设置成正值，则填充时沿逆时针方向填充，否则沿顺时针填充。

【例 3-1】　如图 3-14（a）所示，要通过阵列得到图 3-14（b）所示的效果，则可采用环形阵列。阵列参数设置为：

阵列中心：大圆的圆心

阵列项目和方法：项目总数和填充角度总数

项目总数：6

填充角度：360

点击用“选择对象”按钮，在绘图区拾取图 3-14（a）中的小圆，回车，在“阵列”对话框中点击“确定”按钮，这时在绘图区就看到了图 3-14（b）所示的图形。

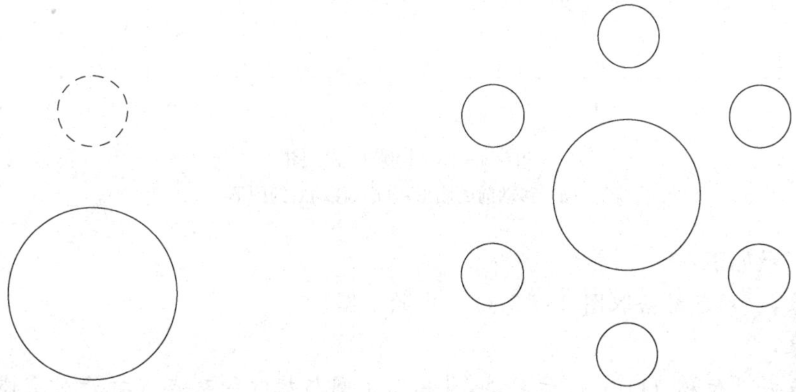

(a)　　　　(b)

图 3-14 ［例 3-1］图

（a）阵列前的图形；（b）阵列后的图形

课堂练习：完成随书光盘中“课堂练习”的“第 3 章”的“练习 3-2”。

3.3　改变图形的位置和大小

当在图形中绘制的对象不在所需要的位置或方向不对时，往往需要移动对象，或按角度或依据其他对象进行旋转来修改对象的方向。

3.3.1　移动

移动命令可以将对象从原位置以指定的角度和方向进行移动。角度和方向已知时可以使用坐标直接精确移动；如果数值不知道，但其要素在图中可以捕捉出，则可以选用栅格捕捉、对象捕捉和其他工具精确移动。

如图 3-15 所示，图中的圆在左侧的小短线上部，如要将其移动到中间那个短线上部，且使其圆心与小短线上部端点重合，其操作过程如下：

- 功能区：“常用”选项卡→“修改”面板→“移动”按钮 

。
- 命令行：move。

执行命令后，命令行提示如下：

选择对象：（选择要移动的对象）

选择对象：

指定基点或［位移（D）］<位移>：

指定第二个点或<使用第一个点作为位移>：

根据命令提示，用鼠标在绘图区拾取移动的基点（可以是任一点，不过最好是移动对象的某个特征点，便于精确移动），再拾取要移动到的点位，即实现了对象移动。

【例 3-2】 要把图 3-15（a）中的小圆从现在的位置移动到图 3-15（b）所示的位置，操作步骤如下：

功能区：“常用”选项卡→“修改”面板→“移动”按钮 

。

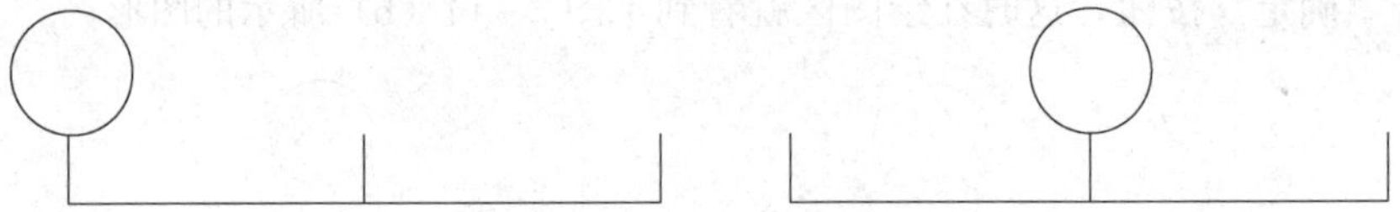

(a)　　　　　　　　　　　　(b)

图 3-15 ［例 3-2］图

(a) 移动前的图形；(b) 移动后的图形

命令行提示如下：

选择对象：(用鼠标拾取图 3-15（a）中的小圆)

选择对象：

指定基点或［位移（D）］＜位移＞：［拾取小圆与短线的交点（打开对象捕捉，拾取短线上端点)］

指定第二个点或＜使用第一个点作为位移＞：(拾取中间短线的上端点)

完成移动操作，得到图 3-15（b）的效果。

3.3.2 旋转

旋转命令可以让图形对象绕指定基点旋转。执行方法如下：

- 功能区："常用"选项卡→"修改"面板→"旋转"按钮。
- 命令行：rotate。

执行命令后，命令行提示如下：

UCS 当前的正角方向：　ANGDIR＝逆时针　ANGBASE＝0

选择对象：(选取旋转对象)

选择对象：(可继续选取对象或直接回车)

指定基点：

指定旋转角度，或［复制（C）/参照（R）］＜0＞：

在此提示下，可直接输入旋转角度。也可以将对象进行旋转复制到新位置，源对象不删除，仍保留在图中。下面举例说明各选项的操作过程和旋转效果。

1. 输入旋转角度旋转对象

【例 3-3】 将图 3-15（b）旋转 45°，得到图 3-16 的效果。操作步骤如下：

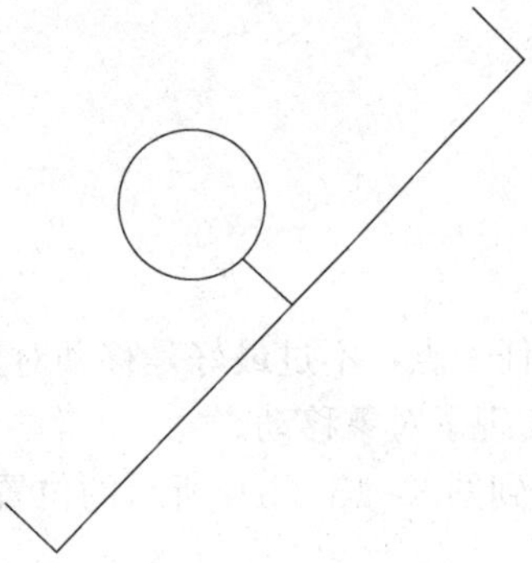

图 3-16　旋转 45°后的图形对象

功能区："常用"选项卡→"修改"面板→"旋转"按钮。

命令行提示：

命令：rotate

UCS 当前的正角方向：　ANGDIR＝逆时针　ANGBASE＝0

选择对象：(用窗口选择图形对象）找到 5 个

指定基点：(指定左下角起点作为基点)

指定旋转角度，或［复制（C）/参照（R）］＜0＞：45

经过上述操作，就得到了旋转 45°后的图形。

一般在命令行输入的旋转角度在0°～360°。在系统默认情况下，输入正角度值是按逆时针旋转对象，输入负角度值则是按顺时针旋转对象。当然也可通过“图形单位”对话框，设置方向，这些内容将在第4章中讲到。

如果通过拖动旋转对象达到旋转的目的，则需要选定一个基点，之后通过绕基点拖动对象到目标点方向。为了更加精确，通常使用“正交”模式、极轴追踪或对象捕捉，使对象旋转到目标位置。

2. 旋转复制对象

当需要在图中复制出一个与原图形成一定夹角的图形时，需要进行旋转复制。

【例3-4】 将图3-16中的图形，经过旋转得到图3-17的效果。即复制出一个与原图成45°（即竖直方向）的图形并保留原图形。

操作步骤如下：

功能区：“常用”选项卡→“修改”面板→“旋转”按钮。

命令行提示：

命令：rotate

UCS当前的正角方向：　ANGDIR＝逆时针　ANGBASE＝0

选择对象：(用窗口选择图形对象) 找到5个

指定基点：(指定左下角起点作为基点)

指定旋转角度，或［复制（C）/参照（R）］＜0＞：C

指定旋转角度，或［复制（C）/参照（R）］＜0＞：45（或拖动对象到目标位置）

就得到如图3-17所示的效果。

3. 参照模式旋转

使用“参照”选项，可以将对象从指定的角度旋转到新的绝对角度，或从原位置旋转到参照角度位置。

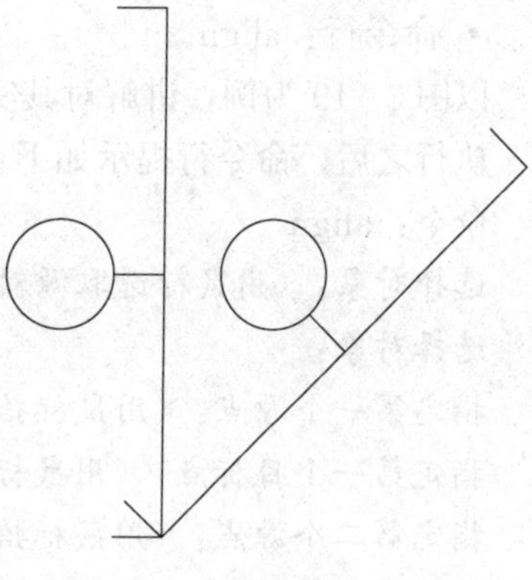

图3-17　旋转复制的效果

【例3-5】 要使图3-18（a）中的图形，经过旋转得到图3-18（b）的效果。操作步骤的前几步同［例3-4］。不同之处：

指定旋转角度，或［复制（C）/参照（R）］＜0＞：R

指定参照角＜45＞：　0

指定新角度或［点（P）］＜90＞：　90

当不知道前图形的角度，也不知道旋转后的角度，但有参照对象的情况下，如图3-18（c）旋转为图3-18（d）。具体操作：

指定旋转角度，或［复制（C）/参照（R）］＜0＞：R

指定参照角＜90＞：(用鼠标拾取旋转角的定点，本例中拾取1点)

指定第二点：用鼠标拾取图中2点

指定新角度或［点（P）］＜135＞：(用鼠标拾取图中4点)

完成选转操作，图形由图3-18（c）成为图3-18（d）所示样子。

3.3.3　对齐

对齐命令可以使对象在二维和三维空间与其他对象对齐。实现对齐功能方法如下：

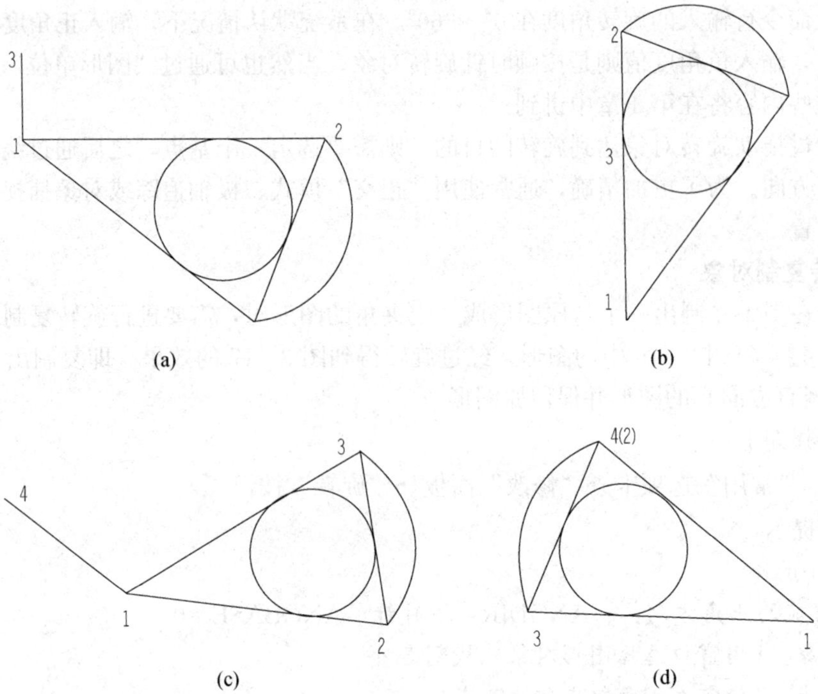

图 3-18 ［例 3-5］图

(a) 旋转前（原位置方向已知）；(b)“参照”旋转后（新位置方向已知）；(c) 选转前（原位置方向未知）；(d) 参照某直线旋转（新位置方向未知）

- 功能区：“常用”选项卡→“修改”面板→“对齐”按钮 。
- 命令行：align。

以图 3-19 为例，讲解对其实现过程。

执行之后，命令行提示如下：

命令：align

选择对象：（用鼠标选取源对象）

选择对象：

指定第一个源点：（用鼠标拾取 1 点）

指定第一个目标点：（用鼠标拾取 3 点）

指定第二个源点：（用鼠标拾取 2 点）

指定第二个目标点：（用鼠标拾取 4 点）

指定第三个源点或＜继续＞：（在二维空间直接↙，在三维空间再输入第三对点）

是否基于对齐点缩放对象？［是（Y）/否（N）］＜否＞：（直接回车是不改变对象大小只方向对齐，若选“是”，则不仅方向对齐，长度上也对齐，即改变了源图形大小）

对齐后的效果如图 3-19（b）所示。

3.3.4 反转

反转命令可以使直线、多段线、样条曲线或螺旋反向，即指改变对象的顶点顺序，这一点可从该命令按钮 的外观清晰地看出。该命令是以前版本所没有的一个新命令。实现方法如下：

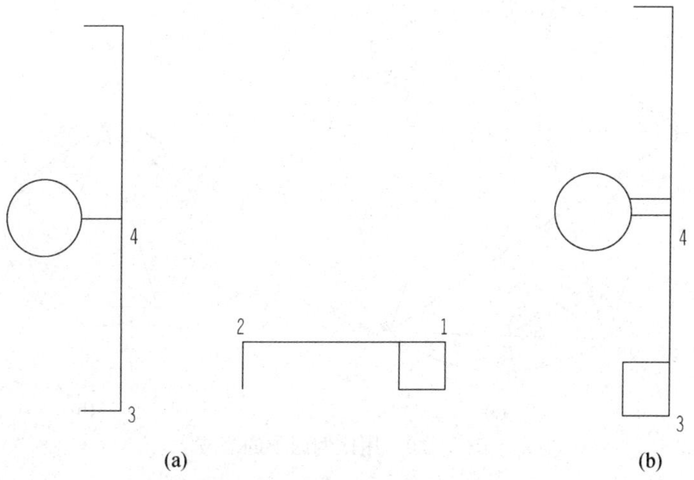

图 3-19 “对齐”功能实现过程

(a) 未对齐之前的两图形；(b) 对齐之后的图形效果

- 功能区：“常用”选项卡→“修改”面板→“反转”按钮 ⇄。
- 命令行：reverse。

按命令行提示，选择要反转方向的直线、多段线、样条曲线或螺旋线，然后回车。

命令行就提示：已反转对象的方向。

3.3.5 缩放

缩放命令可以放大或缩小选定对象，并使缩放后对象的各部分相对比例保持不变。实现方法如下：

- 功能区：“常用”选项卡→“修改”面板→“命令”按钮 。
- 命令：scale。

输入命令并选中要缩放的对象之后，命令行提示：

指定基点：(用鼠标拾取缩放基点)

指定比例因子或［复制（C）/参照（R）］<1.5000>：

在此可直接输入缩放比例因子的数值，也可选择括号内的选项。

1. 按比例因子缩放

【例 3-6】 若对图 3-20 中左图缩放为原尺寸的 0.5，则可进行以下操作：

选择对象：用窗口选择选取（a）图中的图形

指定基点：拾取圆心

指定比例因子或［复制（C）/参照（R）］<1.0000>： 0.5

提示：比例因子的数值，大于 1 为放大，小于 1 为缩小。

2. 复制缩放

在对图形缩放时，不仅需要缩放后的图形，并且要保留原图形。此时可选择复制缩放。这里仍然以图 3-20（a）图为例，操作方法如下：

功能区：“常用”选项卡→“修改”面板→“命令”按钮 。

命令行提示：

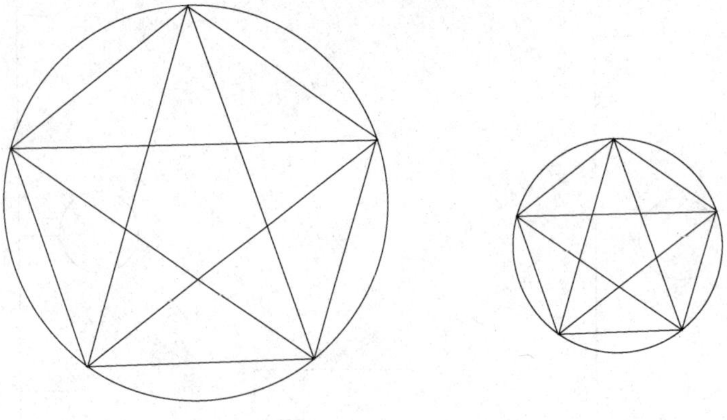

(a) (b)

图 3-20 用比例因子的缩放

选择对象：［用窗口选择选取（a）图中的图形］

指定基点：（拾取圆心）

指定比例因子或［复制（C）/参照（R）］＜3.0000＞： c

缩放一组选定对象

指定比例因子或［复制（C）/参照（R）］＜3.0000＞：0.5

图 3-21 复制缩放效果

缩放后的结果如图 3-21 所示，内部小的为缩放后的图形，外面大的是原图形。

3. 参照缩放

当比例因子的值未知时，根据缩放对象与参照对象的尺寸关系，由系统可以算出两者之比例，系统据此比例可对要缩放对象进行缩放。同样，比例大于 1 为放大，反之为缩小。

【例 3-7】 在图 3-22（a）中有两个矩形，小矩形 1234 与大矩形 ABCD，有一个角点是重合的，即 1 和 A 重合。向要将矩形 1234 缩放，缩放条件为使 12 与 AB 长度相同，这就用到参照缩放。操作步骤如下：

功能区："常用"选项卡→"修改"面板→"命令"按钮。

命令行提示如下：

选择对象：（找到 1 个）

选择对象：（选取矩形 1234）

指定比例因子或［复制（C）/参照（R）］＜1.0000＞： r

指定参照长度＜1.0000＞：（用鼠标拾取 1 点）

指定第二点：（用鼠标拾取 2 点）

指定新的长度或［点（P）］＜1.0000＞：（用鼠标拾取 B 点）

完成上述操作后，就出现了图 3-22（b）的效果。

3.3.6 修剪和延伸

在绘图过程中经常会遇到以某个边为界，将多余的部分剪去。或以某个边为界，将没有

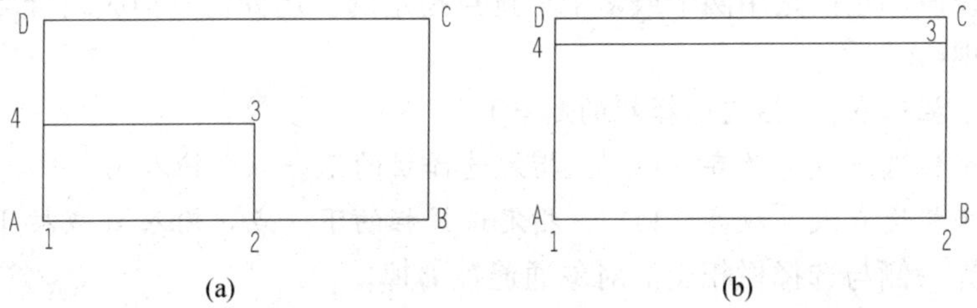

图 3-22 参照缩放

(a) 参照缩放前；(b) 参照缩放后

得到这个界限的对象延伸到这个边界上。这就用到了修剪和延伸命令。

功能区：在“常用”选项卡→“修改”面板→“修剪”按钮右侧小箭头→“修剪”和“延伸”按钮。

1. 修剪

该命令用于修剪某些图形对象以达到与其他对象的边相接的目的。一般用于先期绘制的图形有部分超出实际需要长度时的修改。如图 3-23 所示，想把圆以外多余的直线剪掉。操作方法如下：

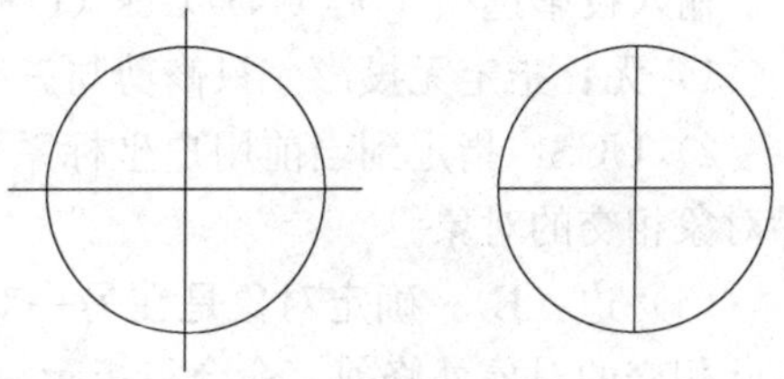

图 3-23 “修剪”实例

功能区：在“常用”选项卡→“修改”面板→“修剪”按钮。

命令行提示如下：

命令：trim

当前设置：投影=UCS，边=无

选择剪切边...

选择对象或<全部选择>：用鼠标拾取圆找到 1 个

选择对象：

选择要修剪的对象，或按住 Shift 键选择要延伸的对象，或［栏选（F)/窗交（C)/投影（P)/边（E)/删除（R)/放弃（U)］：用鼠标拾取图 3-23 左侧图中圆外的直线部分

选择要修剪的对象，或按住 Shift 键选择要延伸的对象，或［栏选（F)/窗交（C)/投影（P)/边（E)/删除（R)/放弃（U)］：继续用鼠标拾取圆外的直线部分

选择要修剪的对象，或按住 Shift 键选择要延伸的对象，或［栏选（F)/窗交（C)/投影（P)/边（E)/删除（R)/放弃（U)］：继续用鼠标拾取圆外的直线部分

选择要修剪的对象，或按住 Shift 键选择要延伸的对象，或［栏选（F)/窗交（C)/投影（P)/边（E)/删除（R)/放弃（U)］：继续用鼠标拾取圆外的直线部分

选择要修剪的对象，或按住 Shift 键选择要延伸的对象，或［栏选（F)/窗交（C)/投影（P)/边（E)/删除（R)/放弃（U)］：

完成操作，得到了图 3-23 右侧图形。

另外，命令行提示“［栏选（F)/窗交（C)/投影（P)/边（E)/删除（R)/放弃（U)］：”中各选项的作用如下：

(1) 栏选（F)。当要剪切的对象都与某条（些）直线相交时，使用该选项。选择栏是

一系列临时直线段，它们是用两个或多个栏选点指定的。选择栏不构成闭合环。选择输入 F 后，命令行出现：

指定第一个栏选点：(指定选择栏的起点)

指定下一个栏选点或［放弃（U）］：指定选择栏的下一点或输入 u

指定下一个栏选点或［放弃（U）］：指定选择栏的下一点，输入 u 或按 Enter 键

在修剪边界一侧与选择栏相交的对象通通被剪掉。

(2) 窗交（C）。选择矩形区域（由两点确定）内部或与之相交的对象。

指定第一个角点：(指定一点)

指定对角点：(指定源自第一点的对角线上的点)

提示：某些要修剪的对象的窗交选择不明确。通过沿矩形窗交窗口以顺时针方向从第一点到遇到的第一个对象，将被选择。

(3) 投影（P）。指定修剪对象时使用的投影方法。

输入投影选项［无（N）/Ucs（U）/视图（V）］<当前>：(输入选项或按 Enter 键)

1）无：指定无投影。只修剪与三维空间中的边界相交的对象。

2）UCS：指定到当前用户坐标系（UCS）XY 平面的投影。修剪未与三维空间中的边界对象相交的对象。

(4) 边（E）。确定对象是在另一对象的延长边处进行修剪，还是仅在三维空间中与其实际相交的对象处修剪。命令行提示：

输入隐含边延伸模式［延伸（E）/不延伸（N）］<当前>：输入选项或按 Enter 键

1）延伸（E）：沿其自然路径延伸边界对象以和三维空间中另一对象或其隐含边相交。

2）不延伸：指定对象只延伸到在三维空间中与其实际相交的边界对象。

(5) 删除（R）。选择要删除的对象，可多次选择，回车后所选对象被删除。

(6) 放弃（U）。放弃最近由修剪命令所做的更改。

2. 延伸

该命令用于当某些图形对象的长度没有达到某个位置的情况。

如图 3-24 所示，要想使（a）图中的矩形框内的直线都延伸到矩行的上边界，操作步骤如下：

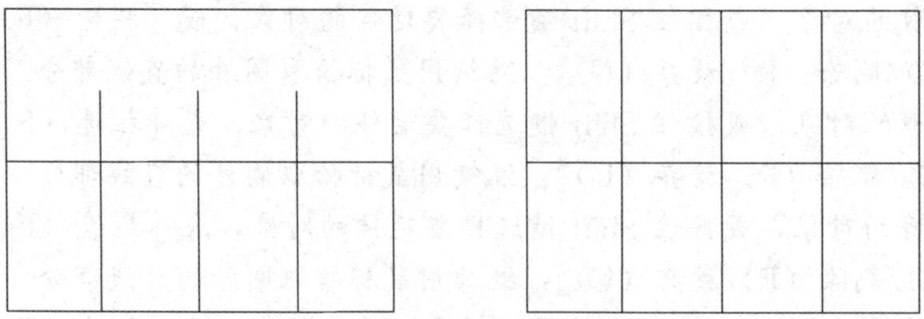

(a)　　　　(b)

图 3-24 “延伸”命令的实例

功能区：“常用”选项卡→“修改”面板→“延伸”按钮 延伸。

命令行提示如下：

命令：extend

当前设置：投影=UCS，边=无

选择边界的边...

选择对象或＜全部选择＞：(用鼠标拾取矩形) 找到 1 个

选择对象：

选择要延伸的对象，或按住 Shift 键选择要修剪的对象，或［栏选（F)/窗交（C)/投影（P)/边（E)/放弃（U)］：(用鼠标拾取要延伸的直线)

选择要延伸的对象，或按住 Shift 键选择要修剪的对象，或［栏选（F)/窗交（C)/投影（P)/边（E)/放弃（U)］：(继续用鼠标拾取要延伸的直线)

选择要延伸的对象，或按住 Shift 键选择要修剪的对象，或［栏选（F)/窗交（C)/投影（P)/边（E)/放弃（U)］：(继续用鼠标拾取要延伸的直线)

选择要延伸的对象，或按住 Shift 键选择要修剪的对象，或［栏选（F)/窗交（C)/投影（P)/边（E)/放弃（U)］：

提示：修剪命令和延伸命令可以互用，即当执行修剪命令，选择要修剪的对象时，按住 Shift 键，则选择的对象被延伸。相反，当执行延伸命令，选择要延伸的对象时，按住 Shift 键则选择的对象被修剪。

3.3.7 拉伸和拉长

1. 拉伸

拉伸命令，在选择拉伸对象是一定要用交叉窗口选择。它的功能是将交叉窗口部分包围的对象进行拉伸，对完全包围的对象进行移动（而不是拉伸)。不是所有对象都能拉伸，像圆、椭圆和块均无法拉伸。执行拉伸的操作如下：

- 功能区："常用"选项卡→"修改"面板→"拉伸"按钮 。
- 命令行：stretch。

执行命令后，命令行提示：

以交叉窗口或交叉多边形选择要拉伸的对象...

选择对象：(用交叉窗口选中若干对象)

选择对象：

指定基点或［位移（D)］＜位移＞：(用鼠标拾取一基点，系统将其作为第一个点)

指定第二个点或＜使用第一个点作为位移＞：(指定第二个点)

其中有基点和位移两个选项可供选择，分别讲解如下：

(1) 基点。即指移动时的基本依据点。直接在绘图区指定一点即按此项进行，在命令行提示下接着指定第二个点，则由交叉窗口选定的对象由原基点位置拉伸到第二个点所在位置（包含在交叉窗口内部的图形大小不变，只是移动位置)。

(2) 位移。输入"D"并回车之后，命令行提示：

指定位移＜0.0000，0.0000，0.0000＞：(输入坐标值)

如果输入第二点，对象将从基点到第二点拉伸矢量距离。如果在"指定位移的第二点"提示下按 Enter 键，则第一点将被视为 X、Y、Z 位移。

【例 3-8】 图 3-25 中，想要把图（a）经过拉伸变成图（c）的样子。具体操作如下：

• 功能区："常用"选项卡→"修改"面板→"拉伸"按钮 。

命令行提示：

命令：stretch

以交叉窗口或交叉多边形选择要拉伸的对象...

选择对象：[选择对象方式如图（b），用交叉窗口选择第一点 A，对角点为 B]

选择对象：

指定基点或［位移（D）］＜位移＞：（用鼠标点击 2 点）

指定第二个点或＜使用第一个点作为位移＞：　@20，0

完成图形拉伸，得到图 3-25（c）的效果。

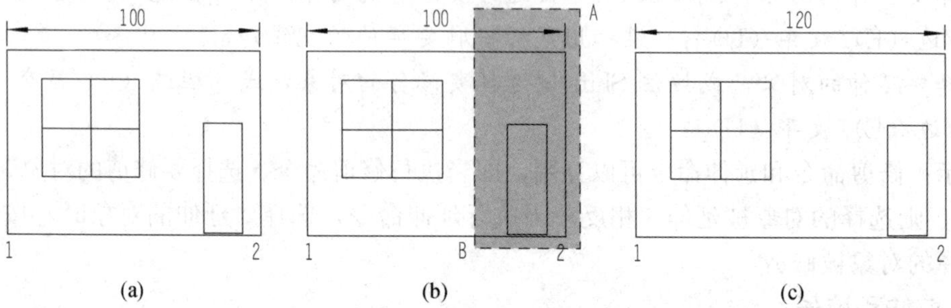

图 3-25　拉伸实例

（a）拉伸前；（b）交叉窗口选择；（c）拉伸后

2. 拉长

拉长命令可以对对象进行拉长操作。该操作能够更改长度的对象有直线、圆弧、开放的多段线、椭圆弧和开放的样条曲线等。实现拉长的方法：

• 功能区："常用"标签→"修改"面板的下拉箭头→"拉长"按钮 。

• 命令行：lengthen。

执行命令后，命令行提示如下：

命令：lengthen

选择对象或［增量（DE）/百分数（P）/全部（T）/动态（DY）］：（用鼠标拾取对象）

当前长度：124.567（当前对象的长度量或角度量）

选择对象或［增量（DE）/百分数（P）/全部（T）/动态（DY）］：（选择一个对象或输入选项）

可以通过选项，指定为百分比、增量、最终长度或角度。使用 lengthen 即使用 trim 和 extend 其中之一。

命令提示行中各项含义如下：

（1）对象选择。选中该项将在回车之后显示：

对象的长度和包含角（如果对象有包含角）

当前长度：＜当前＞，包含角：＜当前＞

选择对象或［增量（DE）/百分数（P）/全部（T）/动态（DY）］：（选择一个对象，输入选项或按 Enter 键结束命令）

lengthen 对用直线、圆弧或多段线绘制的闭合的对象也一样适用。

(2) 增量（DE)。选择此项将以指定的增量修改对象的长度，该增量从距离选择点最近的端点处开始测量。正值为扩展对象，负值为修剪对象。

输入“DE”并回车，命令行提示：

输入长度差值或［角度（A)］<当前>：(长度差值或 a 或按 Enter 键）

1）输入长度差值。上面提示行中的“长度差值”是指以指定的增量修改对象的长度。选择该项命令行提示：

选择要修改的对象或［放弃（U)］：(选择一个对象或输入 u)

提示将一直重复，直到按 Enter 键结束命令。

2）角度（A)。输入此项将以指定的角度修改选定圆弧的包含角，命令行显示：

输入角度差值<当前角度>：(角度差值或按 Enter 键）

选择要修改的对象或［放弃（U)］：(选择一个对象）

提示将一直重复，直到按 Enter 键结束命令。

(3) 百分数（P)。此项意在通过指定对象总长度的百分数设置对象长度。输入“P”之后，命令行显示：

输入长度百分数<当前>：(输入非零正值或按 Enter 键）

选择要修改的对象或［放弃（U)］：(选择一个对象）

提示将一直重复，直到按 Enter 键结束命令。

(4) 全部（T)。此项可以通过指定从固定端点测量的总长度的绝对值，来设置选定对象的长度。“全部”选项对角度来说则是按指定的总角度设置选定圆弧的包含角。输入该项后，命令行提示：

指定总长度或［角度（A)］<当前>：［长度值（非零正值）或 a 或按 Enter 键］

1）总长度。此提示中的“总长度”，意指将对象从离选择点最近的端点拉长到指定值。

2）角度（A)。该项可以设置选定圆弧包含的圆心角。

(5) 动态（DY)。该选项将打开动态拖动模式。通过拖动选定对象的端点之一来改变其长度。其他端点保持不变。

课堂练习：完成随书光盘中“课堂练习”的“第3章”的“练习3-3”。

3.4 其他编辑工具

3.4.1 倒角和圆角

1. 倒角

该功能可以对直线、多段线、射线和构造线倒角。AutoCAD 2010 提供实现倒角的方法如下：

- 功能区：“常用”选项卡→“修改”面板→命令按钮 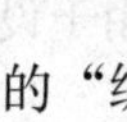 右侧的下拉箭头下 。
- 命令行：chamfer。

执行命令后，命令行提示：

当前倒角距离 1 =（当前），距离 2 =（当前）

选择第一条直线或［放弃（U)/多段线（P)/距离（D)/角度（A)/修剪（T)/方式

(E)/多个 (M)]：

第一行“倒角距离 1 = （当前），距离 2 = （当前）”即指明了倒角的两个距离 1 和 2 的值，如果不合适，可在第二行冒号提示符下输入“E”，即可进行倒角方式的修改。该提示符之前的若干项含义如下：

（1）指定第一条直线。该项是指直接指定倒角的第一条直线，该直线或边将被扣除（或称修剪掉）设置中的“1”等号后的距离值，使端点位置前移。

如果选择直线或多段线，它们的长度将进行调整以适应倒角线。选择对象时，可以按住 Shift 键，以使用值替代当前倒角距离。

如果选定对象是二维多段线的直线段，它们必须相邻或只能用一条线段分开。如果它们被另一条多段线分开，执行 chamfer 将删除分开它们的线段并代之以倒角。

（2）放弃（U）。恢复上一个操作。

（3）多段线（P）。相交多段线在每个多段线顶点被倒角，倒角之后成为多段线的新线段，如图 3-26 所示。如果多段线包含的线段过短以至于无法容纳倒角距离，则不对这些线段倒角。在命令行输入“P”之后，选定多段线并回车即可实现倒角。

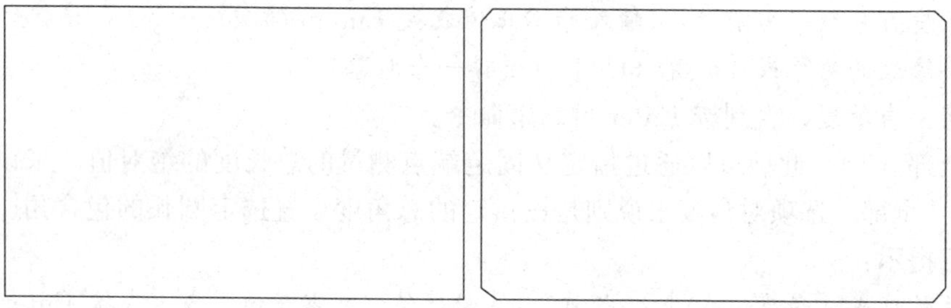

(a)　　(b)

图 3-26　多段线的倒角

（a）倒角前多段线所绘矩形；（b）倒角后的多段线

（4）距离（D）。该项用于设置倒角至选定边的端点之间的距离。在命令行输入“D”之后提示：

指定第一个倒角距离＜当前＞：（输入距离数值）

指定第二个倒角距离＜当前＞：（输入距离数值）

图 3-27 为指定两个倒角距离后的倒角效果。

特殊情况，如果两个距离均设置为零，Chamfer 将延伸或修剪两条直线，使它们终止于同一点。

（5）角度（A）。该选项是用第一条直线的倒角距离和第二条直线与水平方向的夹角设置成倒角。输入该项后，命令行提示：

指定第一条直线的倒角长度＜当前＞：（用鼠标点击 1 点）

指定第二条直线的倒角角度＜当前＞：（角度值 35）

图 3-28 为指定倒角长度与倒角角度后的倒角效果。

（6）修剪（T）。该项用于控制 Chamfer 是否将选定的边修剪到倒角直线的端点位置。选择该项后，命令行显示：

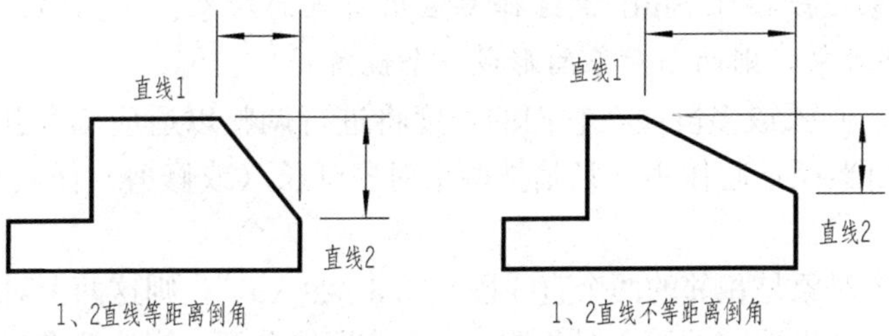

(a)　　(b)

图 3-27　用“距离”选项进行倒角

(a) 倒角距离一致的图形；(b) 倒角距离不一致的图形

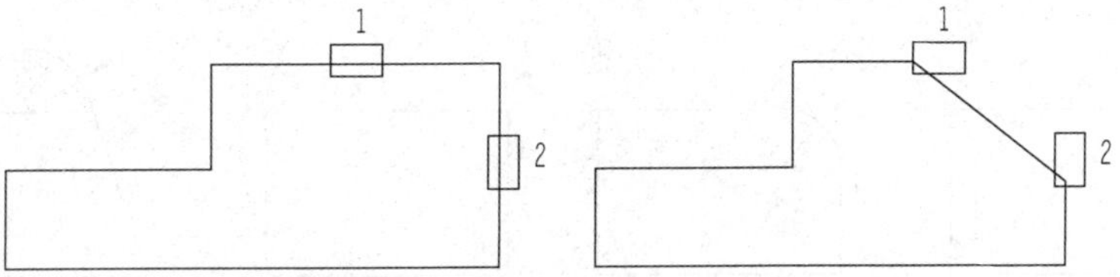

图 3-28　用“角度”选项进行倒角

注：图中“1”为倒角距离 25，“2”为与水平方向成 35°。

输入修剪模式选项［修剪（T)/不修剪（N)］＜当前＞：

提示：输入“T”进入“修剪”选项，会将 trimmode 系统变量设置为 1；输入“N”进入“不修剪”选项会将 trimmode 设置为 0（零）。

如果将 trimmode 系统变量设置为 1，则 chamfer 会将相交的直线修剪至倒角直线的端点。如果选定的直线不相交，chamfer 将延伸或修剪这些直线，使它们相交。如果将 Trimmode 设置为 0，则创建倒角而不修剪选定的直线。

(7) 方式（E)。控制 chamfer 使用两个距离、还是一个距离和一个角度来创建倒角。

输入修剪方法［距离（D)/角度（A)］＜当前＞：(输入 D 或 A)

(8) 多个（M)。为多组对象的边倒角。chamfer 将重复显示主提示和“选择第二个对象”的提示，直至用户按 Enter 键结束命令。

2. 圆角

该功能可以对圆弧、圆、椭圆、椭圆弧、直线、多段线、射线、样条曲线和构造线执行圆角操作。圆角命令的操作方法如下：

• 功能区：“常用”选项卡→“修改”面板的→“圆角”按钮 。

• 命令行：fillet。

执行命令后，命令行显示：

当前设置：模式 ＝ 修剪，半径 ＝ 0.0000

选择第一个对象或［放弃（U)/多段线（P)/半径（R)/修剪（T)/多个（M)］：

第一行的“当前设置：模式 ＝ 修剪，半径 ＝ 0.0000”说明当前进行圆角操作模式为修剪模式，圆角的半径为 0，第二行中各选项的含义如下：

(1) 选择第一个对象。选择定义二维圆角所需的两个对象中的第一个对象，其后的命令提示如下：

选择第二个对象，或按住 Shift 键选择要应用角点的对象：（选择第二个对象，若按住 Shift 键选择第二个对象，则两个对象间形成一个锐角）

如果选择直线、圆弧或多段线，它们的长度将进行调整以适应圆角弧度。选择对象时，按住 Shift 键，圆角半径不起作用，只是把两个对象延长（或修剪）使其相交到一起，形成一个锐角。

如果选定的两个对象是相邻的两个直线段［图 3-29（a）］，则这两个对象间形成圆弧，如图 3-29（b）所示。如果选定的两个对象被另一条多段线分开，当这两个对象平行时，会以中间线段为直径，在两个对象间以半圆弧相连，如图 3-29（c）所示。当两个对象不平行，则延长两个对象并以圆弧相连，圆弧的半径就是给定的圆角半径，如图 3-29（d）所示。

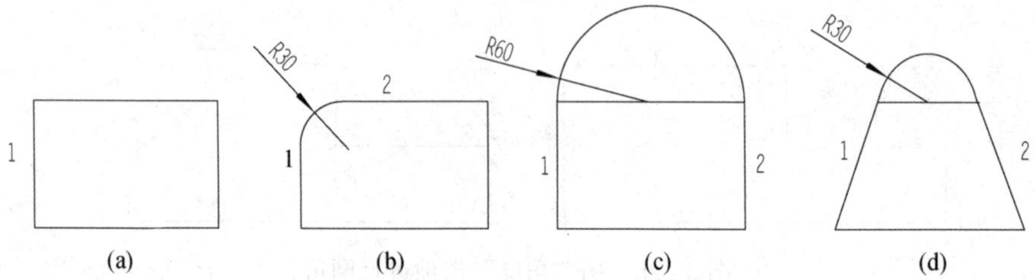

图 3-29　圆角半径为 30

在既有直线又有圆弧的图形中，由于选择的位置不同，就会造成最终的圆角效果有很大区别。如图 3-30（a）所示的直线和圆弧，选择直线和圆角位置的不同就会使圆角结果有六种不同的效果，如图 3-30（b）～（f）所示。

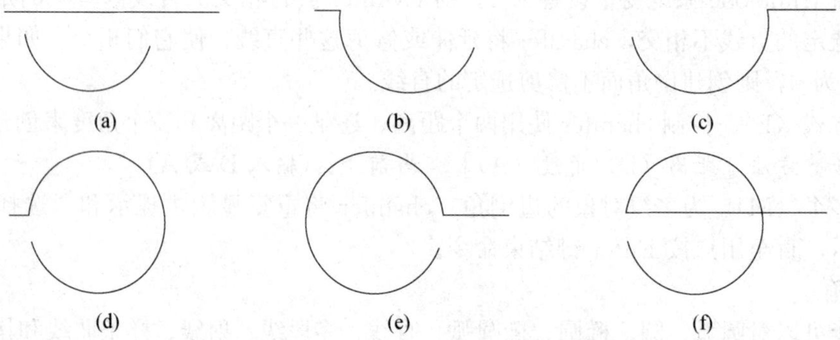

图 3-30　选择直线和圆弧不同位置的圆角效果

（a）圆弧和直线；（b）直线与圆弧的左侧；（c）直线与圆弧的右侧；（d）直线左侧与圆弧右侧；（e）直线右侧与圆弧左侧；（f）直线中间和圆弧右侧

在圆之间和圆弧之间也可以有多个圆角存在。选择靠近期望的圆角端点的对象。图 3-31 列出了几种因选择点不同而得到的不同圆与圆弧相连的结果。

（2）放弃。恢复上一个操作。

（3）多段线。对二维多段线加圆角，执行该选项后命令行提示：

选择二维多段线：（选择多段线）

如果在想要圆角的两条直线段有一条弧线段，则圆角命令将删除该圆弧段并以圆角弧替代，如图 3-32 所示。

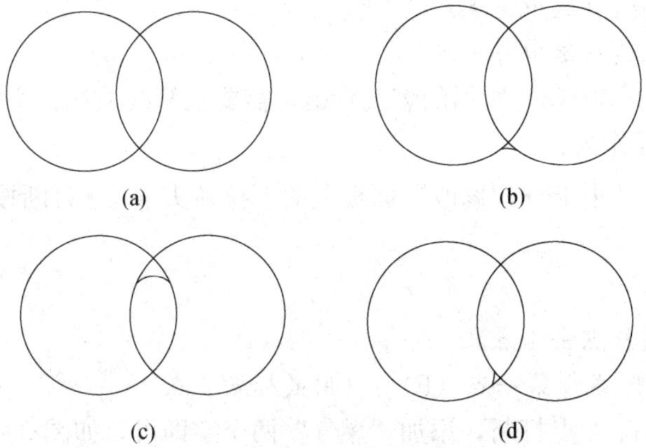

图 3-31　选择不同位置时圆之间的圆角效果

(a) 两相交叉的圆；(b) 两圆均选中下部；(c) 均选中交叉部分；
(d) 左圆选中下部右圆选择交叉部分

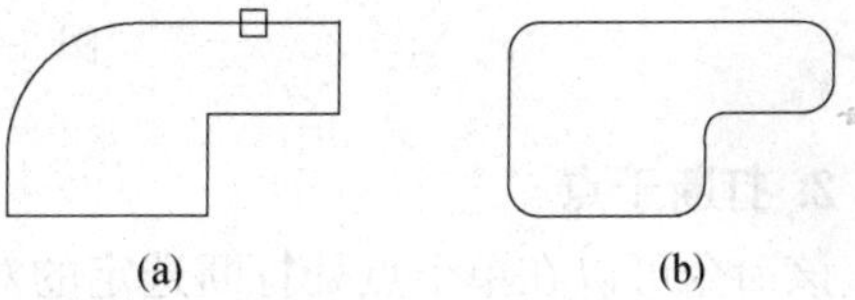

图 3-32　多段线之间的圆角效果

(a) 圆角前；(b) 圆角后

(4) 半径。此选项用于设置圆角半径。设置的半径将成为后续圆角命令的半径，即使修改了此值并不影响现有的圆角弧大小。

(5) 修剪。此选项控制是否将选定的边修剪到圆角弧的端点。

输入该项之后，命令行提示：

输入修剪模式选项［修剪（T）/不修剪（N）］＜当前＞：(输入 t 或 n)

此提示中选项含义如下：

1) 修剪（T）。修剪选定的边到圆角弧端点。

2) 不修剪（N）。不修剪选定边。

当圆角半径为零时，执行圆角命令将延伸所选择的两个对象，使它们相交。

3.4.2　打断、打断于点和合并

1. 打断

打断命令，可以在对象上的两个指定点之间创建间隔，从而将一个对象打断为两个对象。如果这些点不在对象上，则会自动投影到该对象上，通常用于为块或文字创建空间，方便文字的写入。实现该功能的步骤：

- 功能区："常用"选项卡→"修改"面板上的下拉箭头→打断按钮。
- 命令行：break。

执行命令后，命令行提示：

选择对象：(用鼠标点击直线上某一需要位置作为第一个打断点位置)

指定第二个打断点 或［第一点（F）］：(点击直线上另一位置作第二个打断点位置)

在第二行的提示下，若直接点击直线上的另一位置，则系统认为在前一行的"选择对象"提示下，鼠标点击的位置为第一打断点，这时两点之间已经打断。若输入 F，则认为第一行提示下仅选择了对象，需重新选择第一个打断点。该方式一般用于第一次选择对象时未准确选中打断点。在输入 F 后命令行的提示为：

指定第一个打断点：（选中一点）

指定第二个打断点：（选中另一点）

【例 3-9】 如图 3-33（a）所示的燃气管道，需要在管线上注记文字，用打断命令将 1、2 点之间打断。具体操作为：

功能区："常用"选项卡→"修改"面板上的下拉箭头 →打断按钮 。

命令行提示：

命令：break

选择对象：（用鼠标点击 1 点）

指定第二个打断点 或［第一点（F）］：（用鼠标点 2 点）

此时已将管线在 1、2 点打断，添加"燃气"两个字即可，如图 3-33（b）所示。

(a) (b)

图 3-33 管线"打断"

2. 打断于点

该命令可以在单个点处打断选定的对象。可以打断的有效对象包括直线、开放的多段线和圆弧。但注意不能在一点打断闭合的对象（例如圆）。操作方法如下：

功能区："常用"选项卡→"修改"面板上的下拉箭头 →"打断于点"按钮 。

命令输入并选择对象后，命令行提示：

指定第二个打断点 或［第一点（F）］：f（系统自动输入 f，不需要用户输入，并直接出现下一行提示）

指定第一个打断点：（点击第一打断点）

指定第二个打断点：（点击第二打断点）

说明："打断于点"和"打断"的命令都是"break"，所示功能基本一致。不同之处"打断于点"命令，系统要求用户必须指定第一打断点。而"打断"命令，可以指定第一点，也可以把选择对象时点击的点作为第一点。

3. 合并

该命令可以把首尾相接的几段直线或圆弧与多段线合并为一个图形单元。也可以将某段圆弧闭合为正圆。具体操作如下：

- 功能区："常用"选项卡→"修改"面板上的下拉箭头 →"合并"按钮 。
- 命令行：join。

执行命令后，命令行提示如下：

命令：join

选择源对象：（选择一条直线、开放的多段线、圆弧、椭圆弧或开放的样条曲线）

选择要合并到源的直线：（选中另一条直线或受支持的对象）

注意：（1）要合并的对象必须相连接；否则无法执行合并操作。

（2）多段线作为源对象可以与直线合并，也可以与圆弧合并。而直线或圆弧作为源不能与多段线合并。

如图 3 - 34（a）为两段相接的直线，是连个图形单元，图 3 - 34（b）为合并后的效果，即成为一个图形单元。如图 3 - 35 是多段线作为源对象，与圆弧合并。

(a)　　(b)

图 3 - 34　直线合并

（a）合并对象之前的效果；（b）合并对象之后的效果

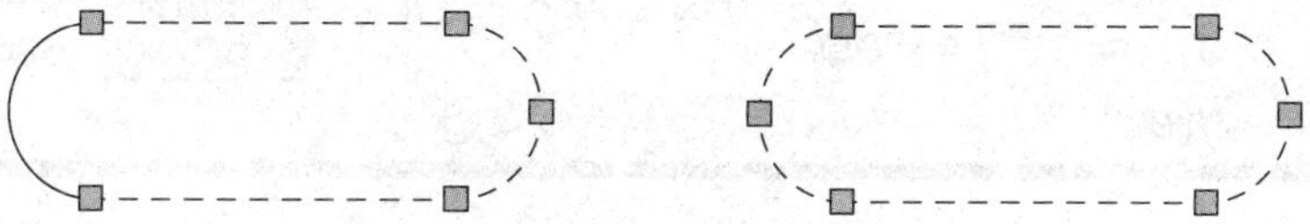

图 3 - 35　多段线作为源对象与圆弧合并

3.4.3　分解

分解命令又称炸开命令，它的作用是把一个复合对象分解为多个简单的对象，在需要修改整体对象的某部分时使用。可以分解的对象有块、多段线、用 rectang 命令绘制的矩形、用 polygon 命令绘制的多边形及面域等。执行分解命令的方法如下：

- 功能区：“常用”选项卡→“修改”面板上→“分解”按钮。
- 命令行：explode。

执行命令后，命令行提示：

选择对象：选中一个要分解的对象

该对象就被分解。如图 3 - 36 所示，分解前该对象是一个块，即一个整体对象，分解后变为若干个对象。

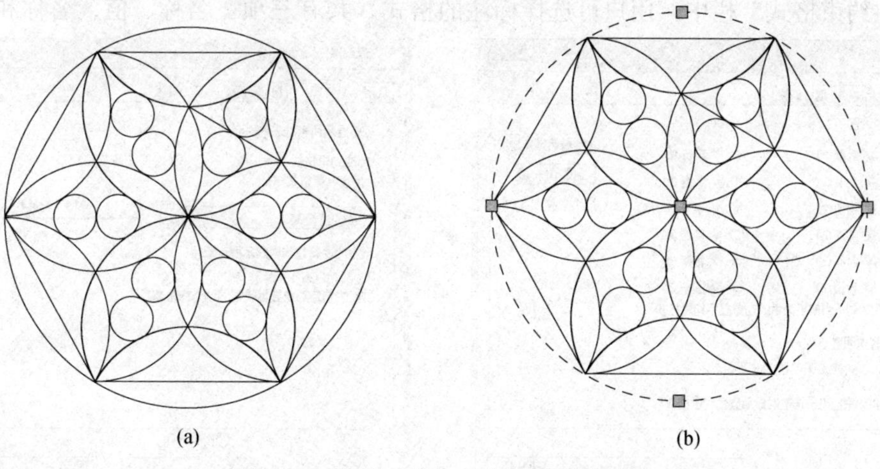

(a)　　(b)

图 3 - 36　把块“分解”为单个图形对象

（a）分解前的块对象；（b）块分解后的某一图形对象

课堂练习：完成随书光盘中“课堂练习”的“第 3 章”的“练习 3-4”。

3.5 参数化绘图

参数化绘图是 AutoCAD 2010 中新增的功能，这个功能能够使 AutoCAD 对象变得比以往更加智能，几何约束和尺寸约束绘图是参数化绘图的两个重要组成部分。如图 3-37 所示，是“参数化”选项卡下的功能区，它包括“几何”面板、“标注”面板和“管理”面板。几何约束和标注约束功能分别通过“几何”面板和“标注”面板上各按钮来实现。

图 3-37 “参数化”选项卡功能面板

3.5.1 约束设置

在使用参数化绘图前，要对各项约束进行设置，点击几何面板右下角的小斜箭头，系统弹出如图 3-38 所示的“约束设置”对话框。

（1）几何约束设置。图 3-38 为“几何”选项卡，在其中可设置哪些几何约束在添加后，在绘图区显示，复选框中选中则表示要显示，不选表示不显示。“约束栏透明度”栏为约束标志在绘图区显示的透明度，数值越大约束标注越明显。

（2）标注约束设置。打开“约束设置”对话框的“标注”选项卡，如图 3-39 所示。在其中可以对标注约束的显示方式进行设置。系统默认的“显示所有动态约束”和“为选定对象显示隐藏的动态约束”，用户可根据自己需要设置是否显示。当选择“显示所有动态约束”时，“为选定对象显示隐藏的动态约束”选项不起作用，因为没有隐藏的动态约束。当不选“显示所有动态约束”时，可选中“为选定对象显示隐藏的动态约束”，实现需要时才显示。在“标注约束格式”栏中，用户可选择标注的格式，共有三项：名称、值、名称和表达式，

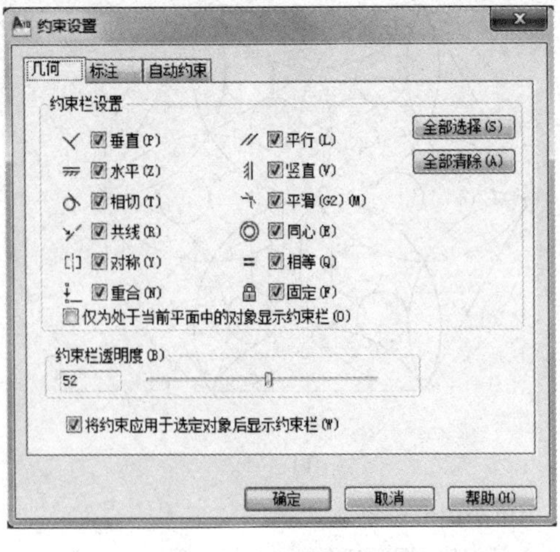

图 3-38 几何约束设置

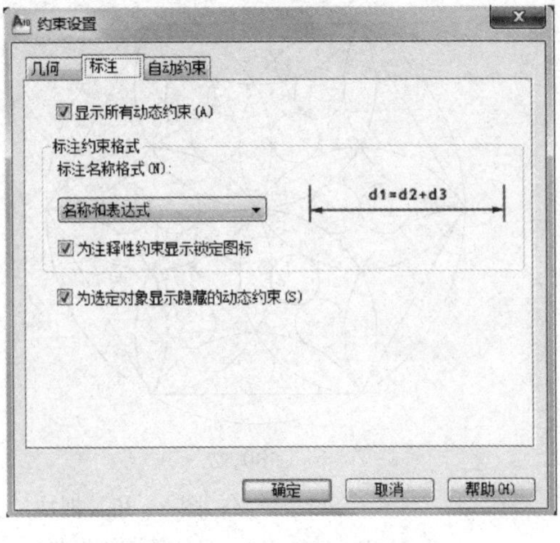

图 3-39 标注约束设置

即显示的标注约束格式，如图 3 - 39 中的格式为名称和表达式：d1＝d2＋d3。

（3）自动约束。用户在用 AutoCAD2010 绘制图形中，添加了多种约束，AutoCAD 将自动根据我们的需求对其进行约束，这就需要让系统知道各约束的优先级，在“自动约束”选项卡中设置各种几何约束的优先级容限等参数。

3.5.2　几何约束

几何约束支持对象或关键点之间建立关联。传统的对象捕捉是暂时性的，而约束则被永久保存在对象中，从而能够更加精确的实现绘图意图。如：用户可能希望两条线段始终保持平行状态，或两个圆始终保持同心状态。这就需要添加相应的几何约束。

几何约束共有 12 项，在“参数化”选项卡下的“几何”面板中可以看到，如图 3 - 38 所示。

各约束类型及对应的图标详见表 3 - 3。几何约束创建后，它们可以限制可能违反约束的所有更改。

表 3 - 3　　各约束类型对应的图标

约束类型	光标图标	约束图标	约束类型	光标图标	约束图标
水平			重合		
竖直			同心		
垂直			共线		
相切			对称		
相等			固定		
平滑					

使用几何约束可以将对象之间的关系转换为被约束关系。如：使用平行约束将两条线段变为平行关系。另外要注意：通常所选的第二个对象会根据第一个对象进行调整，如垂直约束的使用，将使选择的第二个对象调整为垂直于第一个对象。下面以几个约束为例讲解几何约束的使用。

1. 重合约束

• 功能区：“参数化”选项卡→“几何”面板→“重合”约束按钮 ⊥。

执行命令后，命令行显示：

命令：GeomConstraint

输入约束类型

［水平（H）/竖直（V）/垂直（P）/平行（PA）/相切（T）/平滑（SM）/重合（C）/同心（CON）/共线（COL）/对称（S）/相等（E）/固定（F）］＜重合＞：coincident

选择第一个点或［对象（O）/自动约束（A）］＜对象＞：（用鼠标点击要重合的一个点）

选择第二个点或［对象（O）］＜对象＞：（点击要重合的另一个点）

【例 3-10】 图 3-40（a）中 1、2 两条直线，要把 2 直线下端点重合到 1 直线下端点，操作步骤如下：

功能区："参数化"选项卡→"几何"面板→"重合"约束按钮。

命令：GeomConstraint

输入约束类型

［水平（H）/竖直（V）/垂直（P）/平行（PA）/相切（T）/平滑（SM）/重合（C）/同心（CON）/共线（COL）/对称（S）/相等（E）/固定（F）］＜重合＞：coincident

选择第一个点或［对象（O）/自动约束（A）］＜对象＞：（用鼠标点击 1 点）

选择第二个点或［对象（O）］＜对象＞：（点击 2 点）

2 直线下端点就重合到 1 直线下端点了，如图 3-40（c）所示。

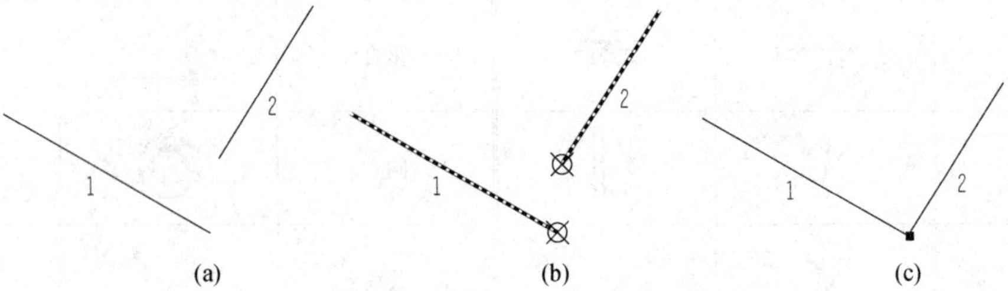

图 3-40　重合约束过程

2. 共线约束

将两条线段设置到一条无限长的直线上，也就是将第二条直线设置到第一条直线上或其延长线上。其操作如下：

• 功能区："参数化"选项卡→"几何"面板→"共线"约束按钮。

命令行提示如下：

命令：GeomConstraint

输入约束类型

［水平（H）/竖直（V）/垂直（P）/平行（PA）/相切（T）/平滑（SM）/重合（C）/同心（CON）/共线（COL）/对称（S）/相等（E）/固定（F）］＜共线＞：collinear

选择第一个对象或［多个（M）］：

选择第二个对象：

【例 3-11】 如图 3-41 所示，要把（a）图中 2 直线与 1 直线共线。按照上面的操作步骤：在"选择第一个对象或［多个（M）］："用鼠标拾取直线 1，"选择第二个对象："用鼠标拾取直线 2，如图（b）所示。

共线后的效果如图 3-41（c）所示，2 直线成为 1 直线的延长线。

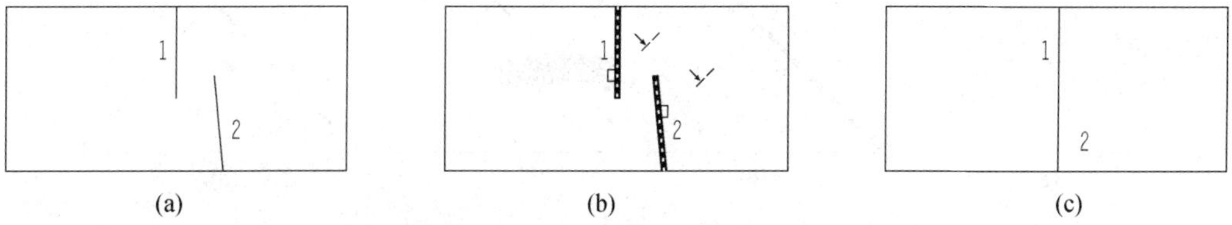

图 3 - 41　共线约束过程

3. 固定约束

其功能可以使一个点或一条曲线固定到相对于世界坐标系中指定位置和方向上。一般用于点或圆的约束，使圆锁定于圆心。

其余约束与以上三种的操作方法类似，这里不再赘述。

提示：添加约束时只需选择一个几何约束工具，然后选择两个我们希望保持平行关系的对象。选择的第一个对象非常重要，因为第二个对象将根据第一个对象的位置进行平行调整，所有的几何约束都遵循这个规则。

通常，可以将多个约束应用于图形中的每个对象。此外，可以使用 Copy、Array 和 Mirror 等命令复制几何图形及其所有关联约束。

3.5.3　标注约束

标注约束是指约束对象上的两个点或不同对象上两个点之间的距离，它可以确定对象、对象上的点之间的距离或角度，也可以确定对象的大小。标注约束共有六项，如图 3 - 37 中“标注”面板所示。它们分别是水平、竖直、对齐、角度、半径和直径。还有一项“转换”，它可以把传统的标注转化为约束标注。

1. 对齐约束

约束对象上两个点之间的距离或约束不同对象上两个点之间的距离。

实现方法：

• 功能区：“参数化”选项卡→“标注”面板→“对齐”约束按钮。

命令行提示如下：

命令：DimConstraint

当前设置：约束形式 = 动态

选择要转换的关联标注或［线性（LI）/水平（H）/竖直（V）/对齐（A）/角度（AN）/半径（R）/直径（D）/形式（F）］<对齐>：aligned

指定第一个约束点或［对象（O）/点和直线（P）/两条直线（2L）］<对象>：(用鼠标拾取对齐标注的一点)

指定第二个约束点：(用鼠标拾取对齐标注的一点)

指定尺寸线位置：(用鼠标拉动标注到合适位置)

标注文字 = 81 (默认自动下显示的标注数值或用户输入数值)

对齐约束标注过程如图 3-42 所示。

2. 水平约束

约束对象上两个点之间的距离或约束不同对象上两个点之间 X 方向的距离。

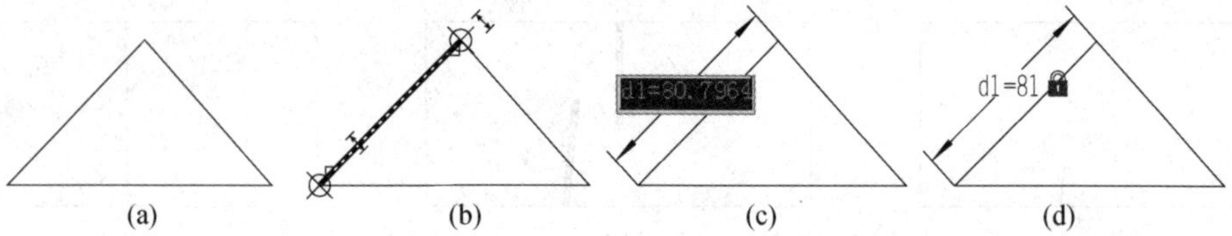

图 3-42　对齐约束标注过程

3. 竖直约束

约束对象上两个点之间的距离或约束不同对象上两个点之间 Y 方向的距离。

4. 角度约束

约束直线段或多段线线段之间的角度、由圆弧或多段线圆弧段扫掠得到的角度，或对象上三个点之间的角度。

5. 半径

约束圆或圆弧的半径。

6. 直径

约束圆或圆弧的直径。

其他各项标注约束的操作方法都大致相同，这里不再赘述。

提示：（1）当编辑标注约束中的值时，关联的几何图形会自动调整大小。如图 3-43 所示，图（a）为“水平”和“竖直”两个标注约束，图（b）为编辑了标注数值后的结果。

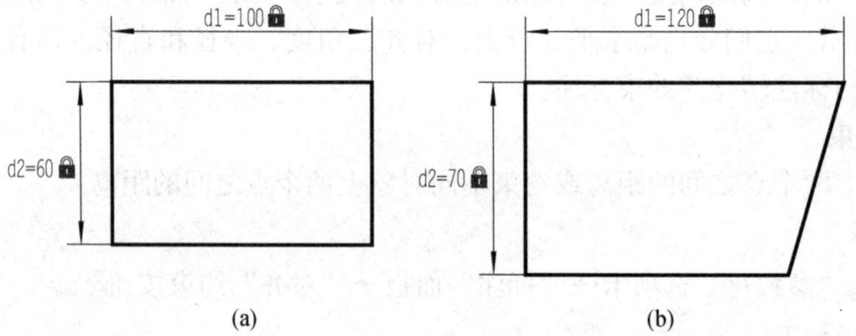

图 3-43　编辑标注约束值，关联的几何图形自动调整

图 3-44　两点之间“对齐”标注约束

（2）在两个点之间也可应用标注约束，用“对齐”标注约束，表示两点之间的距离，如图 3-44 所示。

在绘图中将鼠标悬停在某个对象上可以亮显与对象关联的所有约束图标。将鼠标悬停在约束图标上可以亮显与该约束关联的所有对象。

3.5.4　自动约束对象与动态约束

1. 自动约束

自动约束对象可以将几何约束自动应用于选定对象或图形中的所有对象。通过此功能，用户可以将几何约束快速应用于可能满足约束条件的对象。在“几何”面板中并没有直接显示有“自动约束”项，需通过单击“几何”面板右下角的下拉箭头 ▾ 打开“约束设置”对话框，通过“自动约束”的添加实现它的。

2. 动态约束

默认情况下，标注约束是动态的。对常规参数化图形和设计任务来说，它们是非常理想的。动态约束具有以下特征：

- 缩小或放大时大小不变。
- 可轻松打开或关闭。
- 以固定的标注样式显示。
- 提供有限的夹点功能。
- 打印时不显示。

课堂练习：完成随书光盘中“课堂练习”的“第3章”的“练习3-5”和“练习3-6”。

小　　结

本章详细介绍了AutoCAD 2010中对象选择、基本编辑和参数化绘图的内容，是AutoCAD绘图中非常重要、非常关键的工作。通过本章的学习，读者可利用有关命令对二维图形进行编辑修改，以满足图形要求。参数化绘图是AutoCAD 2010的新功能，它使AutoCAD对象变得比以往更加智能，使绘图工作变得更加简单、方便。

习 题 与 思 考 题

3-1　填空选择题

1. 下列选项不属于环形阵列方式的是________。

A. 项目总数和填充角度　　B. 项目总数和项目间的角度

C. 阵列的行数和列数　　D. 填充角度和项目间的角度

2. 不能应用修剪命令“trim”进行修剪的对象是：________。

A. 圆弧　　B. 圆　　C. 直线　　D. 文字

3. 要绘制一个圆与已知圆同心，可以使用的命令________。

A. arry　　B. offset　　C. mirror　　D. copy

4. 复制命令有复制、镜像、缩放、旋转、________、缩放和阵列。

A. 偏移　　B. 移动　　C. 拉伸　　D. 裁剪

5. 以下命令可以用夹点直接编辑的是________。

A. Stretch　　B. Break　　C. Fillet　　D. Align

3-2　思考题

1. 在选择多个对象时，选中了一些不应该选中的对象，如何将多余的对象从选择集中去除？

2. 镜像文字对象与镜像单纯图形有什么不同？

3. 在使用旋转命令的“参照（R）”时，“指定参照角”和“指定新角度”各是指哪个角度？练习该命令，认真体会一下。

4. 用几何约束绘图时，要想使一个圆相切于一条直线，在选中“相切”几何约束命令后，命令行提示“选择第一个对象”时，应选择直线，还是选择圆？

第4章 定义绘图环境

在绘图前设置好绘图环境，可使得 AutoCAD 绘制图形准确、高效、清晰。绘图环境参数包括绘图界限、绘图单位、图层、线型等多个方面。另外还介绍栅格、正交、对象捕捉等快速精确辅助绘图工具，为方便查看图形，还对图形显示控制做了详细介绍。

本章主要内容：

- 设置图形环境
- 图层管理—图层特性管理
- 图层管理—管理图层状态
- 对象特性
- 精确绘图辅助工具
- 控制图形显示

4.1 设置图形环境

4.1.1 调整视窗

系统默认的绘图窗口背景颜色为黑色，命令行的字体为“Courier”，十字光标的大小为5%，用户可以根据自己的喜好将窗口颜色和命令行的字体进行重新设置，现以调整窗口背景颜色为例，介绍其调整步骤如下：

(1) →“选项”→“选项”对话框→“显示”选项卡→“颜色”按钮→“图形窗口颜色”对话框。

(2) 在“上下文”列表中选择“二维模型空间”，在“界面元素”列表中选择“统一背景”，在“颜色”下拉列表框中，选择需要的颜色（一般选黑色或白色）。

(3) 单击“应用并关闭”按钮→“选项”对话框→“确定”按钮。

窗口背景颜色就改为自己设置的颜色。用上述步骤在“选项”对话框中，通过“显示”、“草图”、“选择集”等选项卡，还可以设置命令行的字体，十字光标的大小、靶框大小、自动捕捉标记的大小，拾取框的大小、夹点的大小、夹点的颜色等视窗元素。

4.1.2 设置图形界限

设置图形界限就是设置图形输出的图纸大小，常用图纸规格有 A4～A0，一般称为 0～4 号图纸。图形界限的设置应就是设置一个与选定图纸的大小相对应的矩形的边界。即有两个二维点的坐标（一个矩形的左下角和右上角）所确定的矩形范围，在 Z 方向上没有绘图极限限制。用户可以通过如下方法设置图形界限：

- 命令行：limits

执行命令后，在命令行中将会出现如下提示信息：

命令：limits

重新设置模型空间界限：

指定左下角点或［开（ON）/关（OFF）］<0.0000，0.0000>：［提示输入左下角的位置，可根据需要输入坐标，或用鼠标在绘图区点击选取，若直接回车，则默认为（0，0）。在此也可输入 ON 或 OFF 实现打开和关闭图形界限］

指定右上角点<420.0000，297.0000>：［提示输入右上角的位置，可根据需要输入坐标，或用鼠标在绘图区点击选取，若直接回车，则默认为（420，297），即 A3 纸］

这就完成了图形界限设置，但是用户通常看不到界限。用户可点击状态栏“栅格显示”按钮 栅格，显示栅格，栅格范围的周边即图形界限。

提示：当图形界限处于打开时，绘制的图形不能超过界限范围，当关闭时没有限制，即可以在界限范围以外绘图。

4.1.3　设置图形单位

对图形而言，总有其大小、精度和所采用的单位。AutoCAD 中，屏幕上显示的只是屏幕单位，但屏幕单位应该对应一个真实的单位。在默认状态下，AutoCAD 的图形单位（units）为十进制单位，可以根据工作需要设置单位类型和数据精度。操作方法如下：

- 命令行：units。

执行命令后，AutoCAD 会弹出如图 4-1 所示的“图形单位”对话框。在该对话框中包括长度、角度、插入式缩放比例等内容的设置，下面分别介绍各项的具体含义：

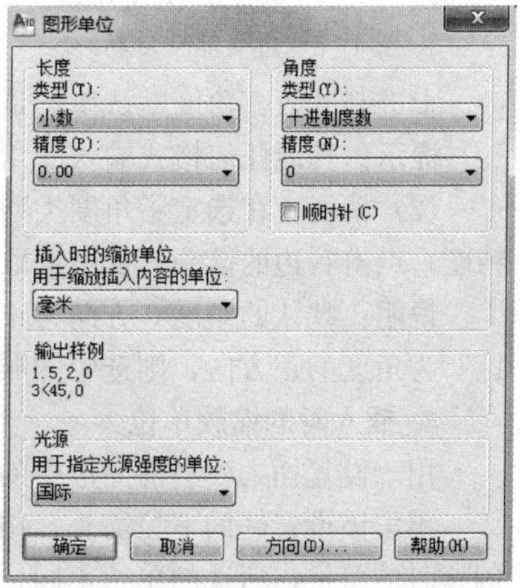

图 4-1　“图形单位”对话框

1. 长度

在此设置长度单位的类型及精度。

（1）类型。单击“类型”下拉列表框右边的箭头，如图 4-2 所示，可供选择的有“分数”、“工程”、“建筑”、“科学”、“小数”。它们是表示长度的不同的计数方法，用户可根据具体需要选用，各选项的含义分别是：

“分数”表示法，如：16 3/4。

“工程”表示法，如：2′_9.50″（英制单位）。

“科学”计数法，该方法适用于表示较大或较小的数，如：1.9E+05。

“小数”（十进制）方法，如：17.33。

“建筑”表示法，如：2′_3 1/2″（英制单位）。

（2）精度。在选择了长度“类型”后，在“精度”下拉列表中就有与该“类型”对应的多个精度，从中选择合适的长度单位精度。AutoCAD 本身精度很高，对十进制小数，最多可以保留到小数点后 8 位。

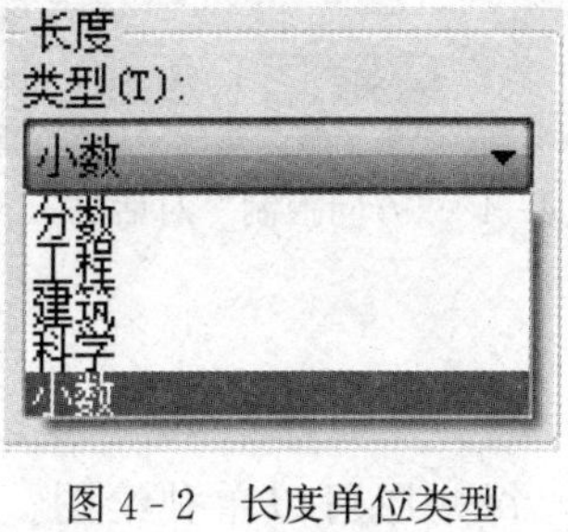

图 4-2　长度单位类型

其中，“工程”和“建筑”表示的是英尺和英寸单位，并假定每个图形单位表示 1 英寸。其他格式可表示任何真实世界单位，我国习惯以“小数”表示数字，以毫米（mm）为单位，所以，通常简单地认为每个图形单位等于 1mm。

2. 角度

在此设置角度单位的类型和精度。

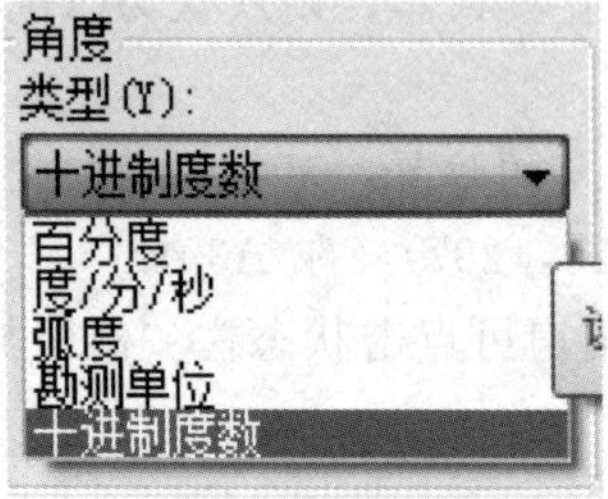

图 4-3　角度单位类型

（1）类型。单击“类型”下拉列表框的右侧箭头，如图 4-3 所示，出现以下角度单位类型：

百分度：单位为 g，一圆周是 400g，100g 等于度/分/秒表示的 90 度。

度/分/秒：单位为 d′″，如：45°03′45″。

弧度：单位为 r，π 弧度等于 180°。

勘测单位：类似于测量中的象限角的北偏东，如 N 60d35′45″E，表示北偏东方向。

十进制度数：角度默认单位是十进制单位，形式：65.000°。

提示：其他任何格式输入的角度，计算机在运算是都会转换成十进制角度。

（2）精度。在选定了角度类型后，在“精度”下拉列表框中就出现与角度类型相对应的精度，点击右边的箭头，从中选取合适的角度单位的精度。

说明：默认的角度 0 方向为正东，且以逆时针为角度的正方向，如果用户要改为“顺时针”为角度的正方向，则选中“顺时针”前的复选框。

3. 插入时的缩放单位

用于设置插入到当前图形中的块或图形的测量单位。

单击该设置区的下拉箭头，用户可从中选取插入的块或图形在创建时使用的单位，如果创建时的单位与所选的单位不同，AutoCAD 2010 将对其按比例缩放。如果插入块或图形不需要按选定的单位缩放，则选择“无单位”。

4. 输出样例

显示当前设置的长度单位和角度单位的举例。

5. 方向

用于设置角度测量的起始位置和方向，点击“图形单位”对话框下部的“方向”按钮，系统弹出如图 4-4 所示的“方向控制”对话框。

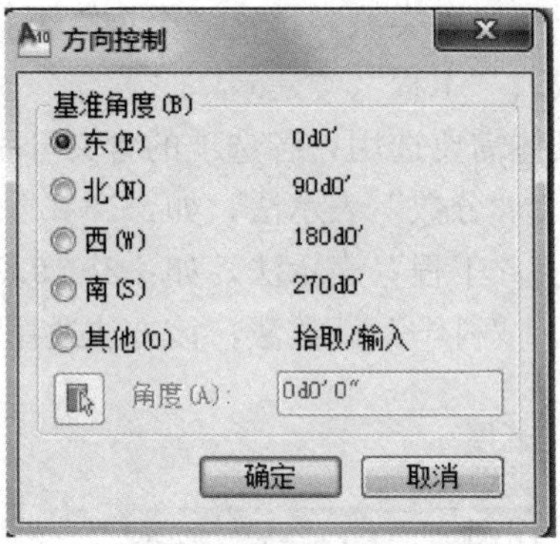

图 4-4　“方向控制”对话框

该对话框中“基准角度”中有东、北、西、南、和其他五个单选按钮，用来设置角度的零方向。默认的是东，表示把东作为角度的零度。若选择“其他”，则“角度”输入框变为可输入状态，在框中输入一个角度作为零度方向，也可以用“拾取”按钮来确定零方向。

课堂练习：完成随书光盘“课堂练习”中“第 4 章”的“练习 4-1”。

4.2　图层管理—图层特性管理

AutoCAD 中的图层，相当于多层透明的图纸重叠在一起，每一层可以单独绘图、编辑、设置不同的特性而不影响其他的图层，各图层重叠在一起又成为一幅完整的图形。图层的作用是将绘制的对象按“层”分开，每个层上的对象具有和层一致的特性，如颜色、线型、线宽等，也可以设置与层无关的独立特性。

AutoCAD 可以创建无限多个图层，熟练使用图层，不仅可以方便控制对象的显示和编辑，还可以提高绘制复杂图形时的绘图效率和准确性。用户对图层可以实行以下控制：

- 图层上的对象在任何视口中是可见还是不可见。
- 是否打印对象以及如何打印对象。
- 为图层上的所有对象指定何种颜色。
- 为图层上的所有对象指定何种默认线型和线宽。
- 是否可以修改图层上的对象。
- 对象是否在各个布局视口中显示不同的图层特性。

4.2.1　图层特性管理器

对图层的各种控制都可通过“图层特性管理器”对话框来进行，打开“图层特性管理器”对话框有以下方法。

- 功能区：“常用”选项卡→“图层”面板→“图层特性”图标 。
- 命令行：layer 或 la。

执行命令后，AutoCAD 将会打开如图 4-5 所示的“图层特性管理器”对话框。

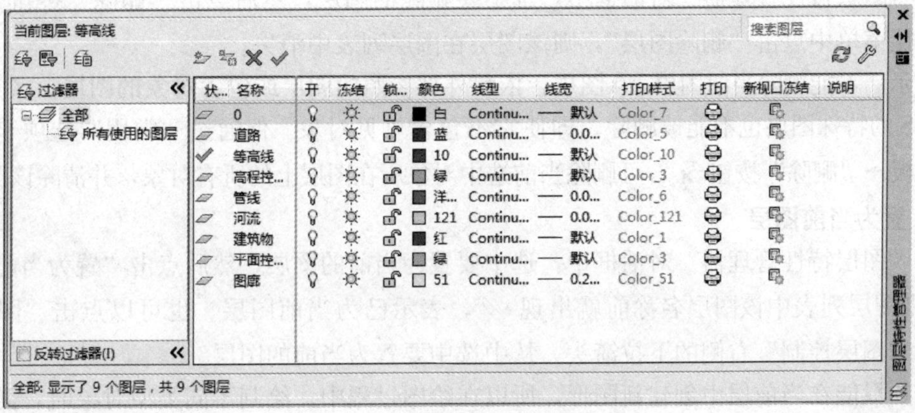

图 4-5　“图层特性管理器”对话框

在“图层特性管理器”对话框中，可进行新建图层、图层改名、设置图层颜色、线型、线宽、打印以及修改图层状态等操作。

对于新建的图形，AutoCAD 将自动创建一个名称为 0 的特殊图层，称为 0 层。默认情况下，0 层颜色为“黑色或白色”（白色或黑色，由背景色决定）、“Continuous”线型、“默认”线宽及“Norma”1 打印样式。0 图层不可以进行删除和重命名操作。

提示：建议用户创建几个新图层来组织图形，而不是在图层 0 上绘制整个图形。

4.2.2　创建和指定当前图层

1. 创建新图层

在“图层特性管理器”对话框中，单击“新建图层”按钮 ，或在图层列表中右击，从快捷菜单中选择“新建图层”，则在图层列表中就出现一个名称为“图层 1”的新图层，且图层名称处于选定状态，可以立即输入新图层名。在实际应用中，可以直接以某种对象的名称命名图层，如道路、建筑物、图廓等。新建图层将继承当前选定图层的特性（颜色、线型、线宽、开或关状态等）。可根据需要创建多个图层，在创建每一个图层后，对图层状态进行设置。如建筑物层，颜色为红色，线型 Continuous，线宽 0.15mm。

提示：（1）创建图层的数量在够用的基础上越少越好；图层名称有其实际的含义，便于记忆和区分。

（2）定义图层的颜色原则：1）不同的图层用不同的颜色，便于绘图时根据颜色区分图层；2）颜色的选择应该根据打印时线宽的粗细来选择，打印时，线型设置越宽的，该图层选用越亮的颜色；3）白色（或黑色）是属于 0 层和 DEFPOINTS 层的，其他图层不要使用。

（3）图层与图层之间具有相同的坐标系、绘图界限、缩放倍数，不同层上的对象可以同时进行操作。

2. 重命名图层

在“图层特性管理器”对话框中，选中要重命名的图层，按 F2 键，图层名变为可修改状态，即可重命名。图层名称不可超过 255 个字符，包括各类符号、数字、中文等。

3. 删除图层

在“图层特性管理器”对话框中，选中要删除的图层，然后点击“删除”按钮，在右击快捷菜单中点击“删除图层”，则该图层在图层列表中消失。

提示：不能删除当前图层、0 图层、依赖外部参照的图层或包含对象的图层。名为 DEFPOINTS 的特殊图层也不能被删除，即使它不包含可见对象。但通过“常用”选项卡→“图层”面板→“删除”按钮，可删除当前选中对象所在图层上的所有对象，并清除该图层。

4. 置为当前图层

在“图层特性管理器”对话框中，选中要置为当前的图层，然后点击“置为当前”按钮，则图层列表中该图层名称前就出现，表示已为当前图层。也可以点击“图层”工具栏中“图层控制”右侧的下拉箭头，从中选中要置为当前的图层。

用户只能在当前层中创建新图形，所以在绘图过程中，绘制不同类型对象时，需要把相应图层置为当前图形。当前层的名称、状态、线型、颜色等信息都显示在“图层”和“特性”面板中如图 4-6 所示。如果不特别设置，绘制的图形对象的线型、颜色、线宽都与本图层的线型、颜色、线宽相同，这称为 Bylayer（随层）。

图 4-6 “图层”和“特性”面板

5. 合并图层

当图层较多时，可对图层进行合并，以减少图层数。如：欲将图层1上的图形对象合并到图层2上，并删除图层1。操作方法如下：点击“常用”选项卡→“图层”面板→“合并”按钮 。

命令行提示如下：

选择要合并的图层上的对象或［名称（N）/放弃（U）］：（选取图层1上的任一对象）

选定的图层：图层1

选择目标图层上的对象或［名称（N）］：（选取图层2上的任一对象）

******** 警告 ********

将要把图层“图层1”合并到图层“图层2”中

是否继续？［是（Y）/否（N）］＜否（N）＞：Y

删除图层“图层1”

已删除1个图层

自动保存到 C：\ Users \ lenovo \ appdata \ local \ temp \ Drawing1 _ 1 _ 1 _ 8467. sv$...

4.2.3 设置图层颜色

图层的颜色，也就是图层中图形对象的颜色。默认情况下，新创建的图层颜色被指定使用7号颜色（白色或黑色），要更改与选定图层关联的颜色，可在“图层特性管理器”对话框中单击图层“颜色”列对应的图标，打开“选择颜色”对话框，如图4-7所示。

在此对话框中，可以选择使用“索引颜色”、“真彩色”和“配色系统”3个选项卡之一为图层选择颜色。下面仅介绍用“索引颜色”选项卡选定颜色。

“索引颜色”选项卡是一张包含有256种颜色的颜色表，其中：

“AutoCAD颜色索引”选项组：含有240种颜色，当选择某一颜色时，在颜色列表的下方将显示该颜色序号和对应的RGB值。

“标准颜色”选项组：包含7种颜色，即1红色、2黄色、3绿色、4青色、5蓝色、6品红色、7白色/黑色。此外，在该选项组中还包括有8号和9号颜色。

“灰度颜色”选项组：包含有6种灰度级，可以将图层的颜色设置为灰度色。

“颜色”文本框：用于显示与编辑所选颜色的名称或编号。

ByLayer（随层）：单击该按钮可确定颜色为随层方式。即所绘图形对象的颜色总是与所在图层的颜色一致。

ByBlock（随块）：单击该按钮可确定颜色随块而设。即块成员的颜色随着块的插入而变成与插入时当前层的颜色相一致。通常在0层上绘制图块，颜色为白色，则图块中各成员的颜色也将保存到块中。如果把块插入到当前图形的当前层

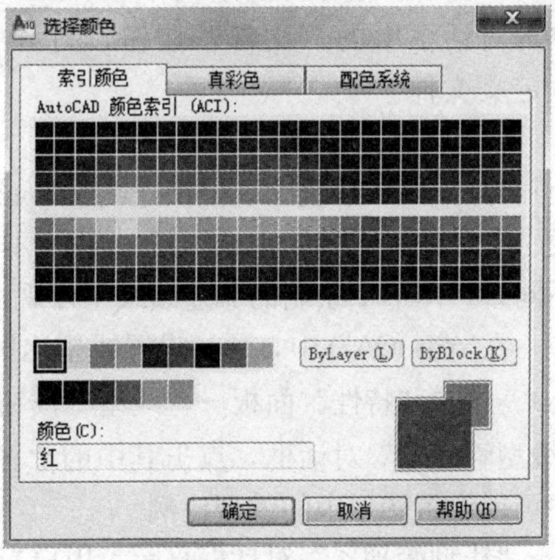

图4-7 “选择颜色”对话框

时，块的颜色将使用当前层的颜色，但前提是插入块时颜色应设为随层方式。

4.2.4 使用与管理图层的线型

“线型”指的是作为图形基本元素线条的组成和显示方式，如虚线、实线等。在 AutoCAD 中，既有简单线型，也有由一些特殊符号组成的复杂线型，可以满足不同国家和不同行业标准的要求。

1. 设置图层线型

在工程制图中绘制不同对象时，可以使用不同的线型来进行区分，这就需要对线型进行设置。默认情况下，图层线型为 Continuous。如果要改变线型，可在图层列表中单击“线型”列的 Continuous，打开“选择线型”对话框，如图 4-8 所示。在“已加载的线型”列表框中选择一种线型，然后单击“确定”按钮即可。

2. 加载线型

新建图形，在没有加载过其他线型情况下，在“选择线型”对话框的“已加载的线型”列表框中，只有 Continuous 一种线型，如果需要其他线型，必须将其添加到“已加载的线型”列表框中。此时可单击“加载”按钮，打开“加载或重载线型”对话框，如图 4-9 所示。从当前线型库中选择需要加载的线型，然后单击“确定”按钮即可。

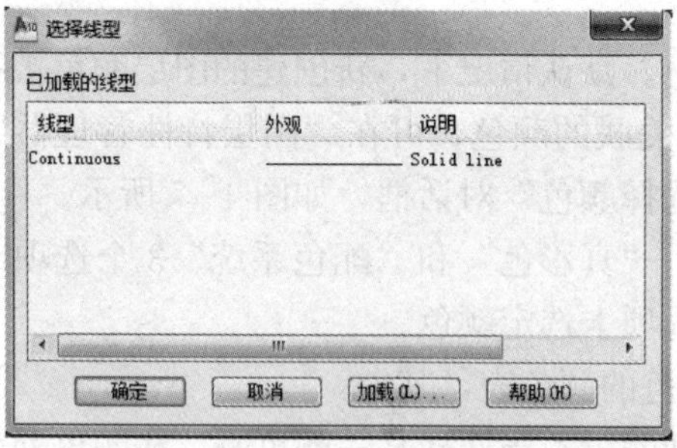

图 4-8 “选择线型”对话框

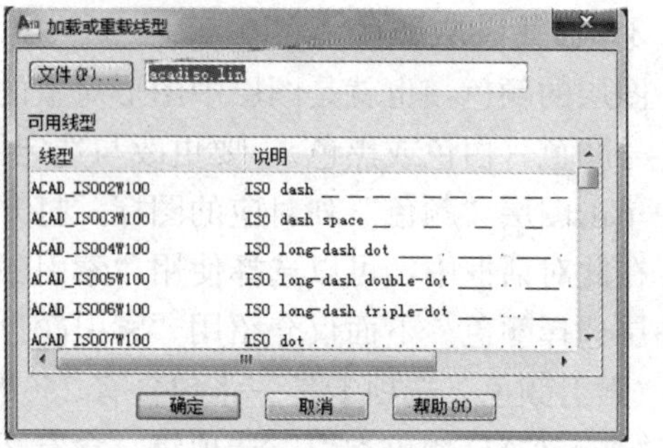

图 4-9 “加载或重载线型”对话框

AutoCAD 中的线型包含在线型库定义文件 acad.lin 和 acadiso.lin 中。其中，acad.lin 用于英制测量系统下，acadiso.lin 用于公制测量系统下。用户可以根据需要，单击对话框中的“文件”按钮，打开“选择线型文件”对话框，从中选择合适的线型库定义文件。

3. 设置线型比例

AutoCAD 系统除了提供连续（Continuous）线型外，还提供了大量的非连续线型（虚线、点和空格组成的重复图案）。由于非连续线型受到图形尺寸的影响，因此当图形的尺寸不同时，图形中绘制的非连续线型外观也将不同。

在 AutoCAD 中，通过设置线型比例可以改变非连续线型的外观（控制虚线和空格的大小）。单击“特性”面板→“线型”按钮 

→“其他…”选项，打开“线型管理器”对话框，点击其中的“详细信息”后，对话框如图 4-10 所示，在该对话框中可以设置图形中的线型比例。

“线型管理器”对话框显示了用户当前使用的线型和可选择的其他线型，当在线型列表中选择某一线型后，可以在“详细信息”选项组中设置线型的“全局比例因子”和“当前对象缩放比例”。其中，“全局比例因子”用于设置图形中所有线型的比例，“当前对象缩放比例”用于设置当前选中线型的比例，值越小，每个绘图单位中画出的重复图案越多。所以绘制尺寸较小的图形时，为了使各种非连续线型显示出较好的效果，可设置当前对象比例小于 1。

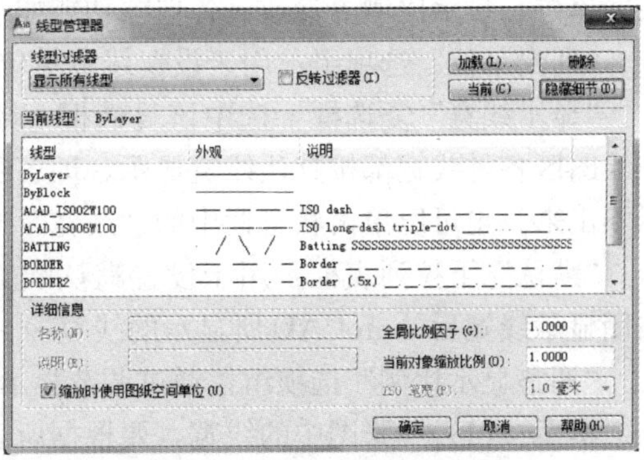

图 4-10　“线型管理器”对话框

除此之外，在“线型管理器”对话框中还包括其他一些选项和按钮，其功能如下：

线型过滤器：可根据用户设定的过滤条件控制哪些已加载的线型显示在主列表框中。如果选中“反向过滤器”复选框，则仅显示未通过过滤器的线型。

加载：单击该按钮可打开“加载或重载线型”对话框，从而加载其他所需线型。

删除：单击该按钮可删除在线型列表框中选中的线型。

当前：单击该按钮可将选中的线型设置为当前线型。

显示细节或隐藏细节：单击该按钮可显示或隐藏“线型管理器”对话框中的“详细信息”选项组。

4.2.5　设置图层线宽

线宽设置用于改变线条的宽度。在 AutoCAD 中，不同宽度的线条既可以表现对象的大小或类型，也可以提高图形的表达能力和可读性。

在“图层特性管理器”对话框的“线宽”列中单击该图层对应的线宽“——默认”，打开“线宽”对话框，如图 4-11 所示，从中选择所需要的线宽。在 AutoCAD 中有 20 多种线宽可供选择。

此外，也可以单击“特性”面板→“线宽”按钮 

→“其他…”选项，打开“线宽设置”对话框。通过调整线宽比例，使图形中的线宽显示得更宽或更窄，如图 4-12 所示。

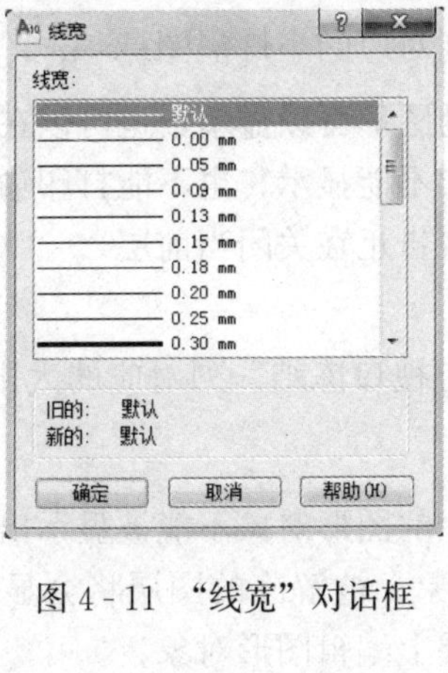

图 4-11　“线宽”对话框

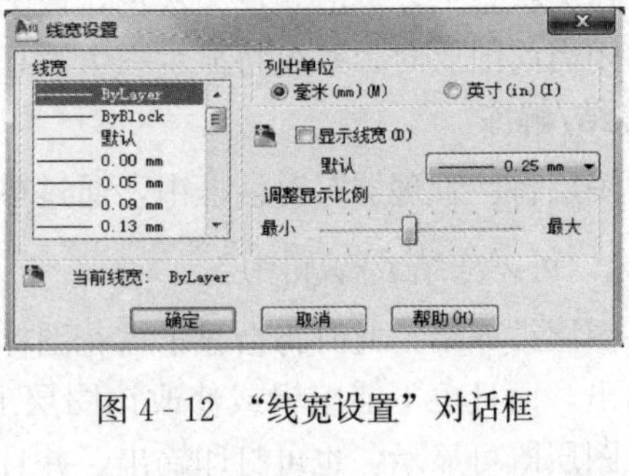

图 4-12　“线宽设置”对话框

在“线宽设置”对话框中，用户在“线宽”列表框中选择所需线条的宽度后，还可设置线宽单位、显示比例等参数。各选项功能如下：

“列出单位”选项组：用于设置线宽单位，可以是“毫米”或“英寸”。

“显示线宽”复选框：选中该复选框，则按照实际线宽来显示图形。不选中该复选框，在绘图区各种线宽都按默认线宽显示，即各线都是一样的宽度，尽管设置了不同线宽，但显示不出来。也可以单击状态栏中的“线宽”按钮来显示或关闭线宽。

“默认”下拉列表框：用于设置默认线宽值，起初 AutoCAD 默认的线宽 0.25mm，即关闭显示线宽后 AutoCAD 所显示的线宽。

“调整显示比例”选项组：通过调节显示比例滑块，可以设置线宽的显示比例大小。

提示：（1）一张图中的线宽，要根据所表示的各图形对象的实际情况而设置，一定要粗细明确。也要考虑到打印比例，若按比例打印，则用正常线宽。若不按比例打印，则线宽设置要比按比例的小一号，这样才能使图看上去清晰分明。

（2）在绘图时，所有的图元的各种属性都尽量跟图层走，尽量保持图元的属性和图层的一致，即随层（Bylayer）。这有助于图面的清晰、准确和效率的提高。

4.2.6 设置图层特性

使用图层绘制图形时，新对象的各种特性将默认为随层，即由当前图层的默认设置决定。但也可以单独设置对象特性，新设置的特性将覆盖原来随层的特性。在“图层特性管理器”对话框中，每个图层都包含名称、打开/关闭、冻结/解冻、锁定/解锁、线型、颜色、线宽、打印样式等特性。

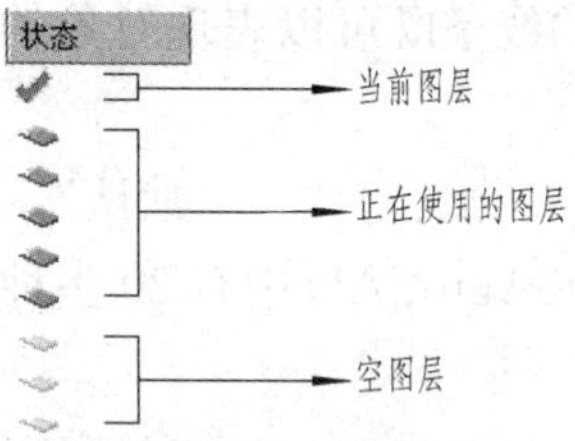

图 4-13　图层状态

1. 状态

在“图层特性管理器”对话框的图层列表中，“状态”列显示了图层状态，如图 4-13 所示，当前层、正在使用的图层和空图层。

2. 名称

名称也就是图层的名字，是图层的唯一标识。默认情况下，图层名称按 0、图层 1、图层 2……的编号依次递增，用户可根据需要为图层创建一个能够表达其用途的名称。

3. 开关状态

在“图层特性管理器”对话框中，通过单击“开”列对应的小灯泡图标，可以打开或关闭图层。在开状态下，灯泡颜色为黄色，该图层上的图形可以显示，也可以在输出设备上打印。在关状态下，灯泡颜色为灰色，该图层上的图形不能显示，也不能打印输出。

在关闭当前图层时，系统将显示一个消息对话框，警告正在关闭当前层。

4. 冻结/解冻

在“图层特性管理器”对话框中，通过单击“在所有视口冻结”列对应的太阳或雪花图标，可以冻结或解冻图层。

如果图层被冻结，此时将会显示雪花图标，该图层上的图形对象不能被显示出来，也不能打印输出，而且也不能编辑或修改该图层上的图形对象。被解冻的图层将会显示太阳图标，此时图层既可显示，也可打印输出，并且可在该图层上编辑图形对象。

用户不能冻结当前层，也不能将冻结层改为当前层，否则将会显示警告信息对话框。

提示：冻结的对象不参加处理过程中的运算，关闭的图层则要参加运算。在复杂的图形中冻结不需要的图层可加快系统重新生成图形的速度。

5. 锁定/解锁

在“图层特性管理器”对话框中，通过单击“锁定”列对应的关闭或打开锁图标，可以锁定或解锁图层。

锁定状态并不影响该图层上图形对象的显示，用户不能编辑锁定图层上的对象，但可以在锁定的图层上绘制新图形对象。此外，还可以在锁定的图层上使用查询命令和对象捕捉功能。

6. 颜色、线型与线宽

在“图层特性管理器”对话框中，通过单击“颜色”列对应的各个小图标，可以使用打开的“选择颜色”对话框来选择图层颜色；单击“线型”列显示的线型名称，打开“选择线型”对话框来选择所需要的线型；单击“线宽”列显示的线宽值，打开“线宽”对话框来选择所需要的线宽。

7. 打印样式和打印

在“图层特性管理器”对话框中，可以通过“打印样式”列确定各图层的打印样式。如果使用的是彩色绘图仪，则不能对打印样式进行更改。通过单击“打印”列对应的打印机图标，设置图层是否能够被打印，这样可以在保持图形显示可见性不变的前提下控制图形的打印特性。

打印功能只对可见图层起作用，即只对没有冻结和没有关闭的图层起作用。

8. 新视口冻结

在新布局视口中冻结选定图层。例如，在所有新视口中冻结“标注”图层，将在所有新创建的布局视口中限制该图层上的“标注”显示，但不会影响现有视口中的“标注”图层。

9. 说明

AutoCAD 的“图层特性管理器”对话框的图层列表中，新增加了“说明”列，它可以为图层或组过滤器添加必要的说明信息。

4.2.7　对图层进行排序和过滤

1. 图层排序和图形排序

（1）图层排序。创建图层后，在“图层特性管理器”中对列出的图层进行排序，可以按图层名或图层特性（开关、冻结、颜色或可见性）对其进行排序。

点击“图层”工具中的“图层”按钮，打开“图层管理器”对话框，点击图层列表框中的最上面一排（状态、名称、开、冻结、锁定、颜色……）按钮中的任意一个，图层就会排序。如图 4-14 所示，点击“名称”按钮，图层就会按图层名排序，排列顺序按先数字、后字母、再汉字的顺序升序，再点击一次“名称”，则就会按降序排列。

（2）图形排序。就是不同图层上图形对象显示的上下顺序，例如图形线宽较宽时，在上面的图形会遮挡下面的图形。图形顺序与图层顺序无关，或者说，图层排序不影响图形排序，图形顺序由图形绘制的先后顺序决定，先绘制的在下面，后绘的在上面，依次排序。如果位置上有交叉，则后绘的覆盖在先绘图形上面。

若要改变其顺序，则选中要改变顺序的图形对象后右击，在右击快捷菜单中点击“绘图

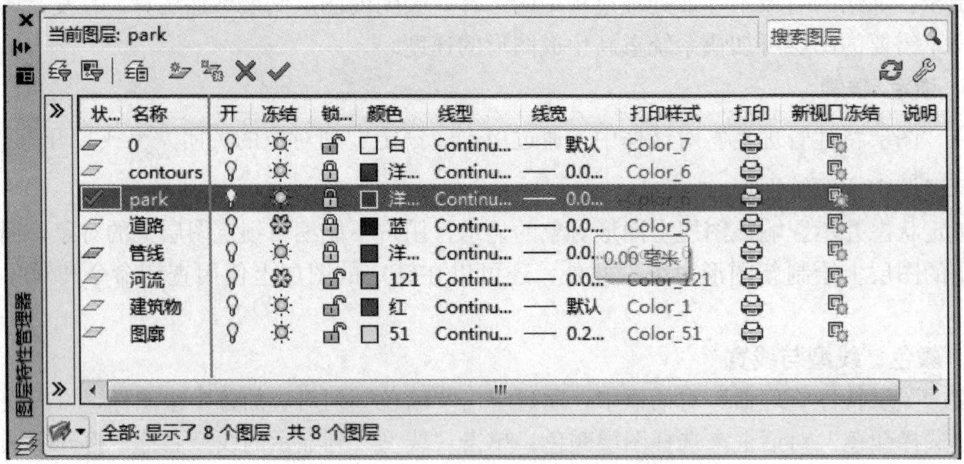

图 4－14 “图层特性管理器”中的图层排序

次序”，在级联菜单中有 4 个选项，如图 4－15 所示，它们的含义分别如下：

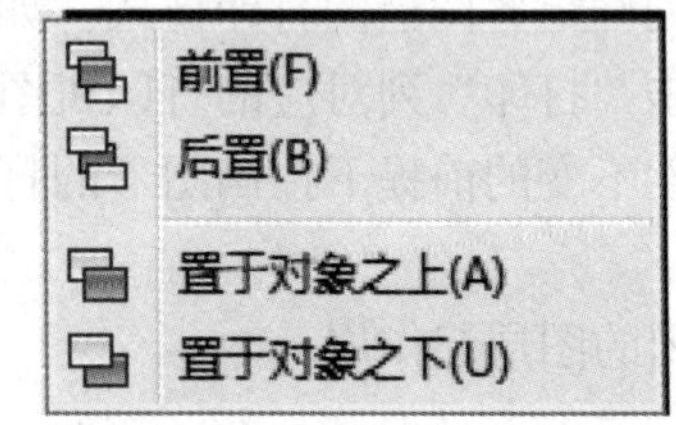

图 4－15 “绘图次序”级联菜单

前置：将选中的图形对象置于所有图形对象的最前面（最上面）。

后置：将选中的图形对象置于所有图形对象的最后面（最下面）。

置于对象之上：选择该选项后，返回到绘图区，鼠标变成了拾取框，拾取要置于其上的对象（一个或多个），然后回车，则该对象置于拾取的对象之上了。

置于对象之下：选择该选项后，返回到绘图区，鼠标变成了拾取框，拾取要置于其下的对象（一个或多个），然后回车，则该对象置于拾取的对象之下了。

2. 图层过滤器

当绘制的图形比较复杂，包含的图层较多时，为了便于图层查看和管理，AutoCAD 提供了图层过滤功能，用来控制“图层特性管理器”中和“图层”工具栏上的“图层控件”中只显示要使用的图层名。

（1）定义特性过滤器。定义特性过滤器目的是为了按某种特性来过滤图层，已达到仅显示用户使用的图层。步骤如下：

在“图层特性管理器”对话框中，点击“新建特性过滤器”按钮，系统弹出“图层过滤器特性”对话框，在该对话框的“过滤器定义”框中，可以选择要包括在过滤器定义中的任何图层特性，如图层名、开关状态、颜色、线型、线宽和打印样式等特性。在“过滤器名称”框中输入相应的过滤器名称，如图 4－16 所示，过滤器名称：所有白色图层，在“过滤器定义”框中，在“颜色”特性下面选择“白色”，则在下面的“过滤器预览框”中，列出了所有颜色为白色的图层。点击“确定”按钮，则在“图层特性管理器”的图层列表中和“图层”工具栏上的“图层控件”中就只显示出白色图层。但绘图区的图层不受任何影响。

（2）定义组过滤器。定义组过滤器的目的是把某些图层放到一个组中，以便使用。步骤如下：在“图层特性管理器”对话框中，点击“新建组过滤器”按钮，在“图层特性管

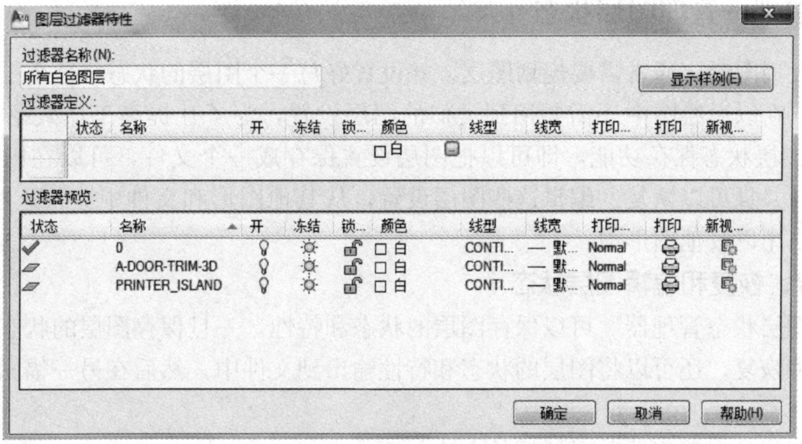

图 4 - 16　“图层特性过滤器”对话框

理器”对话框中右侧的“过滤器”框中，树状过滤器就多出一个“组过滤器 1”，然后用户根据需要在该组中新建数个图层，如图 4 - 17 所示，可以对组过滤器进行重命名。还可以选定其他过滤器中的图层，将其拖动到组过滤器。此时“图层”面板上的“图层控件”中就只显示该组过滤器中的图层了。

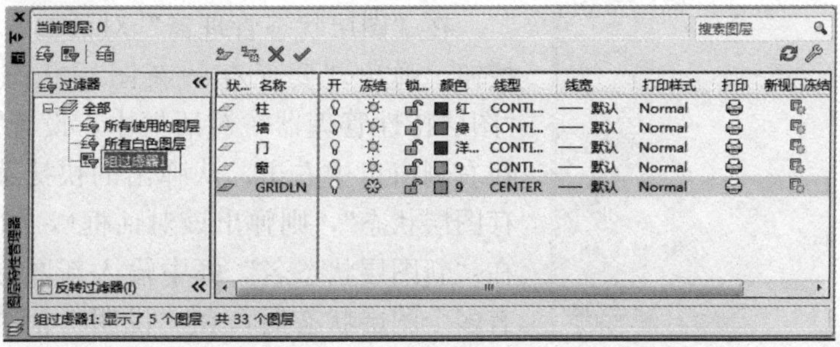

图 4 - 17　“组过滤 1”中新建和拖入的图层

图层组过滤器中包括定义时放入的图层，而不考虑其名称或特性。即使更改了指定给过滤器的图层的特性，此类图层仍属于该过滤器。

（3）反转过滤器。在“图层特性管理器”中启用“反转过滤器”复选框，可显示选择过滤器所过滤图层以外的所有图层。

4.2.8　使用图层工具管理图层

在 AutoCAD 2010 中可以使用图层工具很方便的管理图层，即“常用”选项卡→“图层”面板→“图层”右侧下拉小箭头→展开图层面板→图层管理工具 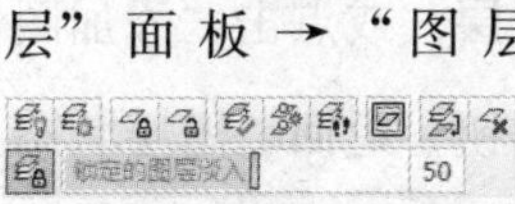

。利用这些图层管理工具可实现打开所有图层、解冻所有图层、锁定选定对象图层、解锁选定对象的图层，将选定对象的图层设置为当前图层、将一个或多个图形对象复制到其他图层上等功能。

课堂练习：完成随书光盘“课堂练习”中“第 4 章”的“练习 4 - 2”。

4.3 图层管理—管理图层状态

在绘制大型图时，通常需要规划图层，并设置好每一个图层的状态，这个工作需要花费相当的时间，在以后绘图中还需要用到类似的图层设置，为了让提高工作效率，AutoCAD 2010 提供了图层状态保存功能，即可以把图层设置保存成一个文件，可以在以后或另外的文件中调用。并且可以恢复、编辑这些图层设置，从其他图形和文件中输入这些图层设置，以及将其输出用以其他图形中。

4.3.1 保存、恢复和编辑图层状态

通过“图层状态管理器”可以保存图层的状态和特性，一旦保存图层的状态和特性，可以随时调用和恢复，还可以将图层的状态和特性输出到文件中，然后在另一幅图形中使用这些设置。

打开“图层状态管理器”对话框的方法如下：

• 功能区：“常用”选项卡 →“图层”面板 →“图层状态”下拉菜单 →“管理图层状态”。

• 命令行：layerstate 或 las。

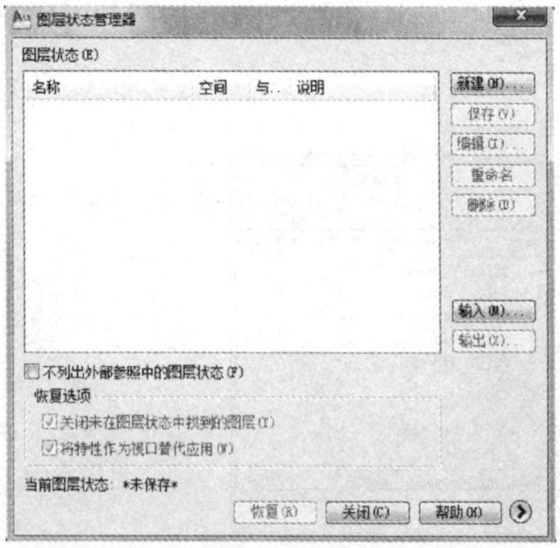

图 4 - 18 “图层状态管理器”对话框

打开“图层状态管理器”对话框，如图 4 - 18 所示。

1. 新建图层状态

在“图层状态管理器”对话框中，点击“新建”按钮，弹出“要保存的新图层状态”对话框（在“图层特性管理器”对话框中，设置完图层特性后，在右侧窗口中右击，从弹出的快捷菜单中选择“保存图层状态”，则弹出该对话框），如图 4 - 19 所示，在“新图层状态名”框中输入新图层状态名称。当有多个图层状态时，在“说明”框中，对要保存的图层状态进行简单说明。点击“确定”按钮。系统返回到在“图层状态管理器”对话框下，并且右侧的“编辑”、“删除”、“重命名”等按钮都处于可用状态。在此可以对各图层状态进行“重命名”、“删除”等操作。

2. 编辑图层状态

如果对某个图层状态要进行某些更改，在“图层状态管理器”对话框中的“图层状态”框列表中，选中要更改的图层状态，然后点击“编辑”按钮，弹出“编辑图层状态”对话框，如图 4 - 20 所示，在其中对各图层状态（开关、冻结、锁定）和特性（颜色、线型、线宽等）进行编辑，或单击左下角的“删除图层”按钮，删除某个图层，或点击“添加图层”按钮，添加曾被删除的图层，在完成编辑后，点击“确定”按钮，返回“图层状态管理器”对话框，点击“保存”按钮，在弹出的对话框中点击“是”，对编辑后的图形状态进行了保存。

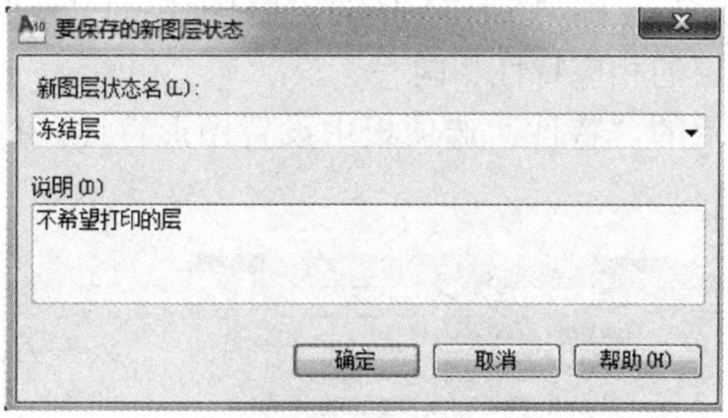

图4-19 “要保存的新图层状态”对话框

图4-20 “编辑图层状态”对话框

在完成图形的不同阶段或打印过程中需要返回到所有图层的特定设置，保存图层设置会带来很大的方便。

3. 恢复图层状态

点击“图层状态管理器”对话框右下角的按钮，“图层状态管理器”对话框右侧展开，显示出“要恢复的图层特性”选项区，单击其中的“冻结/解冻”复选框，取消“冻结/解冻”的选择然后单击“恢复”按钮。则原“冻结”的图层回复到原来的“解冻”状态。

4.3.2 输入和输出图层状态

1. 输入图层状态

在绘制图形时，若要用到曾经保存在其他图形（*.dwg、*gws 和 *.dwt 图形文件）中的图层状态，可从其他图形中输入图层状态（注意：图形中必须保存了图层状态才可以输出）。

输入图层状态步骤是如下：在“图层状态管理器”对话框中，单击“输入”按钮，打开“输入图层状态”对话框，在其中选择保存有图层状态的图形文件后，点击“确定”按钮，弹出“选择图层状态”对话框，在“查看要输入的图层状态”列表中选择要输入的图层状态，然后点击“确定”按钮。则该图层状态被输入到本图形中。

注意：如果图层状态从图形中输入，且包含在当前图形中无法加载或不可用的图层特性（例如线型或打印样式），则该特性将自动从源图形中输入。可以将图层状态输入到早期版本AutoCAD图形文件中。

2. 输出图层状态

在绘图中如设置好了图层状态，利用“输出”功能将图层状态输出成文件形式保存下来，以作备用。输出图层状态的步骤是：在“图层状态管理器”对话框中，点击“输出”按钮，弹出“输出图层状态”对话框，在其中为要输出的图层状态选好存放路径，保存为*.las格式的图层状态文件。

课堂练习：完成随书光盘“课堂练习”中“第4章”的“练习4-3”。

4.4 对象特性

绘制的每个对象都具有特性。有些特性是基本特性，适用于多数对象。例如图层、颜色、线型和打印样式。有些特性是专用于某个对象的特性。例如，圆的特性包括半径和面积，直线的特性包括长度和角度。

4.4.1 设置对象特性

所有的图形都是在某个图层上绘制的，默认情况下，图形的基本特性是随层的（Bylayer）。即图形对象的颜色、线型、线宽与所在图层的相应特性相同。

对已绘制的对象，可在如图 4 - 21（a）所示的“特性”选项板中设置图形特性。打开“特性”选项板方法如下：

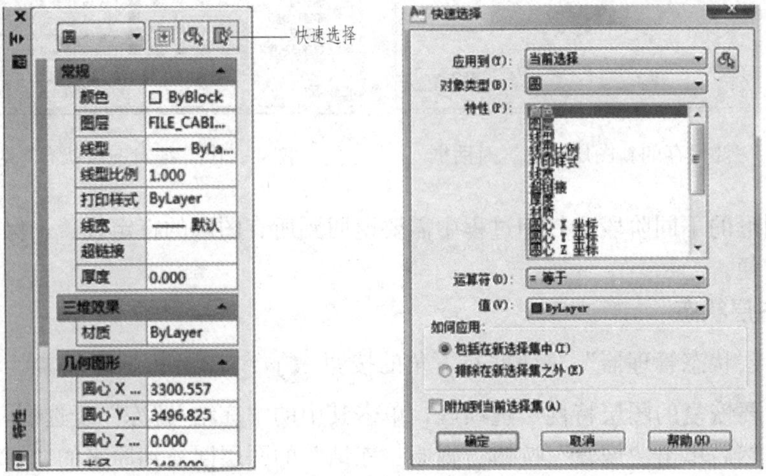

(a) (b)

图 4 - 21 “特性”选项板

• 功能区：“常用”选项卡→“特性”面板右下角→“对象特性”按钮。

或：“视图”选项卡→“选项板”面板→“特性”按钮。

• 命令行：properties。

执行命令后会弹出“特性”选项板，其中有“常规”、“三维效果”、“几何图形”特性三个选项区，当选择了单个对象时，显示的是所选图形对象的各项特性，当选择多个对象时，仅显示所有选定对象的公共特性。未选定任何对象时，仅显示常规特性的当前设置，可以通过点击每一个特性行来设置相应的特性。如要改变图形所在图层，首先选择图形对象，在“常规”选项区点击“图层”行，在其右侧出现下拉小箭头，点击小箭头，从下拉列表中选择要放入图形的图层，其他特性设置雷同。

也可以点击“快速选择”按钮，弹出如图 4 - 21（b）所示的“快速选择”对话框，进行设置。如：对选定的图形对象设置其“线型”，则在“应用到”框中为“当前选择”，“对象类型”框中为选择的图形对象，在“特性”列表中选择“颜色”，在“运算符”中选“＝等于”，在“值”框中选择“黄色”。对每一个特性都可以如此设置。

利用“特性”对话框，可以对图形中任一个对象的所有特性进行设置，也可以对整个图形的特性进行设置，但并不改变图层设置内容。

4.4.2 编辑对象特性

1. 使用“特性”面板

“特性”面板如图 4 - 22 所示。可以对图形的基本特性即对象的颜色、线型、线宽等进行更改。如：要改变图形对象的“颜色”，首先在绘图区选中图形对象，然后点击“特性”面板中的“颜色控制”按钮，从下拉列表中选择合适的颜色即可。更改其他特性也如此。

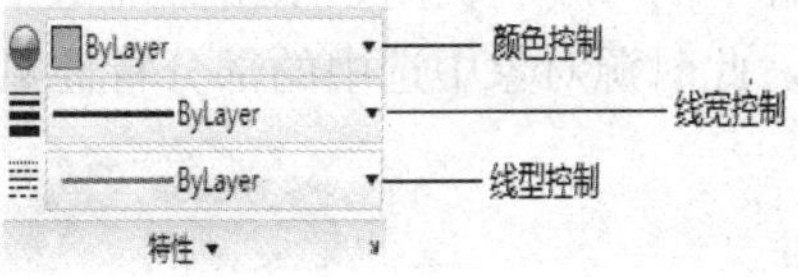

图 4-22 “特性”工具栏

2. 使用特性快捷菜单

选择一个图形对象，就会弹出一个关于该图形的对象特性快捷菜单，如图 4-23 所示的是一个“圆”的特性快捷菜单。在此可以设置基本特性如颜色、图层、线型和图形几何特性如圆的坐标、半径、直径、周长、面积等。快捷菜单右侧的选项按钮，出现“关闭”、“禁用”等几个选项可以实现对快捷菜单的设置。

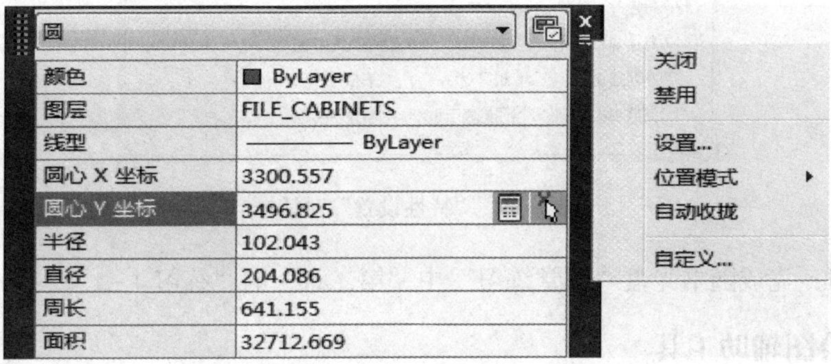

图 4-23 “特性”快捷菜

如要更改图形“颜色”，则用鼠标点击快捷菜单的“颜色”行，在该行最右端就会出现一个下拉小箭头，点击小箭头，从中选择需要的颜色。对“图层”、“线型”特性的更改也如此。

如要更改“半径”等图形的几何特性，则用鼠标点击快捷菜单的“半径”行，该行的半径值（数字）处于可更改状态，并且最右侧出现一个计算器，在此重新输入半径值，或借助该计算器进行辅助计算，得到半径值。在此更改了图形几何特性，绘图取得图形随之更改。

3. 利用“特性匹配”修改对象特性

把一个对象的特性赋予另一个对象。特性的来源叫源对象，要赋予的那个对象叫目标对象。可选择的基本特性有：颜色、线型、线型比例、厚度、文本、尺寸、剖面图案，有时也包括标注、文字和图案填充特性。进行对象的“特性匹配”操作方法如下：

• 功能区：“常用”选项卡→“剪贴板”面板 →“特性匹配”。

• 命令行：matchproP 或 painter。

执行命令后，命令行提示：

选择源对象：（用拾取靶选择源对象，被选中的对象呈虚线显示）

当前活动设置：颜色 图层 线型 比例 线宽 厚度 打印样式 文字标注 图案填充 多段线 视口 表格

选择目标对象或［设置（s）］：s（若需要将源对象的所有特性赋予给目标对象，则直接回车，选择目标对象，若只赋予部分特性则输入 s 后回车）

将显示如图 4-24 所示的“特性设置”对话框，用户在该对话框中将不需要改变特性的图标中的“√”关闭，单击“确定”按钮。用拾取靶选择目标对象（所要赋予的对象）后回车。此时源对象中选中的部分特性赋予给了目标对象。

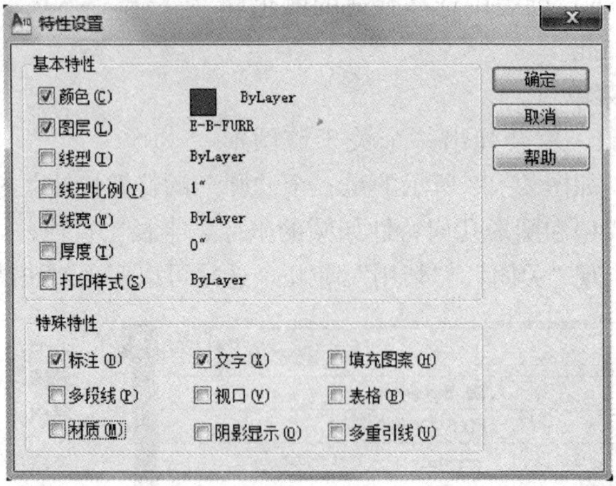

图 4-24 “特性设置”对话框

课堂练习：完成随书光盘“课堂练习”中“第 4 章”的“练习 4-4”。

4.5 精确绘图辅助工具

在 AutoCAD 中设计和绘制图形时，如果对图形尺寸比例要求不太严格，可以大致输入图形的尺寸，这时可用鼠标在图形区域直接拾取和输入。但是，有的图形对尺寸要求比较严格，当必须严格按给定的尺寸绘图时，灵活运用 AutoCAD 所提供的绘图工具进行准确定位，可以有效地提高绘图的精确性和效率。在中文版 AutoCAD 2010 中，可以使用系统提供的正交、对象捕捉极轴追踪、对象捕捉追踪等功能，在不输入坐标的情况下快速、精确地绘制图形。这些功能都可通过“草图设置”对话框来完成。

• 状态栏：右击这是个按钮中的任意一个。在弹出的快捷菜单中选择“设置”。

• 命令行：dsettings。

打开“草图设置”对话框，在该对话框中有“栅格与捕捉”、“极轴追踪”、“对象捕捉”、“动态输入”、“快捷特性”五个选项卡，如图 4-25 所示。

4.5.1 栅格和捕捉

在“草图设置”对话框中，打开“捕捉和栅格”选项卡，如图 4-25 所示，在此可以设置捕捉和栅格方式。

在“捕捉类型”选项组中可选择捕捉类型是栅格捕捉还是极轴捕捉。如选择“栅格捕捉”单选按钮，还可以选择是矩形捕捉还是等轴测捕捉；如选择“极轴捕捉”单选按钮，还可以在“极轴间距”文本框中设置极轴捕捉间距。

在设置捕捉时要注意以下几点：

(1) 设置的捕捉间距必须为正实数。

(2) 捕捉间距最好设为栅格的几分之一，这样有利于按栅格调整捕捉点。

在 AutoCAD 中，使用 Grid 命令也可以设置栅格的显示及间距。在设置显示栅格时要

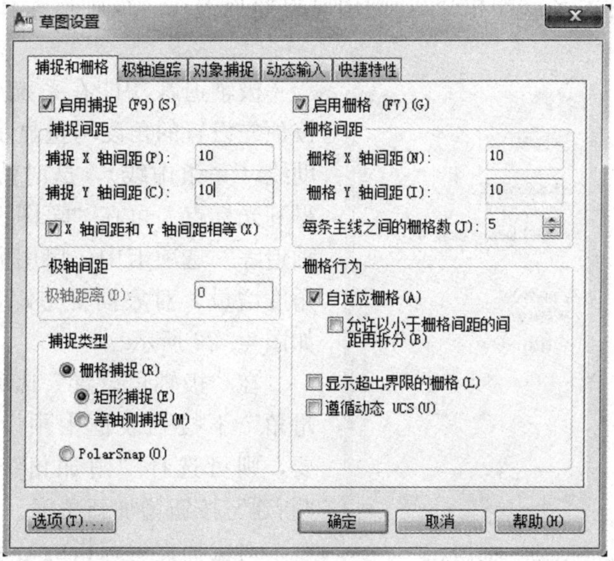

图 4-25 “捕捉和栅格”选项卡

注意以下几点：

（1）栅格间距不可太小，太小将会导致图形模糊及屏幕重画太慢，甚至无法显示栅格。

（2）栅格纵横比可以不同，应根据需要设定。

（3）如果设置了图形界限，则只能在图形界限区域内显示栅格，若要显示全部栅格，可选中“显示超出界限的栅格”。

4.5.2 正交模式

在正交模式下，可以方便地绘制出与当前 X 轴或 Y 轴平行的线段。打开或关闭正交模式有以下方法。

- 状态栏：“正交”按钮 。
- 命令行：ortho。
- 快捷键：F8。

打开正交模式后，只能在垂直或水平方向画线或指定距离，而不管光标在屏幕上的位置。画线的方向取决于光标在 X 轴方向上的移动距离和光标在 Y 轴方向上的移动距离变化。如果 X 方向的距离比 Y 方向大，则画水平线；相反，如果 Y 方向的距离比 X 方向大，则画垂直线。

提示：在正交状态下，是不能绘制斜线的。再次点按 F8 或“正交”按钮 ，可关闭“正交”功能。

4.5.3 自动追踪

在 AutoCAD 中，自动追踪可按指定角度绘制对象，或者绘制与其他对象有特定关系的对象。自动追踪功能分极轴追踪和对象捕捉追踪两种，是非常有用的辅助绘图工具。

极轴追踪是按事先给定的角度增量来追踪特征点。而对象捕捉追踪则按与对象的某种特定关系来追踪，这种特定的关系确定了一个未知角度。也就是说，如果事先知道要追踪的方向（角度），则使用极轴追踪；如果事先不知道具体的追踪方向（角度），但知道与其他对象的某种关系（如相交），则用对象捕捉追踪。极轴追踪和对象捕捉追踪可以同时使用。

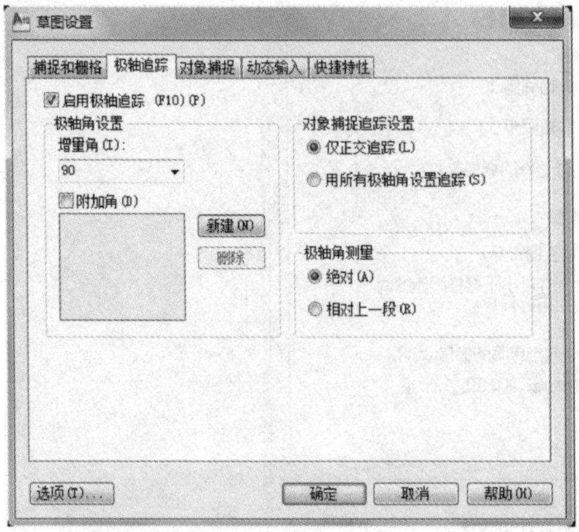

图 4-26 “极轴追踪”选项卡

极轴追踪功能在系统要求指定一个点时，按预先设置的角度增量显示一条无限延伸的辅助线（一条虚线），这时就可以沿辅助线追踪得到光标点。可在“草图设置”对话框的“极轴追踪”选项卡中，启用极轴追踪、设置极轴角度增量、对象捕捉追踪和极轴角测量方式，如图 4-26 所示。

在“极轴角设置”选项组中，如果在“增量角”下拉列表框中预设的角度不能满足需要，则可选择“附加角”复选框，然后单击“新建”按钮增加新角度。

对象捕捉追踪指的是系统在找到对象上的特定点后，可继续根据设置进行正交或极轴追踪（取决于状态栏中的“正交”或“极轴”开关的设置）。

注意：打开正交模式后，光标将被限制沿水平或垂直方向移动，因此正交模式和极轴追踪模式不能够同时打开。如果一个打开，另一个将会自动关闭。

4.5.4 对象捕捉

1. 设置对象捕捉

在 AutoCAD 中，使用对象捕捉可以将指定点快速、精确地限制在现有对象的确切位置上（例如中点或交点），而不必知道坐标或绘制构造线。

在“草图设置”对话框中，打开“对象捕捉”选项卡，通过选择“对象捕捉模式”选项组中的相应复选框来打开对象捕捉模式，如图 4-27 所示。

在 AutoCAD 中，在执行绘图命令状态下，按住 Shift 键并右击，将在光标位置弹出对象捕捉菜单栏如图 4-28 所示。根据需要选择要捕捉的选项。

2. 设置运行捕捉模式和覆盖捕捉模式

在“草图设置”对话框的“对象捕捉”选项卡中，设置的对象捕捉模式始终为运行状态，直到关闭它们为止，这种捕捉模式称为运行捕捉模式。如果要临时打开捕捉模式可按 Shift 键并右击，在弹出的快捷菜单中，选择相应的“对象捕捉”。这种捕捉模式称为覆盖捕捉模式，它仅对本次捕捉点有效，在命令行中显示一个“于”标记。

如果要打开或关闭运行捕捉模式，可单击状态栏中的“捕捉”按钮。此外，设置覆盖捕捉模式后，系统将暂时覆盖运行捕捉模式。

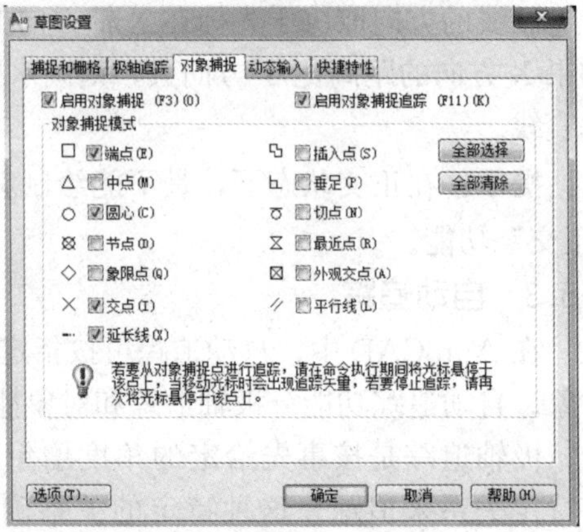

图 4-27 “对象捕捉”选项卡

3. 设置对象捕捉参数

调整对象捕捉靶框，可以只对落在靶框内的

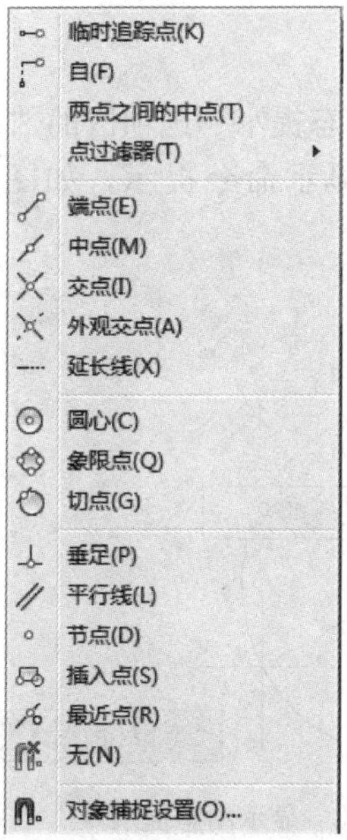

图 4-28 “对象捕捉”快捷菜单

对象使用对象捕捉。靶框大小应根据选择的对象、图形的缩放位置、显示分辨率和图形的密度进行设置。此外，还可以通过设置，确定是否显示捕捉标记、自动捕捉标记框的大小和颜色是否显示自动捕捉靶框等。可右击“命令行”→“选项”，在“选项”对话框的“草图”选项卡中进行设置（参见第 1 章图 1-23）。

4.5.5　动态输入

动态输入就是在光标附近提供了一个命令界面，以帮助用户专注于绘图区域，可以关闭命令行使绘图区域更大。在 AutoCAD 2010 中，启用“动态输入”时，在光标附近出现信息提示和两个坐标的框，该信息会随着光标移动而动态更新。当某条命令为活动时，工具栏提示将为用户提供输入坐标的位置，这时输入的坐标为相对坐标，从而极大地方便了绘图。启用动态输入的方式如下：

状态栏：“DYN（动态输入）”按钮 DYN（功能仅限于打开与关闭）。

快捷键：F12（功能仅限于打开与关闭）。

1. 启用指针输入

在“草图设置”对话框的“动态输入”选项卡中，选中“启用指针输入”复选框，可以启用指针输入功能，如图 4-29 所示。可以在“指针输入”选项区域中单击“设置”按钮，使用打开的“指针输入设置”对话框设置指针的格式和可见性，如图 4-30 所示。

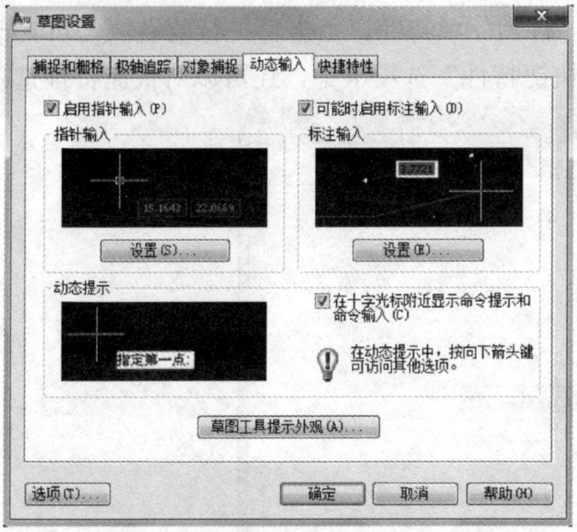

图 4-29 “动态输入”选项卡

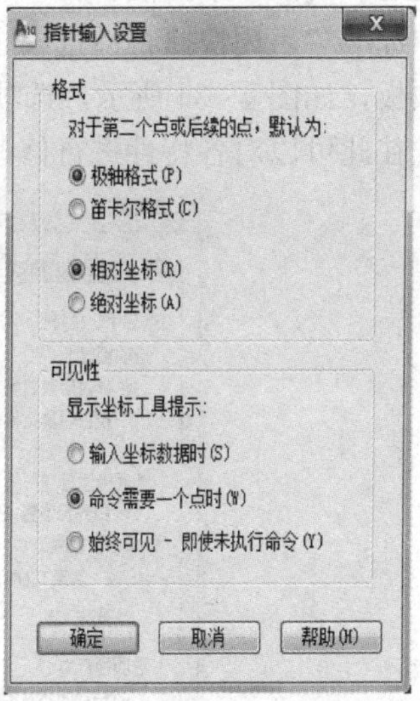

图 4-30 “指针输入设置”对话框

2. 启用标注输入

在“草图设置”对话框的“动态输入”选项卡中，选中“可能时启用标注输入”复选框，可以启用标注输入功能。在“标注输入”选项区域中单击“设置”按钮，使用打开的

“标注输入的设置”对话框设置标注的可见性，如图 4 - 31 所示。

3. 显示动态提示

在“草图设置”对话框的“动态输入”选项卡中，选中“动态提示”选项区的“在十字光标附近显示命令提示和命令输入”复选框，则在光标附近显示命令提示，如图 4 - 32 所示。

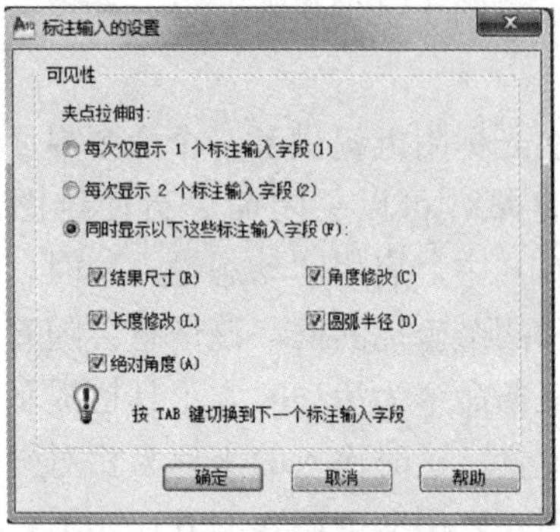

图 4 - 31 “标注输入的设置”对话框

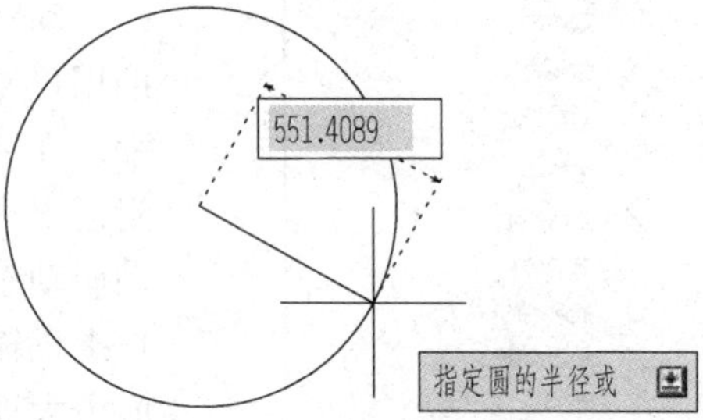

图 4 - 32 显示动态提示

按下状态栏的“DYN”键，打开动态输入功能；当关闭“DYN”后，图 4 - 32 中的提示将不再出现。

4.5.6 快捷特性选项板

在绘图和编辑过程中，有时需要了解一些图形对象的特性，并对其进行快捷方便的修改，如：所在图层、颜色、线型、几何特征（圆心坐标、半径、周长等），利用快捷特性选项板实现这一功能非常方便。在“草图设置”对话框的“快捷特性”选项卡（如图 4 - 33 所示）中，选中“启用快捷特性选项板”，则在绘图区选择图形对象后，会自动弹出“快捷特性”选项板，如图 4 - 34 所示，选项板中每一行为一项特性，点击每一行的右侧，可修改该项特性。在此可以对各特性进行修改。在“快捷特性”选项卡中，还可以对快捷特性选项板

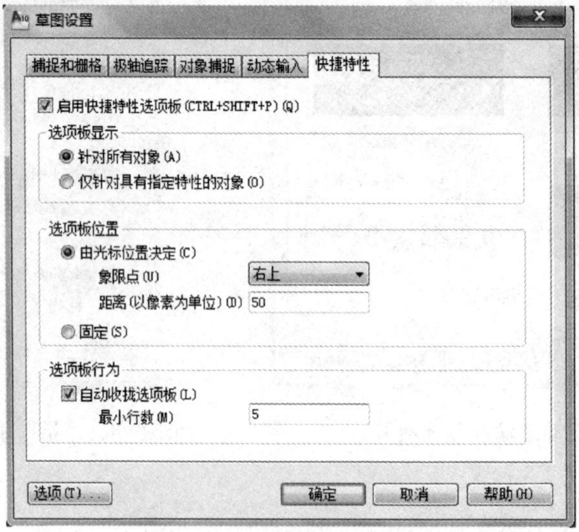

图 4 - 33 “快捷特性”选项卡

显示对象、选项板位置、选项板自动收拢及显示的最小行数进行设置。若在绘图区不想看到快捷特性选项板，则去掉“启用快捷特性选项板”前的对勾即可。

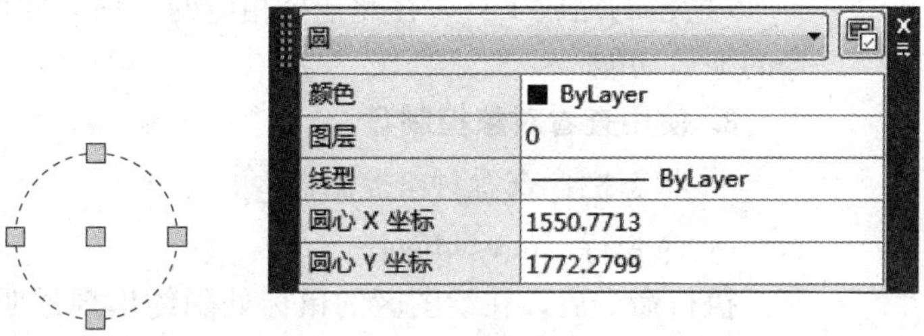

图 4 - 34　“快捷特性”选项板

课堂练习：完成随书光盘“课堂练习”中“第 4 章”的“练习 4 - 5”。

4.6　控制图形显示

在绘制图形的过程中，按一定比例、观察位置和角度显示的图形称为视图，AutoCAD 中有多种显示图形视图的方式，在编辑图形时，如想查看所修改的整体效果，可以控制图形显示，并快速移动到图形的不同区域，通过缩放图形显示来改变大小，通过平移重新定位视图在绘图区域中的位置。图形显示控制就是改变视图的显示。AutoCAD 对视图进行管理的常用操作有缩放、平移、鸟瞰、重画和重生成等。

4.6.1　图形缩放

在绘图过程中，为了方便地进行对象捕捉，准确地绘制实体，常常需要将当前视图放大或缩小以及局部放大等，但对象的实际尺寸保持不变。这些就是 AutoCAD 中 Zoom 命令的功能。

1. 使用命令 zoom

• 命令行：zoom 或 z。

系统在命令行弹出如下内容：

指定窗口的角点，输入比例因子（nX 或 nXP），或者

[全部（A）/中心（C）/动态（D）/范围（E）/上一个（P）/比例（S）/窗口（W）/对象（O）] <实时>：（各项含义见表 4 - 1）

表 4 - 1　　zoom 命令各选项的含义

选项名称	含　义
全部(A)	AutoCAD 会对全部图形重新生成，在绘图区域内显示全部图形
中心(C)	用鼠标确定一个中心点，按提示给出比例系数或视图高度，显示当前视图
范围（E)	将所有的图形全部显示在屏幕上，并最大限度地充满整个屏幕
上一个(P)	返回上一个视窗，用户若连续使用该命令，最多可恢复此前的 10 个视图
窗口(W)	提示输入窗口的两个顶点，快速缩放图形中指定的矩形区域
对象（O)	选定一个或多个对象然后回车，则对象位于绘图区域的中心
实时	Zoom 命令的默认项，光标在屏幕上变为带有加号（＋）和减号（－）的放大镜，上推鼠标滚轮，图形放大，下拉滚轮，图形缩小。按 Esc 或 Enter 键退出，或单击右键显示快捷菜单，结束 Zoom 命令

图 4-35 导航面板缩放工具

2. 使用“导航”面板

功能区：“视图”选项卡→“导航”面板→“范围”，出现如图 4-35 所示的缩放工具，在此选择相应的子项同样可以实现 zoom 命令的缩放功能。

3. 使用查看对象控制盘

- 状态栏：查看对象控制盘。
- 命令行：navswheel。

执行命令后，在绘图区的鼠标处隐约出现透明的二维导航控制盘，如图 4-36 所示。二维导航控制盘是追踪式菜单，控制盘将多个常用导航工具结合到一个单一界面中，为用户节省时间。其上的 6 个不同的组成部分，称作 6 个按钮。右击右下角的小箭头按钮，在弹出的菜单中可选择使用不同控制方式的导航控制盘。右上角为关闭按钮，其他 4 个按钮代表 4 种导航工具，可实现相应功能。

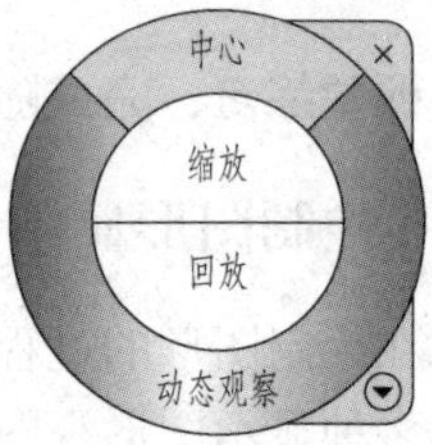

图 4-36 查看对象控制盘

4.6.2 图形平移

在绘图过程中，由于屏幕大小有限，当前文件中的图形不一定全部显示在屏幕内，若想察看屏幕外的图形可使用 pan（实时平移）命令，它比 zoom 快，操作比较直观而且简便，因此在绘图中常使用该命令。

通过下列方法启动实时平移命令：

- 功能区：“视图”选项卡→“导航”面板→“平移”。
- 状态栏：“平移”按钮。
- 命令行：pan 或 p。

启动实时平移命令后，AutoCAD 会提示：

按 Esc 或 Enter 键退出，或单击右键显示快捷菜单。

实时平移命令启动后，光标变为手形光标。按住鼠标左键可以锁定光标于相对视口坐标系的当前位置，图形随光标移动。释放鼠标左键，平移停止。可以将光标再移动到图形的其他位置，然后再按下鼠标左键，接着从该位置平移显示图形。任何时候按下“Enter”或“Esc”键，可以停止平移。单击右键从弹出的快捷菜单中，可以选择退出平移操作或改为其他操作。

4.6.3 鸟瞰视图

在绘制较大测区的地形图、地籍图或大型工程图时，为了方便地掌握当前视图在整个图形中的位置，可使用 AutoCAD 2010 的“鸟瞰视图”功能，即用户可像鸟在空中俯视地面一样，快速找出所需要的位置，并可对其进行放大。启动“鸟瞰视图”功能的方法：

- 命令行：dsviewer。

AutoCAD 的屏幕工作窗口中自动产生一个鸟瞰视图窗口，这个小窗口可以根据需要拖动到合适位置，也可以调节其大小。如图 4-37 所示，显示整个图形，并用一个粗线矩形标记当前视图，该粗线矩形即为视图框，可以移动视图的位置或者改变视图框的大小来动态更改图形中的视图。移动鼠标到要查看的位置，点鼠标左键，矩形里面的X就变成一个箭头，见图4-37中的小细线矩形框和箭头，矩形的左边固定在该竖直的位置上，鼠标上下移动，矩形随之上下移动，鼠标左右移动，则缩小和放大矩形，从而使视图中图形放大和缩小。

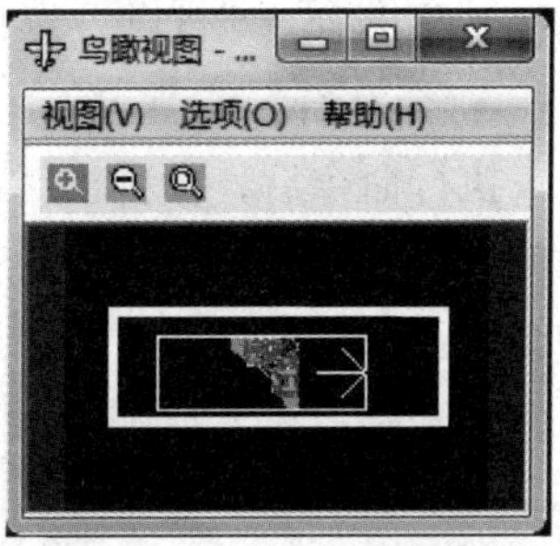

图4-37 鸟瞰视窗

在“鸟瞰视图”窗口中，可以通过全局、放大、缩小图形来改变“鸟瞰视图”的缩放比例。全局功能使“鸟瞰视图”窗口显示整个图形和当前视图。放大功能以当前视图框为中心，“鸟瞰视图”窗口中的图形显示比例放大两倍。缩小功能以当前视图框为中心，缩小50%“鸟瞰视图”窗口中的图形显示比例。

“鸟瞰视图”视窗要占用屏幕上主视图的一部分，会影响用户对主视图的观察。故只有在图形范围较大时，使用鸟瞰视图功能才有较大的优越性。用户可以用直接回车或按“Esc”键结束命令的操作。

4.6.4 刷新屏幕显示

刷新屏幕显示将删除点标记或临时标记。刷新图形显示有重画和重生成两种方式。重画操作只清理屏幕显示，而重生成不仅清理显示，而且更新图形数据库中所有图形对象的屏幕坐标。

1. 重画功能

在绘图过程中，常会因多次使用编辑命令，在图上留下一些莫名其妙的痕迹，主要是加号形状的标记（称为点标记），利用重画功能可以刷新屏幕或当前视图，擦除残留的标记。启动重画功能的方法如下：

- 命令行：redraw 或 r。

重画命令启动后，则屏幕上当前视区中原有的图形消失，紧接着又把该图除去残留标记之后重新画一遍。多视口操作时，输入全部重画命令“Redrawall”则将所有视口中的图形重画。

2. 重生成功能

绘图过程中，常会因为图形的缩放改变了图形的显示效果，比较典型的现象是圆弧线放大一定倍数后，在屏幕上显示出折线效果，很不美观。此时用户可以利用AutoCAD 2010提供的重生成功能。启动重生成功能的方法如下：

- 命令行：regen。

执行重生成命令，系统重新计算所有对象的屏幕坐标，并在当前视口中按新的坐标重新生成整个屏幕图形。故当图形较大、图形元素复杂时，执行该命令速度较慢。

多视口操作时，执行全部重生成命令“regenall”，在所有视口中重新计算所有对象的屏幕坐标，并按新的坐标刷新所有视口的屏幕图形。

4.6.5 多视口显示

视口是显示用户模型的不同视图的区域，使用平铺视口，即将绘图窗口分成多个相邻的矩形区域，创建多个不同的绘图区域。在大型或复杂的图形中，显示不同的视图可以缩短在单一视图中缩放或平移的时间。

- 功能区："视图"选项卡→"视口"面板→"新建"按钮 。
- 命令行：vports。

执行命令后，会弹出"视口"对话框，如图 4-38 所示。在其中设置需要的视口数目和平铺形式。图 4-39 所示的就是四个相等的视口。在每一个视口中可以对图形进行不同比例的缩放。

课堂练习：完成随书光盘"课堂练习"中"第 4 章"的"练习 4-6"。

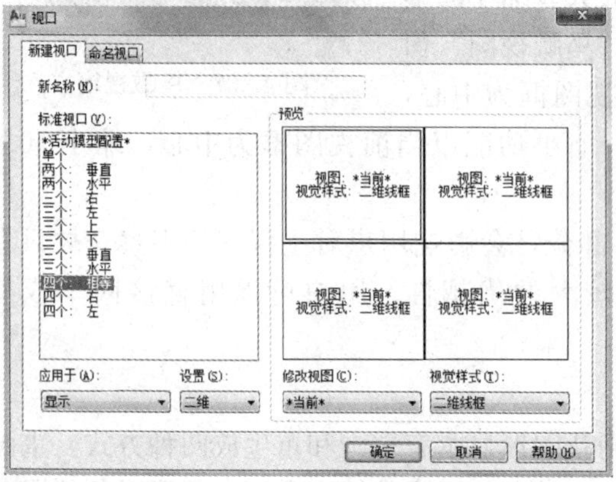

图 4-38 "视口"对话框

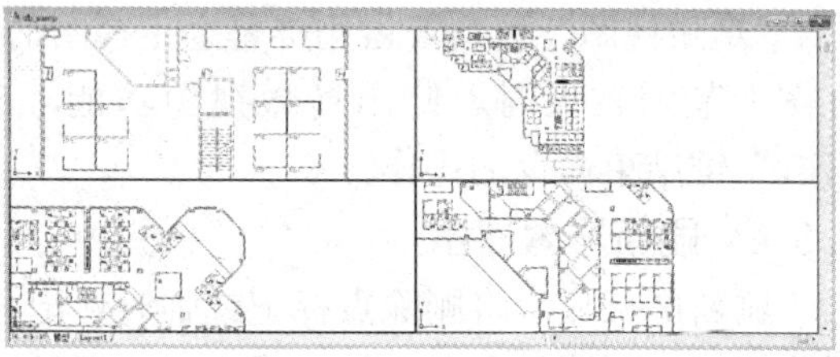

图 4-39 四个相等视口

小　　结

本章主要介绍了在 AutoCAD 2010 中如何设置绘图环境，主要包括绘图单位、图形界限以及栅格的设置，如何进行图层设置及图层有效管理，如何运用对象捕捉、对象追踪、正交、动态输入等辅助绘图工具快速、精确地绘制图形，如何对图形显示进行控制。通过本章的学习，读者应能根据实际绘图需要，熟练设置图形单位、图形界限、创建合适数量及特性的图层，能够熟练运用辅助绘图工具进行精确绘图。

习题与思考题

4-1　设置图形界限有何意义？在什么情况下，图形界限以外不能绘制图形对象？

4-2　定义图层有何好处？关闭图层、冻结图层、锁定图层有什么区别？

4-3　在图层特性管理中能对图层的哪些特性进行管理和设置？

4-4　图层状态管理包括哪些内容？保存图层状态的目的是什么？

4-5　精确绘图辅助工具有哪些？如何设置以 15°为增量角的极轴追踪？

4-6　打开栅格命令后，绘图区看不到栅格，可能是哪些原因所致？

4-7　重画和重生成有什么异同？哪一个需要系统重新计算坐标？

第 5 章　块、外部参照和设计中心

在绘制数字测图的工作当中，经常会有大量的重复工作要做，例如：绘制地形图图框、地籍表格，而这些图框、表格的形状、内容是基本相同的，测量人员将不得不面临大量重复且繁琐的工作。Autodesk 公司开发的 AutoCAD 软件为我们提供了方便且具有实用价值的解决方案，学好本章的块能够让我们充分享受到摆脱那些繁琐工作所带来的愉悦。

AutoCAD 软件提供了外部参照的功能和设计中心。外部参照指一幅图形对另一幅图形的引用，此功能为测绘工作管理人员合理分配与协调好绘制图形工作，顺利完成工程任务提供了重要手段；而设计中心则可以组织对图形、块、图案填充和其他图形内容的访问，可以将源图形中的任何内容拖动到当前图形中，可以将图形、块和填充拖动到工具选项板上。

本章主要内容：

- 图块操作
- 块属性操作
- 动态块
- 外部参照技术
- AutoCAD 设计中心

5.1　图块操作

块就是将一些经常使用到的图形对象结合在一起，并按指定的名称保存起来的一种特殊的图形对象。块可以由多个图形对象构成，却只能作为一个图形对象来操作，如“复制”、“移动”、“删除”、“旋转”和“阵列”等命令。如果希望对构成块中的多个图形对象分别进行编辑，则必须使用“分解”命令将块分解为相对独立的多个对象。

当用户创建一个块后，AutoCAD 2010 将该块存储在图形数据库中，此后用户可根据需要多次插入同一个块，而不必重复绘制和储存，因此节省了大量的绘图时间；插入块可以根据一定的位置、比例和旋转角度来引用；插入块比直接绘图数据量小得多，从而节省了计算机的存储空间，减少了计算机运算工作量，加快了计算机对图形的编辑速度。在 AutoCAD 中还可以将块存储为一个独立的图形文件，也称为外部块，这样其他人就可以将这个文件作为块插入到自己的图形中，不必重新进行创建。因此可以通过这种方法建立地形图框、图形符号库，供所有相关的设计人员使用，这样既节约了时间和资源，又能保证符号的统一性和标准性。

5.1.1　图块的定义

每个块定义都包括块名、一个或多个对象、用于插入块的基点坐标值和所有相关的属性数据。

（1）调用 block 命令定义块。用 block 命令定义块，是将保存在当前的图形文件中。可以用以下三种方法来启动定义图块命令。

• 功能区：“常用”选项卡→“块”面板→“创建”按钮。

• 功能区：“插入”选项卡→“块”面板→“创建”按钮。

• 命令行：block。

执行 Block 命令后，将打开对话框，如图 5-1 所示。

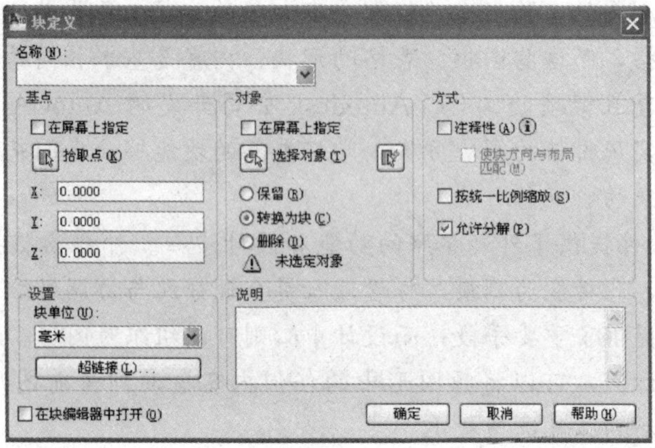

图 5-1　块定义对话框

该对话框中各项设置功能如下：

1）名称。指定块的名称。如果将系统变量 extnames 设置为 1，块名最多可以包含 255 个字符，包括字母、数字、空格以及未被 Microsoft，Windows 和 AutoCAD 程序用于其他目的的特殊字符。

提示：块名称及块定义保存在当前图形中；不能用 DIRECT、LIGHT、AVE _ RENDER、RM _ SDB、SH _ SPOT 和 OVERHEAD 作为有效块名称。

2）基点。指定块的插入基点。默认值是（0，0，0）。

①X。指定 X 坐标值。

②Y。指定 Y 坐标值。

③Z。指定 Z 坐标值。

④“拾取插入基点”按钮，暂时关闭对话框以使用户通过鼠标在当前图形中拾取插入基点。

3）对象。指定新块中要包含的对象，以及创建块之后如何处理这些对象，是保留还是删除选定的对象或者是将它们转换成块实例。

①选择对象。单击“选择对象”按钮，将暂时关闭“块定义”对话框，根据用户所需选择要定义成块的图形对象。完成对象选择后，按 Enter 键重新显示“块定义”对话框。

②快速选择。单击“快速选择”按钮，将显示“快速选择”对话框，该对话框可以进行快速过滤，选择满足一定条件的自定义选择集。

③保留。选中此单选按钮，创建块以后，将选定对象保留在图形中作为区别对象。

④转换为块。选中此单选按钮，创建块以后，将选定对象转换成图形中的块实例。

⑤ 删除。选中此单选按钮，创建块以后，从图形中删除选定的对象。

⑥ 选定的对象。显示选定对象的数目。

4）方式。指定块的行为方式。

①注释性。指定块为注释性。单击信息图标以了解有关注释性对象的更多信息。

②使块方向与布局匹配。指定在图纸空间视口中的块参照的方向与布局的方向匹配。如果未选择“注释性”选项，则该选项不可用。

③允许分解。指定块参照是否可以被分解。

④按统一比例缩放。指定是否阻止块参照不按统一比例缩放。

5）设置。指定块的设置。

①块单位。指定块参照插入单位。

②超链接。打开“插入超链接”对话框，可以使用该对话框将某个超链接与块定义相关联。

6）说明。对定义的块进行必要的文字说明。

7）在块编辑器中打开：当您单击“确定”后，在块编辑器中打开当前的块定义。

(2) 在“块定义”对话框中的“名称”框中输入块名。

(3) 在“选择对象”下选择“转换为块”。

如果需要在图形中保留用于创建块定义的原对象，请确保未选中“删除”选项。如果选择了该选项，将从图形中删除原对象。如果必要，请使用 oops 恢复它们。

(4) 单击“选择对象”请使用定点设备选择要包括在块定义中的对象。按 Enter 键完成对象选择。

(5) 在“块定义”对话框的“基点”下，使用以下方法之一指定块插入点：

1）单击“拾取点”，使用定点设备指定一个点。

2）输入该点的 X，Y，Z 坐标值。

(6) 在“说明”框中输入块定义的说明。

单击“确定”。在当前图形中定义块，可以将其随时插入。

下面以实例来说明如何创建块。

【例 5-1】 路灯块的定义。

(1) 创建新图形文件。启动 AutoCAD 2010 系统，建立新的图形文件。

(2) 绘制地物符号。绘制过程略，结果如图 5-2 和图 5-3 所示。

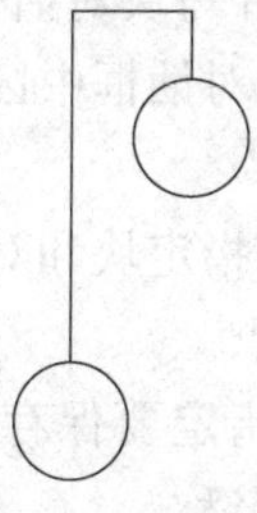

图 5-2　绘制基本图形

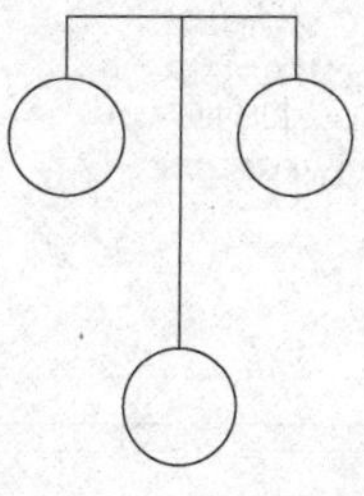

图 5-3　镜像后的图形

(3) 定义块。在命令行输入：block，系统将弹出“块定义”对话框，如图 5-4 所示，并进行如下设置：

在“名称”编辑框中输入块名“路灯”。

设置“基点”三维坐标为（0，0，0）。

在“选择对象”栏中，单击图标返回绘图区并选择全部图形对象，并选中“保留”项。

保持其他设置不变，单击“确定”按钮结束创建块命令，由此创建了一个名为“路灯”的块对象。

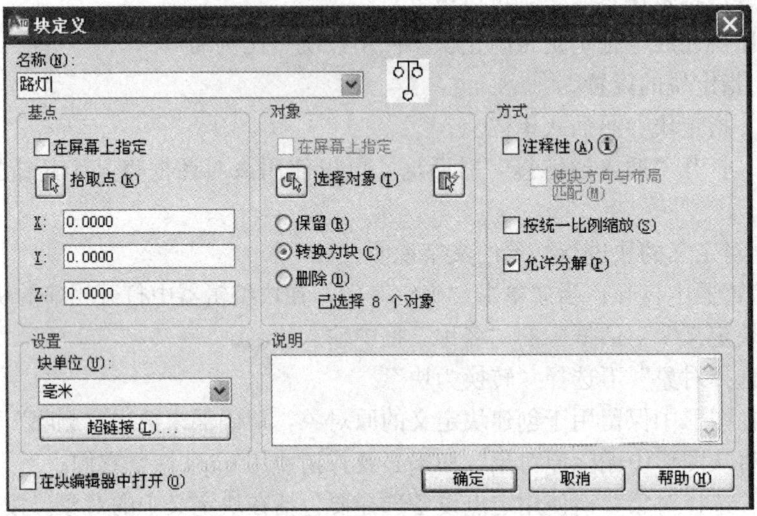

图 5-4 “块定义”对话框

5.1.2 创建外部块文件

由于 Block 命令创建的块仅能用于当前图形中，而更多情况下，我们希望创建的图块能够在其他图形中使用，AutoCAD 2010 提供的 Wblock 命令可以帮助绘图者制造的图块成为公共块，公共块是以图形文件的形式存盘的。

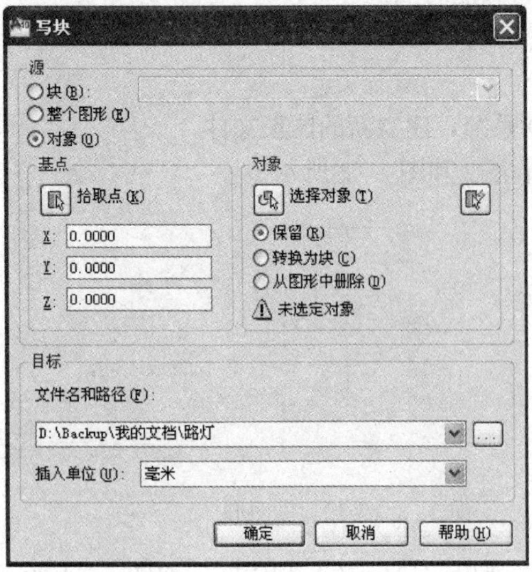

图 5-5 “写块”对话框

由选定对象创建公共块（新图形文件）的步骤如下：

（1）打开现有图形或创建新图形。

（2）在命令提示下，输入 wblock：回车确定后将打开写块对话框，如图 5-5 所示。

“写块”对话框中区别 block 对话框的设置功能如下：

1）源。指定块和对象，将其保存为文件并指定插入点。

①块。指定要保存为文件的现有块。从列表中选择名称。

②整个图形。选择当前图形作为一个块。

③对象。选择当前图形中对图形对象。

2）目标。指定文件的新名称和新位置以

及插入块时所用的测量单位。

①文件名和路径。指定文件名和保存块或对象的路径。

②插入单位。指定从“设计中心”拖动新文件并将其作为块插入到使用不同单位的图形中时自动缩放所使用的单位值。如果希望插入时不自动缩放图形，请选择“无单位”。

【例 5-2】 宗地图图框公共块的创建。

（1）创建新图形文件。启动 AutoCAD 2010 系统，以“acadiso. dwt”为模板建立新的图形文件。

（2）绘制宗地图框公共块。绘图过程略，图形如图 5-6 所示。

（3）在命令提示下，输入 wblock，回车后将打开写块对话框。

（4）在“写块”对话框中选择“对象”。

（5）在“对象”选中“保留”选项。如果选择了该选项，将在图形中保留原对象。

（6）单击“选择对象”，使用定点设备选择绘制好的宗地图图框。按 Enter 键完成对象选择。

（7）在“写块”对话框中的“基点”下，单击“拾取点”，使用鼠标指定一个图框左下角点。

在“目标”下，输入新图形的文件名称和路径地：F：\宗地图图框，或单击“...”按钮显示标准的文件选择对话框，选择相应的文件路径并输入文件名。单击“确定”。

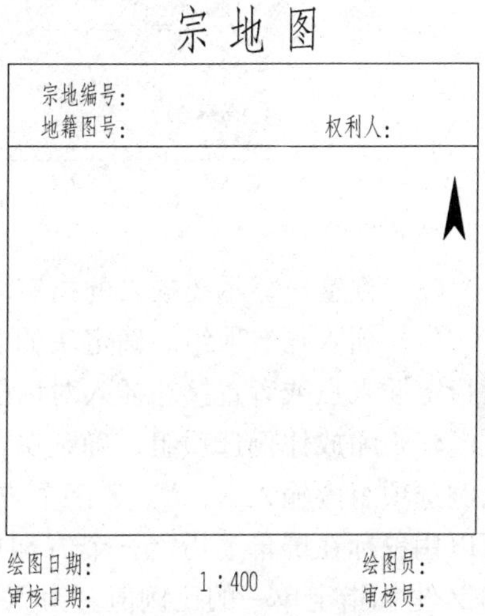

图 5-6　宗地图块例

成功为选定宗地图图框对象创建成公共块（一个新图形文件），此图框可以在编辑其他图形时作为图块使用。

5.1.3　图块插入

当图块创建好以后，可以将图形或命名块放到当前图形中，以方便绘图，提高绘图效率，我们也把这个过程称之为“图块插入”。在插入图块（或图形文件）时，用户必须确定 4 组特征参数：插入的块名、插入点、缩放比例、旋转角度。

1. 利用 insert 命令插入图块

插入图块命令 insert 可以用以下三种方式调用执行：

- 功能区：“常用”选项卡→“块”面板→“插入”按钮。
- 功能区：“插入”选项卡→“块”面板→“创建”按钮。
- 命令行：insert。

在执行 insert 命令后，将打开“插入”对话框，如图 5-7 所示。该对话框中各部分的功能介绍如下：

（1）名称。用户通过该下拉列表框输入图块名或者通过点击对话框旁边的箭头，在显示的下拉列表中选择所需要的图块名；如果要插入的是公共块（图形文件），点击“浏览”，打开“选择图形文件”对话框（标准文件选择对话框），从中可选择要插入的块或图形文件。

（2）路径。指定块的路径。

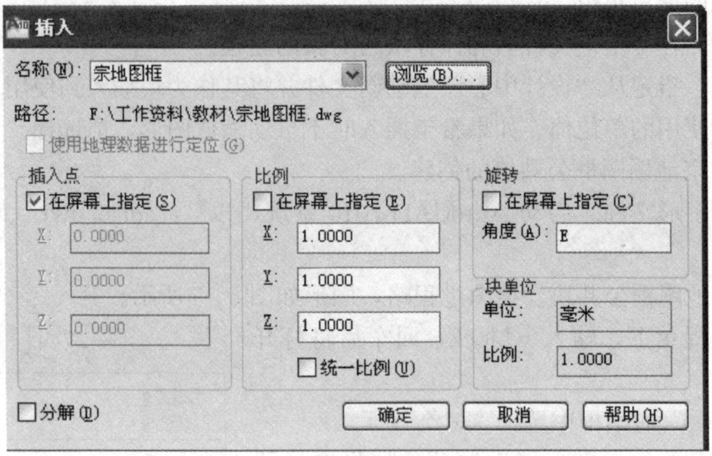

图 5-7 “插入”对话框

（3）预览。显示要插入的指定块的预览。

（4）插入点选项组。确定块的插入点位置。有两种方法决定插入点位置：用鼠标在屏幕上指定插入点或者直接在插入对话框中输入插入点坐标。

（5）缩放比例选项组。确定块在 X、Y、Z 三个方向的插入比例系数。可以直接在缩放比例选项组内输入 X、Y、Z 三个方向的缩放比例。用户选择了“在屏幕上指定”选项时，可以用鼠标在屏幕上指定三个方向的缩放比例；选择了“统一比例”选项时，则为 X、Y 和 Z 坐标指定单一的比例值。为 X 指定的值也反映在 Y 和 Z 的值中；如果指定负的 X、Y 和 Z 缩放比例因子，则插入块的镜像图像。

（6）旋转选项组。确定图块的旋转角度。块在插入时用户可以任意改变其角度，使其按需要的角度插入到图形中。用户可以直接在插入对话框中输入旋转角度；当用户选择了“在屏幕上指定”选项时，则用鼠标在屏幕上指定图块插入时的旋转角度。

（7）块单位。显示有关块单位的信息。

单位：指定插入块的 insunits 值。

因子：显示单位比例因子，该比例因子是根据块的 insunits 值和图形单位计算的。

（8）分解。分解块并插入该块的各个部分。选定“分解”时，只可以指定统一比例因子。

在图层 0 上绘制的块的部件对象仍保留在图层 0 上。具有 Byblock 颜色的对象显示为白色。带有 Byblock 线型的对象具有 Continuous 线型。

2. 插入图块的步骤

插入块有三种方式：

（1）插入在当前图形中定义的块，操作步骤如下：

1）在“常用”选项卡→“块”面板→“插入”按钮 →“插入”对话框→“名称”框中，从块定义列表中选择名称。

2）如果需要使用定点设备指定插入点、比例和旋转角度，请选择“在屏幕上指定”。否则，请在“插入点”、“缩放比例”和“旋转”框中分别输入值。

3）如果要将块中的对象作为单独的对象而不是单个块插入，请选择“分解”。

4）单击“确定”。

（2）通过拖放以块的形式插入图形文件，操作步骤如下：

1）从 Windows 资源管理器或任意一个文件夹中，将图形文件图标拖至绘图区域。释放按钮后，将提示指定插入点。

2）指定插入点、缩放比例和旋转值。

（3）使用设计中心插入块，操作步骤如下：

1）在“工具”菜单上单击“设计中心”，显示“设计中心”窗口。

2）列出要插入的内容：在设计中心工具栏上单击“树状图切换”，单击包含要插入图形的文件夹，或单击显示在树状图中的图形文件的图标。

3）插入内容。将图形文件或块拖放到当前图形中。如果以后要快速插入块并将此块移动或旋转到精确的位置，请使用此选项。或者通过双击要插入到当前图形中的图形文件或块。如果在插入块时要指定其确切的位置、旋转角度和比例，请使用此选项。如果要从原来的源图形文件中更新图形中的块参照，也请使用此选项。

课堂练习：完成随书光盘中“课堂练习”中“第5章”的“练习5-1”。

5.2 块属性操作

在 AutoCAD 中，用户可创建普通块图形外，还可创建带有附加信息的块，这些附加在块上的文本说明，用于表示块的非图形信息。可以利用属性来说明块，类似于地形图图名和坐标系等信息，这些附加信息被称为属性。

属性值可以固定，也可以变化，还可设置为可见的或不可见的，不可见属性不显示也不能绘图输出，属性值一直保留在图形中，并且在提取时，可以输出到文件中。

5.2.1 块属性的创建与修改

要定义带有属性的块，先绘制作为块元素的图形，然后创建作为块元素的属性，最后同时选中图形及属性，将其统一定义为块或保存为块文件。

1. 属性的创建

块元素的属性特征包括标记（标识属性的名称）、插入块时显示的提示、值的信息、文字格式、位置和任何可选模式（不可见、固定、验证和预置）。

用户可以用 attdef 命令来创建属性，启动该命令有三种方法：

- 功能区：“常用”选项卡→“块”面板→“定义属性”按钮。
- 功能区：“插入”选项卡→“块”面板→“定义属性”按钮。
- 命令行：attdef。

启动该命令后，AutoCAD 将打开如图5-8所示“属性定义”对话框。该对话框中各部分的功能介绍如下：

（1）模式。在图形中插入块时，设置与块关联的属性值选项。默认值存储在 aflags 系统变量中。更改 aflags 设置将影响新属性定义的默认模式，但不会影响现有属性定义。

①不可见。指定插入块时不显示或打印属性值。Attdisp 将覆盖“不可见”模式。

②固定。在插入块时赋予属性固定值。

③验证。插入块时提示验证属性值是否正确。

④预置。插入包含预置属性值的块时，将属性设置为默认值。

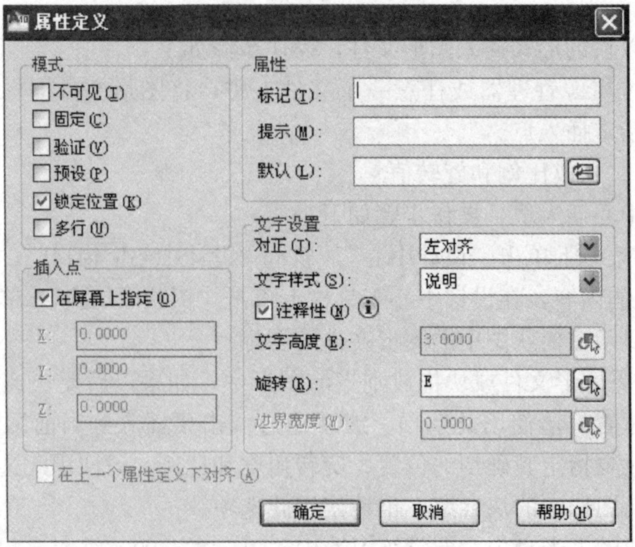

图 5-8 “属性定义”对话框

(2) 属性。设置属性数据。最多可以选择 256 个字符。如果属性提示或默认值中需要以空格开始，必须在字符串前面加一个反斜杠（\）。要使第一个字符为反斜杠，请在字符串前面加上两个反斜杠。

①标记。主要用于指示属性的位置；标识图形中每次出现的属性。使用任何字符组合（空格除外）输入属性标记。小写字母会自动转换为大写字母。

②提示。指定在插入包含该属性定义的块时显示的提示。如果不输入提示，属性标记将用作提示。如果在“模式”区域选择“常数”模式，“属性提示”选项将不可用。

③值。指定默认属性值。

④“插入字段”按钮。显示“字段”对话框。可以插入一个字段作为属性的全部或部分值。

(3) 插入点。指定属性位置。输入坐标值或者选择“在屏幕上指定”，并使用定点设备根据与属性关联的对象指定属性的位置。

在屏幕上指定：关闭对话框后将显示“起点”提示。使用定点设备相对于要与属性关联的对象指定属性的位置。

X：指定属性插入点的 X 坐标。

Y：指定属性插入点的 Y 坐标。

Z：指定属性插入点的 Z 坐标。

(4) 文字选项。设置属性文字的对正、样式、高度和旋转。

①对正。指定属性文字的对正。

②样式。指定属性文字的预定义样式。显示当前加载的文字样式。

③高度。指定属性文字的高度。输入值，或选择“高度”用定点设备指定高度。此高度为从原点到指定的位置的测量值。如果选择有固定高度（任何非 0.0 值）的文字样式，或者在“对正”列表中选择了“对齐”，则“高度”选项不可用。

④旋转。指定属性文字的旋转角度。输入值，或选择“旋转”用定点设备指定旋转角

度。此旋转角度为从原点到指定的位置的测量值。如果在“对正”列表中选择了“对齐”或“调整”，“旋转”选项不可用。

（5）在上一个属性定义下对齐。将属性标记直接置于定义的上一个属性下面。如果之前没有创建属性定义，则此选项不可用。

（6）锁定块中的位置。锁定块参照中属性的位置。

注意：在动态块中，由于属性的位置包括在动作的选择集中，因此必须将其锁定。

用户创建图块属性，具体操作步骤如下：

（1）绘制图形，如图 5-9 所示。

（2）“常用”选项卡→“块”面板→“定义属性”命令，打开“属性定义”对话框，按照图 5-10 所示设置。

图 5-9　绘制宗地图框

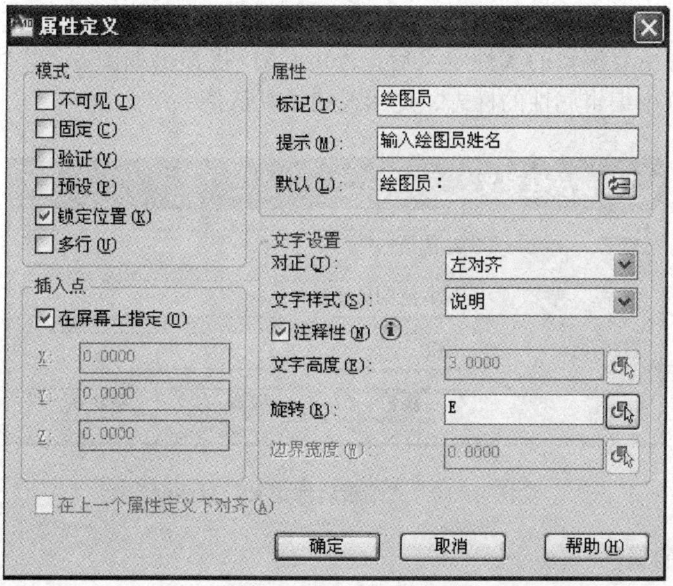

图 5-10　用“属性”对话框给图块加属性

（3）单击“确定”按钮，AutoCAD 自动关闭对话框并切换到图形窗口。鼠标指定一点插入标记。

（4）此时在绘图区域内将看到如图 5-11 所示的图形。

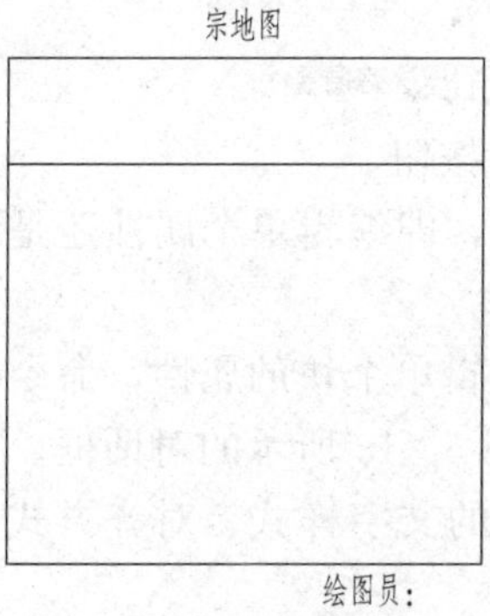

图 5-11　已加属性的宗地图图块

2. 创建带属性的图块

定义好属性后就可以将它与其他实体一起作为块的组成部分，定义为块。定义块的过程中，选取实体时将属性值也选中，这样，定义好的块就包含了属性。

在插入带有属性的块时，AutoCAD 就会用属性定义中指定的提示文本提示输入该属性的属性值。每次插入该块，都需要指定属性值，或者取属性值的默认值；如果需要给同一个块附加几个属性，可以分别定义这些属性，然后在定义块时一起包含在块中就可以了；如果希望插入时按照一定的顺序输入其各个属性值，那么在定义块时应该按照相同的顺序选取各个属性。

课堂练习：完成随书光盘中“课堂练习”中“第 5 章”的“练习 5-2”。

5.2.2 属性的编辑

1. 编辑属性的定义

把属性附加到块之前，如果用户觉得有必要编辑或修改属性定义，可用 Ddedit 命令来更改属性的标记、提示或默认值。

通过以下两种方法启动编辑属性定义：

- 功能区：“常用”选项卡→“块”面板→“定义属性”按钮。
- 命令行：ddedit。

启动命令后，AutoCAD 将提示用户做以下操作：

“选择注释对象或［放弃 U］：”用户选择要编辑属性定义的属性标记或输入 u 并按 Enter 键以取消上次编辑操作。

如果用户选择所要编辑的属性定义后，AutoCAD 将弹出如图 5-12 所示的对话框。用户可以在该对话框中编辑属性的标志、提示或初始默认值。

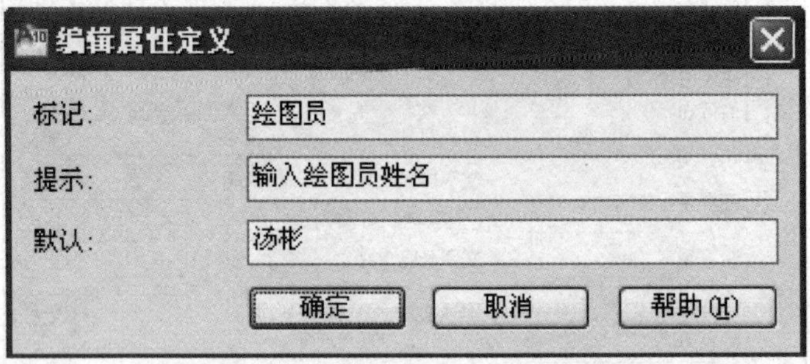

图 5-12　“编辑属性定义”对话框

2. 编辑块中的属性

在插入块后，如果需要修改输入错误的属性信息，或者要重新定义属性信息，可以重新编辑插入到图形中块的属性值。AutoCAD 提供了多种编辑属性的方法，可以编辑附着在块上的一个或多个属性值，修改单个属性的外观、或全局修改多个属性值。

可用以下两种方法启动“编辑属性”按钮：

- 功能区：“常用”选项卡→“块”面板→“编辑属性”按钮 编辑属性。
- 功能区：“插入”选项卡→“属性”面板→“编辑属性”按钮。

在上述的编辑属性按钮下都有下拉选项“单个”和“多个”，即编辑单个属性还是编辑多个属性。

（1）修改单个块的属性。若用户选择了“单个”，即选择编辑单个块的属性，命令行提示：“选择块”，选择带有属性的图块后，AutoCAD 将打开如图 5-13 所示的对话框。在该对话框中，用户不仅可以修改、编辑各属性值，而且可对属性的文字样式、对齐方式、高度、所在图层、颜色等进行修改。

（2）修改多个块的属性。若用户选择“多个”，即选择编辑多个块的属性。AutoCAD

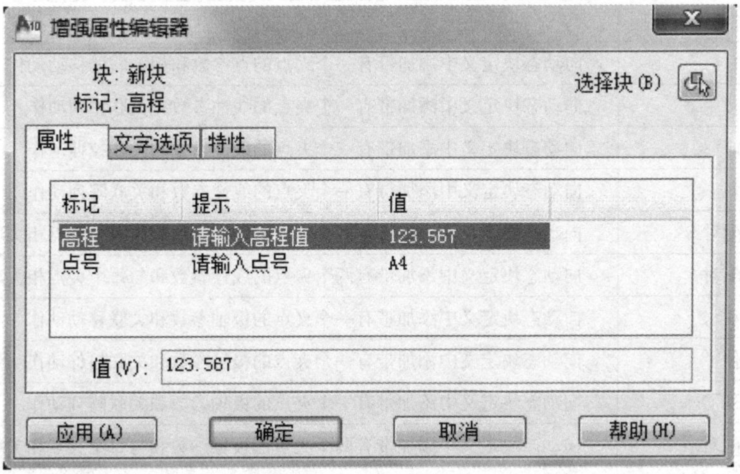

图 5 - 13　“增强属性编辑器”对话框

给出如下操作提示：

“是否一次编辑一个属性？[是（Y）/否（N）] <Y>：”要求用户确定属性编辑方式，若输入 N 并按 Enter 键，AutoCAD 将进行编辑总体属性方式，若直接按 Enter 键，AutoCAD 将进入编辑个别属性方式。

（3）编辑个别属性。可点击要编辑的图块，在弹出的“快捷特性”工具板中，编辑个别属性。

课堂练习：完成随书光盘“课堂练习”中的“第 5 章”“练习 5 - 3”。

5.3　动态块

使用块可以方便地在图形中插入相同或相似图形组合。使用块的时候也会存在一些问题。例如，创建一个“宗地图框”块以后，可以在需要该宗地图的地方直接插入。但不同的图形中，宗地图框的大小可能不相同，当需要其他规格的宗地图框时，就无法使用该块。如果为每一种规格的宗地图框都制作一个块，操作起来非常麻烦。

AutoCAD 2010 为广大用户提供了创建动态块的功能，为块的各个参数添加动态元素。只要用户灵活地给块中各元素添加合适参数及相应的动作，我们就可以有各种规格的宗地图框块了。动态块使用起来更加方便、灵活。

5.3.1　动态块的创建

1. 动态块的创建步骤

（1）绘制几何图形。一般在“块编辑器”中绘制动态块中的几何图形。也可以在绘图区域中绘制动态块中的几何图形，然后在“块编辑器”中编辑。也可以使用图形中现有的几何图形或现在的块作为块中的几何图形。

（2）添加参数。向动态块定义中添加合适的参数。

表 5 - 1 列出了块编写选项板的“参数集”选项卡上所提供的参数集。

表 5-1　　动态块定义中参数集的含义

参数集	说　明
点移动	向动态块定义中添加带有一个夹点的点参数和相关联的移动动作
线性移动	向动态块定义中添加带有一个夹点的线性参数和关联移动动作
线性拉伸	向动态块定义中添加带有一个夹点的线性参数和关联拉伸动作
线性阵列	向动态块定义中添加带有一个夹点的线性参数和关联阵列动作
线性移动配对	向动态块定义中添加带有两个夹点的线性参数和与每个夹点相关联的移动动作
线性拉伸配对	向动态块定义中添加带有两个夹点的线性参数和与每个夹点相关联的拉伸动作
极轴移动	向动态块定义中添加带有一个夹点的极轴参数和关联移动动作
极轴拉伸	向动态块定义中添加带有一个夹点的极轴参数和关联拉伸动作
环形阵列	向动态块定义中添加带有一个夹点的极轴参数和关联阵列动作
极轴移动配对	向动态块定义中添加带有两个夹点的极轴参数和与每个夹点相关联的移动动作
极轴拉伸配对	向动态块定义中添加带有两个夹点的极轴参数和与每个夹点相关联的拉伸动作
XY 移动	向动态块定义中添加带有一个夹点的 XY 参数和关联移动动作
XY 移动配对	向动态块定义中添加带有两个夹点的 XY 参数和与每个夹点相关联的移动动作
XY 移动方格集	向动态块定义中添加带有四个夹点的 XY 参数和与每个夹点相关联的移动动作
XY 拉伸方格集	向动态块定义中添加带有四个夹点的 XY 参数和与每个夹点相关联的拉伸动作
XY 阵列方格集	向动态块定义中添加带有四个夹点的 XY 参数和与每个夹点相关联的阵列动作
旋转集	向动态块定义中添加带有一个夹点的旋转参数和关联旋转动作
翻转集	向动态块定义中添加带有一个夹点的翻转参数和关联翻转动作
可见性集	向动态块定义中添加带有一个夹点的可见性参数。无需将任何动作与可见性参数相关联
查寻集	向动态块定义中添加带有一个夹点的查寻参数和查寻动作

（3）添加动作。向动态块定义中添加合适的动作，并确保动作与参数、对象的正确关联。每种动作类型均可与特定参数相关联。表 5-2 显示了可以与每种动作类型相关联的参数。

表 5-2　　动态块定义中动作类型

动作类型	参　数	动作类型	参　数
移动	点、线性、极轴、XY	旋转	旋转
缩放	线性、极轴、XY	翻转	翻转
拉伸	点、线性、极轴、XY	阵列	线性、极轴、XY
极轴拉伸	极轴	查寻	查寻

（4）设置动态块的操作方式。可以在“特性”窗口中定义动态块的操作方式。例如，设置对象的值集，显示或隐藏哪些夹点，如何通过这些夹点来编辑动态块，是否在“特性”窗口中显示块的自定义特性，是否可以通过“特性”窗口或夹点来更改这些特性等。

（5）保存并测试块。保存动态块定义，退出块编辑器。将动态块插入到图形中，测试该块的动态功能。

2. 创建动态块举例

以一个简单的“宗地图框”为例，介绍动态块创建的具体过程。

创建一个如图 5-14 所示的简单的“宗地图框”，要求能够改变宗地图框的长宽。

(1) 规划动态块的内容。宗地图框属于标准件，有类似的外形和不同的规格。在宗地图中插入宗地图框时，一般需要选择不同的规格和标注不同的比例尺。

(2) 绘制几何图形。单击“标准”工具栏上的“块编辑器”按钮，打开“编辑块定义”对话框，输入块的名称“宗地图框”，单击“确定”按钮，打开“块编辑器”，按照任意规格的尺寸绘制如图 5-14 所示的图形。

(3) 添加参数。在“块编写选项板”中选择“参数”选项卡。单击“线性参数”按钮。系统提示及操作如下：

指定起点或［名称（N）/标签（L）/链（C）/说明（D）/基点（B）/选项板（P）/值集（V）］：(单击捕捉到宗地图框左下角点)

指定端点：(单击捕捉到宗地图框右下角点)

指定标签位置：(指定标签位置，完成“线性参数”的添加)

给图块添加参数如图 5-15 所示。

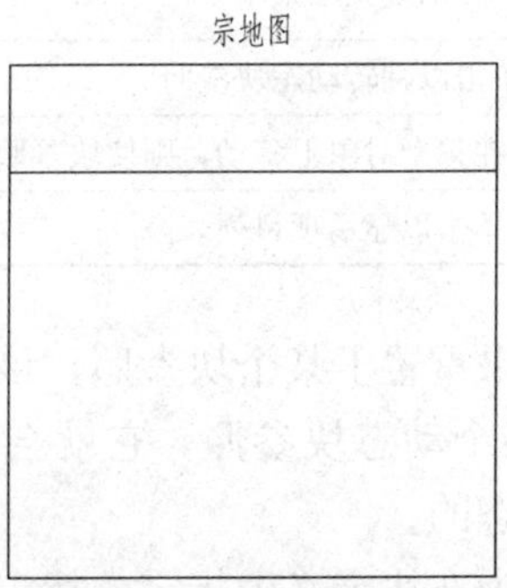

图 5-14　宗地图框

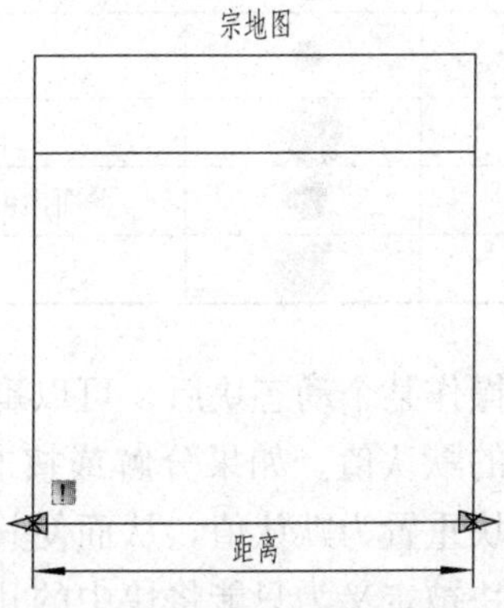

图 5-15　给图块添加参数

(4) 添加动作。在“块编写选项板”中选择“动作”选项卡。单击“拉伸动作”按钮。系统提示及操作如下：

选择参数：(单击选择线性参数)

指定要与动作关联的参数点或输入［起点（T）/第二点（S）］<起点>：(单击指定与动作关系的参数点，图框右下角点)

指定拉伸框架的第一个角点或［圈交（CP）］：(单击指定拉伸框架的第一点角点)

指定对角点：(单击指定拉伸框架的对角点)

指定要拉伸的对象：(选择拉伸动作的执行对象)

选择对象：(选择拉伸动作的执行对象)

选择对象：找到 1 个

选择对象：找到 1 个，总计 2 个

选择对象：(按 Enter 键结束对象选择)

指定动作位置或［乘数（M）/偏移（O）］：(单击指定动作名称的位置，完成拉伸动作

的添加）

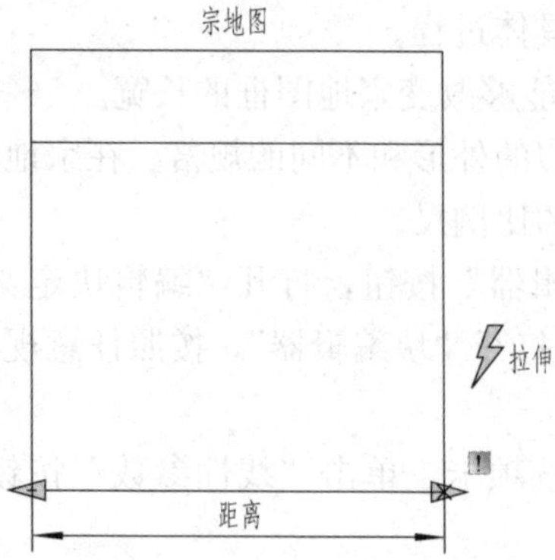

图 5-16　给图块添加动作

结果如图 5-16 所示。

（5）保存并测试块。保存动态块定义，退出块编辑器。

课堂练习：创建随书光盘中“课堂练习”中第 5 章“练习 5.3.1”中所示的动态块。

5.3.2　动态块的使用

动态块可以具有自定义夹点和自定义特性。用户有可能能够通过这些自定义夹点和自定义特性来操作块，这取决于块的定义方式。表 5-3 显示了可以包含在动态块中的不同类型的自定义夹点。

表 5-3　　动态块中的自定义夹点

夹点类型	图形	夹点在图形中的操作方式
标准		平面内的任意方向
线性		按规定方向或沿某一条轴往返移动
旋转		围绕某一条轴
翻转		单击以翻转动态块参照
对齐		平面内的任意方向；如果在某个对象上移动，则使块参照与该对象对齐
查寻		单击以显示项目列表

在图形中操作某个动态块后，可以重置该块。如果重置了某个块参照，该块将改回到在块定义中指定的默认值。如果分解或按非统一缩放某个动态块参照，它就会丢失其动态特性。可以将该块重置为默认值，从而使其重新成为动态的。

某些动态块被定义为只能将块中的几何图形编辑为在块定义中指定的特定大小。使用夹点编辑块参照时，标记将显示在该块参照的有效值位置。如果将块特性值改为不同于块定义中的值，那么参数将会调整为最接近的有效值。

课堂练习：完成随书光盘中“课堂练习”中“第 5 章”的“练习 5-4”。

5.4　外部参照技术

在通常情况下，测绘工程需要多人或多个作业小组共同来完成一个绘图项目，一位绘图人员常常需要使用另外一位或多位绘图人员的图形，此时，用户可以借助 AutoCAD 提供的外部参照技术来顺利完成相应的工作。外部参照也是一种块定义类型，但使用方法、功能和块又有一些重要差别。将图形以块参照插入时，参照图形将链接至当前图形，并存储在图形中，但不随原始图形改变而更新，且不显著增加当前图形文件的大小。参照图形所作的任何修改都会立即显示到当前图形中。

5.4.1　外部参照的设置

外部参照分为两种不同的方法附着，即附加型和覆盖型。下面分别介绍这两种不同外部参照的使用方法。

1. 附加外部参照

• 功能区："插入"选项卡→"参照"面板→"附着"按钮。

启动附着外部参照命令后，选取将要附着的图形文件，显示"外部参照"对话框，如图 5-17 所示。指定参照类型、插入点、缩放比例和旋转角度后，外部参照附加到了图形中。

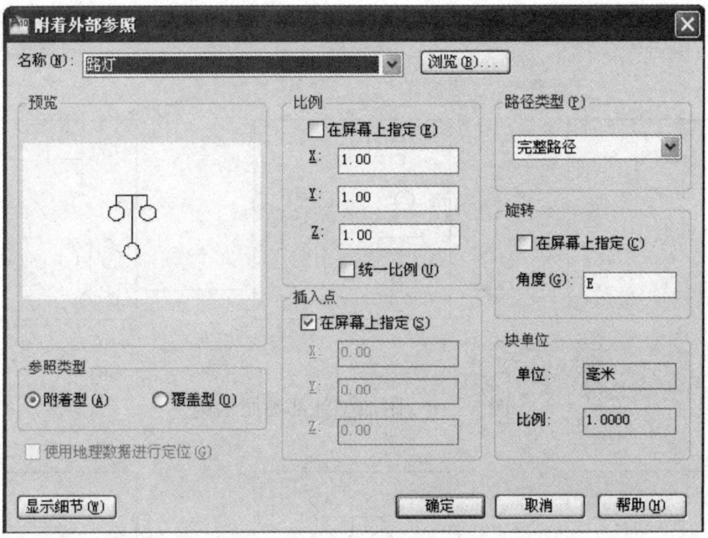

图 5-17　外部参照对话框

附着外部参照后，依赖外部参照的所有命名对象，如图层、线型、标注样式、块和文字样式等，都同时添加到当前图形的非图形对象信息中，并以"外部参照名－｜"字符为前缀。例如：外部参照名为 city，若其中一个图层 streetlamp，则添加为参照后，该图层变为 ciyt-｜streetlamp。

注意：在附着一个外部参照时，包含在原图形文件中的参照也可以链接到当前图形中。但是如果外部参照包含任何可变块属性，AutoCAD 将忽略它们。

2. 覆盖外部参照

在图 5-17 所示对话框中，可以看到对话框中"参照类型"有两个不同的选项，即附加型和覆盖型。当外部参照为附加型时，所有嵌套的外部参照也被附加进来。当外部参照为覆盖型时，所有嵌套的外部参照将被忽略。

3. 附加参照和覆盖参照图形的区别

在图 5-18 中，flagstaff 文件被附着到 streetlamp 文件中，streetlamp 文件覆盖或附着在 watertower 文件上。此时，打开 watertower 文件时，可以看到 flagstaff 和 streetlamp 两个文件。因为它是被附着方式插入到 streetlamp 文件中。

在图 5-19 中，flagstaff 文件被覆盖到 streetlamp 文件中，streetlamp 文件覆盖或附着在 watertower 文件上。此时，打开 watertower 文件时，只可以看到 watertower 和 streetlamp 两个文件。看不到 flagstaff 是因为它是以覆盖方式插入 streetlamp 文件中。

课堂练习：完成随书光盘中"课堂练习"的"第 5 章"中"练习 5-5"。

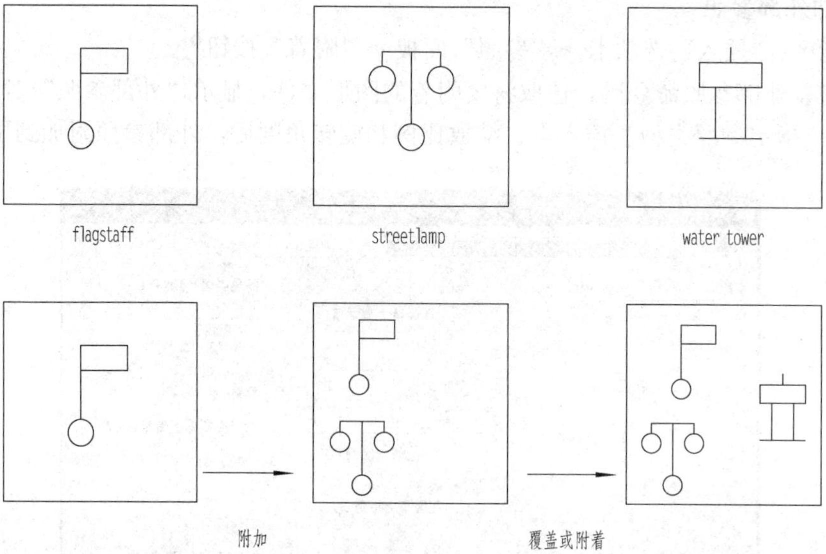

图 5 - 18　附加型外部参照示例

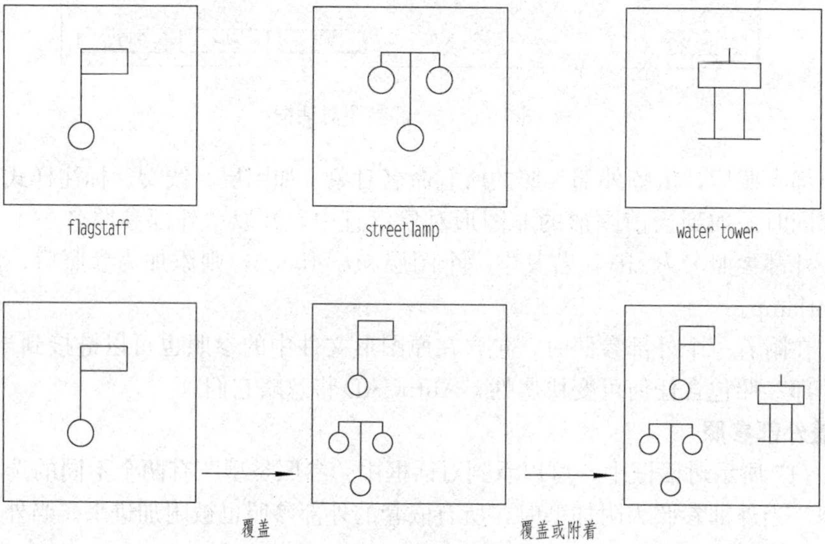

图 5 - 19　覆盖型外部参照示例

5.4.2　外部参照的编辑

编辑外部参照有两种方法：一种是用户可以打开参照图形，在单独的窗口中编辑外部参照，建议对外部参照要做较大的修改时，采用这种方式编辑。如果对外部参照只做较小的修改时，也可以从当前图形中在位编辑外部参照，将工作空间转换为 AutoCAD 经典。

1. 在单独的窗口中编辑外部参照

编辑外部参照最简单、最直接的方法是在单独的窗口中打开参照的图形文件。这样，用户可以访问该参照图形中的所有对象。

可以选择外部参照并打开参照图形，而无需使用“选择文件”对话框浏览外部参照。要使用这种方法编辑外部参照，使用“外部参照管理器”对话框或 xopen 命令。选定对象后，对象所在的外部参照将在一个单独的窗口中打开。

在单独的窗口中编辑外部参照的步骤：

（1）在命令行：xopen。

（2）在外部参照中，选择一个对象。

（3）在新窗口中，编辑参照的图形文件，然后保存该文件并关闭窗口。

（4）在主文件窗口的右下角就出现如图 5-20 所示的提示，鼠标点击重载参照，外部参照编辑完毕，在主文件中，外部参照已经是修改后的图形。

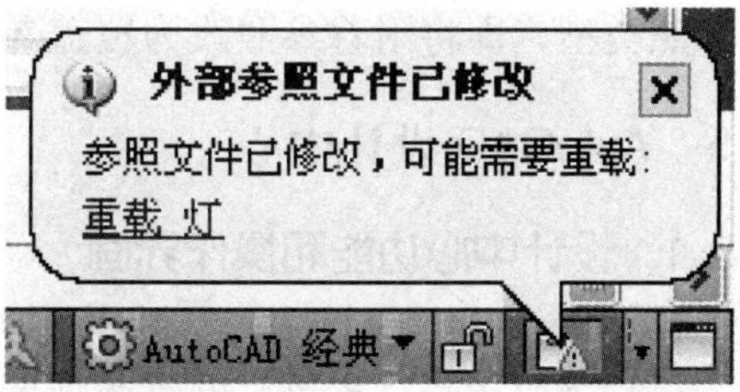

图 5-20 外部参照重载提示信息

2. 在位编辑外部参照

用户可以使用在位参照编辑来修改当前图形中的外部参照，或者重定义当前图形中的块定义。块和外部参照都被视为参照。要在当前图形中编辑外部参照，需要使用工作集识别属于外部参照或块定义而不属于当前图形的对象。

在位编辑外部参照或块参照的步骤：

（1）依次单击“工具”菜单→“在位编辑外部参照和块”→“在位编辑参照”。

（2）在当前图形中选择要编辑的参照。如果在参照中选择的对象属于任何嵌套参照，则所有可供选择的参照都将显示在“参照编辑”对话框中。

（3）在“参照编辑”对话框中，选择要进行编辑的特定参照。单击“确定”。

（4）在参照中选择要编辑的对象，并按 Enter 键。

选定的对象将成为工作集。用户可以将工作集之外的对象添加到工作集中，方式为：

- 工具栏：“参照编辑”→。
- 菜单：“修改”→“在位编辑外部参照和块”→“添加到工作集”。
- 命令行：refset→add。

用户可在提示下选择一个或多个对象将其添加到工作集中。

5.4.3 外部参照管理

外部参照可以通过参照管理器进行管理，包括查看附着到 DWG 文件的 DWF、DWFx、PDF 和 DGN 参考底图，编辑附件的路径；以加载和卸载参考底图，并执行其他重载、折离、绑定等各种操作。

“外部参照”选项板调用方式为：

- 菜单栏：“插入”→“外部参照…”。
- 命令行：xref。

调用该命令后，系统将弹出“外部参照”选项板，如图 5-21 所示。

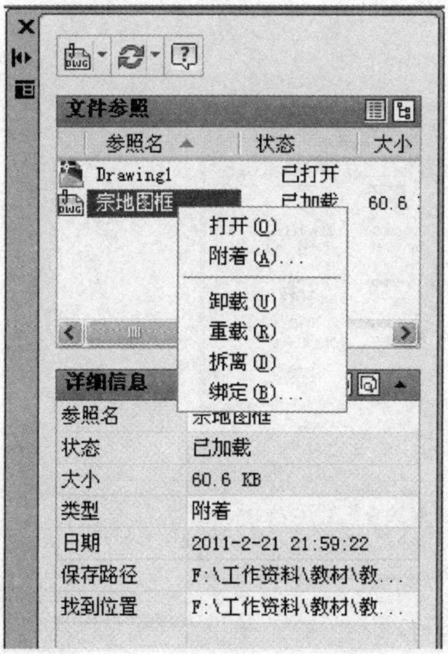

图 5-21 “外部参照”选项板

“外部参照”选项板包含若干按钮，分为两个窗格。上部的窗格称为“文件参照”窗格，下部的窗格称为“详细信息/预览”窗格，可以显示选定文件参照的特性。

“文件参照”窗格将显示与图形相关联的所有外部参照列表。在列表图中，可以选择多个文件参照。快捷菜单和功能键提供了使用文件的选项。列出的信息包括参照名、状态、文件大小、文件类型、创建日期和保存路径。

课堂练习： 将随书光盘中“课堂练习”的“第 5 章”中“练习 5-5”中的外部参照改变其参照类型，即将附着参照改为覆盖参照，将覆盖参照改为附着参照。

5.5 AutoCAD 设计中心

5.5.1 设计中心功能和操作界面

1. AutoCAD“设计中心”的主要功能

（1）浏览用户计算机、网络驱动器和 Web 页上的图形内容（例如图形或符号库）。

（2）在定义表中查看图形文件中命名对象（例如块和图层）的定义，然后将定义插入、附着、复制和粘贴到当前图形中。

（3）更新（重定义）块定义。

（4）创建指向常用图形、文件夹和 Internet 网址的快捷方式。

（5）向图形中添加内容（例如外部参照、块和填充）。

（6）在新窗口中打开图形文件。

（7）将图形、块和填充拖动到工具选项板上以便于访问。

2.“设计中心”的操作界面

（1）打开“设计中心”操作界面的几种常用方式：

- 功能区：“插入”选项卡→“内容”面板→“设计中心”。
- 命令行：adcenter。

“设计中心”窗口分为两部分，左边为树状图，右边为内容区。可以在树状图中浏览内容的来源，而在内容区显示内容。

浮动状态下的“设计中心”窗口如图 5-22 所示。

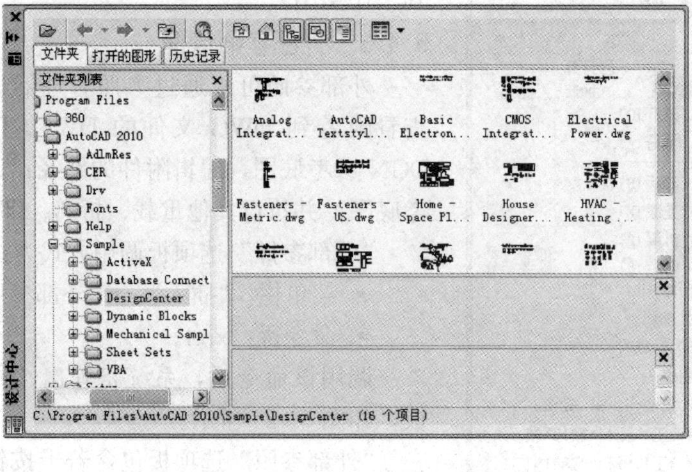

图 5-22 “设计中心”窗口

（2）“设计中心”窗口说明。窗口的内容区域（右侧空格）。容器包含设计中心可以访问信息的网络、计算机、磁盘、文件夹、文件或网址（URL）。根据树状图中选定的容器，内容区域通常显示以下内容：

1）含有图形或其他文件的文件夹。

2）图形。

3）图形中包含的命名对象（命名对象包括块、外部参照、布局、图层、标注样式、表格样式、多重引线样式和文字样式）。

4）表示块或填充图案的图像或图标。

5）基于 Web 的内容。

6）由第三方开发的自定义内容。

窗口的树状图区域（左侧空格）。显示用户计算机和网络驱动器上的文件与文件夹的层次结构、打开图形的列表、自定义内容以及上次访问过的位置的历史记录。选择树状图中的项目以便在内容区域中显示其内容。树状图区域通常显示以下内容：

1）文件夹。

2）打开的图形。

3）历史记录。

4）联机设计中心。

5.5.2　在当前图形中插入设计中心的内容

使用以下方法可以在内容区中向当前图形添加内容：

（1）将某个项目拖动到当前图形的图形区，按照默认设置（如果存在）将其插入。

（2）在内容区中的某个项目上单击鼠标右键，将显示包含若干选项的快捷菜单。

（3）双击块将显示“插入”对话框，双击图案填充将显示“边界图案填充”对话框。

（4）可以预览图形内容（例如内容区中的图形、外部参照或块），还可以显示文字说明（如果存在）。

课堂练习：打开“设计中心”，将随书光盘中“课堂练习”中“第 5 章”的“练习 5-1”、“练习 5-3”中的块插入到绘图区。

小　　结

通过本章的学习，读者应了解图块、属性及参照的概念，熟练掌握块、动态块的创建和使用方法以及属性的编辑等操作，学习如何设置、编辑外部参照，此外，还介绍了设计中心的功能和如何在当前图形中插入设计中心的内容。

习 题 与 思 考 题

5-1　使用插入图块与绘制图形相比有哪些优点？

5-2　内部块和公共块有什么区别？在操作上有什么不同？

5-3　体会在块“属性的定义”对话框中，“模式”选项组，选择不同选项时，在块插入过程中有什么不同？

5-4　块与外部参照有何不同？附加型外部参照与覆盖型外部参照有何区别？

5-5　使用“AutoCAD设计中心”，将图层、标注样式、文字样式等图形设置内容从一个图形复制到另一个图形。

5-6　操作题

按图 5-23 所示绘制一个标题框，并为宗地图框添加属性信息，然后将其保存为一个单独的块文件。

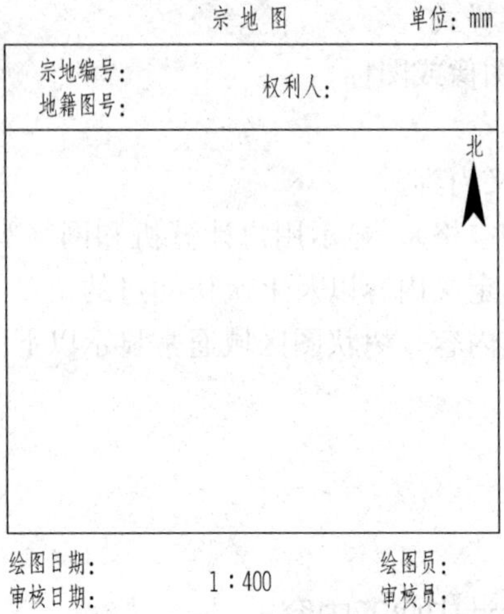

图 5-23　宗地图框

第 6 章　文字、表格、尺寸标注与图形查询

AutoCAD 2010 提供了文字、表格、尺寸标注及多重引线等功能，运用这些功能可以使图形更加完整，信息表达更加全面。AutoCAD 2010 为文字、尺寸、多重引线等对象提供的注释性使绘图工作更加方便简单。在绘图或用图过程中经常需要了解图形元素的有关信息，AutoCAD 2010 提供的查询功能，可以方便地得到图形对象的一些几何特征信息和状态信息。本章的内容就是介绍以上功能的实现方法和步骤。

本章主要内容：

- 注释图形
- 文字标注
- 尺寸标注
- 创建表格样式和表
- 查询图形对象信息

6.1　注释图形

用户用 AutoCAD 绘制图形，通常是在模型空间绘制图形、编辑文字、表格等说明性符号，在布局空间输出打印。在以前版本的 AutoCAD 中，图形在布局空间或输出打印时，图形中的说明性符号和图形需要一起缩放。在实际工作中，有些图形可能需要以几种不同比例输出，为了保证在每一种比例中说明性的符号的大小都适中，就需要反复对说明性对象的大小进行调整，这是项非常繁琐的工作。从 AutoCAD 2008 开始，增加的一项新功能解决了这个问题，它就是缩放注释功能。缩放注释是给图形中说明性的对象增加一项新特性即注释性，使用注释性，用户可以自动完成缩放注释的过程，从而使注释能够以正确的大小在图纸上打印或显示。使注释图形工作变得更加轻松、易实现。

6.1.1　注释性对象

注释是 AutoCAD 中用于说明图形的文字或其他类型的说明性符号，可以增加注释特性的对象称为注释性对象，它包括文字（单行和多行）、标注、公差 、引线和多重引线、块及其属性、图案填充，用户在编辑这些对象时，添加其注释性，就不必在各个图层、以不同尺寸创建多个注释，而可以按对象或样式打开注释性特性，并设置布局或模型视口的注释比例。

6.1.2　注释比例

注释比例是布局空间中注释对象的大小与模型空间注释对象大小之比。它用来控制注释性对象在模型空间相对于图形的大小。

设置注释比例的途径为：

功能区："注释"选项卡→"注释比例"面板→"比例列表"按钮 比例列表→打开"编辑比例列表"对话框，如图 6-1 所示。在"比例列表"框中列出了系统提供的 15 种比例，点击该对话框右侧相应的按钮，可以实现"添加"新的比例，"编辑"原有的比例，上下移动各比例的位置，"删除"某个比例等操作。

在图形状态栏也有"缩放注释工具"，如图 6-2 所示。点击"缩放比例"按钮可弹缩放比例菜单。从中选择一种需要的注释比例。

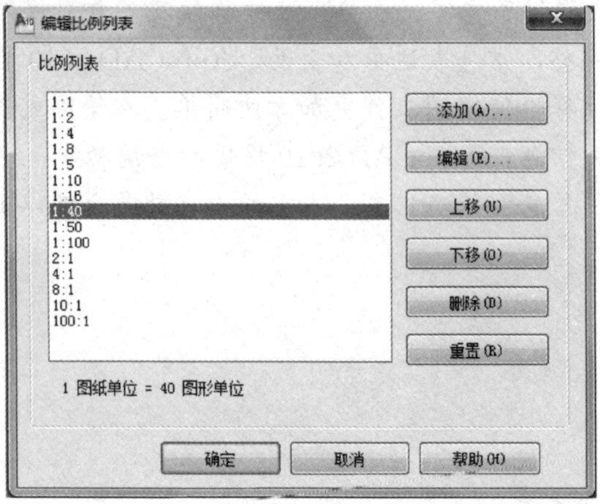

图 6-1　"编辑比例列表"对话框

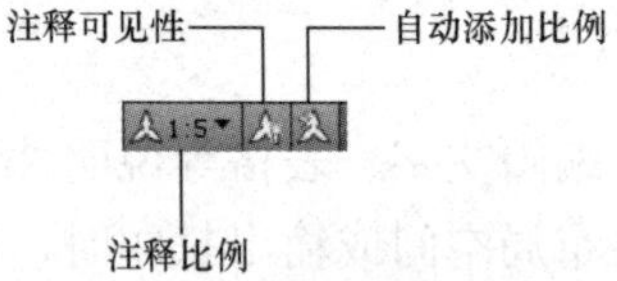

图 6-2　缩放注释工具

将注释性对象添加到模型中之前，请设置注释比例。考虑将在其中显示注释的视口的最终比例而进行设置。注释比例（或从模型空间打印时的打印比例）应设置为与布局中的视口（在该视口中将显示注释性对象）比例相同。例如，如果注释性对象将在比例为 1∶4 的视口中显示，请将注释比例设置为 1∶4。又如：有一文字对象设置为注释性，图纸中的文字高度为 5，注释比例为 1∶10，则该文字在模型空间的高度就是 50。

一旦设置了注释比例，它将与模型空间、布局视口和模型视图的设置一起保存。将注释性对象添加到图形中时，它们将支持当前的注释比例，根据该比例设置进行缩放，并自动以正确的大小显示在模型空间中。

6.2　文字标注

在测绘工程制图中，文字注记是其中很重要的一部分，它有助于读图、识图。在 AutoCAD 2010 标注文字，首先要选定一种文字样式。文字样式是说明所标注文字使用的字体以及其他特性，如字高、字颜色、文字标注方向等。系统提供的默认文字样式为 Standard。如果系统提供的文字样式不能满足用户的要求，用户可自行设置需要的文字样式。

6.2.1　设置文字样式

在 AutoCAD 2010 中，设置文字样式有如下三种方法：

- 功能区："常用"选项卡 →"注释"面板→"文字样式"按钮。
- 功能区："注释"选项卡→"文字"面板→"文字样式"按钮。

- 命令行：ddstyle 或 style。

打开“文字样式”对话框，如图 6-3 所示。该对话框中各选项的含义如下：

(1)“样式”列表：列出了当前可以使用的文字样式，第一项是注释性样式，前面有一个注释标志，默认文字样式为 Standard (标准)。要改变当前样式，可以从列表中选择另一个样式，或者单击“新建”按钮来创建新样式。

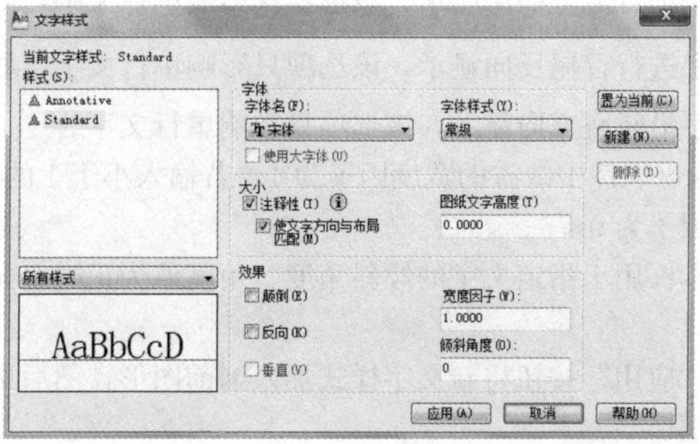

图 6-3　“文字样式”对话框

(2)“置为当前”按钮：单击该按钮，可将选择的文字样式设置为当前的文字样式。

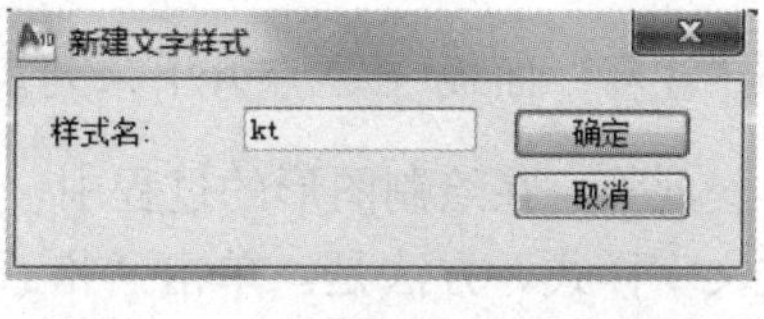

图 6-4　“新建文字样式”对话框

(3)“新建”按钮：单击该按钮，AutoCAD 将打开“新建文字样式”对话框，如图 6-4 所示。在该对话框的“样式名”文本框中输入新建文字样式名称后，单击“确定”按钮，可以创建新的文字样式，新建文字样式将显示在“样式”列表框中。

(4)“删除”按钮：用于删除文字样式。从“样式”列表中选择一个样式将其置为当前，然后单击“删除”按钮，即可将选定的文字样式删除。“删除”按钮在样式名为 Standard 时呈灰色，不可用，即样式 Standard 不可删除。

(5)“字体”选项区：用于设置文字样式使用的字体属性。

1) 字体名：下拉列表框中列出了操作系统中自带的 TTP 字体与 AutoCAD 本身的源 (SHP) 和编译的形 (SHX) 字体。除此之外，AutoCAD 还提供了 Truetype 字体，如“宋体”。

2) 字体样式：列表框用于选择字体格式，如斜体、粗体和常规字体等。

3) 使用大字体：选中该复选框后可以使用形 (.shx) 文件字体。

提示：当选择的字体名称前带有@时，如 T@Gungsuh，在绘图区标注的文字就会顺时针旋转 90°，所以通常情况下不选择带@的字体。

(6)“大小”选项区：用于设置文字样式使用的字高属性。“高度”文本框用于设置文字的高度。如果将文字的高度设为 0，在使用 TEXT 命令标注文字时，命令行将显示“指定高度”提示，要求指定文字的高度。如果在“高度”文本框中输入了文字高度，AutoCAD 将按此高度标注文字，而不再提示指定高度。选中“注释性”复选框，文字将被定义成可注释性的对象。这时在样式列表中，该样式名称前会出现注释标志。“高度”也就变成“图纸文字高度”，并且“使文字方向与布局匹配”复选框处于可选状态。

提示：1）通常文字高度不用设置，默认为 0，在标注文字时根据具体需要再指定文字高度，如果在此设置成固定高度，则以后无论图幅大小，字的高度都是固定的，这是不合适的。

2）当使用同一文字高度时，TTP 字体将会比 SHX 字体高度略小一些。

（7）“效果”选项区：用于设置字体的特征，选择特征后的字体效果可以在右边的预览区域看到。

颠倒：可以将文字进行上下颠倒显示，该选项仅影响单行文字，如：。

反向：可以将文字进行首尾反向显示，该选项只影响单行文字，如：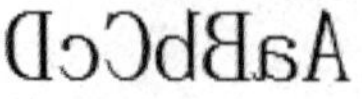。

垂直：可以将文字沿竖直方向显示，该选项只影响单行文字。

宽度因子：在 AutoCAD 中缺省的宽度因子为 1，若输入小于 1 的数值，则文字将变窄，工程上常用文字宽度因子为 0.75。

倾斜角度：该文本框用于指定文字的倾斜角度。角度值为正时，向右倾斜；为负时，向左倾斜。

设置完成后单击“应用”按钮将新文字样式加入当前图形，然后单击“关闭”按钮，关闭“文字样式”对话框。

当用户在“文字样式”对话框中定义了多个文字样式后，在此对话框中可以将其中某一个样式置为当前样式。在绘图过程中需要更换文字样式时，可以通过：“常规”选项卡→展开“注释”面板→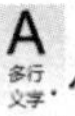点开下来列表，从中选择需要的文字样式即可。

此外，在绘制图形的过程中，如果觉得以前建立的文字样式不符合自己的需求，可以修改文字样式，方法是：单击“格式”→“文字样式”命令，在弹出的“文字样式”对话框中，根据需要修改其中的相关特性设置。其方法与建立文字样式的方法相同。单击“应用”按钮，使修改的结果生效。单击“关闭”按钮，退出“文字样式”对话框，完成修改。

【例 6-1】 创建文字样式“水系”，要求使用“宋体”，大小选择注释性，文字方向与布局匹配向，左倾角为 15°，其他为默认。

（1）功能区：“常用”选项卡→“注释”面板→“文字样式”按钮，打开“文字样式”对话框。

（2）在“文字样式”对话框：“新建”按钮→“新建文字样式”对话框→在“样式名”文本框中输入“水系”→“确定”。

（3）在“字体”选项组中：在“字体名”下拉列表→“宋体”，“字体样式”下拉列表→“常规”（默认项）。

（4）在“大小”选项组中，选择“注释性”，选择“文字方向与布局匹配”，“图纸文字高度”为默认值 0。

（5）在“效果”选项组：设置“宽度因子”为 0.75，“倾斜角度”为－15，如图 6-3 所示。

6.2.2 标注文字

在 AutoCAD 绘图中，用户可以根据需要使用多种方法创建文字，常见的方法是创建单行文字和多行文字，也可以直接从外部文件输入文字。单行文字和多行文字两种命令各有特点，分别适合不同的输入情况。一般而言，对简短的输入项使用单行文字，对带有内部格式的较长的输入项使用多行文字。

1. 标注单行文字

当需要标注的文字数量较少时，可以用单行文字标注。

(1) 创建单行文字

• 功能区："注释"选项卡→"文字"面板→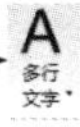

→

。

• 命令行：text 或 dtext。

执行命令后，命令行会提示如下：

当前文字样式："Standard"　文字高度：　2.5000　注释性：　是

指定文字的起点或［对正（J）/样式（S）］：(用鼠标在绘图区拾取文字起点)

指定高度<2.5000>：(输入文字的高度值，或回车默认高度 2.5)

指定文字的旋转角度<0>：(输入文字的旋转角度后回车，或直接回车，默认角度 0)

在绘图区指定的起点处闪烁着文本输入光标，光标可显示出将要输入字符的位置、大小以及倾斜角，直接输入标注文字即可，若回车，则另起一行，可继续输入文字。若需在其他位置输入文字，可用鼠标点击该位置，则在点击处闪烁文本输入光标，可继续输入文字。按 ESC 键退出文字输入状态。

若在"指定文字的起点或［对正（J）/样式（S）］"时输入 J 或 S，会出现不同的提示，最好不用输入 J，也就是说对正方式不用考虑。

提示中各选项含义如下：

1) 对正（J）：该选项用于设置文字的排列方式，选择该选项后，AutoCAD 命令行提示如下：输入选项［对齐(A)/布满(F)/居中(C)/中间(M)/右对齐(R)/左上(TL)/中上(TC)/右上(TR)/左中(ML)/正中(MC)/右中(MR)/左下(BL)/中下(BC)/右下(BR)］：(可从中选择一种对正方式)

尽管如此之多的对正方式，在实际操作中完全可以不去理会它。即不用选择对正方式，直接用鼠标在绘图区指定文字起点，然后输入文字。若标注的文字位置不够准确，在标注完文字后，可单击文字对象，直接拖动到正确位置即可。

2) 样式（S）：设置当前使用的文字样式。选择该选项后，AutoCAD 命令行提示如下：

输入样式名或　［?］<Standard>：(输入要用的文字样式名或直接回车，默认 Standard)

提示：①若完成一行文字输入后，需要继续下一行，则可回车换行，输入多行文字。但每一行为一个独立的对象，可单独编辑。

②若有很多处需要标注同一样式、高度、旋转角的文字，则标注完一处后，用鼠标点击下一处要标注的位置，继续输入文字。直到把这一样式、高度、旋转角的文字全部标注完毕，按 ESC 键退出文字输入状态。

③标注文字时，最初屏幕上的文本都临时按左对齐的方式排列，平行于 X 轴，若指定文字的高度较小时，输入时文字以较大的方式显示。当结束 text 命令时，文本从屏幕上消失，并按指定的方式重新生成。

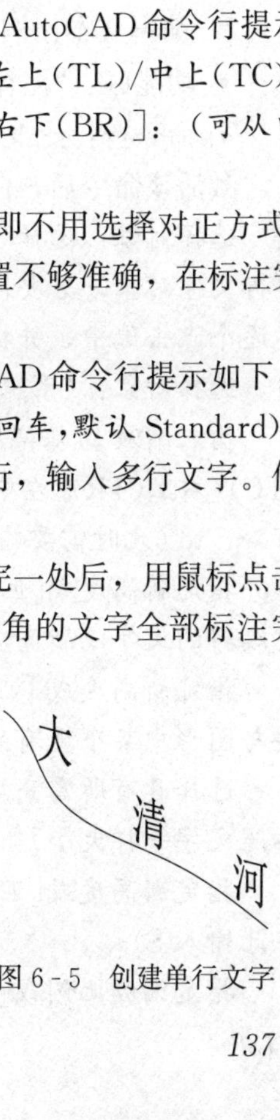

图 6-5　创建单行文字

【例 6-2】　先用 spline 绘一条曲线，再使用例 6-1 中创建的文字式样，创建如图 6-5 所示的单行文字注释。

操作步骤如下：

1）“常用”选项卡→“注释”面板的 Standard 中点开下来列表，从中选择“水系”。

2）“常用”选项卡→“注释”面板→多行文字→单行文字，命令行有如下提示：

命令：dtext

当前文字样式：水系文字高度：2.5000　注释性：是

指定文字的起点或［对正（J）/样式（S）］：（在绘图窗口中需要输入文字处单击，确定文字的起始点，如图 6-3 中河流的左端）

指定高度 <2.50000>：4.5

指定文字的旋转角度 <345>：↙

开始在屏幕上输入文字“大清河”。为了达到图中的效果，可以在字间留空格，或回车换行。为了使每个文字的位置合适，也可以在输入完“大”字后，按“Esc”键，退出文字输入。再按“回车”重复上面的文字标注命令，文字的起点选在河流沿线的适当位置。依次标注好所有文字。

（2）编辑单行文字

1）编辑文本内容。对已标注的单行文字需要修改时，可用鼠标双击，则要编辑的文字变为可编辑状态，直接进行修改编辑即可，修改完毕按回车键，系统继续提示选择“选择注释对象或放弃（U）”，可继续选择需要编辑的文本或按 Esc 键退出。

2）编辑文本比例。

• 功能区：“注释”选项卡→“文字”面板→缩放。
• 命令行：scaletext。

激活该命令后，命令行有如下提示：

选择对象：选择了 4 个对象（当只缩放一个单行文字对象时用鼠标直接点击要编辑的单行文字对象，若要同时缩放多个文字对象时，可使用窗口选择集，或按着“shift”键用鼠标逐个点击选中，并提示选择对象的个数）

选择对象：（系统提示继续选择要缩放的对象，按 Enter 键，停止继续选择）

输入缩放的基点选项［现有(E)/左(L)/中心(C)/中间(M)/右(R)/左上(TL)/中上(TC)/右上(TR)/左中(ML)/正中(MC)/右中(MR)/左下(BL)/中下(BC)/右下(BR)］<现有>：tc（此时需要输入缩放的基点）

指定新高度或［匹配对象(M)/缩放比例(S)］<2.5>：3.0（输入文字新高度后按回车键，要编辑的文字以新高度重新生成，退除编辑命令）

指定新高度或［匹配对象(M)/缩放比例(S)］<2.5>M［此处不是输入文字新高度而是要与图形中某个现有的文字(参照文字)高度一样，则输入 M］

选择具有所需高度的文字对象：（用鼠标直接点击参照文字，要编辑的文字立即变为与参照文字一样大小）

指定新高度或［匹配对象(M)/缩放比例(S)］<2.5>S（若想将文字缩放一定的比例，则在此输入 S）

指定缩放比例或［参照(R)］<2>：5　（输入要缩放的比例5）

系统立即生成按比例缩放后的文字。

3）编辑文本对正方式。

• 功能区："注释"选项卡→"文字"面板→对正。

• 命令行：justifytext。

激活该命令后，命令行提示如下：

选择对象：找到 1 个（用鼠标点击重新对正的文字，可同时选取多个对象）

选择对象：

输入对正选项：[左(L)/对齐(A)/调整(F)/中心(C)/中间(M)/右(R)/左上(TL)/中上(TC)/右上(TR)/左中(ML)/正中(MC)/右中(MR)/左下(BL)/中下(BC)/右下(BR)]＜右下＞：A（设置文字对齐方式）

2. 标注多行文字

对于较长、较为复杂的内容，可以使用多行文字的方式创建。"多行文字"命令允许指定文本边界框，并在该框内标注任意多行段落文本、表格文本和下划线文本，还可以设置多行文字对象中单个字或字符的格式。

与单行文字不同的是，一个多行文字任务所创建的所有文字都被当作同一个对象。可以移动、旋转、删除、复制、镜像、拉伸或缩放多行文字对象。

(1) 创建多行文字。在 AutoCAD 2010 中，通过下列方式创建多行文字：

• 功能区："常用"选项卡→"注释"面板→多行文字→单行文字。

• 命令行：mtext 或 t。

通过以上方式，AutoCAD 命令行提示如下：

当前文字样式："Standard"　当前文字高度：2.5（说明当前文字样式和文字高度等）

指定第一角点：（输入坐标，或用鼠标单击某一点）

指定对角点或[高度(H)/对正(J)/行距(L)/旋转(R)/样式(S)/宽度(W)/栏(C)]：（该提示项下可以直接指定多行文字对角点，也可以输入各选项执行相应的功能）

各选项的含义见表 6-1。

表 6-1　　多行文字命令各选项的含义

名称	命令	选项的含义
对角点	缺省	直接指定一点后，AutoCAD 以指定的两点形成的矩形区域的宽度作为文字行的宽度，以左上角作为文字行顶点的起始点
高度	H	设置文字的高度。如果使用默认高度 0.000，则使用存储在 Textsize 系统变量中的高度值
对正	J	设置多行文字的排列形式，其含义与创建单行文字命令相应的提示相同
行距	L	设置多行文字的行间距
样式	S	设置多行文字的文字样式
旋转	R	设置文字行的旋转角度
宽度	W	设置文字行的宽度
栏	C	可以将多行文字对象的格式设置为多栏，可以指定栏和栏间距的宽度、高度及栏数

在上述各项设置后，直接指定对角点，AutoCAD 的功能区马上变成了如图 6-6 中所示的多行文字编辑器的样子。从中可以选择文字样式、文本格式、段落格式、插入符号、拼写检查等编辑操作。在编辑区单击鼠标右键，在弹出的快捷菜单中同样可以进行上述文字编辑，文字输入、编辑完毕，点击“关闭文字编辑器”，退出文字输入状态。

在 AutoCAD 2010 中文字编辑功能很强大，类似在 Word 中输入编辑一样，多行文本编辑器包括三部分：“文字编辑器”选项卡（包括各编辑功能面板）、“文字输入显示框”和一个隐含的快捷菜单，在“文字输入显示框”中右击，弹出快捷菜单如图 6-6 中的快捷菜单。

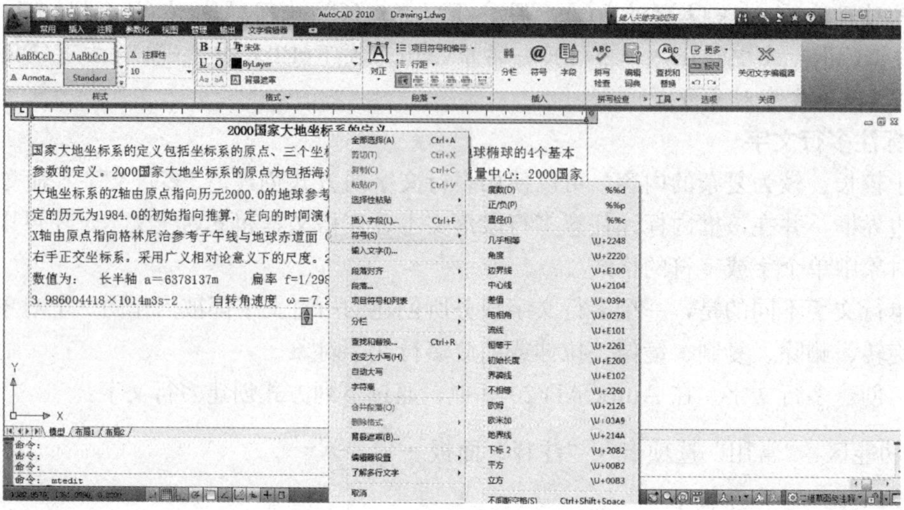

图 6-6　“文字编辑器”功能面板及快捷菜单

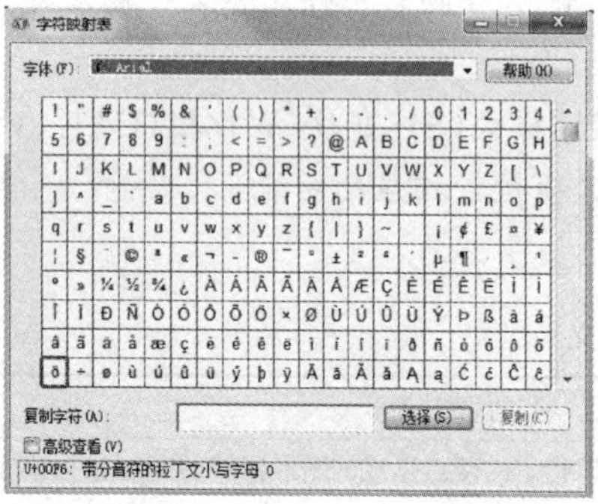

图 6-7　字符映射表

用户在“文字输入显示框”中，输入具体文本的内容，通过“文字编辑器”选项卡中的各编辑功能面板或快捷菜单编辑文字。

在实际绘图中，往往还需要标注一些特殊的字符，如“度数”、“直径”、“正/负”和“不间断空格”等，可在面板上或快捷菜单中选择“符号”，然后从下拉菜单中选择需要输入的特殊字符。选择“其他”可从“字符映射表”对话框中添加字符。要访问“字符映射表”必须先在 Windows 中安装“字符映射表”，如图 6-7 所示。

提示：当需要将外部文件中的文本内容标注到 AutoCAD 的图形中时，一种方法可通过右击快捷菜单中“输入文字”选项，将 AutoCAD 系统以外的 *.TXT 文本文件，导入到编辑区。另一种方法为将 Word 文档中的文字复制后，粘贴到编辑区。

（2）编辑多行文字。要编辑创建的多行文字，可在要编辑的文字处双击，则激活多行文字编辑器。在编辑器中可对文字进行各种编辑，编辑结束关闭文字编辑器。

【例 6-3】 创建下列带注释性的多行文字说明。汉字字体为宋体，西文字体为 Time New Roman。

GB/T 20257 的本部分规定了 1∶500、1∶1000、1∶2000 地形图上表示的各种自然和人工地物、地貌要素的符号和注记的等级、规格和颜色标准、图幅整饰规格，以及使用这些符号的原则、要求和基本方法。

………

2.2.3　符号线划的粗细、线段的长短和交叉线段的夹角等，没有标明的均以本图式的符号为准。一般情况下，线划粗为 0.15mm，点的直径为 0.3mm，符号非主要部分的线划长为 0.5mm，非垂直交叉线段的夹角为 45°或 60°。

1）创建文字样式："常用"选项卡→"注释"面板→"文字样式"按钮，在"文字样式"对话框中设置，新建文字样式名为"图式"，字体名为"T 宋体"，字体样式为"常规"，选择注释性，其他为默认。

2）创建多行文字："常用"选项卡→"注释"面板→"多行文字"按钮。

3）在"多行文字编辑器"状态下，在"样式"面板中，选择"图式"，在"高度"文本框中输入文字高度 20。在状态栏注释比例处选择注释比例为 2∶1。即模型空间文字高度为 10，图纸上文字高度为 5。

4）在文字输入窗口中输入需要创建的多行文字内容，并按给定样式编辑。

5）关闭文字编辑器。

说明：单行文字和多行文字都可以设置其为注释性文字。当鼠标置于文字上方时，十字光标的右上方会出现注释性标志，如图 6-8 所示。这表明该文字是注释性文字，对其可以重新设置注释比例缩放。

图 6-8　注释性文字

3. 输入文字

当需要把外部文本文件的内容标注到 AutoCAD 图形中时，有两种方式：

（1）外部文件为 .txt 文档：可用创建多行文字命令，选择如图 6-6 快捷菜单中"输入文字…"项，在弹出的"选择文件"对话框中，选择要输入的 .txt 文件后，按"确定"按钮，返回到绘图区多行文字输入状态，刚才 .txt 文件中的内容已经输入到了文字显示框中。

（2）外部文件为 word 文档：可打开 word 文档，将内容复制后粘贴到多行文字输入显示框中，或直接粘贴到绘图区相应位置。

6.2.3　巧用 CAD 字体替换

AutoCAD 系统包括大量文字字体，存放在 AutoCAD 安装目录下 Fonts 文件夹里。如果图形中使用的某种字体在当前的系统中不可获取，程序会提示替换字体。用户经常会遇到这样的情况：在打开别人图形文件时，由于找不到原文件的字体，系统不停地提示替换字体，这说明你的字体库中没有原文件所用的字体，如果用户替换的字体兼容性不好，则文件打开后很多文字变成了？或乱码。

网上有很多 CAD 字体，可以下载后，添加到 Fonts 文件夹中。尽管如此，也不可能解决所有图形的字。如果对图形文件中文字仅是想知道其的内容，而不着重其效果，可不必去下载各种各样的字体。打开图形时，如果 CAD 在 Fonts 文件夹没有发现当前图形带有的字体，就会跳出来一个对话框，让你选择一个字体代替。如果按空格或者 Enter，就会用 Fonts 文件夹中的第一个字体去替代。因此找一个兼容性最好的字体 hztxt. shx，将其复制一个，命名为 01hztxt. shx，然后把它复制到 AutoCAD 2010 安装目录下的 Fonts 文件夹中。

以后不管打开什么样的文件，当跳出来要替代字体时一直空格或回车就行了。

课堂练习：完成随书光盘“课堂练习”的“第六章”的“练习 6-1”。

6.3 尺寸标注

6.3.1 尺寸标注的基本概念

1. 尺寸标注规则

（1）物体的真实大小应以图形上所标注的尺寸数值为依据，与图形的大小及绘图的准确度无关。

（2）图形中的尺寸以 mm 为单位时，不需要标注尺寸单位的代号或名称。如采用其他单位，如°、m 及 cm 等，则必须注明相应计量单位的代号或名称。

（3）图样中所标注的尺寸为该图样所表示的物体的最后完工尺寸，否则应另加说明。

（4）物体的每一个尺寸一般只标注一次，并应标注在最能清晰反映该结构的视图上，尺寸要布置整齐、清晰、便于阅读。

2. 尺寸标注的组成

一个完整的尺寸标注由尺寸线、延伸线（尺寸界线）、箭头和尺寸文本组成，通常 AutoCAD 将这几部分以块的形式放在图形文件内，因此可以把一个尺寸标注看成一个对象。关于尺寸标注中各部分的名称如图 6-9 所示。

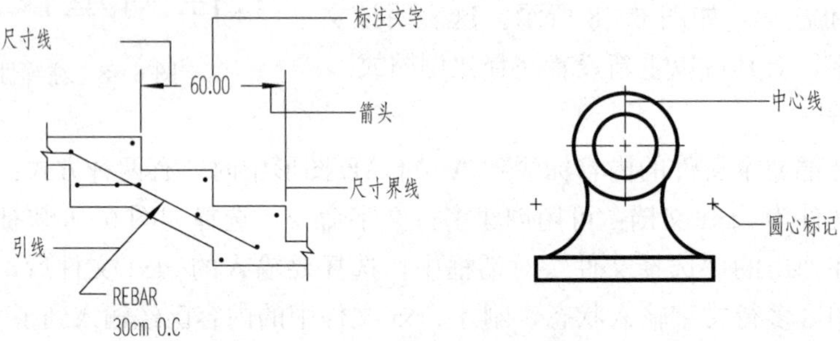

图 6-9　尺寸标注的组成

3. 创建尺寸标注的步骤

在 AutoCAD 中对图形进行尺寸标注的基本步骤如下：

（1）创建尺寸标注层。“常用”选项卡→“图层”面板→“图层特性”按钮→打开的“图层特性管理器”对话框中→创建一个独立的图层，用于尺寸标注。

（2）创建用于尺寸标注的文字样式。“注释”选项卡→“文字”面板→“文字样式”按钮→打开“文字样式”对话框→创建一种文字样式，用于尺寸标注。

（3）创建尺寸标注样式。“注释”选项卡→“标注”面板→“标注、标注样式”按钮→打开“标注样式管理器”对话框→创建所需要的尺寸标注样式。

（4）使用对象捕捉和标注等功能，对图形中的元素进行标注。

6.3.2 创建与设置标注样式

在 AutoCAD 中，使用标注样式可以控制标注的格式和外观，并对标注格式及用途进行修改。创建尺寸标注样式有以下方法。

• 功能区："常用"选项卡→"注释"面板→"标注、标注样式"按钮。
• 功能区："注释"选项卡→"标注"面板→"标注、标注样式"按钮。
• 命令行：dimstyle。

执行上述命令后，打开"标注样式管理器"对话框，如图 6 - 10 所示。利用此对话框可方便直观地定制和浏览尺寸标注样式，包括创建新的标注样式、修改已存在的样式、将现有的某个样式置为当前样式、样式重命名以及删除一个已有样式等。

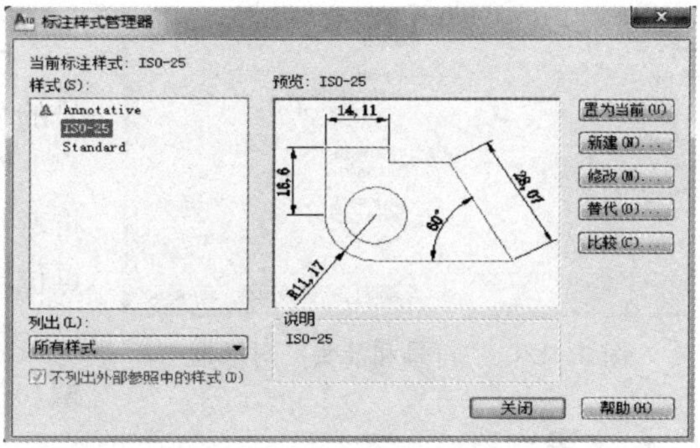

图 6 - 10 标注样式管理器

1. 新建标注样式

若要新建一个尺寸标注样式，则点击"新建"按钮，打开"创建新标注样式"对话框，如图 6 - 11 所示。在"新样式名"处输入新的样式名如"线性标注"。点击"继续"按钮，系统打开"新建标注样式"对话框，如图 6 - 12 所示。

在"新建标注样式"对话框中有线、符号和箭头、文字、调整、主单位、换算单位、公差七个选项卡，利用各选项卡对其内容进行相应设置。

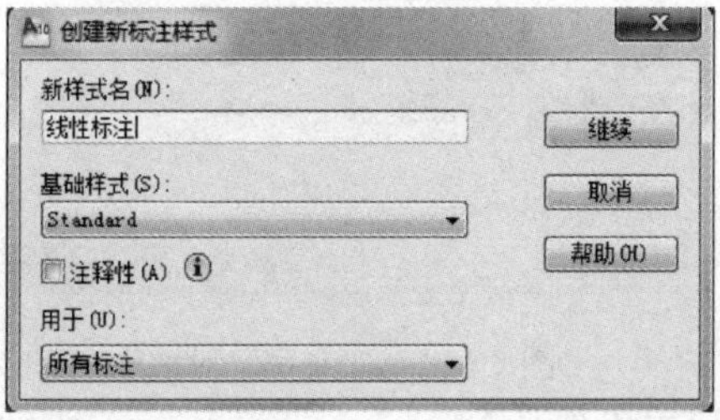

图 6 - 11 "创建新标注样式"对话框

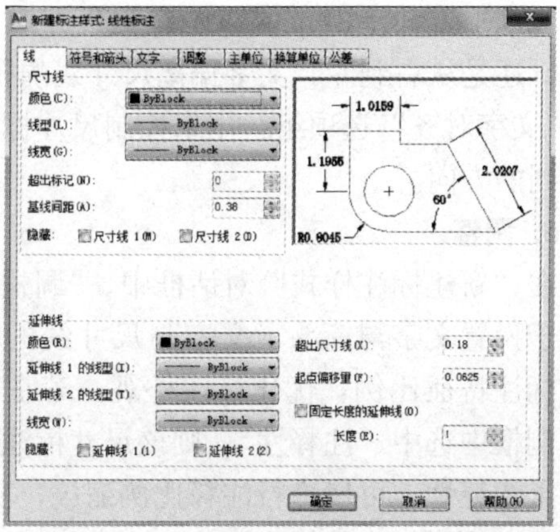

图 6 - 12 "新建标注样式"对话框

2. 设置线样式

在"新建标注样式"对话框中，"线"选项卡用于设置尺寸线、尺寸界线的形式和特性，如图 6 - 12 所示。

"尺寸线"选项组：设置尺寸线颜色、线型等的特性。

"延伸线"选项组：确定延伸线的线型、颜色、线宽、起点偏移量等的形式。

在对话框的右上角是一个尺寸样式样例，在用户设置过程中动态显示用户设置的样式。

3. 符号和箭头

在"新建标注样式"对话框中，"符号和箭头"选项卡用于设置箭头、圆心标记、弧长符号、半径标注折弯、折断标注和线性折弯标注形式和特性，如图 6 - 13 所示。

"箭头"选项组：设置尺寸箭头的形式，还允许采用用户自定义的箭头形状。两个尺寸箭头

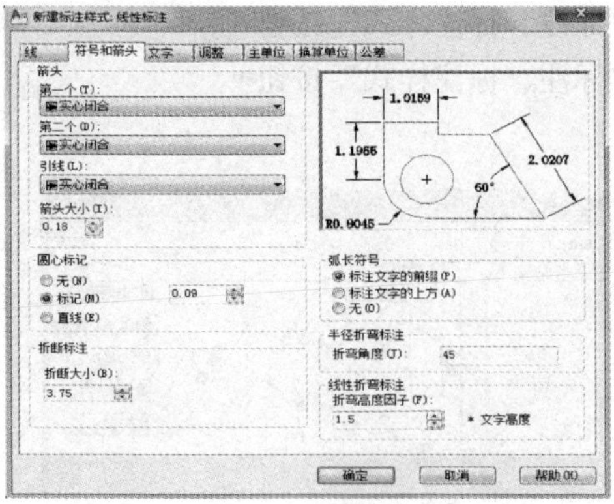

图 6 - 13　“符号和箭头”对话框

可以采用相同的形式，也可采用不同的形式。

“圆心标记”选项组：设置圆心标注的形式，可选择无、标记、和直线三种标注选项。

“折断标注”选项组：控制折断标注的间距宽度。

“弧长符号”选项组：控制弧长标注中圆弧符号的显示。

“半径折弯”标注：用于设置半径折弯标注的折弯角度。折弯半径标注通常在圆或圆弧的中心点位于页面外部时创建。

“线性折弯标注”选项组：控制折弯（Z 字型）半径标注的显示。

4. 文字

在“新建标注样式”对话框中，“文字”选项卡用于设置尺寸文本的外观、文字位置和对齐方式等，如图 6 - 14 所示。

“文字外观”选项组：用于设置文字样式、文字颜色、填充颜色、文字高度等。

“文字位置”选项组：用于设置标注中文字在垂直、水平方向上的位置，还有观察方向是从左到右，还是从右到左，文字偏离尺寸线的距离。

“文字对齐”选项组：用来控制尺寸标注中文本排列的方向。

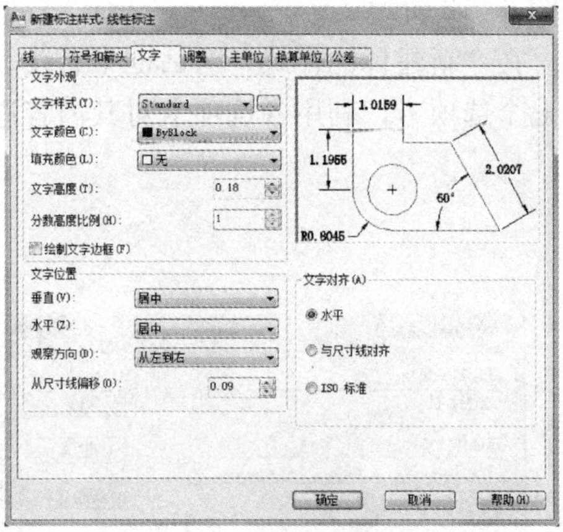

图 6 - 14　“文字”对话框

5. 调整

在“新建标注样式”对话框中，“调整”选项卡用于设置文字与箭头、文字与尺寸线的位置关系，标注特征比例，优化标注外观。若在标注特征比例框中选中“注释性”，则该尺寸标注样式就添加了注释性，可以进行注释比例缩放，功能类似与于全局比例。

6. 主单位

该选项卡用来设置尺寸标注的主单位和精度，以及给尺寸文本添加固定的前缀或后缀。

“线性标注”选项组：用来设置标注长度型尺寸时采用的单位和精度。

“角度标注”选项组：用来设置标注角度时采用的角度单位。

7. 换算单位

该选项卡用于对替换单位进行设置。

“显示换算单位”复选框：选中此复选框，可以转换使用不同测量单位制的标注，通常是显示英制标注的等效公制标注，或公制标注的等效英制标注。在标注文字中，换算标注单位显示在主单位旁边的方括号中。

“换算单位”选项组：用于设置替换单位。

8. 公差

该选项卡用来确定标注公差的方式。

“公差格式”选项组：设置公差的标注方式。

“换算单位公差”选项组：对形位公差标注的替换单位进行设置。

若要对已有的标注样式进行修改，则在“标注样式管理器”对话框中选中要修改的样式，然后点击“修改”按钮，打开“修改标注样式”对话框（同“新建标注样式”对话框），通过设置各选项来达到修改样式的目的。

说明：（1）在“新建标注样式”对话框的右上角是一个尺寸样式样例，在用户对各选项卡内容设置过程中，将会动态其效果，以方便用户设置的样式。

（2）在“主单位”选项卡中，“测量单位比例”框中比例因子的数值，是图形尺寸缩放比例的导数。比如：按 1∶1 比例绘制的一个长 1000，宽 500 的长方形，为了输出或打印，需要将图形缩小至 10%，即缩放比例为 0.1，但标注时，长仍是 1000，宽 500，这时就需要将测量单位比例因子设为 10。

（3）在“调整”选项卡中如果选择了“注释性”，该尺寸标注样式就具备了注释性，可以进行注释比例缩放。注释性尺寸标注设置缩放比例，其效果是文字、箭头和尺寸线的大小缩放，而标注的数值是不变的。

6.3.3 标注尺寸

在设置好尺寸标注样式后，若要为一个对象添加标注操作如下：

• 功能区：“注释”选项卡→“标注”面板［图 6-15（a）］→从“标注样式”下拉列表 ISO-25 中选择需要的标注样式［图 6-15（b）］→“标注”按钮→从下拉标注工具［图 6-15（c）］中选择需要的标注工具进行标注。

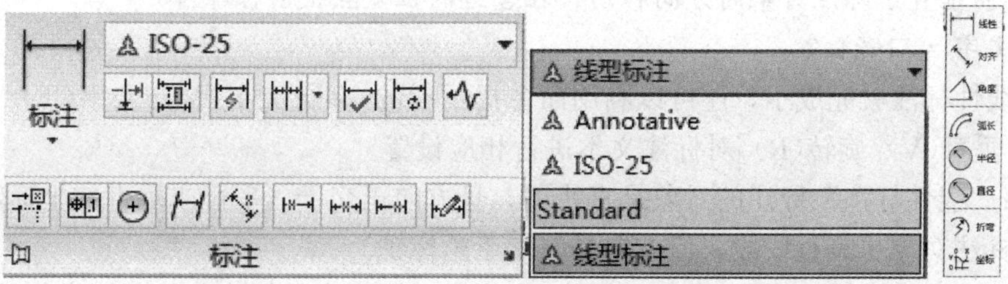

(a)　(b)　(c)

图 6-15　“标注”面板

在图 6-15 所示的标注面板中，包含标注样式、线性标注、对齐标注、角度标注、弧长标注、半径标注、直径标注、折弯标注、坐标标注、标注打断、调整间距、快速标注、基线标注、连续标注、标注检验、标注更新、折弯线性标注、公差设置、圆心标注、标注文字的左对正、居中对正、右对正等各种标注形式及标注方式。图 6-16 为各种标注的表示形式。

1. 简单标注

简单标注是指每次执行标注命令，只能完成一个标注对象，如线性、对齐标注、角度标注、半径标注、直径标注、坐标标注、弧长标注等。

下面已线性标注为例，介绍为对象添加线性标注的操作步骤：

首先选择一种已有的标注样式，例如 ISO-25，然后通过以下三种方式的任一种：

• 功能区：“注释”选项卡→“标注”面板→“标注”按钮→“线性”。

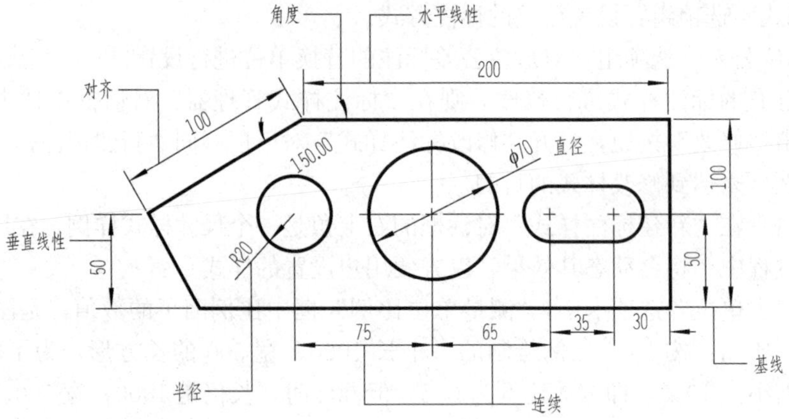

图 6 - 16　各种标注

• 功能区："常用" 选项卡→ "注释" 面板→ "标注" 按钮 线性 → "线性" 线性。

• 命令行：dimlinear 或 dimlin。

执行命令后，命令行提示如下：

指定第一条延伸线原点或 <选择对象>：(打开对象捕捉，用鼠标拾取要标注的一条边的端点，或拾取对象)

指定第二条延伸线原点：(用鼠标拾取要标注的另一边的端点)

指定尺寸线位置或[多行文字(M)/文字(T)/角度(A)/水平(H)/垂直(V)/旋转(R)]：(拖动鼠标向垂直于标注对象的方向移动，在合适的位置点击鼠标即可)

标注文字 = 1624.2

这个线性标注就完成了，还可以利用命令提示后的[多行文字(M)/文字(T)/角度(A)/水平(H)/垂直(V)/旋转(R)]对标注文本进行相应设置。

提示："线性标注" 标注的对象是直线段，且方向正交于（平行或垂直）坐标轴，"对齐标注" 的标注对象也是直线段，但方向是斜交于坐标轴。

在一个图形中，一般有多种图形单元，在标注时用到多种标注工具，用类似的方法可以完成其他标注。

2. 复合标注

复合标注是执行一次标注命令可完成多个标注对象，如快速标注、基线标注、连续标注等。图 6 - 17 所示的是基线标注和连续标注。如图 6 - 18 所示的是快速标注、连续标注和半径标注。

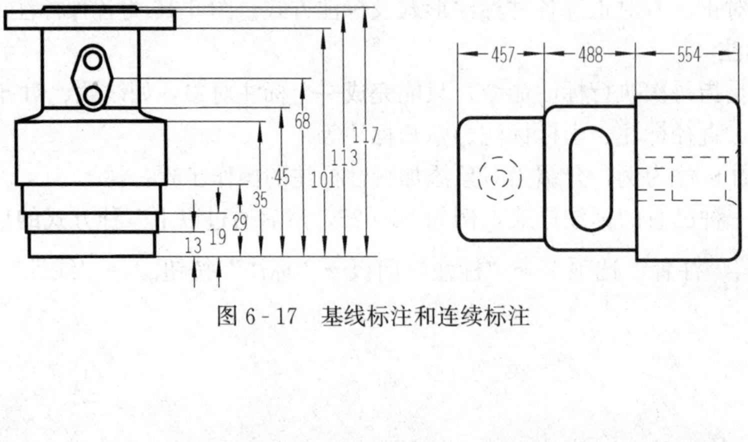

图 6 - 17　基线标注和连续标注

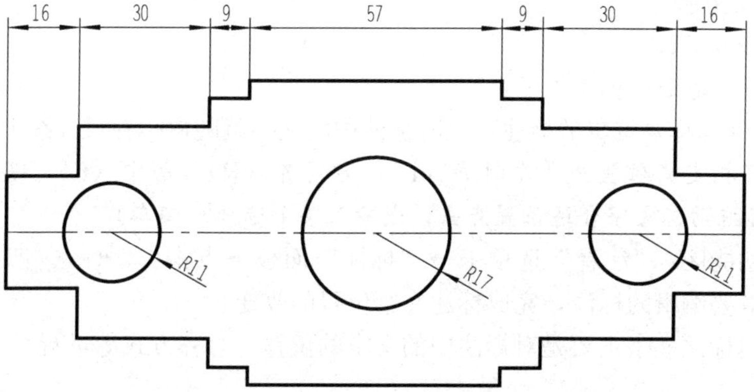

图 6-18　快速标注、连续标注和半径标注

下面以快速标注为例，介绍操作过程：

• 功能区："注释"选项卡→"标注"面板→"快速标注"按钮。

• 命令行：qdim。

执行命令后，命令行提示如下：

选择要标注的几何图形：(用鼠标拾取要标注的图形后回车)

指定尺寸线位置或［连续(C)/并列(S)/基线(B)/坐标(O)/半径(R)/直径(D)/基准点(P)/编辑(E)/设置(T)］<连续>：(鼠标处拖着多个尺寸标注对象，在平行于 X 轴或 Y 轴方向的合适位置点击，完成快速标注，或者输入方括号中的某个选项进行尺寸标注)

快速标注可以创建一系列基线或连续标注，或者为一系列圆或圆弧创建圆心、半径、直径标注，此时该命令特别有用。

6.3.4　编辑尺寸标注

在某些情况下需要对已完成的标注进行修改，这时就用到了编辑尺寸标注，它包括三个方面：

1. 编辑标注

是指对标注中的文字的编辑。

• 命令行：dimedit。

执行命令后，命令行提示如下：

输入标注编辑类型［默认 (H) /新建 (N) /旋转 (R) /倾斜 (O)］<默认>：N (选择对标注编辑选项，这里指的是对文本的编辑，是默认原来的，还是新建其他文本，还是将文本旋转或倾斜)

假如在此处输入 N，在绘图区就出现一个文本显示框，光标在其中闪烁，光标后有数值 0，并且功能区面板变成了文字编辑状态的各功能面板。将文本显示框中的 0 删除，在其中输入标注文本后，点击"确定"按钮，命令行提示：

选择对象：(用鼠标拾取要编辑的标注后回车，则原标注的数值就改为新输入的数值了)

说明：这个功能在某种情况下比较有用。例如某个图形标注的尺寸是 98，但是希望它表示为 100，这就用到了该功能。

另外，对已标注文字位置的调整可用左对正、居中对正和右对正来实现。

2. 编辑标注文字

命令行：dimtedit。

执行命令后，命令行提示如下：

选择标注：(选择要编辑的标注，这时标注中的文字就随鼠标在尺寸线上移动)

为标注文字指定新位置或［左对齐（L）/右对齐（R）/居中（C）/默认（H）/角度（A）］：(用鼠标拖动标文字合适位置点击，或输入某个选项后回车)

或者通过功能区："注释"选项卡→"标注"面板→点击四按钮中的一个，然后用鼠标拾取要编辑的标注，完成标注文字位置的改变。

说明：编辑标注文字主要是对标注中的文本的位置、对齐方式等进行编辑，使其达到某种效果。

3. 更新标注

在完成标注后，由于某种原因修改了标注样式，这时需要把已完成的标注更改为新的标注样式显示，此时就用到了"更新标注"功能。操作方法如下：

首先把修改后的标注样式设置为当前样式，然后执行更新命令。

功能区："注释"选项卡→"标注"面板→"更新"按钮。执行命令后，命令行提示如下：

当前标注样式：ISO-25　注释性：是

输入标注样式选项［注释性（AN）/保存（S）/恢复（R）/状态（ST）/变量（V）/应用（A）/?］<恢复>：(用鼠标在绘图区拾取要更新的标注，然后回车)

6.3.5　多重引线

引线是图形注释说明的另一种形式，引线包括四部分：箭头、引线、基线、内容。其中内容可以是多行文字或块，如图 6 - 19 所示。多重引线功能是引线功能的延伸，主要用在序号标注中。箭头、引线、基线与多行文字对象或块是相关联的，多重引线是一个完整的图形对象，且整体性好，因此用户在复制、移动、修改多重引线是非常方便。

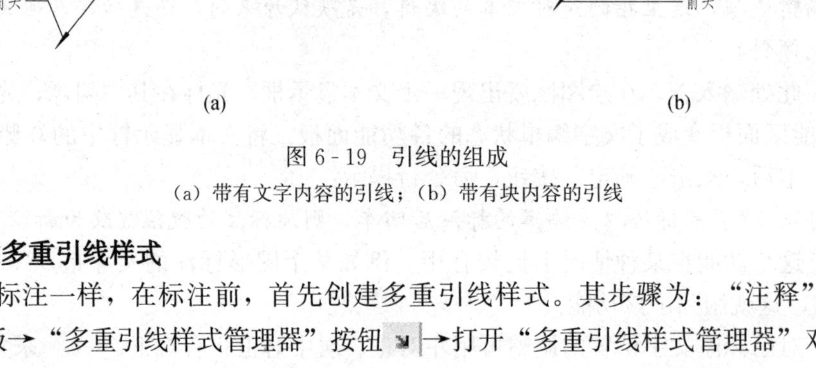

图 6 - 19　引线的组成

(a) 带有文字内容的引线；(b) 带有块内容的引线

1. 创建多重引线样式

像尺寸标注一样，在标注前，首先创建多重引线样式。其步骤为："注释"选项卡→"引线"面板→"多重引线样式管理器"按钮→打开"多重引线样式管理器"对话框，类似“标注样式管理器”对话框。点击“新建”按钮，在弹出的对话框中输入多重引线新样式名，按“确定”按钮，系统打开“修改多重引线样式”对话框，如图 6-20 所示。多重引线样式设置包含三方面内容：引线格式、引线结构和内容。

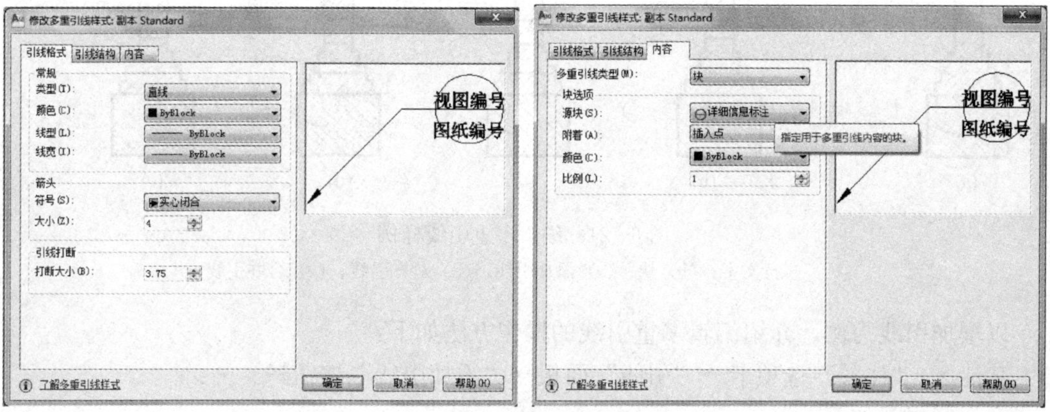

图 6-20　“修改多重引线样式”对话框

“引线格式”选项卡：设置引线是直线还是样条曲线，引线的线型、颜色、线宽、箭头等内容。

“引线结构”选项卡：设置引线的约束性，是否包含基线、基线距离、注释性等。

“内容”选项卡：设置多重引线类型，及引线尾部是“多行文字”、“块”还是“无”。如果选择多行文字，则通过下面的框的内容设置多行文字的特性和引线与文字之间连接位置关系。若选择了块，则通过下面框的内容设置块源、附着、颜色和比例。

从图 6-20 中可以看到，在“修改多重引线样式”对话框的右上角，是多重引线样式的预览图像，随着各项内容的设置，将动态显示其效果。

创建多重引线。首先从“注释”选项卡→“引线”面板→多重引线样式下拉列表中选择一种引线样式。然后通过以下方式创建多重引线：

- 功能区：“注释”选项卡→“引线”面板→“多重引线”按钮。
- 功能区：“常用”选项卡→“注释”面板→“多重引线”按钮。
- 命令行：mleader。

执行命令后，命令提示行如下：

指定文字的第一个角点或［引线箭头优先（H）/引线基线优先（L）/选项（O）］＜选项＞：（默认状态是文字优先，要求指定多行文字位置的一个角点。或者选择优先考虑箭头还是引线基线）

指定对角点：（前一行选择默认情况下，本行就有此提示。指定文字位置的另一个角点后，AutoCAD 界面变为多行文字编辑状态，在文本显示框中输入要标注的文字，回车）

指定引线箭头的位置：（用鼠标在相应的位置点击，完成引线标注）

如果选择了其后的选项 H、L、O，按相应的提示操作即可。

2. 编辑多重引线

对已标注的多重引线可根据需要进行添加、删除、对齐、合并编辑。图 6-21 中（a）所示的是多重引线标注内容为多行文字，图（b）所示的是多重引线标注内容为块，图（c）、 (d)、(e) 分别为添加、对齐、合并多重引线的样例。

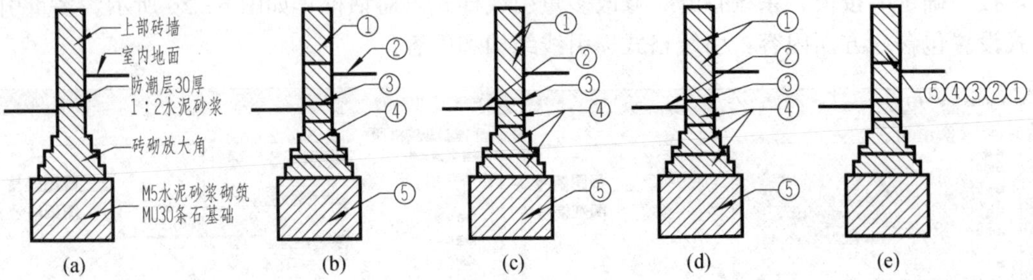

图 6-21　编辑多重引线样例

(a) 多行文字；(b) 块；(c) 添加引线；(d) 对齐引线；(e) 合并引线

以增加引线为例，介绍编辑多重引线的操作方法如下：

功能区："注释"选项卡→"引线"面板→"添加引线"按钮。

命令行提示如下：

选择多重引线：(用鼠标拾取要添加引线的多重引线，然后回车)

找到 1 个

指定引线箭头位置或［删除引线 (R)］：(用鼠标点击要添加引线的箭头的位置)

指定引线箭头位置或［删除引线 (R)］：(可继续用鼠标点击要添加引线的箭头的位置，直到不添加为止，如果选择了选项 R，则是相反的操作，即删除引线)

对齐、合并编辑类似于上面的操作，很简单，用户可自己使用。

说明：在设置多重引线样式时，在"引线结构"选项卡中选择了注释性，则该样式的多重引线就具有注释缩放性，可通过"注释"选项卡→"注释缩放"面板→"比例列表"设置缩放比例。

课堂练习：完成随书光盘"课堂练习"的"第 6 章"的"练习 6-2 尺寸标注 (1)、(2)"。

6.4　创建表格样式和表

在 AutoCAD 2010 中，用户可以使用创建表命令来创建数据表或标题块。还可以从 Excel 中直接复制表格，并将其作为 AutoCAD 表格对象粘贴到图形中。此外，用户还可以输出来自 AutoCAD 的表格数据，以供在 Excel 或其他应用程序中使用。

6.4.1　创建表格样式

在 AutoCAD 2010 中，创建表格样式可通过下列途径：

- 功能区："常用"选项卡→"注释"面板→"表格样式"按钮。
- 功能区："注释"选项卡→"表格"面板→"表格样式"按钮。
- 命令行：tablestyle。

激活该命令后，打开"表格样式"对话框，在"表格样式"对话框中，单击"新建"按钮，打开的"创建新的表格样式"对话框，如图 6-22 所示。在"新样式名"文本框中输入新的表样式名，在"基础样式"下拉列表中选择一种基础样式，新样式将在该样式的基础上进行修改。然后单击"继续"按钮，打开"新建表格样式"对话框。用户可以设置数据、列标题和标题的样式。

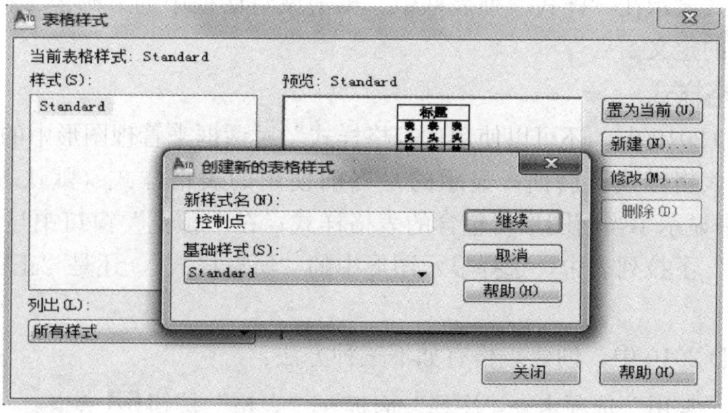

图 6-22　“表格样式”及“创建新的表格样式”对话框

6.4.2　设置表的数据、标题和表头样式

在“新建表格样式”对话框中有“起始表格”、“表格方向”、“单元样式”下拉列表框和“单元样式预览”四部分，如图 6-23 所示。

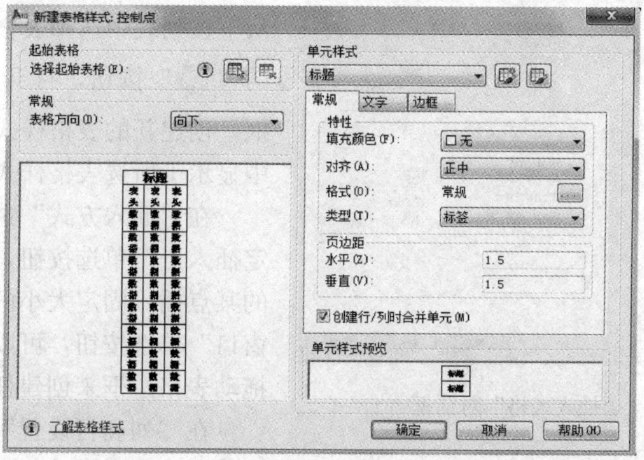

图 6-23　“新建表格样式”对话框

“起始表格”用于使用户指定一个已有表格作为新建表格样式的起始表格。表格方向列表框用于确定插入表格时表的方向，有“向下”和“向上”两个选择，“向下”表示创建由上而下读取的表，即标题行和列标题行位于表的顶部，“向上”则表示将创建由下而上读取的表，即标题行和列标题行位于表的底部；图像框用于显示新创建表格样式的预览图像。

“单元样式”下拉列表有“数据”、“标题”和“表头”选项，每一项又有 3 个内容基本相似选项，可以分别设置表的“常规”特性、“文字”特性和“边框”特性。

“常规”选项卡：设置表格的填充颜色、对齐方向、格式、类型及页边距等特性。

“文字”选项卡：设置表格单元中的文字样式、高度、颜色和角度等特性。

“边框”选项卡：设置表格边框的线宽、线型、颜色，边框设置按钮用来设置表格的边框是否存在。

完成表格样式的设置后，单击“确定”按钮，AutoCAD 返回到“表格样式”对话框，并将新定义的样式显示在“样式”列表框中。单击该对话框中的“确定”按钮关闭对话框，完成新表格样式的定义。

6.4.3 管理表格样式

在 AutoCAD 2010 中，还可以使用“表格样式”对话框来管理图形中的表格样式，在该对话框的“当前表格样式”后面，显示的是当前使用的表格样式（默认为 Standard）；在“样式”列表框中显示了当前图形所包含的表格样式；在“预览”窗口中显示了选中表格的样式；从“列出”下拉列表中，选择显示图形中的“所有样式”，还是“正在使用的样式”。

6.4.4 创建表

在 AutoCAD 2010 中，创建表格有如下三种方法：

- 功能区：“常用”选项卡→“注释”面板→“表格”按钮 表格 。
- 功能区：“注释”工选项板→“表格”面板→“表格”按钮 表格 。
- 命令行：table。

执行命令后，打开“插入表格”对话框，如图 6 - 24 所示。

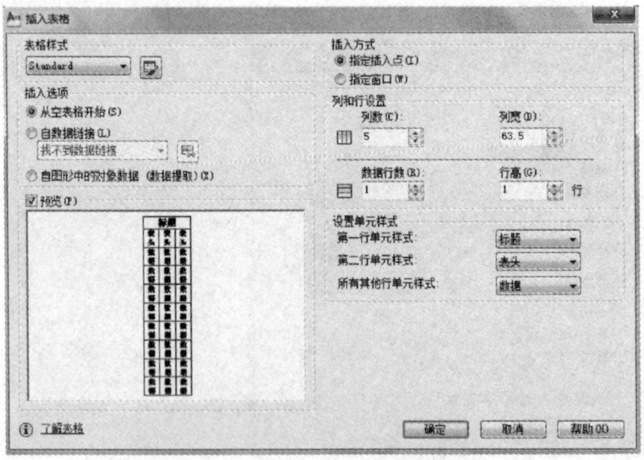

图 6 - 24 “插入表格”对话框

在“表格样式”选项组中，用户可以从下拉列表中选择表格样式，或单击其后的“ ”按钮，打开“表格样式”对话框，创建新的表格样式。下面的预览窗口中显示了所选表格样式预览效果。

在“插入方式”选项组中，选择“指定插入点”单选按钮，可以在绘图窗口中的某点插入固定大小的表格；选择“指定窗口”单选按钮，可以在绘图窗口中通过拖动表格边框来创建任意大小的表格。

在“列和行设置”选项组中，可以通过改变“列数”、“列宽”、“数据行数”和“行高”文本框中的数值来调整表格的外观大小。

设置完成后，点击“确定”按钮，在绘图区鼠标后紧跟一个符合设置要求的表格，当鼠标拾取插入位之后，表格插入到绘图区，并且类似 Excel 表格形式，行和列都有编号，如图 6 - 25 所示，同时功能区变成了多行文字编辑器的功能，用来输入并编辑表格中文字内容。

	A	B	C	D	E
1	控制点数据				
2	点号	X	Y	H	备注
3					
4					
5					
6					
7					

图 6 - 25 表格插入到绘图区并输入文字内容

说明：编辑表格文字内容的时，功能区与多行文字编辑状态相同，完全像写多行文字一样在表格中输入文字。当一个单元格内如输入完毕，转换下一单元格时，可用上、下、左、右四个光标键方面实现。

6.4.5　编辑表和表单元

在 AutoCAD 2010 中，当直接插入表格不能满足要求时，使用表格的快捷菜单来编辑表格。当选中整个表时，或选中表的某单元格时右击弹出的快捷菜单有所不同。图 6 - 26 为选中整个表及弹出的快捷菜单。

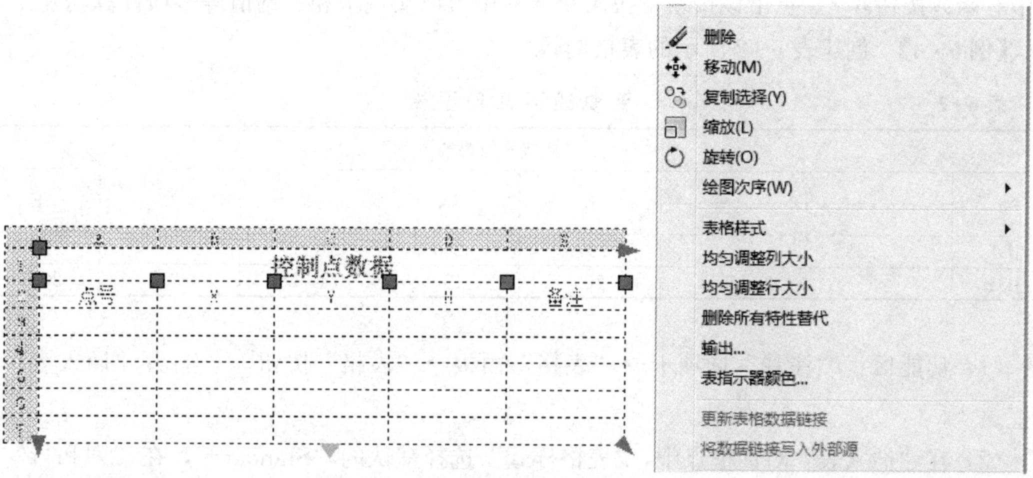

图 6 - 26　选中整个表格的快捷菜单

1. 编辑表

从右击弹出快捷菜单中可以看到，用户可以对表进行删除、移动、缩放、旋转等简单操作，还可以均匀调整表的行、列大小，删除所有特性替代。当选择“输出”命令时，还可以打开“输出数据”对话框，以 .csv 格式输出表中的数据。

当选中表后，在表的四周、标题行上将显示许多夹点，用户也可以通过拖动这些夹点来编辑和调整表格的尺寸。

2. 编辑表单元

当选中某一单元格时，功能区变成了如图 6 - 27 所示的表格单元编辑器，包括插入、删除行列，合并单元格，单元样式、单元格式、向单元格中插入块、字段等功能。这些工具使得编辑单元格非常方便。也可以右击单元格，使用快捷菜单编辑表单元，其主要命令选项的功能说明如下。

图 6 - 27　表格单元格编辑器

对齐：在该命令子菜单中可以选择表单元的对齐方式，如左上、左中、左下等。

边框：选择该命令，打开“单元边框特性”对话框，可以设置边框的线宽、颜色等特性。

匹配单元：用当前选中的表单元格式（源对象）匹配其他表单元（目标对象），此时鼠标指针变为刷子形状，单击目标对象即可进行匹配。

插入块：选择该命令将打开“在表单元中插入块”对话框。用户可以从中选择插入到表中的块，并设置块在表单元中的对齐方式、比例和旋转角度等特性。

合并单元：当选中多个连续的表单元格后，使用该子菜单中的命令，可以合并全部、按列或按行合并表单元。这些操作类似于 Excel 表格操作。

3. 计算功能

AutoCAD 2010 中的表格已具备计算功能，在选中某个单元格时，功能区的“插入”面板中有函数按钮 f_x ▾，点击该按钮下拉菜单，从中可以实现求和、均值等多项计算功能。

【例 6-4】 创建表 6-2 所示的表格内容。

表 6-2　　平曲线面几何要素

平曲线几何要素							
No	α		R	L_S	T	L	E
	Z	Y					
JD1	37°42′43″		1200	200	510.27	989.84	69.52
JD2		26°21′43″	700	160	244.26	482.07	20.51

(1) 功能区：“注释”选项卡→“表格”面板→“表格”按钮，打开“插入表”对话框。

(2) 在“插入表”对话框点中，“表格样式”选择默认的“Standard”，在“列和行”选项组中分别设置列数为 8，列宽为 20 和“数据行数”为 3，行高为 1，其他向全部默认。点击“确定”按钮。

(3) 在绘图区可以看到鼠标右下方拖着一个表格，用鼠标点击要插入表格的位置，表格插在绘图区，此时表格的最上面一行处于文字编辑状态，表格上方有多行文字编辑器。按 ESC 键，退出表格文字编辑状态。

(4) 选中表头的第 2、3 列单元格→“合并”面板→“合并单元格”按钮→“按行合并”按钮。

(5) 选中表头第 1 列与数据的第 1 列第 1 行单元格→“合并”面板→“合并单元格”按钮→“按列合并”按钮。以同样的方式将 4、5、6、7、8 列的表头与数据的第 1 行合并。得到给定样式的表格。

(6) 按照表 6-2 的内容，将标题文字高度设置为 6，表头文字与数据文字都设为 4，输入文字，文字的对正方式为“正中”即可。

说明：(1) 当需要把 Excel 表格及数据引入绘图区时，可打开 Excel 表，将相应的内容选中复制，直接粘贴到 AutoCAD 绘图区即可。若要对表格尺寸修改，可直接拖动四角的夹点，缩放到合适大小。若要对表格中进行修改，可双击表格，系统返回到 Excel 界面，在其中修改内容后保存，则绘图区中表格的内容也随之修改。

(2) AutoCAD 2010 在表格方面还提供了更为强大的功能，如：数据链接、从链接处下载数据、上传到链接处、提取数据等，尤其是数据提取功能在某些情况下比较有用。由于篇幅所限在此不再一一介绍。

课堂练习：完成随书光盘“课堂练习”的“第 6 章”的“练习 6-3”。

6.5　查询图形对象信息

在绘图操作或管理图形文件时，经常需要获取各种图形对象的相关信息。AutoCAD 2010 提供了相应的功能。在经典工作空间中使用查询功能更为方便。用状态栏右端的“切换工作空间”，将工作空间切换到“AutoCAD 经典”工作空间。从菜单栏选择“工具”→“查询”子菜单，如图 6 - 28 所示。从图中可以看出，查询功能包括查询距离、半径、角度、面积、坐标等。

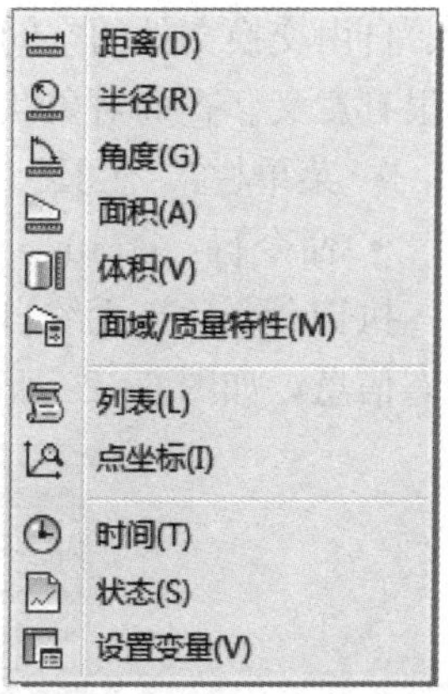

图 6 - 28　“查询”子菜单

6.5.1　查询对象几何特征

在 AutoCAD 2010 中，可以查询图形对象距离、半径、角度等几何特征，下面以查询半径为例，介绍查询的步骤：

- 菜单栏：“工具”→“ 查询”→“半径”。

执行命令后，命令行提示如下：

命令：measuregeom

输入选项［距离(D)/半径(R)/角度(A)/面积(AR)/体积(V)］＜距离＞：radius

选择圆弧或圆：(用鼠标在绘图区拾取要查询的圆或圆弧)

半径 ＝ 12.0770

直径 ＝ 24.1540

输入选项［距离(D)/半径(R)/角度(A)/面积(AR)/体积(V)/退出(X)］＜半径＞：(可按系统提示继续进行查询或按 ESC 退出查询状态)

在命令行出现查询结果，由于命令行较窄，可按下 F2 键，打开文本窗口查看。

用同样的方法可以查询距离、角度、面积、点的坐标、面域等图形信息。

6.5.2　对象信息列表

有时用户需要了解图形对象较多的信息，如一块宅地各角点的坐标，可用列表查询功能。方法如下：

- 菜单栏：“工具”→“ 查询”→“列表”。

执行命令后，命令行提示如下：

选择对象：找到 1 个 (用鼠标在绘图区拾取要查询的对象)

选择对象：(直接回车，仅查询选中的 1 个对象，也可以继续选择查询对象)

按 F2 打开文本窗口可以看到下列信息：

```
LWPOLYLINE  图层：0    空间：模型空间 句柄 ＝ 2cc      闭合
  固定宽度    0.0000        面积  3000.0000       周长  220.0000
        于端点  X=1742.0791  Y=1625.4258  Z=  0.0000
        于端点  X=1792.0791  Y=1625.4258  Z=  0.0000
        于端点  X=1792.0791  Y=1685.4258  Z=  0.0000
        于端点  X=1742.0791  Y=1685.4258  Z=  0.0000
```

从上面信息中可读出这块地的面积、周长、和各角点坐标。

6.5.3　查询对象状态

所谓“状态”是指关于绘图环境及系统状态各种有价值的信息。在 AutoCAD 中任何图形对象都包含着许多信息，例如，当前图形包含对象的数量、图形名称、图形界限及状态、图形的插入基点、捕捉和栅格设置、当前图层、颜色、线型、可用磁盘空间、内存可用空间、自由交换文件的空间等。了解这些数据状态，对于控制图形的绘制、显示、打印输出等都很有意义。查询对象状态的方法：

- 菜单栏："工具"→"查询"→"状态"。
- 命令行：status。

执行命令后，系统自动打开"AutoCAD 文本窗口"，在文本窗口中详细列出当前图形状态信息，如图 6-29 所示。

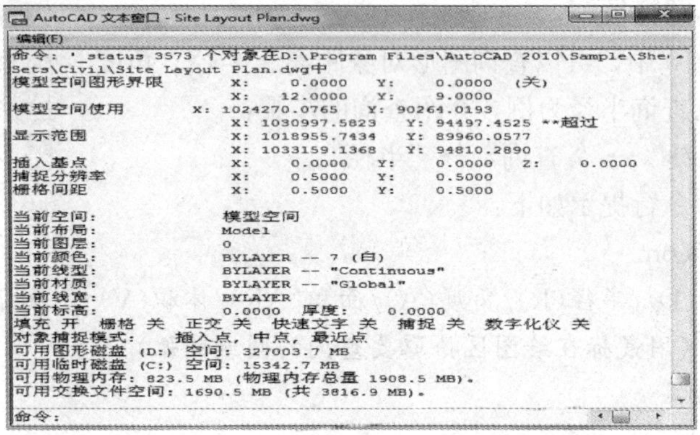

图 6-29　图形状态信息

课堂练习：完成随书光盘"课堂练习"的"第 6 章"的"练习 6-4"。

小　结

本章首先介绍了在 AutoCAD 2010 中进行文字标注、尺寸标注、多重引线标注等注释性符号的创建和编辑方法，继而又介绍了在 AutoCAD 2010 中设置表格样式，创建表格，编辑表格，最后简述了查询图形对象信息的方法。文字标注、尺寸标注、创建和编辑表格是本章的重点，也是绘图过程中使用较多的技术，需要多加练习。

习 题 与 思 考 题

6-1　将 standard 文字样式修改为"字体名"设为仿宋体，其"大小"选择"注释性"，图纸文字高度 5，用该文字样式在绘图区标注多行文字，在状态栏中设置不同的注视比例，观察文字大小的变化，体会注释性的方便。

6-2　在 AutoCAD 绘图区，如何引入 word 文档中的内容，并且能实现再编辑？

6-3　"新建尺寸标注样式"对话框中，"主单位"选项卡下的"测量单比例"中的"比例因子"的数值与图形缩放比例的关系，当绘制的图形缩放时，如何设置才能使标注尺寸数值正确？"调整"选项卡下，"标注特征比例"中的注释性与全局比例因子又起到什么作用？

6-4　在 AutoCAD 2010 中，如何创建表样式？如何引入现有的 Excel 表？

6-5　任意打开一个 CAD 图形文件，查询其中一些几何图形的尺寸，如长度、面积、直径，角度、坐标等，体会以后在工程实际中用 CAD 图形直接查询所需数据的方便。

第7章 测绘符号的制作和定制

随着科技的发展，地图已由传统的纸质地图发展到了数字地图，地图符号在数字地图中占了很重要的作用，它是地图语言的核心，是传输和表达地理现象空间分布的特种语言。随着数字化测图的迅速发展和广泛使用，相当多的测绘单位已经把AutoCAD作为地图数字化和数字化测图的一种工具。但是，随着AutoCAD应用领域的不断扩大，其应用的地物符号也越来越复杂化，AutoCAD的基本绘图系统已不能适应当今测绘行业所面对的各种复杂符号，必须进行定制和开发，才能满足地图数字化的要求。

地形图图式是国家统一颁布执行的标准，是测绘符号设计和编码的依据。本章测绘符号的建立依据为GB/T 20257.1—2007《1∶500 1∶1000 1∶2000地形图图式》。在对《地形图图式》进行仔细的研究和科学的分析基础上，根据AutoCAD 2010的绘图特点，具体介绍了测绘符号的制作和定制方法。

本章主要内容：

- 建立地形图图式符号的一般原则
- 创建地形图独立地物符号
- 定制地形图线型
- 定制地形填充方案

7.1 建立地形图图式符号的一般原则

地形图图式是地形图上表示各种地物和地貌要素的符号、注记和颜色的规则和标准，是测绘和出版地形图必须共同遵守的基本依据之一，是由国家统一颁布执行的重要工具，是测图者和用图者相互沟通的语言。为使数字地形图更好地满足各部门的需要，数字测图软件不仅需要建立一个完整的图式符号库，而且在其设计上，还应当遵守国家或部门的有关标准。

地形图图式中内容的表达，首先是将符号分类，规定每一种地物用什么样的符号来表示；其次是这些符号使用方法的规定，包括符号的定位点或定位线、是否依比例尺绘制、符号的方向和配置等方面的规定。

对于不同的比例尺，图式中有不同的规定，这种不同可以体现在符号的类型图案等方面。在一个完善的图式符号库中，应包括不同比例尺的符号。除了国家标准外，在铁路、电力等行业还制定有各自的部分标准，它们主要是针对专业特点作了若干补充。

一般来讲，符号可以分为点状、线状、面状三大类，并在大比例尺图式规范中作了一些具体的规定。

(1) 点状符号只是一个定位点，对应一个固定的、不依比例尺而变化的图形符号。根据朝向不同，又可以分为垂直于南图廓和按真实方向描绘两类。例如，消火栓、独立针叶树属于前者，门墩、地下建筑物的地表出入口等属于后者，如图 7-1 所示。

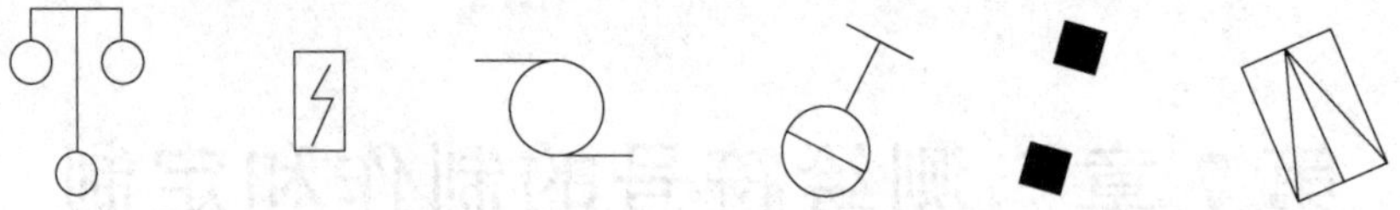

图 7-1　垂直于南图廓（前三）和按真实方向描绘（后三）的点状符号

（2）线状符号的特点是根据定位线绘制，依据线划构成的复杂程度不同，它又分为：

1）简单线型。例如大车路（一边虚线，一边实线）、内部道路（虚线）、滑坡范围和一些带注记的管线如污水管线、热力管线等，如图 7-2 所示。

图 7-2　简单线型

2）复合线型，如行树、高压电力线、坎等，如图 7-3 所示。

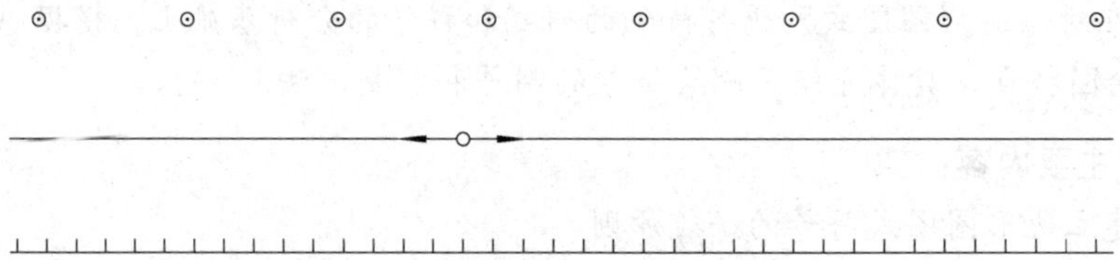

图 7-3　复合线型

（3）面状符号的定位线要求构成封闭的区域，根据填充方式的不同，又可分为点填充方式（如草地）及线填充方式（如房屋的晕线），如图 7-4 所示。

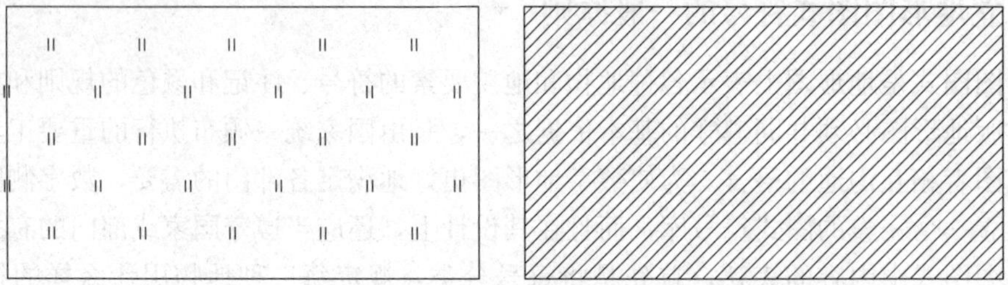

图 7-4　图案填充的两种方式

在 AutoCAD 平台上定制测绘符号通常有两种方法：一种是利用形文件，另一种是使用图块。无论是编“形”还是“块”，因其具体需要有不同的要求，制作方式也有很大的区别，但前提是都必须遵循国家测绘局的统一标准，实行统一的原则，才能使符号库在不同的条件下统一使用。

7.2　创建地形图独立地物符号

控制点、植被符号、独立地物都属于点状符号，AutoCAD 可以用形（shape）和块（block）来定义点状符号。形是一种用文本文件（扩展名是 .shp 和 .shx）定义的矢量符号，由 AutoCAD 进行解释绘制，可用于定义各种符号、文本字符集等，旧版本的 AutoCAD 就是使用这种方法实现了汉字的输入。形具有占用磁盘空间少的优点，很适用于规则符号的定义，但是定义过程繁琐复杂。块实际是一种特殊化了的 AutoCAD 图形文件（*.DWG），可用于所有符号的定义，方法简便直观，并且可定义属性块，实现带注记的符号（如三角点等）的绘制。块唯一的缺点是占用磁盘空间比较大。无论是使用图块还是形文件定制独立地物符号，我们首先都需要确定点状符号的定位点和符号的尺寸大小。

7.2.1　定位点的选择

设计点状符号时首先要选择一个绘制基点，也就是定位点。一般把定位点选到插入基点上，即以图形的基点作为绘制的原点。基点的选取方法为：①圆形、方形、三角形等几何图形符号，如三角点、导线点等，其几何的中心为定位点；②宽底符号，如烟囱等，其符号的底线中心为定位点；③底部为直角形的符号，如独立树、加油站等，其符号底部的直角顶点为定位点；④不规则几何图形，又没有宽底或直角顶点的符号，如雷达站、无线电杆等，其符号下方两端点连线的中心为地物的定位点。

7.2.2　符号尺寸大小的确定

由于大多数点状符号是不依比例尺变化的，所以在不同比例尺的地形图中，同一符号的实际大小尺寸是不同的。例如尺寸为 1mm 的符号，1mm 指的是在图纸上的尺寸，因此对于 1/1000 比例尺地形图，该符号在图形文件中的实际尺寸应为 1m。由于符号的尺寸与比例尺有关，因此我们一般取 1/1000 为基本比例尺来制作符号，这样图纸上 1mm 符号的实际尺寸为 1m。为了便于换算，当在 1/500 比例尺的地形图中插入该符号时，插入比例应为 0.5；在 1/2000 的地形图中插入该符号时，插入比例应为 2，以此类推。

7.2.3　利用图块的功能创建独立地物符号

图块是 AutoCAD 系统中最具有特色的图形实体，它可以在图形系统中随意定制，并可以文件形式保存，供绘图时调用插入。对于点状符号，其位置固定，数量较多，且一般都带有一定的标注，可逐个制作属性块图元，单独插入。通过这种方法，可以建立图形符号库，以便插入到其他图形文件中。

当使用 BLOCK 命令创建块时，AutoCAD 将把此操作当作定义块。其结果是将该块定义存储在图形数据库中，同一个块参照可根据需要插入多次。图块的具体的使用方法参见第五章。

对于点状符号，一般都带有一定的标注，例如：高程点、各类控制点、导线点、大口井等，如图 7-5 所示。我们可逐个制作属性块图元，单独插入。制作属性块将所有的点状符号按照块定义的方法制成标准的 AutoCAD 属性块并放于某个目录（如 C：\ AutoCAD 2010 \ Support \ fuhaoku）中，绘图员操作时，在执行相应的命令后，在图上点取相应的点位，旋转方向（无方向符号不必），然后输入高程或点名等注记数据。符号和注记按图式在相应的位置绘制。在这里我们以三角点为例进行介绍属性块制作的具体方法。

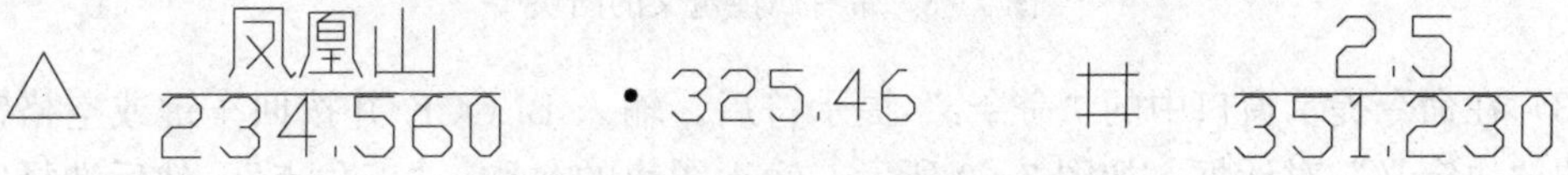

图 7-5　带有注记的点状符号

（1）首先按图式要求绘制如图 7 - 6 所示的三角点图形。

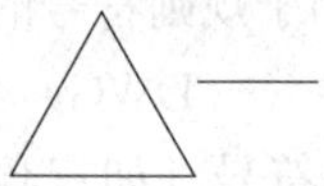

图 7 - 6　三角点图形

（2）在命令提示窗口中的“命令:”提示符后，输入 Attdef 并按回车键或空格键，弹出如图 7 - 7 所示“属性定义”对话框，在该对话框中对块的属性进行定义。在“标记”文本框中输入名称，在“提示”文本框中输入提示信息，如“请输入高程点的名称”，设置文字高度、文字样式，单击“确定”按钮，返回到图形窗口，利用光标选择属性文字的插入位置，完成三角点名称属性的定义。以同样的方法确定高程值的属性定义和插入位置。结果如图 7 - 8 所示。

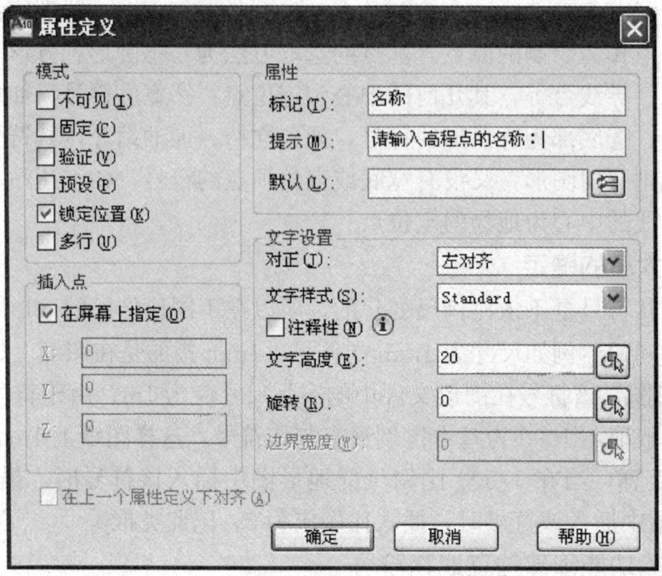

图 7 - 7　“属性定义”对话框

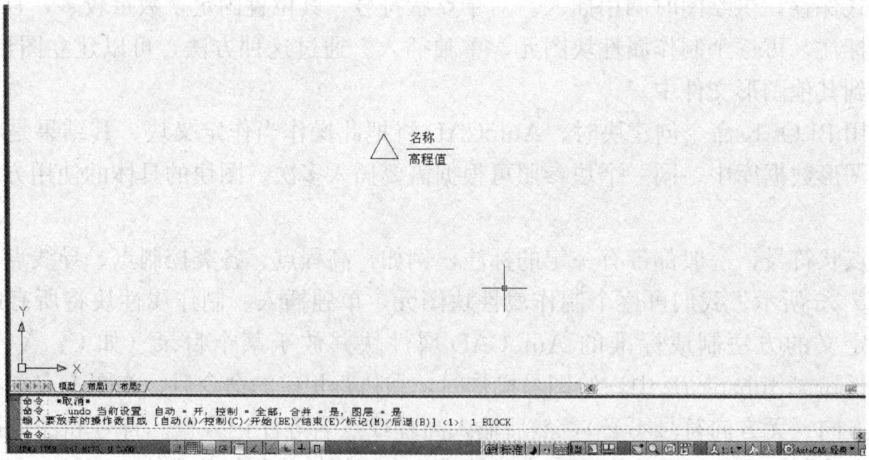

图 7 - 8　带有属性定义的图块

（3）在命令提示窗口中的“命令:”提示符后，输入 BLOCK 并按回车键或空格键，在弹出的“块定义”对话框，如图 7 - 9 所示，输入图块的名称：“三角点”，然后选择定义图块所需的图形对象，单击“确定”按钮完成属性块定义。

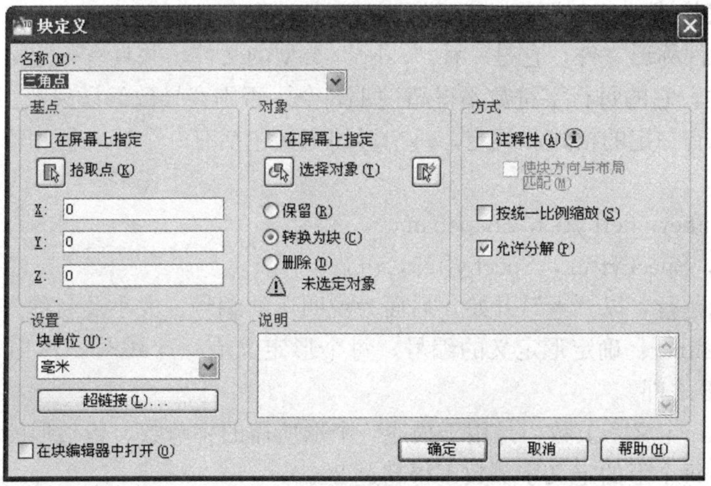

图 7-9　“块定义”对话框

（4）在命令提示窗口中的“命令：”提示符后，输入 insert 命令，可以实现图块的插入。

通过上述步骤即可实现带有属性的图块定义，使用该方法我们可以制作图根点、导线点、水准点等测量控制点符号以及其他带有属性的独立地物符号。

课堂练习：完成随书光盘中“课堂练习”的“第 7 章”的“练习 7-1”。

7.2.4　利用形的功能创建独立地物符号

形是一种能用直线、圆弧或圆来定义的特殊实体，其形式类似于块的定义方法，但两者的定义是完全不同的。块比形更容易掌握，而且通用性更强。块需要在绘图过程中定义，而形则由形文件在外部支持。调用一个形只需将形代码和变量参数记录在图形文件中。

在 AutoCAD 中，形从定义到绘入图形，需经以下几个步骤，见表 7-1。

- 按规定格式进行形定义。
- 用文本编辑器或字处理器建立形文件。形文件类型为“.shp”。
- 用编译命令 compile 对已生成的形文件进行编译，生成“.shx”文件。
- 用 load 命令装入编译后的形文件。
- 用 shape 命令把形文件插入到所绘图形中。

调用一个形和调用一个块（block）在形式上有些相似，但 AutoCAD 系统对二者的定义是完全不同的。调用一个形只是将形码（名）和变换参数（插入点、比例和转角）记录于图形文件。组成形的矢量仅读取到缓冲区，并不存入图形文件。而块无论是否被调用，在定义时就占用了图形文件的一些存储空间。因此，在进行二次开发时，一般将常用的符号、字体等定义为形。这样，既可显著地节省存储空间，也可为多个图形文件共用。

表 7-1　　形从定义到调用的过程

工作内容	定义形文件	编译形文件	装入形文件	调用形文件
工具	文本编辑程序	Compile 命令	Load 命令	Shape 命令
结果	得到形的源文件（*.shp）	得到形的目标文件（*.shx）	该形文件中定义的形可被调用	在当前作业中插入形

1. 形的定义格式

定义形的文件称形文件，它是一种“. shp”类型的文件，并具有一定格式。形文件是一个 ASCII 码文件，它的每行字符数不得超过 128 个，否则会导致编译失败。

形的定义具有一定的格式和规定，每个形的定义包括有一个标题行和若干形描述行。格式如下：

* Shapenumber，defbytes，Shapename

Specbyfte1，Specbyfte2，Specbyfte3，…，0

第一行为标题行，以“ * ”开始，后面为说明形的编号、大小及名称。

• Shapenumber：确定形定义的编号，每个形定义有一个编号，占用一个字节，其编号范围在 1～258 之间。

• defbytes：定义字节数，是用于描述一个形所需的字节数，包括形的描述结束符“0”所占用的字节。每个形的定义字节数不得超过 2000。

• Shapename：确定形名，每个形必须有形名，且这个形名必须大写，否则形名会被忽略。

第二行为描述行，其各项含义为：

Specbyftei：该项为描述字节，用数字或字母描述形中所包含的线段、弧的大小及方向。每个字节都是定义了矢量长度和方向的代码或是特殊代码之一。说明字节在形定义文件中可以通过十进制数来表达。数字和字母为一个字节，字节之间用逗号分开。描述行以“0”结束。

（1）矢量长度和方向编码。一个简单的形描述字节包括矢量长度和方向编码，每个矢量的长度和方向编码都占用 3 个字符：第一个字符必须是 0，它表示后边两个字符是十六进制数；第二个字符代表矢量的长度，有效值为 1～F（1～15 个单位长）；第三个字符代表矢量的方向，矢量方向编码见图 7-10。

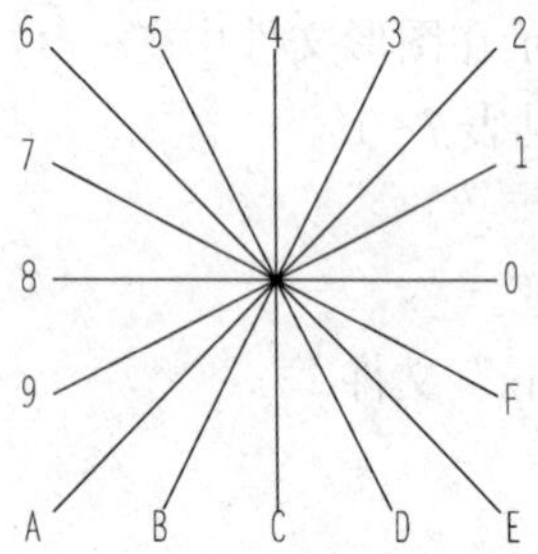

图 7-10　矢量方向编码

（2）特殊码。除了可以定义矢量外，说明字节还可以使用特殊代码创建附加形式或指定某些方式。用户可以使用这些代码定义不同的对象，如直线段、圆弧等。使用这些代码时，3 个字符串的前 2 个字符必须是 0，否则只能确定代码数字。下面是 AutoCAD 系统的特殊描述码。

000	形定义结束
001	激活绘图模式（落笔）
002	关闭绘图模式（抬笔）
003	用下一个自节除矢量长度
004	用下一个自节乘矢量长度
005	将当前位置压入栈
006	将栈中内容弹到当前位置
007	画出由下一个字节给出的子形
008	下两个字节给出（X，Y）位移量
009	由（0，0）结束的多个 X－Y 位移

00A　　　由下两个字节定义八分弧

00B　　　由下五个字节定义的小段弧

00C　　　由（X，Y）位移和凸度定义的弧

00D　　　多个指定凸度的弧

00E　　　只在垂直文本下处理另一个命令

下面详细解释这些专用码的意义：

1）代码 0：结束形定义。

该码只是标志形定义的结束。

2）代码 1 和代码 2：控制绘图模式。

这两个码控制绘图模式：当形的开始代码为 1 时，绘图模式为打开。当绘图模式为打开时，落笔画线；当代码为 2 时，绘图模式为关闭，此时只移动新位置而不画线。

3）代码 3 和代码 4：控制尺寸。

代码 3 和代码 4 控制每一矢量的相对尺寸。通过 shape 命令指定的高度为水平或垂直矢量（方向 0，4，8，c）的初始长度。

代码 3 和代码 4 后面附带一个包含整数比例因子的字节（从 1～255）。如果想用形的高度来确定整个形的大小，并用 10 个矢量长度来绘制，可以用“3，10”来指定高度比例。比例因子在同一形内是累计的。例如，先乘以 2，再乘以 5，最终产生的比例因子为 10。

4）代码 5 和代码 6：保存与恢复当前坐标位置。

代码 5 和代码 6 用于绘制形之前，把当前坐标压入（保存）和弹出（重置）栈。可以从形中后面的点返回到原来的位置。用户必须弹出或压入栈中的所有内容。位置栈只能放 4 个值。

5）代码 7：子形。

代码 7 是子形调用。附在代码 7 后面的 non-unicode 说明字节是一个从 1～255 的形编号。代码 7 后面从 1 到 65535 的 unicode 形号，对应的 unicode 字体，对应的 unicode 形号被当作两个字节，具有该号的形也同时绘出。

6）代码 8 和代码 9：X-Y 位移。

正常的矢量字节只画 16 个方向，最长的长度为 15。这些限制有助于使形定义更简单，因为这样的线段都是前面所说的标准线段。但这样也会产生一些局限。因此，代码 8 和代码 9 允许使用 X-Y 位移量来画非标准的矢量。代码 8 后面必须跟下列格式的两个字节：

8，X _ displacemen，Y _ displacemen

X 和 Y 方向位移的变化范围是－128～＋127，正数前面的＋号是可选项，使用括号可以提高可读性。例如，8，（－10，5）将绘制一个向左移动 10 个单位并向上移动 5 个单位的矢量。

7）代码 00A：绘制八分弧。

特殊码 00A（或 10）使用下面的两个字节来定义一段弧。这种类型的弧之所以被叫做八分弧，是因为它的跨度是一个或几个 45°弧，并以八分弧边界开始和终止。八分弧从时钟上的三点钟位置逆时针方向编号。

弧的说明是：

10，radius，（－）0SC

行中，10 即为八分弧的专用码（00A 的十进制数），半径 radius 的值可以是 1～255 的任何一个值。下一个字节指出弧的方向（正是逆时针，负是顺时针），S 为起始八分弧的符号，其值为 0～7，C 是该八分弧的跨度，该值是一个 0～7 的值，0 意味着有八个八分弧或一整圆，括号可用来提高可读性。

8）代码 00B：非标准弧。

特殊码 00B（11）用于画那些起始位置和终了位置是非八分圆角边界的弧。该定义使用五个字节：

11，Star _ offset，end _ offset，high _ radius，low _ radius，（－）0SC

起始和终止偏移 Star _ offset 和 end _ offset 表示弧的开始处和结束处离八分弧边界的距离。而 high _ radius 则为半径值的高 8 位标记，若半径值小于 255 个单位值，该值将为零。除此之外，半径、控制字节与八分弧规范完全一样。八分弧数（C）是包含这段弧的八分弧个数，而且 0 亦即为 8。通过计算起始八分弧的边界（45°的倍数）与弧的起点的度数的差值，可以决定起始偏移量。然后将该差值乘以 256 再除以 45。若弧的起点在八分弧的边界上，则起始偏移角的差值为零。若弧在八分弧上终止，则终止偏移角为零。

9）代码 00C 和代码 00D（12 和 13）：凸弧。

特殊码 00C 及 00D 提供在形定义中包含部分弧的另一种方法。它们近似于代码 8 与代码 9，允许指定（X，Y）位移。但是代码 00C 和 00D 允许在画弧时把凸起因子应用到偏移矢量中。代码 00C 画一个单段弧，而代码 00D 直到被（0，0）结束之前画多个单段圆弧。

代码 00C 后面必须跟三个字节并用其描述该弧，如下所示：

0C，X _ displacement，Y _ displacement，Bulge

X 和 Y 的位移值变化范围可以是－127～＋127，用于指出弧的曲度的凸起（bulge），其变化范围也是从－127～＋127。

半圆的凸度为 127（或－127），也是使用这些码所能表示的最大弧。凸度为零的弧也是有效的，它表示一条直线。

多段弧代码（00D 或 13）后跟零或多个圆弧且由一个（0，0）位移终止。例如，字母 S 的形描述可由下列序列来定义，形状如图 7-11 所示。

13，（0，5，127），（0，5，－127），（0，0）

2. 建立形文件

形文件是一个 ASCII 码的文件，所以可利用文本编辑器或字处理器来建立一个 .shp 形文件。用文本编辑器建立的 .shp 形文件，不能被 AutoCAD 直接调用，必须经过编译才行。编译形文件就是把 ASCII 码的 .shp 文件转换成能为 Load 或 Style 命令所接受的格式，即生成 .shx 文件。

对形文件进行编译的命令为：

图 7-11　字母 S

• 命令：compile。

激活编译命令后，AutoCAD 就将显示“选择形或字体文件”对话框，如图 7-12 所示，提示用户输入要编译的 .shp 形文件名。

编译完成后，屏幕上显示如下信息：

Compilation Successful. Output file XXX. shx contains nnn bytes

被编译后形成的文件名与原定义的文件名相同，只是扩展名变成

. shx，这是一个可被 load 命令装入 AutoCAD 系统的文件。

图 7 - 12　“选择形或字体文件”对话框

3. 加载形文件

编译后的形文件，在使用前应该将其加载到 AutoCAD 系统中。加载形文件的命令为 load，它的功能是将 . shx 形文件装入 AutoCAD 系统，以便调用。命令格式为：

• 命令：load。

执行该命令后，系统打开“选择形”文件对话框，如图 7 - 13 所示。在该对话框中，可以在“文件名”文本框中输入被加载的形文件，或直接在文本框中选择被加载的 . shx 文件，然后单击“打开”按钮，系统将自动将其进行加载。

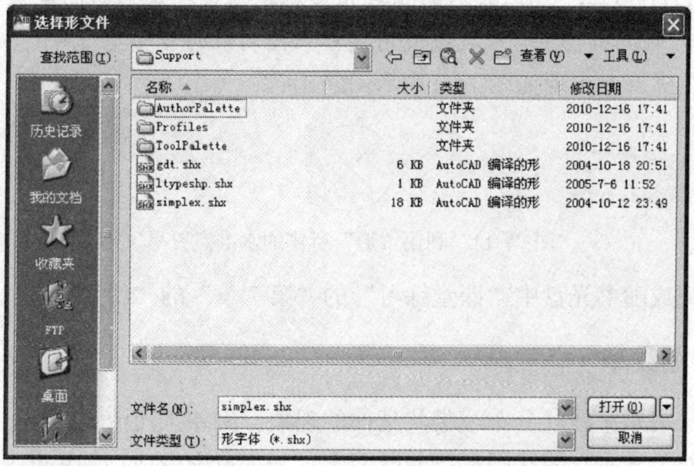

图 7 - 13　“选择形”文件对话框

4. 调用形文件

当形文件被加载后，就可以用 shape 命令把形插入到当前所绘制的图形中去。形被插入时，可以放大、缩小或改变其方向。shape 命令的格式如下：

• 命令：shape。

输入形名或［?］：

指定插入点：

指定高度＜1.0000＞：

指定旋转角度＜0＞：

上次调用的最后一个形名将作为缺省形名提供。也可用“?”来请求显示已加载的形文件列表，AutoCAD 将提示如下：

输入要列出的形名＜*＞：

此时回车给出响应将会列出所有的形名，选择一个完成形文件的调用。

【例 7-1】 下面以水准点符号为例，介绍如何用形文件的方式建立独立地物符号。

（1）建立水准点形文件。新建一个文本编辑器，即 *.Txt 文件，将其从命名为 SZD.shp 形文件，在该形文件输入以下内容：

*68，27，P121

3,10,2,8,(10,0),1,10,(10,-000),2,8,(-3,7),1,8,(-14,-14),2,8,(14,0),1,8,(-14,14),0

（2）编译形文件。在 AutoCAD 命令提示符下输入 Compile，选择 SZD.shp 形文件，被编译后形成的文件名与原定义的文件名相同，只是后缀发生变化，编译后的文件为 SZD.shx。

（3）加载形文件。在 AutoCAD 命令提示符下输入 load，选择 SZD.shx 文件，完成加载。

（4）调用形文件。在 AutoCAD 命令提示符下输入 shape，AutoCAD 提示如下：

输入形名称或［?］＜P3621＞：P121

指定插入点：（用鼠标拖动形到某一插入点）

指定高度＜1.0000＞：2.0（输入数值或用鼠标拖动来控制形的高度）

指定旋转角度＜0＞：0（输入数值或用鼠标来控制形的旋转角度）

回车后就会在屏幕上出现如图 7-14 所示的图形。

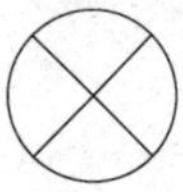

图 7-14 利用“形”所作的水准点符号

课堂练习：完成随书光盘中“课堂练习”的“第 7 章”的“练习 7-2”。

7.3 定制地形图线型

线状符号用于表示呈线状分布或带状延伸的现象。例如：河流、公路、铁路、境界线等都有相应的线状符号表示，线状图形符号既能表示一定范围内地物的形状、弯曲程度及延伸方向，又能以宽度、色彩等表示地物的数量或质量特征。线状符号根据其特点可以分为以下几种类型：

（1）实物型线状符号。可以用适当粗细的单线直接描述在定位线上，如公路、等高线等。

（2）无方向规则变化型线状符号。其图形沿定位呈现有规律的重复即存在一个单位长度。每个单位长度的图形都是相同的，称之为单位图形，许多这样的单位图形沿定位线方向首尾相接构成了完整的线状符号。如地类界符号，单位图形是 0.25mm 直径的圆，圆和圆之间距离为 1.5mm。

（3）有方向规则变化型线状符号。如栅栏、陡坎、铁路、围墙等。

（4）节点装饰型的线状符号。如高压线、低压线、通信线等。

线型的多样性，是地形图绘制的特色之一，可以说掌握了地形图中线型的定制和使用，就等于掌握了 AutoCAD 线型定制的全部内容。地形图行政区界线、道路、管线等都是用特殊的线型表示的，虽然在 AutoCAD 中很少有可供使用的专用的地形图线型，但通过由 AutoCAD 提供的线型自定义功能，处理这些特殊线型也并不是一件困难的事。线状符号在 AutoCAD 可分为简单线型和复合线型。基本线型是指有宽度的实线和各种点划线，可用于表示小路、地类界等简单的线形符号。复合线型是在简单线型的基础上插入了文本以及由形定义的点状符号，因此，可构造出复杂的具有横向结构的线状符号，如栅栏、围墙等。

AutoCAD 2010 提供了两种创建和修改线型定义的方法：第一种是使用 Linetype 命令的"创建"选项编辑或添加新的线型定义；另一种是使用任何一种文本编辑器如 WINDOWS 的记事本来编辑线型文件。

7.3.1　线型文件的定义格式

线型定义保存在扩展名为 *.lin 的文件中。在 acad.lin 文件中约有 40 种英制标准的线型定义，在 acadiso.lin 文件中约有 40 种公制标准的线型定义。线型文件是一种纯 ASCII 码格式的文本文件，一个线型文件可以定义多种线型。

在线型文件中，每一种线型的定义都可定义为两行。具体格式如下：

*LineType-name，(description)

Alignment，dash-1，dash-2，dash-3，…

第一行定义了线型的名称及线型说明。在该行中必须以"*"打头，然后是线型名和可选的说明文字。如果需要给出线型的描述，则必须通过逗号与前面的线型名称分开，线型说明是可选择项，如"Use this linetype for hidden lines"（此线型用于表示隐藏线），用户对线型的描述不能超过 47 个字符。由于线型描述是可选项，允许省略，此时线型名后不能有逗号。

第二行是描述线型样式的代码。Alignment 字段为线型对齐方式。目前 AutoCAD 2010 只支持一种对齐方式，即通过在字段开头输入"A"来指定。使用 A 型对齐，AutoCAD 将保证直线的端点处为短划线。这种对齐方式，第一个短划线的值应大于等于 0（即下笔段或点），第二个短划线的值应小于 0（提笔段），并从第一个短划线说明开始，至少要有 2 个短划线结构说明。

dash-1，dash-2，dash-3，…用来描述线型的具体形式。Dash-n 字段指定组成线型的线段长度。若长度为正，则表示是下笔段，即为要画出的线段；若长度为负，则表示为提笔段(间隔)，即空出长度为该值的间隔；若长度为零，则表示要绘出一个点。

例如，对于使用重复形式的一种名叫 DD1 的线型，要求其基本结构为：

短划线，0.5 个绘图单位长

间隔，0.25 个绘图单位长

点

间隔，0.25 个绘图单位长

该线型可以定义成如下形式：

```
*DD1，—．—．—．—
A，0.5，－0.25，0，－0.25
```

7.3.2 标准线型文件

AutoCAD 2010 提供的线型保存在 acad. lin 标准线型库文件中，其存放路径为(C：\ Program Files \ AutoCAD 2010 \ UserDataCache \ Support)。在标准线型中包括简单线型和 ISO 线型及复合线型两类。简单的线型由短划线、点和空格组成，复杂的线型不仅包含短划线、点和空格，还包含嵌入的对象，如文本或形。

在 AutoCAD 2010 标准线型库中定义的简单线型特征：除了连续线型外，还包括 24 种线型。这 24 种线型分为 8 类，每类有 3 种不同的线段长度及空格，名称分别为“类名”、“类名2”、“类名 X2”。后面两种线型的线段长度和空格分别为第一种线型的 0.5 倍和 0.2 倍。

ISO 线型按 ISO128 标准，且笔宽为 1mm 进行定义。

AutoCAD 2010 标准线型文件 acad. lin 提供的标准线型样式如下：

```
;;  AutoCAD Linetype Definition file
;;  Version 3.0
;;  Copyright (C) 1991－2009 by Autodesk，Inc.    All Rights Reserved.
*BORDER,Border __ __ . __ __ . __ __ . __ __ . __ __ .
A,.5,－.25,.5,－.25,0,－.25
*BORDER2,Border (.5x) __.__.__.__.__.__.__.__.__.__.__.
A,.25,－.125,.25,－.125,0,－.125
*BORDERX2,Border (2x) ____ ____  .  ____ ____  .  ___
A,1.0,－.5,1.0,－.5,0,－.5

*CENTER,Center ____ _ ____ _ ____ _ ____ _ ____ _ ____
A,1.25,－.25,.25,－.25
*CENTER2,Center (.5x) ___ ___ ___ ___ ___ ___ ___
A,.75,－.125,.125,－.125
*CENTERX2,Center (2x) ________  __  ________  __  _____
A,2.5,－.5,.5,－.5

*DASHDOT,Dash dot __ . __ . __ . __ . __ . __ . __ . __
A,.5,－.25,0,－.25
*DASHDOT2,Dash dot (.5x) _._._._._._._._._._._._._._._.
A,.25,－.125,0,－.125
*DASHDOTX2,Dash dot (2x) ____  .  ____  .  ____  .  ___
A,1.0,－.5,0,－.5

*DASHED,Dashed __ __ __ __ __ __ __ __ __ __ __ __ __ _
A,.5,－.25
```

*DASHED2,Dashed (.5x) _ _ _ _ _ _ _ _ _ _ _ _ _ _ _ _ _

A,.25,-.125

*DASHEDX2,Dashed (2x) ____ ____ ____ ____ ____ ____

A,1.0,-.5

*DIVIDE,Divide ____ .. ____ .. ____ .. ____ .. ____

A,.5,-.25,0,-.25,0,-.25

*DIVIDE2,Divide (.5x) __..__..__..__..__..__..__..__

A,.25,-.125,0,-.125,0,-.125

*DIVIDEX2,Divide (2x) ________ . . ________ . . _

A,1.0,-.5,0,-.5,0,-.5

*DOT,Dot . . . .

A,0,-.25

*DOT2,Dot (.5x) ....

A,0,-.125

*DOTX2,Dot (2x) . . . .

A,0,-.5

*HIDDEN,Hidden __ __ __ __ __ __ __ __ __ __ __ __ __

A,.25,-.125

*HIDDEN2,Hidden (.5x) _ _ _ _ _ _ _ _ _ _ _ _ _ _ _ _ _ _ _

A,.125,-.0625

*HIDDENX2,Hidden (2x) ____ ____ ____ ____ ____ ____

A,.5,-.25

*PHANTOM,Phantom ______ __ __ ______ __ __ ______

A,1.25,-.25,.25,-.25,.25,-.25

*PHANTOM2,Phantom (.5x) ___ _ _ ___ _ _ ___ _ _ ___ _ _

A,.625,-.125,.125,-.125,.125,-.125

*PHANTOMX2,Phantom (2x) ____________ ____ ____ _

A,2.5,-.5,.5,-.5,.5,-.5

AutoCAD 2010标准线型文件 acad.lin 提供的复合线型样式如下：

*FENCELINE1,Fenceline circle ----0-----0----0-----0----0-----0--

A,.25,-.1,[CIRC1,ltypeshp.shx,x=-.1,s=.1],-.1,1

*FENCELINE2,Fenceline square ----[]-----[]----[]-----[]----[]---

A,.25,-.1,[BOX,ltypeshp.shx,x=-.1,s=.1],-.1,1

......

*HOT _ WATER _ SUPPLY,Hot water supply ---- HW ---- HW ---- HW ----

A,.5,-.2,["HW",STANDARD,S=.1,R=0.0,X=-0.1,Y=-.05],-.2

*GAS _ LINE,Gas line ----GAS----GAS----GAS----GAS----GAS----GAS--

A,.5,-.2,["GAS",STANDARD,S=.1,R=0.0,X=-0.1,Y=-.05],-.25

*ZIGZAG,Zig zag /\/

A,.0001,－.2,[ZIG,ltypeshp.shx,x=－.2,s=.2],－.4,[ZIG,ltypeshp.shx,r=180,x=.2,s=.2],－.2

7.3.3 简单线型的定制

简单线型一般比较简单，用抬笔落笔即可控制。也就是在连接点间用实线、虚线、点划线、双点线、空线（无线）等表示的符号，都归为该类。该线型形状可以为直线、曲线、圆弧或整圆。例如大车路（一边虚线，一边实线）、内部道路（虚线）和一些带注记的管线如污水管线、热力管线等，如图 7-15 所示。

图 7-15 简单线状符号

该类符号实际上由线型号唯一确定，线型号及其具体的结构定义存放在 acad.lin 中。制作该类符号时，可使用文本编辑器编辑 acad.lin 文件，来添加或修改某线型所对应的实际线型。

通过编辑线型文件生成新线型的方法最为简洁方便，我们可以使用任何一种文本编辑器程序打开某线型文件，直接在已有的线型文件中加入新定义的线型，或修改原有的线型来定义新线型。线型文件编辑完成并保存后，用户便可以使用该新建的线型。

下面以定义行政分界线线型为例说明如何使用文本编辑器定制基本线型。

使用任何一种文本编辑器打开 acad.lin 文件，在文件后面加入下面两行内容：

＊村界，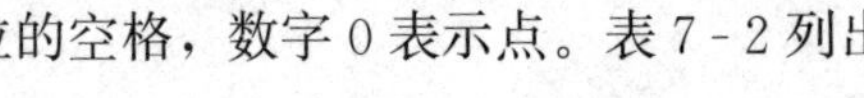

A，4.0，－1.0，4.0，－1.0，4.0，－1.0，0，－1.0

第一行中＊号为标示符，标志一种线型定义的开始。“村界”为线型名，线型名之后是用字符对线型形状的粗略图示描绘，表示村界线是点划线的形状（描绘是示意性的，不对实际线型的形状产生影响）。

第二行必须以 A 开头，表示对齐类型。正数 4.0 表示绘 4 个单位的短划线，负数－1.0 表示一个单位的空格，数字 0 表示点。表 7-2 列出了一些简单线型的定义方法。

表 7-2 简单线型的定义示例

线型名称	线 型 规 格	线型定义
边界		A，0.5，－0.25，0.5，－0.25，0，－0.25
大车路		A，8，－2，8，－2
内部道路		A，1，－1，1，－1
地类界		A，0，－1.6，0，－1.6

课堂练习：完成随书光盘中“课堂练习”的“第 7 章”的“练习 7-3”中的“7-3-1”。

7.3.4　复合线型的定制

在连接点间按一定规律插入若干图元或线划，被称作复合线型符号，它与普通线型符号的区别在于使用各种图元组合而成。

复合线型除了包含短划线、点、空格的定义外，还包含形或文字对象（用方括号括起来）。复合线型使线型的定义不再局限于线段、点和间隔，还可在定制的线型中嵌入文本字符串或形文件（.shx）中的形。

复合线型定义的具体格式如下：

*LineType-name，(description)

Alignment，dash-1，dash-2，… [嵌入的文本字符串或形文件]，dash-n，…

其中，嵌入的文本字符串的定义语法为：

[“string”，Style，Scale=n，Rotate=n，Xoffset=n，Yoffset=n]

- string：为要嵌套的由一个或多个字符组成的文本字符串。该字符串必须用双引号括起。
- Style：是文本样式的名字，如果当前图形中没有 style，AutoCAD 则不允许使用此线型。
- Scale：用于确定文本的比例因子。如果在定义线型时，使用固定高度的文本样式，AutoCAD 则将该高度乘以 scale。如果使用可变高度的文本样式进行插入，则 AutoCAD 将 scale 后的数值看作是绝对高度。
- Rotate：是所嵌套的文本相对于当前画线方向的倾斜角度，为可选项。在系统默认情况下该选项值为 0，即文本方向与所画线的方向一致。
- Xoffset，Yoffset：两个选项用于确定所嵌套的文本相对于线型定义所确定的当前点的偏移量。这两个选项均是可选项。当选项为系统默认选项时，系统将文本字符串的左下角放在当前点上，AutoCAD 将当前点作为嵌套文本的插入点。正的 X 偏移量可使文本朝 X 轴正方向移动，正的 Y 偏移量可使文本沿着正 Y 方向移动。

嵌入形的定义语法是：

[shape-name，shape-file name，Rotate = n，Angle = n，Scale = n，Xoffset = n，Yoffset =n]

- shape-name：是要嵌套的位于 AutoCAD 2010 形文件中的形名。
- shape-file name：是形文件名，该文件必须保存在并位于 AutoCAD 的搜索路径中。
- Rotate：是所嵌套的形相对于当前画线方向的倾斜角度，为可选项。在系统默认情况下该选项值为 0，即形方向与所画线的方向一致。
- Angle：表示所嵌套的形相对于世界坐标系的 X 轴的绝对倾斜角度。当形总是以水平形式出现而与线段的方向无关时，A=0。用户可以指定 Rotate 和 Angle，但两者不能同时都给定值。如果两个都没有给定值，则 AutoCAD 将 Rotate 设置为 0。
- Scale：此选项用来确定嵌套形的比例因子。该比例因子可使形从其默认缩放系数 1.0 按确定的比例放大或缩小。
- Xoffset，Yoffset：两个选项用于确定所嵌套的形相对于线型定义所确定的当前点的偏移量。这两个选项均是可选项。当选项为系统默认选项时，AutoCAD 将当前点作为嵌套形的插入点。正的 X 偏移量可使形朝着当前线段向 X 轴正方向移动，正的 Y 偏移量可使形沿着正 Y 方向移动。

在进行复合线型的定制时，只能通过编辑已有线型文件或建立新的线型文件生成新线型。在实际定制过程中，可以把形或文本同时嵌入到同一种线型。下面介绍复合线型的定制方法。

（1）定义像陡坎、斜坡、水田边界这类带形（Shape）定义的线型。

嵌入于陡坎、斜坡、水田边界线中的形“｜”描述代码为：

*135，6，KAN

014，2，01C，1，01C，0

以上代码表示：标题行以 * 开头，形的编码为 135，有 6 个定义字节，形的名称为“KAN”。描述行编码的含义：从 0 落笔，向 4 方向划一个 1 单位长度线段，提笔，向 C 方向空移 1 单位长度，落笔，向 C 方向划一个 1 单位长度线段，随后停止。将上述代码和其他代码以形 . shp 为名存入 \ AutoCAD 2010 \ support \ 路径下。

必须编译形文件后，其中定义的形才能被 AutoCAD 2010 用来制作线型。直接在 AutoCAD 2010 命令提示区键入 Compile，当显示“选择形或字体文件”对话框时，从相应路径下选择形定义文件（例如形 . shp）后，即开始编译。编译后在同一路径下自动生成同名 . shx 文件，例如形 . shx 文件。

定义了形文件后，我们即可利用形 . shx 文件进行复合线型的定制，具体如下，结果如图 7 - 16 所示：

*陡坎

A，2，[KAN，形 . shx，y=1]，2

*斜坡

A，2，[KAN，形 . shx，y=1]，4，[KAN，形 . shx，s=2，y=2]，2

*水田边界

A，2，[KAN，形 . shx]，2、

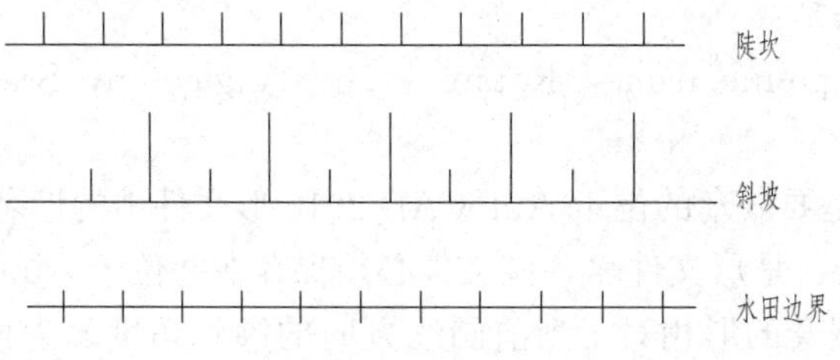

图 7 - 16　包含形对象的复合线型

（2）定义带文本字符串的线型。

定义像地面下的污水管道带有文字的线型，如图 7 - 17 所示，具体定义方法如下：

*污水管道

A，4，－1，4，－1，4，－1，["污",STANDARD]，－1

图 7 - 17　地面下的污水管道

(3) 定义同时带文本和形的线型。

例如定义复合线型：架空依比例尺的墩架，同时包括形和文字。

图案“⊠”形的定义格式如下所示：

＊8，23，DJ

2,8,(−1,1),1,9,(2,0),(0,−2),(−2,0),(0,2),(2,−2),(−2,0),(2,2),(0,0),0

编译后的文件名称为：方形 . shx，含该形定义的复合线型可定义如下：

*墩架

A,10,[墩架,方形. shx,X=−1],10,−3,["热",STANDARD,X=−1. 5,Y=−0. 5],−1

生成的线型样式如图 7 - 18 所示。

图 7 - 18　墩架线型

7. 3. 5　线型的加载和调用

在完成新线型的创建后，用户并不能直接应用该线型进行绘图操作，只有在对新线型进行加载后才能使用它。对于创建后的新线型，只有将其从线型文件中加载到 AutoCAD 中后才能调用。如果用户只是对 acad. lin 文件中的线型进行了修改，则在 AutoCAD 启动后，系统将 acad. lin 文件中的定义线型装入，不必重新加载。线型的加载方法为：

命令行：linetype。

执行该命令后，系统打开“线型管理器”对话框，如图 7 - 19 所示。

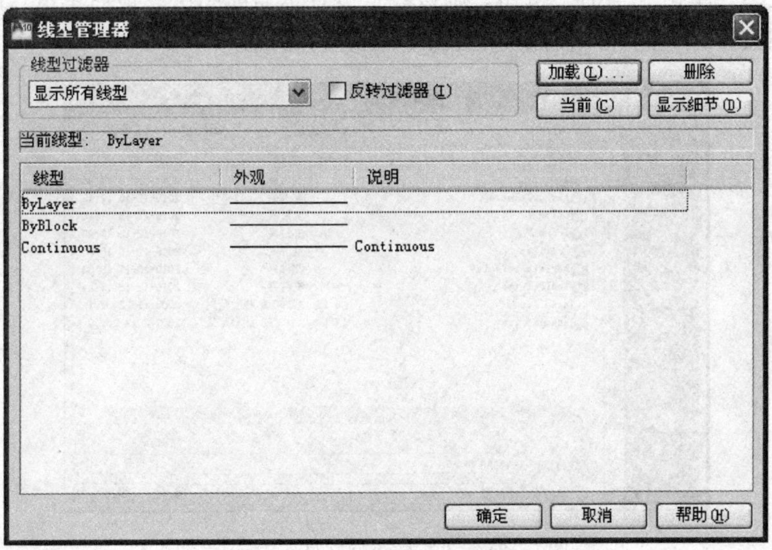

图 7 - 19　线型管理器对话框

在“线型管理器”对话框中，单击“加载”按钮，打开“加载或重载线型”对话框，如图 7 - 20 所示。

在“加载或重载线型”对话框中，文件文本框中显示默认线型文件 acadiso. lin，在“可用线型”列表框中显示线型文件 acadiso. lin 中包含的所有线型。如果用户定制的新线型在

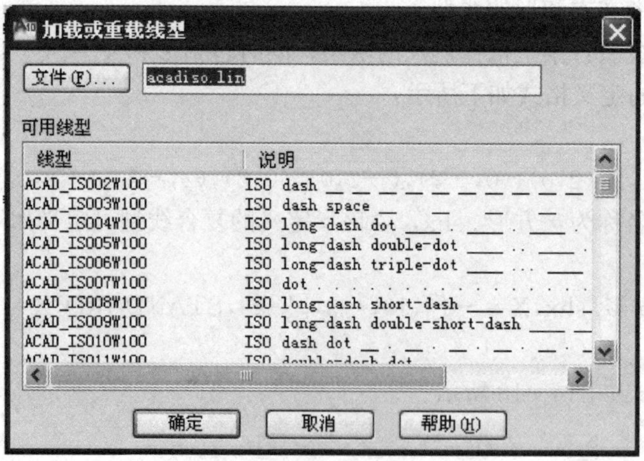

图 7-20　加载或重载线型对话框

该文件中，则可直接在列表框中选择该线型，然后单击“确定”按钮，该线型就会被加载到“线型管理器”对话框中。

如果用户所创建的新线型保存在其他线型文件中，单击“加载或重载线型”对话框中的“文件”按钮，系统将打开“选择线型文件”对话框，如图 7-21 所示。在该对话框中的列表框中选择文件名，或在“文件”文本框中直接输入线型文件名，然后单击“打开”按钮，该线型文件中的线型被加载到“加载或重载线型”对话框。在“加载或重载线型”对话框中选择所要加载的线型，然后单击“确定”按钮，返回“线型管理器”对话框，在该对话框中选取指定的线型，单击“当前”按钮，则该线型被置于当前图层。最后单击“确定”按钮返回到图形绘制窗口，我们即可使用所定义的线型进行绘图。

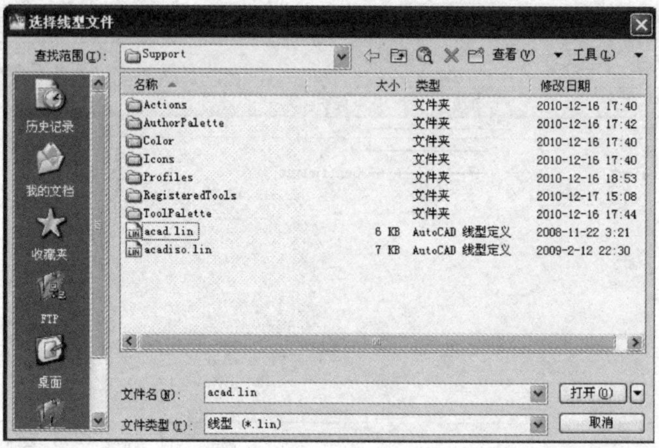

图 7-21　“选择线型文件”对话框

课堂练习：完成随书光盘中“课堂练习”的“第 7 章”的“练习 7-3”中的“7-3-2”。

7.4　定制地形填充图案

在绘制地形图过程中，经常需要在所绘图形的某一区域填充图案，例如：草地、房屋等地物，这一操作过程称为“图案填充”。在 AutoCAD 2010 系统中包含标准图案文件 acad. pat，该图案文件中除了包括国际通用的填充图案外，还可以包括系统定义的各种填充图案。

地图面状符号是指地图上用来表示呈面状分布的物体或地理现象的符号。这些符号的共同点就是在面状符号范围线内填绘不同方向、不同间隔、不同粗细的“晕线”，或填绘呈一定规律分布的个体符号、花纹或颜色来反映这些现象的质量特征或数量上的差异。在 AutoCAD 中，提供了两个面状符号充填命令：Hatch 和 Bhatch，这两个命令通过调用预先定义于 acad. pat 文件中的阴影图案完成面状符号的绘制。但是地形图中存在的大量地物面状符号，如盐碱地、草地、林地等，由于符号复杂，且要求排列整齐美观并符合地形图制图规范，这就不能利用 acad. pat 文件中已定义的阴影图案来实现。这时我们可以对图案库中的文件进行二次开发，修改原有图案或增加新的填充图案。另外，用户还可以自定义图案文件。

在 GB/T 20257.1—2007《1∶500　1∶1000　1∶2000 地形图图式》中，地形图面状地物符号主要见于“地貌与土质”和“植被”类中。这些面状符号都是由填充符号在面域内按一定排列方式配置组合而成。《图式》中面状符号的主要排列方式为“人”型排列，如“旱地”、“菜地”、“经济林”等符号，这些面状符号都是由个体图案按规定大小、固定排列间距（行间距和列间距）充填至整个面域，如图 7-22 所示。

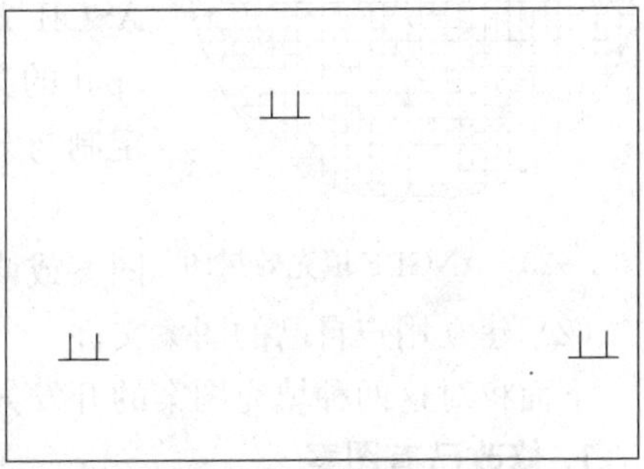

图 7-22　旱地填充效果图

7.4.1　AutoCAD 中图案的定义格式

在 AutoCAD 的图案文件库中，图案的定义格式如下：

∗图案名 [，图案描述说明]

Angle，X-origin，Y-origin，X-offset，Y-offset，dash-1，dash-2

Angle，X-origin，Y-origin，X-offset，Y-offset，dash-1，dash-2

……

其中，在第一行中，“∗”为一个图案定义的开始符号，其后面紧接的是定义图案的名称，图案名是使用 HATCH 或 BHATCH 命令时提示的名称。方括号内的文字为对图案的描述，为可选项。如果存在可选项，则必须与图案名称之间用逗号隔开。

第二行为定义的平行线组的各参数，参数之间应该用逗号隔开。各参数的含义如下：

• Angle：该参数表示平行线组的方向，即该平行线组与坐标轴 X 正向的夹角。如果该值为 0，则表示该线组为从左到右的水平线。

• X-origin，Y-origin 是控制线段的原点；

• X-offset，Y-offset：用来控制该直线重复绘出时与原点的偏移量（其中 X-offest 控制沿线划延伸方向的偏移量，Y-offset 控制下一组阴影线与本组阴影线之间的垂直距离）；

• dash-1，dash-2，…则为该组阴影线的线模式，取正值表示落笔，取负值表示抬笔；（抬落笔码及其绘线长度）。

AutoCAD 在进行阴影图案填充时，图案定义的每一条直线在指定的角度方向上延伸，直到边界为止，根据阴影图案定义画出短线和点。定义中的每一条直线均按规定的偏移量互相平行地重复画出，直到填满至边界为止，构成平行线组。每一条画出的阴影图案与前一条图案线在直线方向和垂直方向的偏移量就是所定义的 X-offset 和 Y-offset。

下面给出几个自定义图案的例子，以便用户加深对图案自定义的理解。

如图 7-23 所示的填充图案由两个线组组成：

＊ANGLE，Anglesteel

0，0，0，0，.275，.2，－.075

90，0，0，0，.275，.2，－.075

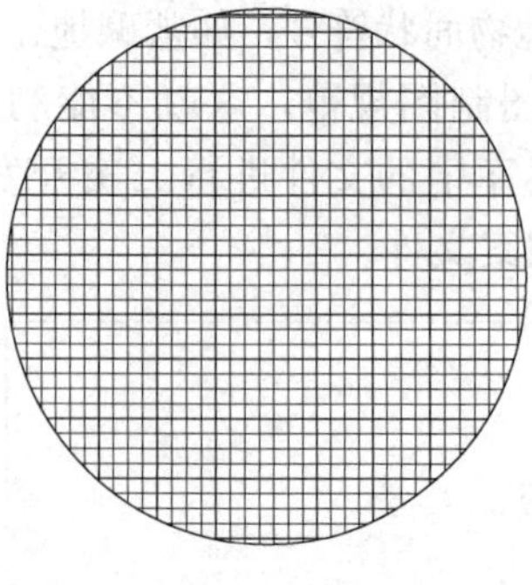
图 7-23　ANGLE 填充效果图

其中第一行为图案名称（名称前加＊号）和图案描述，中间用"，"号隔开；其余两行对应两组阴影线定义。

7.4.2　填充图案的开发

AutoCAD 允许用户自定义填充模式，用户可以用纯 ASCII 文本编辑器，将模式定义写入 acad. pat 或其他后缀为 . pat 的文件。同线型文件的定制与开发一样，图案的文件的定制与开发同样也有两种方式：

（1）在 AutoCAD 标准图案文件 acad. pat 中增加新的填充图案或修改文件中已经存在的填充图案。

（2）建立用户自己的图案文件。

下面将对这两种填充图案的开发方式分别进行介绍。

1. 修改已有图案

通过在 AutoCAD 标准图案文件 acad. pat 中增加新的填充图案或修改文件中已经存在的填充图案。

编写＊. pat 文件需要使用文本编辑器如记事本，保存文件为 ASCII 码格式。用文本编辑程序调出 acad. pat 文件，并在该文件的末尾按前面介绍的图案定义格式，加入新定义的填充图案，然后存盘退出。需要用户注意：新加入的填充图案定义不能插在文件中已有图案定义的中间。如果要对标准图案文件中的图案定义进行修改，只需要找到该填充图案的定义，直接修改其参数即可。

我们用文本编辑程序调出 acad. pat 文件，并在文件的最后加入上面给出的例子＊ ANGLE 图案的定义，其结果如下所示：

;;　Copyright (C) 1991－2005 by Autodesk，Inc. All Rights Reserved.

;;　Version 2.0

;;　AutoCAD Hatch Patterns

;;　Note：in order to ease migration of this file when upgrading to a future version of AutoCAD，it is recommended that you add your customizations to the User Defined Hatch Patterns section at the end of this file.

;;　Note：Dummy pattern description used for 'Solid fill'.

＊SOLID，实体填充

45，0，0，0，.125

＊ANGLE，角钢

0，0，0，0，.275，.2，－.075

90，0，0，0，.275，.2，—.075

*ANSI31，ANSI 铁、砖和石

45，0，0，0，.125

*ANSI32，ANSI 钢

45，0，0，0，.375

45，.176776695，0，0，.375

*ANSI33，ANSI 青铜、黄铜和紫铜

45，0，0，0，.25

45，.176776695，0，0，.25，.125，—.0625

……

*ZIGZAG，楼梯效果

0，0，0，.125，.125，.125，—.125

90，.125，0，.125，.125，.125，—.125

下面是对 ANGLE 图案的修改的自定义图案：

*ANGLE2

0，0，0，0，.475，.4，—.075

90，0，0，0，.475，.4，—.075

该文件进行保存，文件名为 acad. pat，则自定义的图案加入到标准图案文件中。

下面一段代码是一个填充图案的例子，图案由与 X 轴成 30 °夹角的连续的平行线组成，直线与直线之间的距离是 0.25 个单位，如图 7 - 24 所示：

*PX30，30 degree continuous

30，0，0，0，.25

其中，30 表示直线与 X 轴夹角为 30°。

第一个 0 和第二个 0 表示原点的坐标。

第三个 0 表示连续线。

.25 表示线与线之间的距离为 0.25。

下面一段为创建一个由互成 60°的交叉线组成的图案，如图 7 - 25 所示。

*PX60

30，0，0，0，.25

330，0，0，0，.25

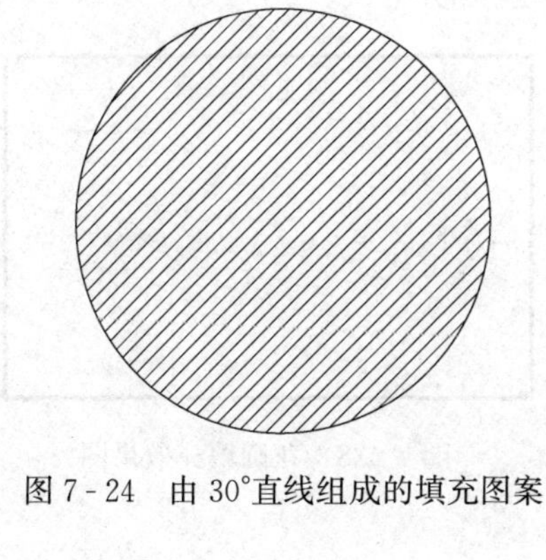

图 7 - 24　由 30°直线组成的填充图案

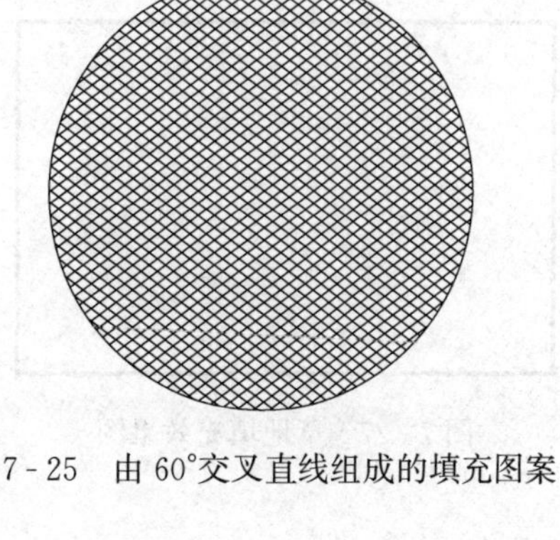

图 7 - 25　由 60°交叉直线组成的填充图案

下面一段为创建一个由互成直角的线组成的图案，直线沿水平方向和垂直方向的间距不同，如图 7-26 所示。

```
*PX90
0，0，0，0，.25
90，0，0，0，.5
```

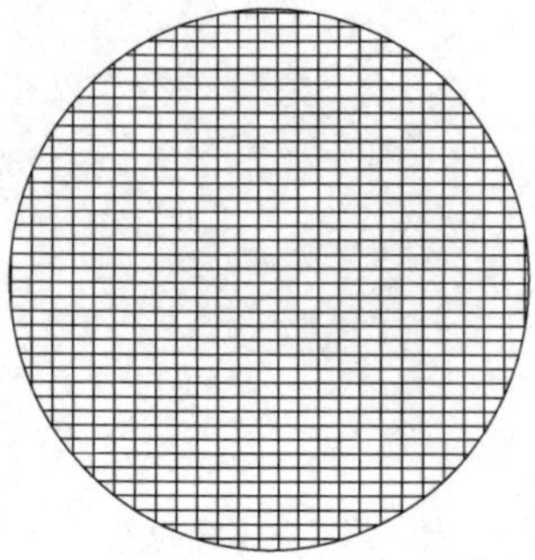

图 7-26　由互成直角的线组成的图案

注意 Y 向偏移值的作用，它是一个线组中线与线之间的距离。如果填充图案由连续线组成，不需要 X 向偏移值（即为 0）。正交的直线也不需要原点 X 的值，除非用于包含断开线的填充图案。

2. 创建用户图案文件

用户除了可以在系统已有的图案文件 acad.pat 中进行新建或修改外，用户还可以用自己创建的图案文件，其具体的操作过程如下：

用文本编辑程序输入自定义的图案文件，该图案文件的扩展名应为 .pat（所起的文件名可以是除 ACAD 外的任何名称）。除了系统定义的 acad.pat 标准图案文件外，用户自定义的 AutoCAD 图案文件中只能包含一种图案，且图案名与文件名相同。如果需要建立多个图案，则要分别建立多个图案文件。

7.4.3　测绘填充符号的定制

面状地物符号的构造与实现对于 1∶500，1∶1000 等大比例尺地形图来说，可看作由多组线在面域内按一定方向、一定间隔逐行配置而成。为了使得各组线按规则排列来构成符号，则需精心设计线参数，使各组线精确拼合，不能产生错位。当面状符号全部由短直线组构成时（如旱地、草地、水稻田、花圃等），各组阴影线所需参数易于设计，仅需计算各线组方向和线划的长度与间隔，并以第一组阴影线为参照系，设计其他各组阴影线的 X-origin 和 Y-origin 参数。

草地的填充模式定义如下：

```
*草地，草地
90，0，0，10，10，1.5，−18.5
90，0.8，0，10，10，1.5，−18.5
```

其填充效果如图 7-27 所示。

花圃的填充模式定义如下，其填充效果如图 7-28 所示：

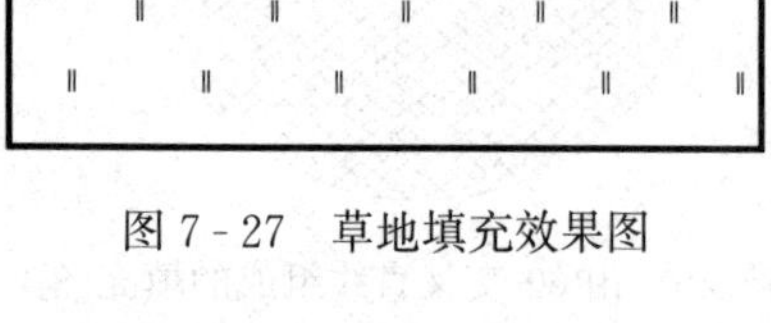

图 7-27　草地填充效果图

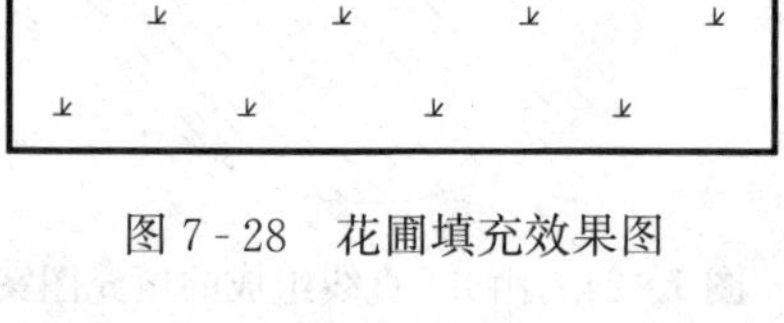

图 7-28　花圃填充效果图

＊花圃，花圃
0，0，0，10，10，1.5，－18.5
90，0.75，0，10，10，1.5，－18.5
45，0.75，0，14.14213562，14.14213562，1.5，－12.64213562

竹林填充定义如下，其填充效果如图 7－29 所示：

＊竹林，竹林
90，0，0，0，10，1，－19
90，5，10，0，10，1，－19
116.565051，0，1，4.4721359，8.9442719，1，－10.18033988
135，－0.44721359，1.89442719，7.0710678，7.0710678，0.713137084，－27.57113416
135，4.55278641，11.89442719，7.0710678，7.0710678，0.713137084，－27.57113416
90，1，0，0，10，1.6，－18.4
90，6，10，0，10，1.6，－18.4
63.434949，1.0071552，1.59642209，17.8885438，8.9422718，1，－10.18033988
45，1.44721359，2.49442719，7.0710678，－7.0710678，0.713137084，－27.57113416
45，6.44721359，12.49442719，7.0710678，－7.0710678，0.713137084，－27.57113416

稻田填充定义如下，其填充效果如图 7－30 所示。

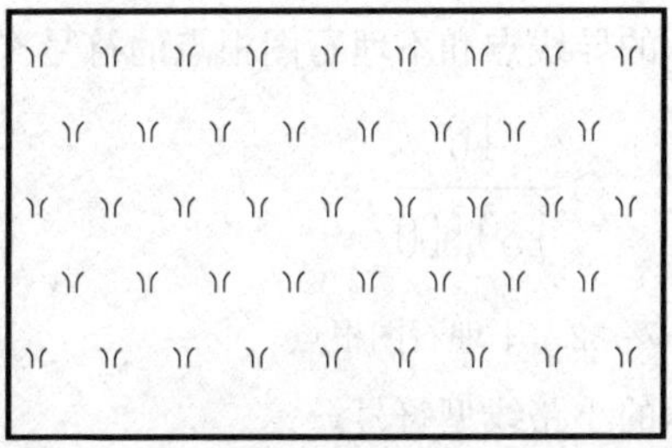

图 7－29　竹林填充效果图

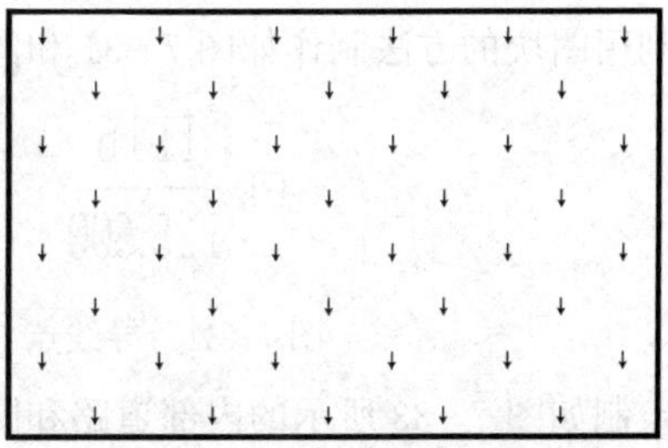

图 7－30　水稻田填充效果图

＊水稻田，水稻田
71.5651，0，0，18.9737，6.3246，0.5270，－31.0958
108.4349，0，0，18.9737，－6.3246，0.5270，－31.0958
0，－0.1667，0.5，10，10，0.3334，－19.6666
90，0，0，10，10，2.0，－18.0

图案定义好后，应在文本编辑模式下将所定义的图案写入 acad. pat 文件的尾部。其他面状充填符号可参照类似的方法进行设计。当所设计的面状填充图案都写入 acad. pat 后，在 AutoCAD 2010 中可用 Hatch 命令，调用相应的图案名，并选取待充填边界（边界应是闭合的），完成图案填充。

课堂练习：完成随书光盘中“课堂练习”的“第 7 章”的“练习 7－4”。

小　　结

AutoCAD 2010 提供了标准的线型库和标准填充图案库。在绘图过程中，可以根据需要选择库中的线型或填充图案，用于设置绘图线型及填充图案。如果系统提供的线型及填充图案不符合要求时，可以进行自定义。本章主要介绍了在 AutoCAD 2010 中如何进行点、线、面符号的定制。独立地物符号，可以采用图块和形文件的定义方法；线状符号，可以通过文本编辑器编辑 AutoCAD 自带的标准线型文件；面状符号：一种方法是在 acad. pat 文件中增加或修改已有的图案，第二种方法是用户自定义图案文件。

此外本章以 GB/T 20257.1—2007《1∶500 1∶1000 1∶2000 地形图图式》为标准，抛砖引玉介绍了测绘中常用的点、线、面符号的定制方法，用户可以根据实际需要，进行定制。

习题与思考题

7-1 填空题

1. 线状符号依据线划构成的复杂程度不同，可以分为（　　　　）和（　　　　）。

2. 形文件是一个 ASCII 码文件，它的每行字符数不得超过（　　　　）个，否则会导致编译失败。

3. 简单的线型由短划线、（　　　　）和（　　　　）组成。复杂的线型不仅包含短划线、点和空格，还包含嵌入的对象，如（　　　　）或（　　　　）。

4. 在 AutoCAD 2006 中，提供了两个面状符号充填命令（　　　　）和（　　　　）。

7-2 操作题

1. 利用图块的方法制作如图 7-31 和图 7-32 所示的导线点和不埋石图根点的符号。

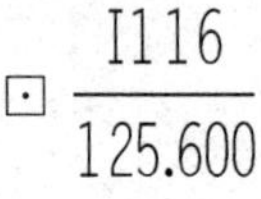

图 7-31 导线点

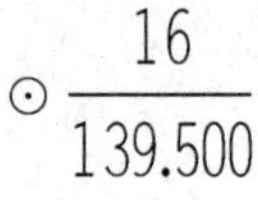

图 7-32 不埋石图根点

2. 定制如图 7-33 所示的内部道路和图 7-34 所示的小路线型符号。

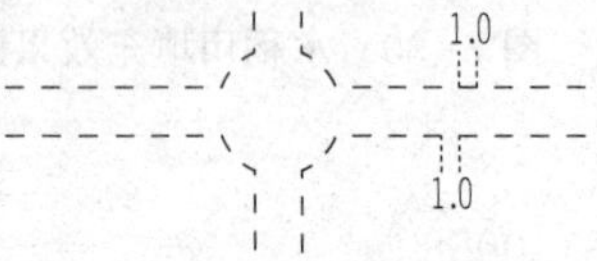

图 7-33 内部道路线型符号

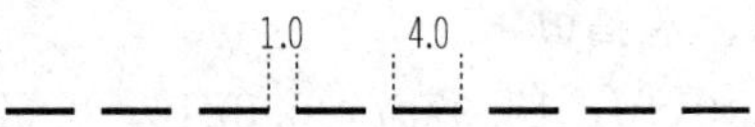

图 7-34 小路线型符号

3. 定制如图 7-35 所示的天然草地符号。

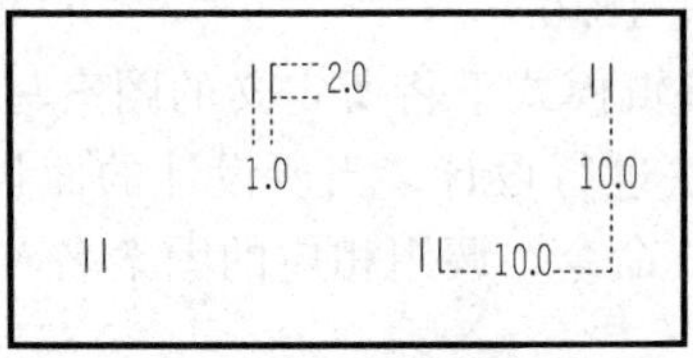

图 7-35 天然草地符号示意图

第8章 地形图的绘制

绘制地形图是测绘技术人员应具备的一项基本技能。目前数字化成图已经成为地形图测绘的主要方法。用AutoCAD绘制地形图，与绘制其他工程图相比，有其特殊性，如：地形图不仅要表示地物的大小、各地物之间的相对位置关系，而且要准确地表示所有地物、地貌的真实平面位置，还要符合地形图的上北、下南、左西、右东的方向性规定；AutoCAD自带的线型，无法直接绘制地形图中的某些线状符号等。在学习前面章节的基础上，本章介绍用AutoCAD 2010绘制大比例尺地形图的方法和步骤。

本章主要内容：

- 地形图绘制的基本知识
- 数据准备和图形环境设置
- 展绘控制点
- 绘制碎部点
- 等高线的绘制
- 文字注记和图廓的绘制

8.1 地形图绘制的基本知识

地形图的测绘就是将地球表面某区域内的地物和地貌按正射投影的方法和一定的比例尺，用规定的图示符号测绘在图纸上，这种表示地物和地貌的图称为地形图。

8.1.1 地形图的比例尺

地形图上任意一段直线长度 l 与地面上相应线段的水平长度 L 之比，称为地形图的比例尺。

地形图的比例尺分为数字比例尺和图示比例尺。数字比例尺一般以分子为1、分母为整数的分数表示，即 $\frac{l}{L}=\frac{1}{L/l}=\frac{1}{M}$，通常写成 $1:M$，数字比例尺简单、明了，便于计算。

图示比例尺绘于图纸的下方，用它量取图纸上的长度，可以消除图纸的伸缩影响。在2007颁布的图式中，要求在图廓的正下方绘制图示比例尺。

地形图按比例尺分类，一般分为大比例尺地形图（1∶500，1∶1000、1∶2000、1∶5000），中比例尺地形图（1∶10 000、1∶25 000、1∶50 000和1∶100 000）和小比例尺地形图（1∶200 000、1∶500 000、1∶1 000 000）。中小比例尺的地图一般以航空测量方法成图，大比例尺地形图一般用经纬仪、测距仪、全站仪或GPSRTK进行野外测量，用平板或绘图软件绘制。这一章仅介绍大比例尺地形图的绘制。

8.1.2 地形图的分幅和编号

1. 分幅

1∶500、1∶1000、1∶2000的地形图一般采用50cm×50cm的地形图分幅或40cm×

50cm 的矩形分幅，根据需要也可采用其他分幅。

2. 编号

正方形或矩形分幅的地形图的图幅编号，一般以图廓西南角公里数编号法，X 坐标在前，Y 坐标在后，1∶500 地形图取至 0.01km，1∶1000、1∶2000 地形图取至 0.1km。

带状测区或小面积测区可按测区统一顺序编号，一般从左到右，从上到下用阿拉伯字母 1、2、3…编号。

8.1.3 地形图图式

为了便于绘图和读图，地形图在绘制时用各种符号将实地的地物和地貌表示在图上，这些符号统称为地形图图式。地形图图式作为一种国家标准，由国家质检总局和国家标准化管理委员会联合发布。表 8-1 为 2007 年颁布的 GB/T 20257.1—2007 国家基本比例尺地图图式第 1 部分 1∶500、1∶1000、1∶2000 大比例尺地形图的图式的一部分。地形图图式分三种符号：地物符号、地貌符号、注记符号。

表 8-1　　1∶500、1∶1000、1∶2000 大比例尺地形图图式

编号	符号名称	符号式样			符号细部图	多色图色值
		1∶500	1∶1000	1∶2000		
1	三角点 a. 土堆上的 张湾岭、黄土岗——点名 156.718、203.623——高程 5.0——比高	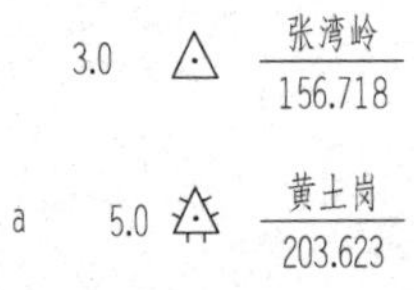			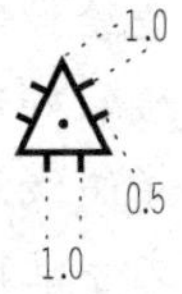	K100
2	小三角点 a. 土堆上的 摩天岭、张庄——点名 294.91、156.71——高程 4.0——比高	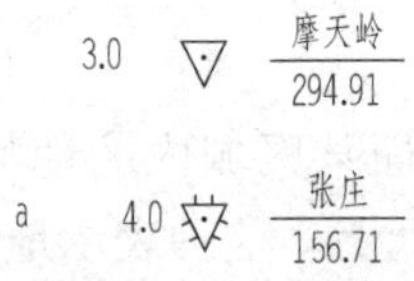			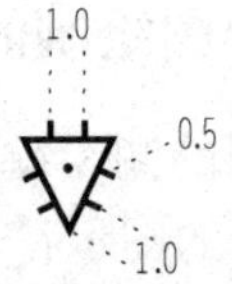	K100
3	架空房 3、4——楼层 /1、/2——空层层数	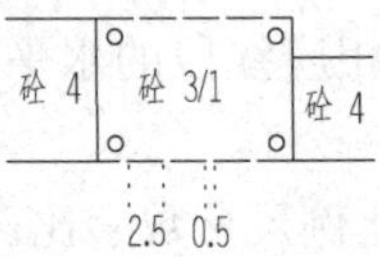	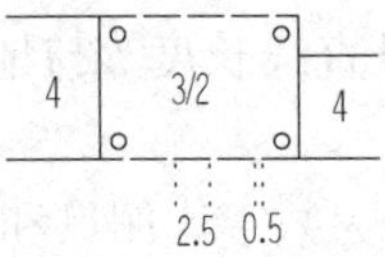			K100
4	廊房 a. 廊房 b. 飘楼	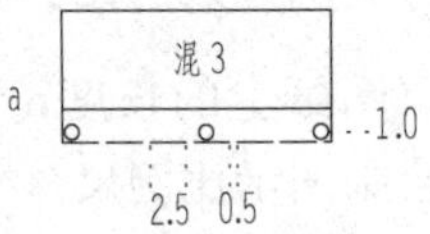	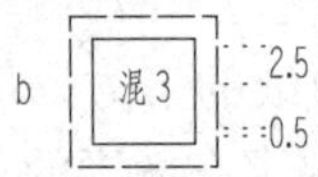			K100
5	窑洞 a. 地面上的 a1. 依比例尺的 a2. 不依比例尺的 a3. 房屋式的窑洞 b. 地面下的 b1. 依比例尺的 b2. 不依比例尺的	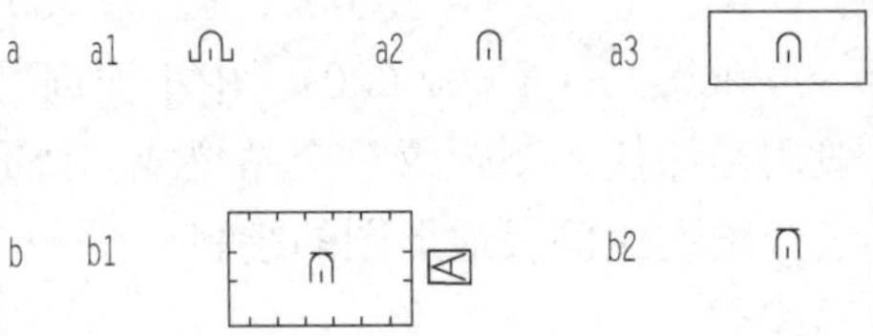			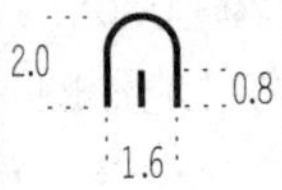	K100

续表

编号	符号名称	符号式样			符号细部图	多色图色值
		1∶500	1∶1000	1∶2000		
6	地磅 a. 房屋、棚房内的 b. 雨罩下的 c. 露天的	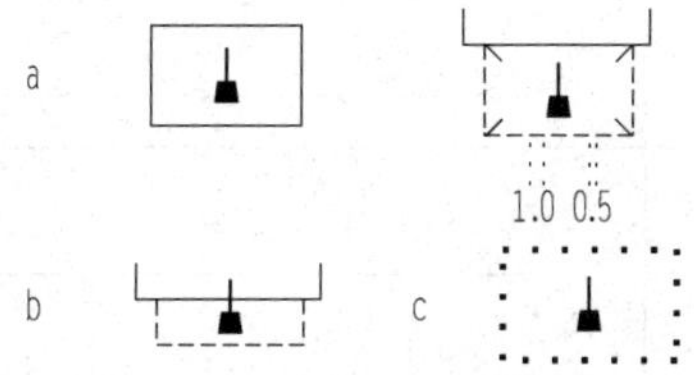			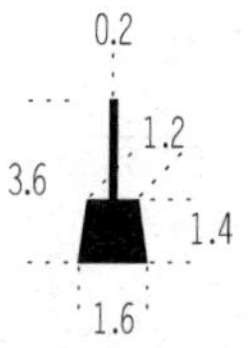	K100
7	露天货栈 a. 有平台的 b. 无平台的	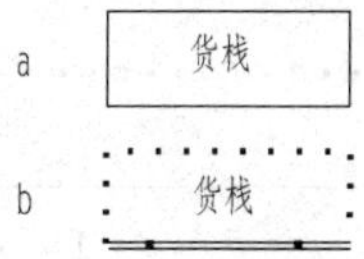				K100
8	环保监测站 a. 监测点 噪声——测站（点）类别	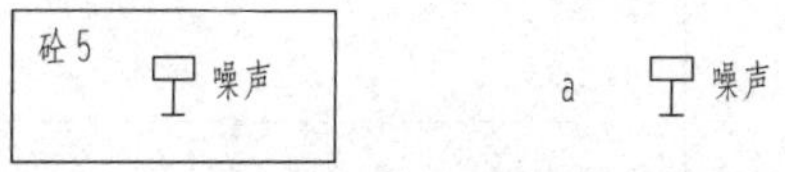			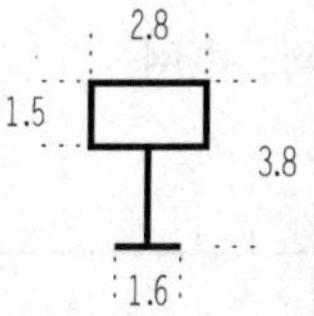	K100
9	成林	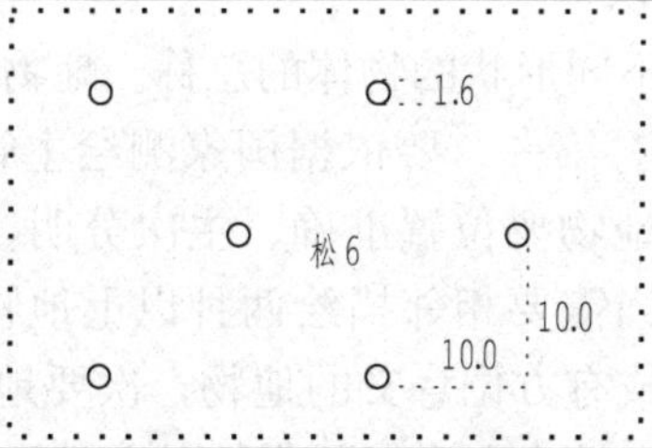				C100Y100
10	幼林、苗圃	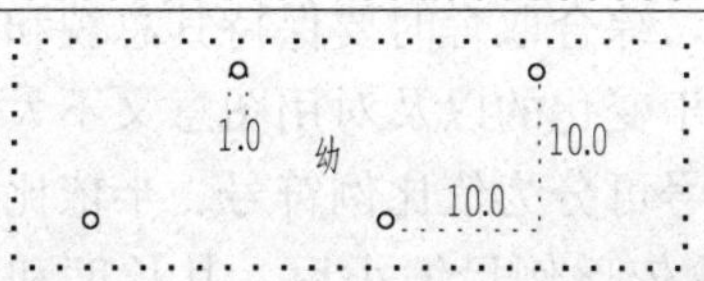				C100Y100
11	灌木林 a. 大面积的	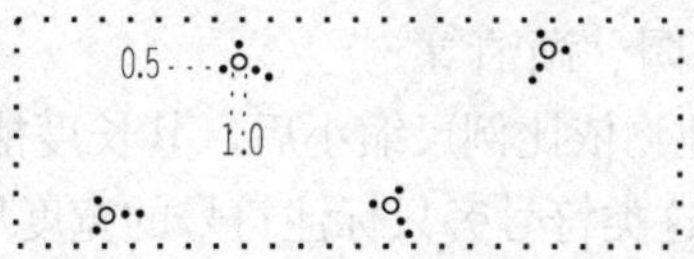				C100Y100
12	土城墙 a. 城门 b. 豁口 c. 损坏的	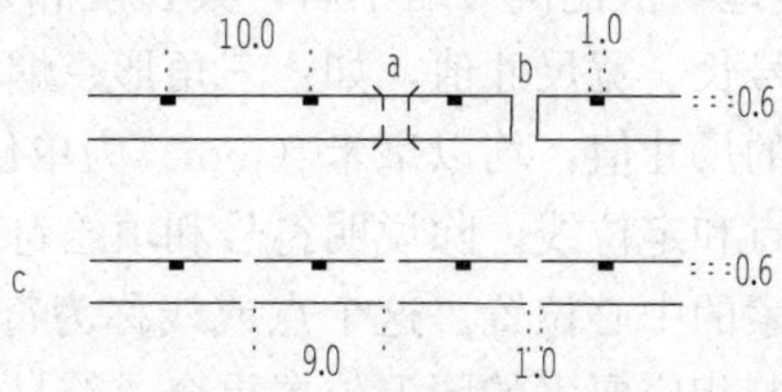				K100
13	围墙 a. 依比例尺的 b. 不依比例尺的	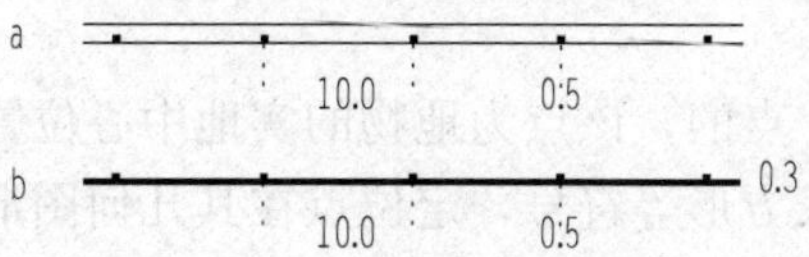			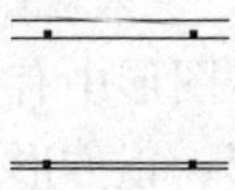	K100

续表

编号	符号名称	符号式样			符号细部图	多色图色值
		1∶500	1∶1000	1∶2000		
14	栅栏、栏杆	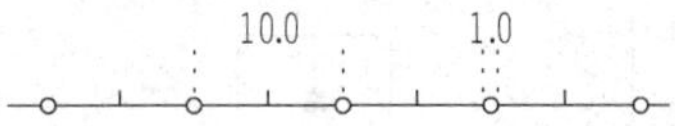				K100
15	篱笆	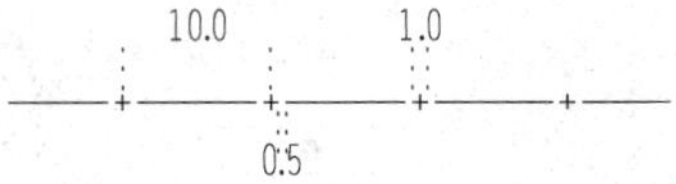				K100
16	活树篱笆	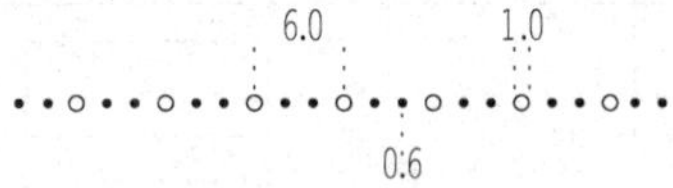				K100
17	铁丝网、电网	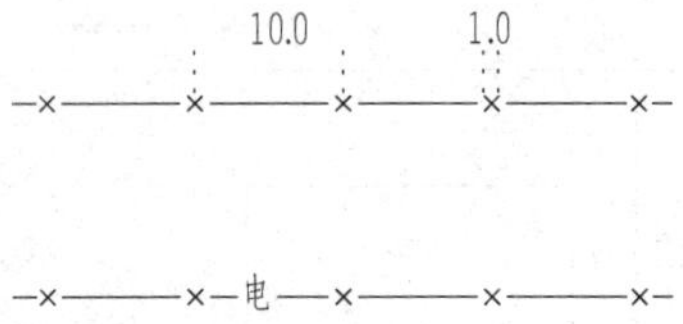				K100

1. 地物在地形图上的表示

地物是地球表面上各种不同形状的物体的总称。地物的种类繁多，形状不一，在测绘地形图时应按一定的原则取舍。第一：要依据国家测绘主管部门制订的有关“规范”和“图式”进行，第二：图上所绘地物要位置准确、主次分明，符号运用恰当，充分反映地物特征，图面清晰易读。第三：当需要相邻描绘两种以上地物符号、且受区域所限而发生矛盾时，要保证精确表示主要的或有方位意义的地物，次要地物可适当移位、舍去或综合表示。移位时应保持相对位置正确，综合取舍时要保持其总貌和轮廓特征，以便得到与实物相似的地貌。第四：临时性的、易于变化的以及对用图意义不大的地物，一般不表示。

（1）地物符号。地物符号可分为依比例符号、半依比例符号和不依比例符号。

1）依比例尺符号。地物依比例尺缩小后，其长度和宽度能依比例尺表示的地物符号，如地面上的房屋，农田、果园、湖泊等。

2）半依比例尺符号。地物依比例尺缩小后，其长度能依比例尺表示而宽度不能依比例尺表示的地物符号，在图式中这类符号旁只标注符号的宽度尺寸值，如道路、边界、河流等。

3）不依比例尺符号。地物依比例尺缩小后，其长度和宽度都不能依比例尺表示。在图式中这类符号旁边标着符号长、宽尺寸值，如：三角形、烟囱、窑等。

符号旁边以数字标注的尺寸值，均以毫米（mm）为单位。

（2）定位符号的定位点和定位线。除说明符号和填绘符号外，各类符号都规定有一个点或一条线代表相应地物要素的中心位置。这个点或线称为符号的定位点或定位线。描绘时，必须使符号定位点（线）与相应要素的图上位置重合。符号定位点（线）的确定，除图式特别规定者外，一般规则为：

1）符号图形中有一个点的，该点为地物的实地中心位置。

2）圆形、正方形、长方形等符号，定位点在其几何图形中心。

3）宽底符号（蒙古包、烟囱、水塔等）定位点在其底线中心。

4）底部为直角的符号（风车、路标、独立树等）定位点在其直角的顶点。

5）几种图形组成的符号（敖包、教堂、气象站等）定位点在其下方图形的中心点或交叉点。

6）下方没有底线的符号（窑、亭、山洞等）定位点在其下方两端点连线的中心点。

7）不依比例尺表示的其他符号（桥梁、水闸、拦水坝、岩溶漏斗等）定位点在其符号的中心点。

8）线状符号（道路、河流等）定位线在其符号的中轴线；依比例尺表示时，在两侧线的中轴线。

（3）地物符号的方向。地物符号的描绘方向是指符号方向与相应地面要素方向的关系。对于依比例符号和半依比例符号，都应按真实方向绘出，即符号方向与相应地面要素方向一致。对于不依比例符号除简要说明中规定按真实方向表示者外，均垂直于南图廓线。

2. 地貌在地形图上的表示

地貌是指地面高低其起伏的形态，在地形图上最常用的表示地貌的方法是等高线法。

（1）等高线分类。等高线分为首曲线、计曲线、间曲线、助曲线。

1）首曲线。从高程基准面起算，按基本等高距测绘的等高线，又称基本等高线。

2）计曲线。从高程基准面起算，每隔四条首曲线加粗一条的等高线，又称加粗等高线。

3）间曲线。按二分之一基本等高距测绘的等高线，又称半距等高线。表示时可不闭合，但应表示至基本等高线间隔较小、地貌倾斜相同的地方为止。在表示小山顶、小洼地、小鞍部等地貌形态时，可缩短其实部和虚部的尺寸。

在等高线比较密的等倾斜地段，当两计曲线间的空白小于 2mm 时，首曲线可省略不表示。

4）助曲线。按四分之一基本等高距测绘的等高线，表示时可不闭合，在用间曲线仍无法表示复杂地势，可采用助曲线。

（2）绘等高线应注意的方面。

1）等高线遇到房屋、窑洞、公路、双线表示的河渠、冲沟、陡崖、路堤、路堑等符号时，应表示至符号边线。

2）单色图上等高线遇到各类注记、独立地物、植被符号时，应间断 0.2mm。

3）大面积的盐田、基塘区，视具体情况可不测绘等高线。

4）等高线高程注记应分布适当，便于用图时迅速判定等高线的高程，其字头朝向高处。根据地形情况图上每 $100cm^2$ 面积内，应有 1～3 个等高线高程注记。

5）示坡线与等高线垂直相交，指向低处。一般在谷地、山头、鞍部、图廓边及斜坡方向不易判读的地方绘制。凹地的最高、最低一条等高线上也应表示示坡线。

8.1.4　图中注记

注记是地形图的重要内容之一，是判读和使用地形图的直接依据。因此图上除了地物、地貌符号外，还应有足够的注记。注记一般分为名称注记、说明注记和数字注记。地图上使用的汉字应符合国家通用语言文字的规范和标准。

注记字大小以毫米（mm）为单位，字级级差为 0.25 mm；数字字大在 2.0mm 以下者，其级差为 0.2mm。

1. 注记的排列形式

水平字列——各字中心连线平行于南、北图廓，由左向右排列。

垂直字列——各字中心连线垂直于南、北图廓，由上向下排列。

雁行字列——各字中心连线斜交于南图廓，与被注地物走向平行，但字向垂直于南图廓，如山脉名称、河流名称等。当地物延伸方向与南图廓成 45°或 45°以下倾斜时，由左至右注记；成 45°以上倾斜时，由上至下注记，字序如图 8-1 所示。

屈曲字列——各字字边垂直或平行于线状地物，且以线状地物的弯曲排列字列，如街道名称注记、说明注记等。

2. 注记的字隔

是一列注记各字间的间隔，分三种情况：

接近字隔——各字间隔由 0～0.5mm。

普通字隔——各字间隔由 1.0～3.0mm。

隔字字隔——各字间隔为字大的 2～5 倍。

注记字隔的选择是按该注记所指地物的面积或长度大小而定。各字字隔在同一注记的各字中均应相等。为便于读图，一般最大字隔不超过字大的 5 倍。地物延伸较长时，在图上可重复注记名称。

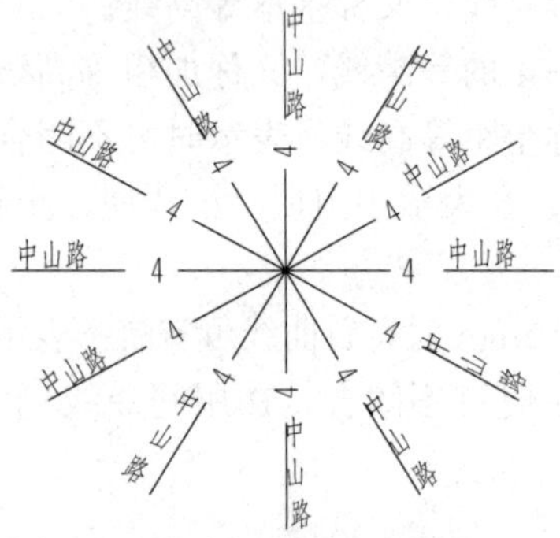

图 8-1　注记方向

3. 注记的字向

一般为字头朝北图廓直立，但街道名称、公路等级其字向按图 8-1 所示注记。

8.1.5　地形图颜色

1∶500、1∶1000、1∶2000 的地形图可采用多色或单色，多色图采用青、品红、黄、黑（CMYK）四色，按规定色值进行分色。地形图图式中最后一列是用多色图式的色值，如：水生作物地的图式用的颜色是 C100Y100 即地的边界和填充色都是 C100，其中的作物符号颜色是 Y100。用 AutoCAD 绘制地形图完全可以用多色图，使图面直观清晰、真实感强。若用单色图也可以，即所有符号、注记都用黑色。

课堂练习： 完成随书光盘“课堂练习”的“第 8 章”的“练习 8-1”。

8.2　数据准备和图形环境设置

使用全站仪或 GPSRTK 等仪器采集野外数据，用 AutoCAD 绘制地形图。在绘图前需要进行数据准备和图形环境设置。数据准备就是将测量仪器中的数据导入计算机，再转换成 AutoCAD 可使用的格式。图形环境设置就是设置图形单位、图形界限，规划图层等工作。本节以全站仪坐标测量为例介绍用 AutoCAD 绘制大比例尺地形图绘图前的准备工作。

8.2.1　数据准备

在 AutoCAD 绘制地形图前，首先计算机中应该有测量数据。外业用全站仪采集了坐标数据，并存储在全站仪的内存中，在绘图前要把这些数据传输到计算机中。

1. 数据传输

不论什么型号的全站仪，在购置时都配有数据传输线缆和光盘，光盘中有数据通信程序和全站仪使用说明。数据通信程序的数据量较小，安装简单，有的甚至不用安装。如苏一光生产的全站仪所配带的通讯程序 com600，大小只有 128K，只要把该程序复制到计算机中，不用安装，直接点击，就会弹出如图 8-3 所示的数据传输界面。

（1）连接计算机和全站仪。用全站仪配带的数据线，一端插入全站仪的通讯口上，另一端接到计算机的串口上。

（2）设置通讯参数。在全站仪的菜单中，找到“通讯设置”一项，设置好串口的串口号、波特率、奇偶校验、检校位、停止位、协议等内容。在计算机上的数据传输程序界面（图 8-2）中，用鼠标点击“串口”→“串口设置”，弹出一个“com setting（串口设置）”对话框，如图 8-3 所示。在该对话框中将各通讯参数设置的与全站仪中设置的相同，图中设置的串口号（Com Port）是 1，波特率是 4800bps，检校（Characters）位是 8，停止位（Stop Bits）是 1，协议（Protocol）是 XON/XOFF，按下“OK”按钮。重新回到图 8-2 所示的界面。

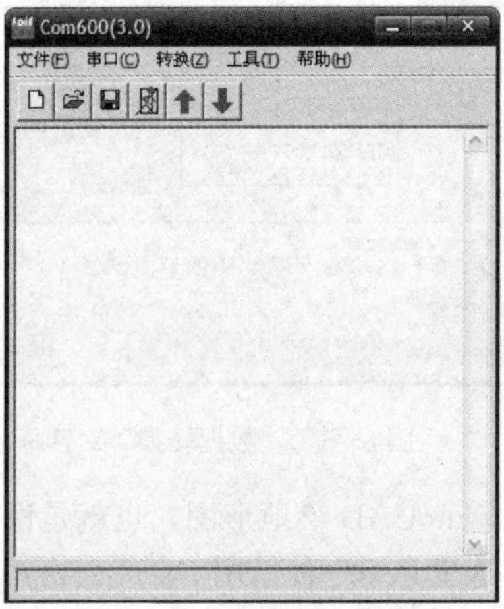

图 8-2　数据传输界面

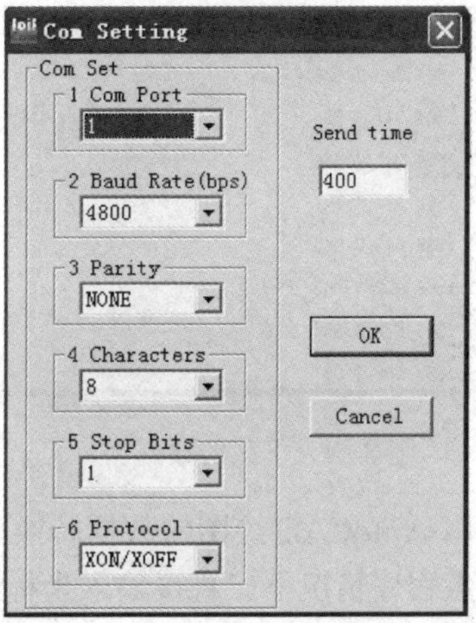

图 8-3　“串口设置”对话框

（3）传输数据。将全站仪菜单翻到“发送数据”选项下，显示屏出现“是否要发送数据?”、“是”和“否”。在计算机上 com600 中选取“串口”→“下载”后，在全站仪上按下“是”。数据开始传输，在 com600 的界面中可以看到传过来的数据。

说明：先按下计算机上 com600 中的“下载”，后按下全站仪中的“是”。如果顺序颠倒，就会丢失最初传出的数据。

（4）数据保存。从全站仪中传下的数据如图 8-4 所示，单击“文件”→“另存为”，在“另存为”对话框中，将该数据保存为 .dat 格式的文件，以备日后另作他用（使用其他绘图软件绘图时，再转换为相应格式的数据）。

2. 数据格式转换

在图 8-4 所示的界面中，用鼠标点击菜单栏中“转换”→“下载数据转换”，程序弹出一个“数据转换”对话框，如图 8-5 所示。在该对话框中，可以把下载的数据转换成各种格式的数据，如 CT2100（PC，X，Y，Z）、EPS（PC，PA，X，Y，Z）、SV300（PO，PC，PA，X，Y，Z）、CASS3. X、CASS（PC，PA，Y，X，Z）等格式的数据文件保存起来，这些是相应的绘图软件可直接读取的数据格式。其中 PC 是点名，PA 是点属性，PO 是点的序号，X、Y、Z 分别是外业测量得到的 N 坐标值、E 坐标值、和 Z 坐标（高程）值。

（1）用专业绘图软件的数据转换。若使用专业的绘图软件，每一种软件都有自己的数据读取格式。则根据所用软件选择相应的坐标数据转换格式，在图 8-5“数据转换”对话框中，单击“保存位置”按钮，选择要保存的位置，以及保存的文件格式（.dat 或 .txt），最后单击“转换”按钮。程序开始对数据进行转换，转换结束，弹出“转换成功”的提示信息，表明数据已成功转换。

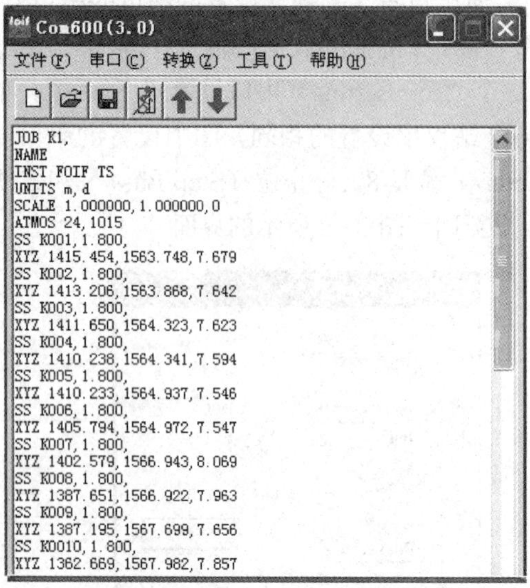

图 8-4　下载的数据

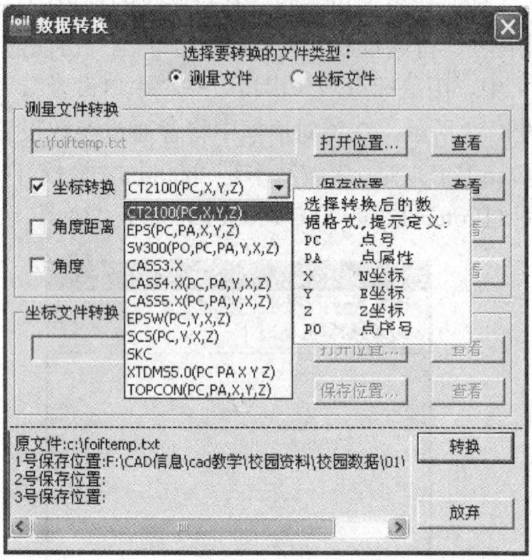

图 8-5　“数据转换”对话框

（2）用 AutoCAD 绘图的数据转换。若直接用 AutoCAD 绘地形图，也就是说在没有二次开发展点程序情况下，直接输入坐标来绘制点。这里介绍一种借用 Excel 表格，一次绘制多个点时，数据准备的方法。

使用 Excel 数据，绘制多点时，首先对导入的测量数据进行转换，转换方法与前面用专业绘图软件时的数据转换方法相同，选择转换格式为 CT2100、EPS、SV300 和 CASS 中的任一种，保存为 .dat 格式的文件。然后在 com600 的主界面（图 8-4）中，点击菜单栏中“工具”→“保存为 Excel 文件”，则将刚才保存的 .dat 文件转换为 AutoCAD 可读取得 Excel 文件数据。这样转换的数据需要编辑后才能使用，现举例说明转换及编辑的方法。

1）EPS 数据格式解析。将从全站仪导入的坐标数据，转换为 EPS（PC，PA，X，Y，Z）格式，保存文件名为 01esp.dat。现在用“记事本”将其打开，如图 8-6 所示，分析一下保存后的数据格式。从图 8-6 中，可以看到第一列为“点号”，第二列和第三列是两个逗号，第四列是 X 坐标值（N 坐标值），第五列是一个逗号，第六列是 Y 坐标值（E 坐标值），第七列是一个逗号，第八列是 Z 坐标值（高程值）。

2）转为 Excel 格式。在 com600 主界面下（如图 8-4），点击“工具”→“保存为 Excel 文件格式”，程序自动弹出一个“打开文件”对话框，选择要转换的文件“01esp.dat”，点击“打开”按钮，刚才的“打开”对话框自动关闭，又自动弹一个“另存为”对话框，设置好存放路径，输入保存为文件的名称“01exc”，程序默认的是 .xls 格式，点击“保存”按钮，数据就保存为 Excel 格式。保存后的 Excel 格式数据，如图 8-7 所示。从两幅图中的数据格式不难看出，在 .dat 文件中以逗号相隔的数据，转换到 Excel 中自成一列。逗号相当于列分界线，两个逗号中间没有数据的则转换为以空列。从转换为 Excel 的数据格式可以看出，若在转换数据时选择 CT2100（PC，X，Y，Z），则在图 8-7 中，就不会出现空列（第二列)，还有要注意坐标的顺序，若选择 CASS (PC, PA, Y, X, Z)，则在图 8-7 中出现的坐标列 X 与 Y 位置互换，即三个坐标列的顺序从左向右为 Y、X、Z。

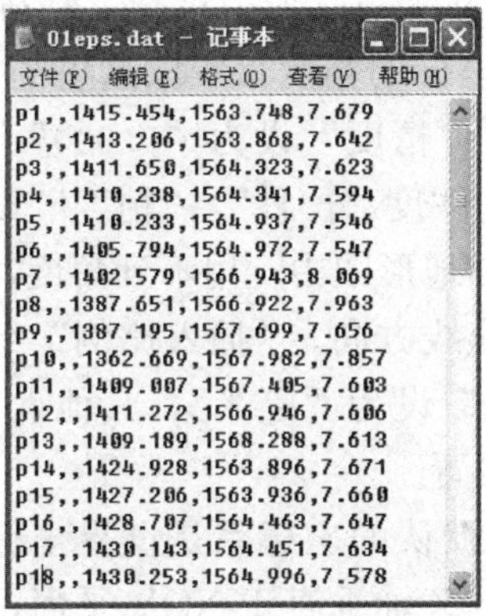

图 8-6　EPS 格式的 (.dat) 的数据

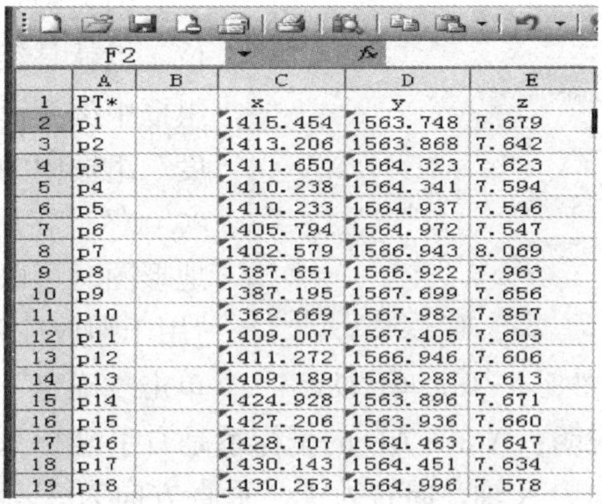

F2

	A	B	C	D	E
1	PT*		x	y	z
2	p1		1415.454	1563.748	7.679
3	p2		1413.206	1563.868	7.642
4	p3		1411.650	1564.323	7.623
5	p4		1410.238	1564.341	7.594
6	p5		1410.233	1564.937	7.546
7	p6		1405.794	1564.972	7.547
8	p7		1402.579	1566.943	8.069
9	p8		1387.651	1566.922	7.963
10	p9		1387.195	1567.699	7.656
11	p10		1362.669	1567.982	7.857
12	p11		1409.007	1567.405	7.603
13	p12		1411.272	1566.946	7.606
14	p13		1409.189	1568.288	7.613
15	p14		1424.928	1563.896	7.671
16	p15		1427.206	1563.936	7.660
17	p16		1428.707	1564.463	7.647
18	p17		1430.143	1564.451	7.634
19	p18		1430.253	1564.996	7.578

图 8-7　转换为 Excel 格式的数据

3) 在 Excel 中编辑数据。保存为 Excel 格式的数据，为了在 AutoCAD 中使用方便，还要对这些数据进行简单的编辑，如：删除没有数据的列，还有为绘图展点方便，需将纵、横坐标值写入一列中，即写为坐标对 (y, x) 的形式。这里特别要提醒的是，从全站仪导入的数据在第一次“数据转换”中，选择的“坐标转换”的格式不同，坐标的顺序可能不同，有的保留了 (x, y, z) 的顺序，如 CT2100 和 EPS 格式；有的就将 y、x 坐标交换位置了即 (y, x, z)，如 SV300 和 CASS 系列格式。无论选择哪种转换格式，在对 Excel 表数据编辑时，一定要保证坐标值的顺序是 (y, x)。也就是在下面“图形单位设置”中提到的将点位坐标 (x, y) 对调成 (y, x)。

编辑方法如下：首先删除空列，则 x、y、z 坐标值分别处于 B、C、D 列中，选中 E2，输入公式“=C2&”,“&B2”，按回车键，系统自动生成了所需要的坐标对，选中 E2 栏，将光标指向其右下角，当光标变为黑色小十字标记时，按住鼠标左键向下拖动十字标记，一直到最后一行，E 列就自动生成了对调后的各点的坐标对 (y, x)，如图 8-8 所示。编辑完毕，进行保存，以备绘图之用。

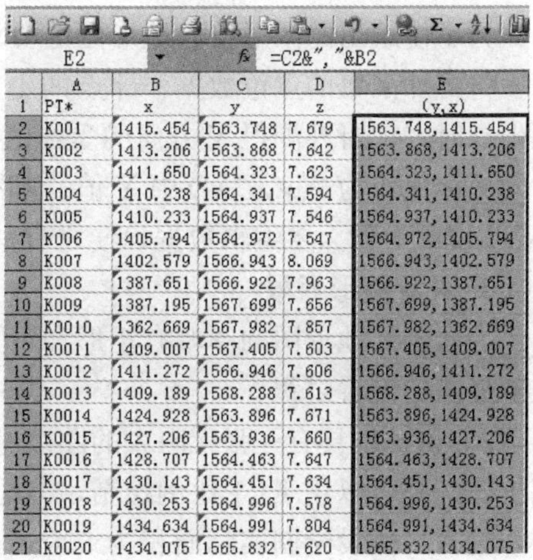

E2　=C2&","&B2

	A	B	C	D	E
1	PT*	x	y	z	(y,x)
2	K001	1415.454	1563.748	7.679	1563.748,1415.454
3	K002	1413.206	1563.868	7.642	1563.868,1413.206
4	K003	1411.650	1564.323	7.623	1564.323,1411.650
5	K004	1410.238	1564.341	7.594	1564.341,1410.238
6	K005	1410.233	1564.937	7.546	1564.937,1410.233
7	K006	1405.794	1564.972	7.547	1564.972,1405.794
8	K007	1402.579	1566.943	8.069	1566.943,1402.579
9	K008	1387.651	1566.922	7.963	1566.922,1387.651
10	K009	1387.195	1567.699	7.656	1567.699,1387.195
11	K0010	1362.669	1567.982	7.857	1567.982,1362.669
12	K0011	1409.007	1567.405	7.603	1567.405,1409.007
13	K0012	1411.272	1566.946	7.606	1566.946,1411.272
14	K0013	1409.189	1568.288	7.613	1568.288,1409.189
15	K0014	1424.928	1563.896	7.671	1563.896,1424.928
16	K0015	1427.206	1563.936	7.660	1563.936,1427.206
17	K0016	1428.707	1564.463	7.647	1564.463,1428.707
18	K0017	1430.143	1564.451	7.634	1564.451,1430.143
19	K0018	1430.253	1564.996	7.578	1564.996,1430.253
20	K0019	1434.634	1564.991	7.804	1564.991,1434.634
21	K0020	1434.075	1565.832	7.620	1565.832,1434.075

图 8-8　Excel 中编辑后数据

8.2.2　设置图形环境

良好的绘图环境有利于用户快速、准确、高效地绘图，并且方便日后对图形的编辑和修改，有助于更好地进行图形管理。

1. 图形单位设置

图形单位是图形绘制中的测量依据，绘图前首先要确定度量单位，图形单位的设置可控制 AutoCAD 2010 坐标和角度的解释，以及坐标和单位在图形中的显示方式。

设置步骤：在命令行输入 Units，回车后，系统会弹出“图形单位”对话框，如图 8-9

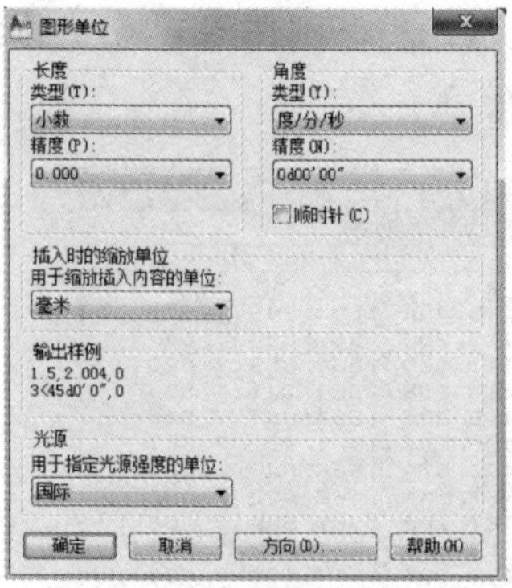

图 8-9　图形单位设置

所示，在该对话框中对长度、角度、插入比例、方向等内容进行设置。

因为野外采集的点位坐标是以米为单位，精确到毫米位。也就是绘图时输入的坐标的精度，所以这里的“长度”组框中类型设为“小数”，“精度”设为“0.000”。对“角度”组框中的“类型”设为“度/分/秒”，“精度”设为“0d00′00″”。在用坐标数据绘制地形图中，用不到角度，但在用地形图时可以从图上量取直线方向。“插入比例”组框中的“用于缩放插入内容的单位”设为“毫米”，其他设置默认，单击“确定”按钮，完成设置。

说明：AutoCAD 的坐标系是右手坐标系，AutoCAD 默认的坐标系是世界坐标系，水平方向为 X 轴，向右为正，垂直方向为 Y 轴，向上为正。Z 轴垂直于 XOY 平面，向外为正。而地形图的坐标系为测量坐标系，即水平方向（东西方向）为 Y 轴，向右（东）为正，垂直方向（南北方向）为 X 轴，向上（北）为正。AutoCAD 中的用户坐标系 UCS 是可以定义的。也就是说，X 轴、Y 轴的方向和原点的坐标可任意设置，可以设置为测量坐标系，但是有一点无法改变，那就是 AutoCAD 默认的右手坐标系，如果将 X、Y 轴方向调换，按右手坐标系，则 Z 轴的正方向就垂直于 XOY 平面，并指向屏幕内部。这对绘制图形没有影响，但对文字标注就影响大了。在这种坐标系中标注的文字全部显示为反向，就如同在纸上写字，从纸的背面看字的效果一样，并且无法调整到正常显示。

为了使绘出的图形符合地形图的要求，一个较好的办法就是保持 AutoCAD 默认的坐标系，将野外采集的点位数据，即点的坐标 X 与 Y 位置对调，也就使在 AutoCAD 中输入点的坐标时，把野外测得 Y 方向的坐标值作为 AutoCAD 坐标系中的 X 值，而把野外测得的 X 方向坐标值作为 AutoCAD 中 Y 值。基准方向仍是 AutoCAD 默认的东方向。这就是前面在 Excel 表中为什么要编辑数据，使之有一列为（Y，X）的缘故。

2. 设置图形界限

大比例尺地形图的图幅有矩形和正方形两种的，以 50cm×50cm 正方形图幅为例，说明图形界限的设置过程。

AutoCAD 具有一张无限大的图纸供用户使用，在图形的实际尺寸不太大时（比如工程施工图）都可以用 1∶1 比例绘制，但地形图有别于其他工程设计图形，它表示的实际地面面积较大，假设绘制实际面积为 500m×500m 区域的地形图（这对于地形图来说是很小的区域）。若按 1∶1 比例绘制，即一个图形单位代表图上 1mm，如果图形界限的左下角是（0，0）的话，右上角就要设置为（500000，500000），再用 zoom 命令的 Extents 选项，缩放视图，使图形界限全部显示在屏幕上，这种设置方法完全可以。但因野外采集的坐标数据是以 m 为单位，这样不仅绘图时需要将数据换算成以 mm 为单位，而且在绘图和用图中，需要频繁使用“平移”功能，既麻烦，又容易出错。

因此在绘制地形图时，仍设置一个图形单位代表图上 1mm，但在输入坐标时，实地上的 1m 的水平距离用一个图形单位表示。也就是地面 1m 的水平距离，在图上表现为 1mm，即图形比例为 1∶1000。因为地形图在绘制中用的点位坐标都是绝对坐标，所以在设置图形界限时，首先应计算出本幅图左下角（测区西南角）的坐标（x，y），则右上角坐标为（x+500，y+500），按此两点进行图形界限设置，就设置了一个 50cm×50cm 的图形界限。

图形界限设置完后打开状态栏上的“栅格”。可以看到图形界限范围内充满了栅格，它可以提醒用户在作图时的界限。有时可能看不到栅格，其原因有两种：一种是图形界限不在当前窗口显示的范围内，可使用 zoom 命令，选择“全部 A”选项，就可以看到图形界限和栅格；另一种当前视图放大的太大，使栅格之间的距离太远，相邻点之间的距离超过窗口的显示区，而看不到栅格。这时需将鼠标的滚轮向下滚动，实时缩小视图。就可以看到栅格了。

说明：在测绘大面积（需要多个幅面）的地形图时，可以不设置图形界限，直接展点、绘图，整个测区绘成一幅图，这样便于图形绘制和使用。在需要输出地形图时再进行分幅。

3. 图层设置

绘制地形图像绘制其他工程图一样，图层规划至关重要，做好图层规划可以使绘图高效、图面清晰、直观。地形图中的地物繁多，不可能给每一种地物设置一个图层，那样给图层管理带来麻烦，所以可归类设置，同类的设置在一个图层上。地形图中的对象包括以下内容：图廓及廓外文字，地物符号及注记包括测量控制点、水系、居民地及设施、交通、管线、境界、地貌、植被与土质、等高线、注记等，每一大类根据需要可再分几个小类。在每层的线型、线宽、颜色、设置上要考虑到该层上图形大多数的特性来设置，在同一类别中可能用到的线型、线宽也不同，如道路类的街道、快速路、内部路等表示的线宽和线型是不相同的，在绘图时，部分是随层的，部分是不随层的。对不随层的，在图形绘制完成后可用对象特性设置。层的命名规则要简单、明了、方便、实用、不使他人产生误解。

提示：（1）0 层不允许放任何东西，用于做块。图层的排列顺序是数字—字母—汉字，可以将最常用的图层名前加 0，比如 0 房屋，将他排到前面，方便使用。在颜色的选择上，尽量与地形图图式上要求的一致比如水系用青色 C100。

（2）图廓和图廓外注记不在地形图中设置、绘制，最好单独绘制、标注，然后以块的形式保存。在需要输出地形图时，再依插入块的形式，插入到相应的位置。

4. 设置文字样式

地形图中注记的文字包括汉字、数字和字母。地形图图式中对每一种文字注记都做了详细的说明。注记文字的字体有宋体、黑体、正等线体、细等线体、粗等线体、长等线体等，图式上字体大小就是字高，如宋体（3.5）即采用宋体，字高 3.5mm。地形图中需要注记文字的地方很多，大小与其说明的地物对象匹配，在设置文字样式时，将各种字体都设置一个文字样式。高度不用设置，也就是变高，在具体标注时才输入字高。

说明：（1）地形图上用到很多等线体，所谓等线体就是笔画等粗，横平竖直，笔端统一，结构匀称。字的笔画粗一般为宽的 1/10，比这细的则为细等线体，比这粗的则为粗等线体。在大比例尺地形图中，主要用于地理名称注记、各种说明（名称、性质等）注记、都用的是等线体。各字体的宽度因子（宽：高）也不相同。有的规定正等线体宽高之比为 3∶5，中等线体为 2∶3，长等线体为 3∶7。其规格应按地形图图式中的规定标注，比如图廓中的以西南角坐标表示的图名字体就是长等线体 1∶2，没有特殊要求的可按上面说的宽高比设置。

（2）地形图中用到的字体在 AutoCAD 自带的字库中不一定都有，可从网上下载后复制到 AutoCAD 2010 安装目录下的 Fonts 文件夹中，就可以使用了。若下载不到，也可以用相近的字体替代，比如粗等线体可以用黑体代替。

提示：在设置好绘图环境后，可保存为模板，即保存为 . dwt 格式的文件，便于以后使用。尤其在多人分块绘制地形图时，大家统一使用一个模板文件，这样做既提高工作效率，又保持各种设置一致。

完成绘图前的准备工作，就可以开始绘制地形图了。

课堂练习： 完成随书光盘“课堂练习”的“第 8 章”的“练习 8 - 2”。

8.3 展绘控制点

测量工作的原则是“先整体，后局部；先控制，后碎部”。外业遵从这一原则，在内业绘图时也同样要遵从“先控制后碎部”的原则。尽管用点位坐标绘图，不受控制点的限制，但是先将控制点展到图上，对绘图区有一个总体的轮廓，再绘碎部点，既可以使绘图员思路清晰，还可避免出错。

本节介绍两种展绘控制点的方法。

8.3.1 手工展绘控制点

（1）转换编辑控制点坐标。利用 8.2 节中所介绍的“数据准备”的方法，将控制点坐标数据，从全站仪中传送到计算机中，这次选择数据转换为 CASS（PC，PA，Y，X，Z）格式，也就是“点号，Y 坐标值，X 坐标值，Z 坐标值”的格式。将其保存为“kzd. dat”，然后将该文件再保存为 Excel 格式，取名“kzd. xls”。在 Excel 表中稍加编辑，得到如图 8 - 10 所示的数据，保存以备后用。

F22

	A	B	C	D	E
1	PT*	y	x	z	(y,x)
2	1	1571.716	1420.192	7.666	1571.716,1420.192
3	2	1500.890	1421.049	7.500	1500.890,1421.049
4	3	1494.725	1393.820	7.452	1494.725,1393.820
5	4	1494.615	1380.993	7.431	1494.615,1380.993
6	5	1491.212	1325.353	7.629	1491.212,1325.353
7	6	1430.243	1394.082	7.754	1430.243,1394.082
8	7	1345.394	1418.210	7.693	1345.394,1418.210
9	8	1342.272	1519.425	7.867	1342.272,1519.425
10	9	1362.111	1519.196	8.005	1362.111,1519.196
11	10	1371.154	1556.656	7.978	1371.154,1556.656
12	11	1377.602	1586.699	7.891	1377.602,1586.699
13	12	1495.367	1584.971	7.942	1495.367,1584.971
14	13	1497.395	1555.958	7.828	1497.395,1555.958
15	13-1	1529.403	1558.195	7.897	1529.403,1558.195
16	14	1480.770	1523.546	7.889	1480.770,1523.546
17	15	1500.00	1500.00	7.467	1500.00,1500.00

图 8 - 10　用 Excel 编辑好的控制点坐标数

（2）设置点的样式。为了使展出的点在屏幕上更容易观察的到，便于插入控制点图式。在展点前要事先设置一种点样式。设置方法是：在“常用”选项卡→“实用工具”面板→“点样式”按钮 点样式...，在弹出的“点样式”对话框，从中选择一种较简单，且又容易定点位的样式，如“十字”，尝试着设定“点大小”框中的百分比数值，使绘图区的点标志大小合适（若按绝对单位设置，2 个图形单位较为合适）。无论现在选择哪种样式的点，只是为了绘图方便，等将所有控制点图式绘制完成后，还要将点样式改为最简单那种，即“点样式”对话框中的左上角所示的样式。

（3）展绘控制点。新建临时展点图层“zdc”并将其置为当前层。关闭“栅格”和“对象捕捉”。执行下列步骤：

打开在第一步中编辑好并保存的“kzd. xls”文件，选中 E2—E17，用“CTRL＋C”组合键，将其全部复制。

功能区：“常用”选项卡→“绘图”面板→“多点”按钮 。

系统执行命令，命令行中弹出如下提示：

命令：point

当前点模式：　PDMODE=2　PDSIZE=－2.0000

指定点：1571.716，1420.192（将从 Excel 表中复制的坐标对，粘贴于此，AUTOCAD 按顺序自动读取各点坐标，并绘出相应的点）

命令：

命令：

命令：point

当前点模式：　PDMODE=2　PDSIZE=－2.0000

指定点：1500.890，1421.049

…… ……

…… ……

命令：point

当前点模式：　PDMODE=2　PDSIZE=－2.0000

指定点：1500.00，1500.00

命令：

命令：

命令：point

当前点模式：　PDMODE=2　PDSIZE=－2.0000

指定点：(可继续输入坐标，若不再输坐标，回车，结束命令)

展到绘图区域的控制点如图 8-11 所示。

这种方法展出的点，只有点位，没有点号，一次展点数量不能太多，以免增加插入控制点符号的难度。当控制点较多时，可以分批用该方法展出。

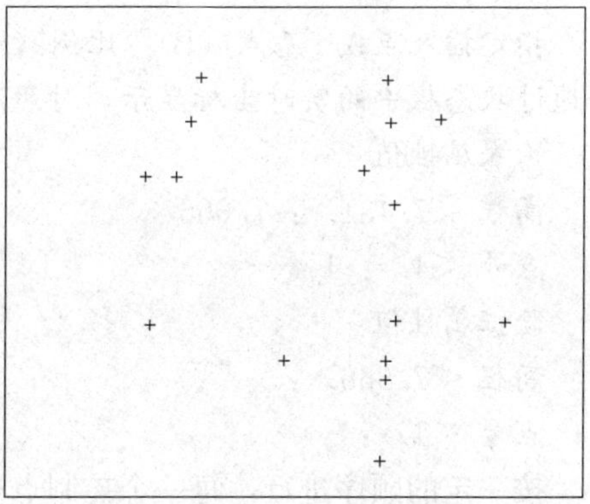

图 8-11　以多点命令展绘的控制点

(4) 插入控制点符号。测量控制点是测绘地形图和工程测量的主要依据，在图上必须精确表示。图上各测量控制点符号的几何中心，表示地面上控制点标志的中心位置。高程注记表示实地标志顶的高程或木桩顶的高程。平面控制点有三角点、GPS 控制点、导线点、不埋石图根点、埋石图根点等。根据实际情况，插入相应的控制点符号。这些控制点符号，按照第 7 章讲述的方法，按 1∶1 比例，事先制作好图块，并通过写图块，将一个符号保存为一个文件，以地形图图式中的名称命名，存放到地形图符号文件夹中，以方便使用。

插入控制点符号的步骤如下：

功能区：“插入”选项卡→“块”面板→“插入块”按钮“”，弹出“插入”对话框，如图 8-12 所示。

通过“浏览”找到需要插入的图块（事先制作好的）。在“插入点”组框，选中“在屏幕上指定”，“旋转”组框中，输入“角度”为 0，按照地形图图式的规定，这些符号要垂直

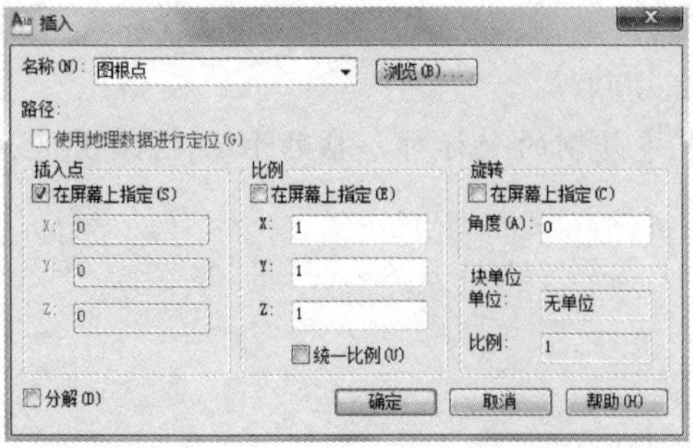

图 8 - 12　图块“插入”对话框

于南图廓。对“缩放比例”和“插入点”的确定，不同情况下有不同的考虑。

1）缩放比例。“缩放比例”这一项很重要，不要选定“在屏幕上指定”。对 1∶1000 的地形图，x，y 方向的缩放比例就按系统默认的 1 插入即可，因为绘制的是二维平面图，z 轴方向不考虑。

对于其他的大比例尺地形图来说，为实现最后成图后图纸上的不依比例尺符号的大小符合要求，在插入符号图块时要算好插入比例。比如，最后出图要求是 1∶2000，现在按 1∶1000 的比例绘图，最后将全图进行缩放，缩放比例因子为 0.5，对依比例尺符号和半依比例尺符号来说没有影响，而对不依比例尺符号来说，它的大小尺寸也缩小了 2 倍。直径本应是 2.0mm 的小圆圈，就变成了直径是 1mm 的圆圈。所以在插入时需要将符号放大一倍，也就是说“缩放比例”中 x，y 两个方向为 2，这样才能保证图形在最后缩放后，不依比例符号大小正好符合要求。同理若要求的是 1∶500 的图形，则在插入符号时，缩放比例应 0.5。

2）插入点的确定。在制作控制点符号图块时，图块的基点一定设在不依比例尺符号的定位点上，并且一定是带属性的图块。将“控制点”图层置为当前层，现在图上已有控制点位，用鼠标捕捉控制点，将符号插在控制点上。不同控制点的点号和高程又如何来标注呢？带属性的图块在插入时，系统会提示输入相关属性。当按图 8 - 12 中的“确定”时，命令行会出现以下提示：

命令：insert

指定插入点或 [基点 (B) /比例 (S) /X/Y/Z/旋转 (R)]：（用鼠标捕捉一个控制点，并通过状态栏中的实时坐标显示，对照测量数据，确定是 1 号控制点）

输入属性值

高程 <7.431>：7.666

点号 <4>：1

验证属性值

高程 <7.666>：

点号 <1>：

按一定的顺序进行，每一个控制点重复一次上述工作，将所展的控制点上都插入控制点符号。当控制点较多时，分批进行，每批 10 个点，展上点，插入控制点符号后，再进行下一批，直至所有控制点展绘完毕。最后删除临时图层“zdc”。

说明：在插入控制点符号时，要参照外业草图，查找控制点在测区分布位置，参看坐标数据，使位置、点号和三维坐标数值对应，以防出错。

8.3.2　用展点程序展绘控制点

AutoCAD 本身没有提供带点号和高程展点的功能。但这一功能可以通过 visaullisp 或 autolisp 语言编写应用程序来实现。在 Internet 上有不少测绘人在探索展点的问题，并且编写了不同的展点小程序，可以从网上下载，加载后使用。有兴趣的读者可以探索尝试。下面介绍其中的一种展点程序，这种程序读取的是 .txt 文件。

1. 数据准备

该展点程序读取的数据格式为：

点号，x 坐标值，y 坐标值，h 高程值

每个点的数据占一行，其中的“,”是在英文状态下的逗号。

仍以前面所用的控制点坐标数据为例，将从全站仪中导出的数据，转换为 CASS（PC，PA，Y，X，Z）格式，保存成 . txt 格式的文件。用记事本打开保存的数据可以看到，所有的数据以逗号相隔，不换行。为方便程序读取，需要进行再编辑，删除多余的逗号，分别在每一个点的数据后面加上逗号后，回车换行，编辑后展点程序可以读取的数据如图 8 - 13 所示。

2. 加载程序

互联网上有不少测绘人士用 lisp 语言编写的展点程序，可下载。因为程序很小，在一些测绘相关的论坛直接可看到程序代码，可以将该代码复制粘贴到记事本中，保存为 zd. lsp 文件，然后将其放到 AutoCAD 安装目录的 support 文件夹下。

打开 AutoCAD 主程序，单击功能区：“管理”选项卡→“应用程序”面板→“加载应用程”按钮，弹出如图 8 - 14 所示的“加载/卸载应用程序”对话框。在 AutoCAD 安装目录的 support 文件夹中找到要加载的程序“zd. lsp”，点击“加载”按钮。AutoCAD 进行程序加载，并在该对话框的最下面一行，显示加载状态“已成功加载 zd. lsp”。这时即可使用该应用程序展点，即只要在命令行输入“zd”，程序就开始运行。

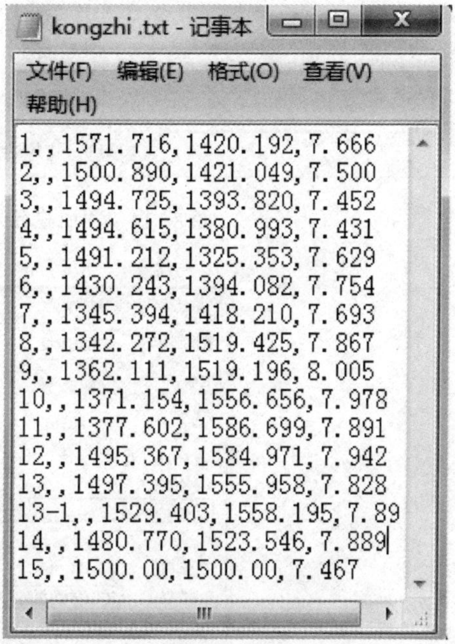
kongzhi .txt - 记事本

文件(F)　编辑(E)　格式(O)　查看(V)　帮助(H)

```
1,,1571.716,1420.192,7.666
2,,1500.890,1421.049,7.500
3,,1494.725,1393.820,7.452
4,,1494.615,1380.993,7.431
5,,1491.212,1325.353,7.629
6,,1430.243,1394.082,7.754
7,,1345.394,1418.210,7.693
8,,1342.272,1519.425,7.867
9,,1362.111,1519.196,8.005
10,,1371.154,1556.656,7.978
11,,1377.602,1586.699,7.891
12,,1495.367,1584.971,7.942
13,,1497.395,1555.958,7.828
13-1,,1529.403,1558.195,7.89
14,,1480.770,1523.546,7.889
15,,1500.00,1500.00,7.467
```

图 8 - 13　控制点数据

3. 加载程序到“启动组”

通过第二步中的加载程序，就可以展点了。但是在下次启动 AutoCAD 时，如果还要展点，则还需要加载。在地形图绘制过程中，展点工作并非一次性的。所以最好将该程序加载到“启动组”中，以后每次启动 AutoCAD 程序时，自动加载该展点程序，直接使用就行了。

添加方法如下：在“加载/卸载应用程序”对话框的右下角的“启动组”框中，点击“内容”按钮，弹出如图 8 - 14 所示的“启动组”对话框。在该对话框中点击“添加”按钮，弹出“将文件添加到启动组中”对话框，选择“zd. lsp”文件，点击“添加”按钮。关闭“启动组”对话框。系统在“加载/卸载应用程序”对话框的最下面提示：已将“zd. lsp”添加到“启动”组中。最后，关闭“加载/卸载应用程序”对话框，完成加载程序工作。

4. 启用展点程序

• 命令行：zd。

弹出如图 8 - 15 所示的“选择坐标数据文件”对话框，在其中选择要展绘的坐标文件，点击“打开”按钮。

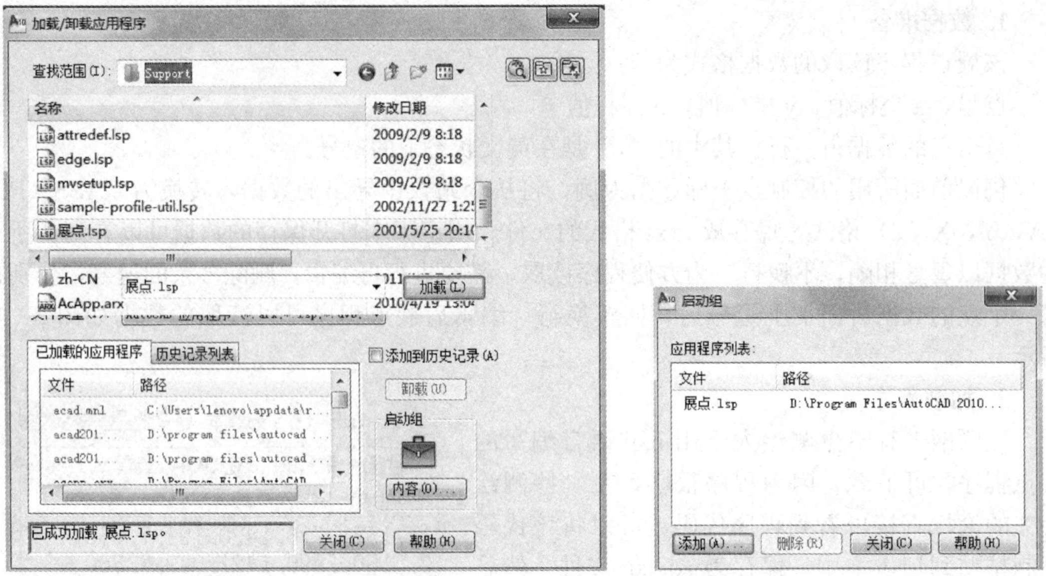

图 8-14 “加载/卸载应用程序”及“启动组”对话框

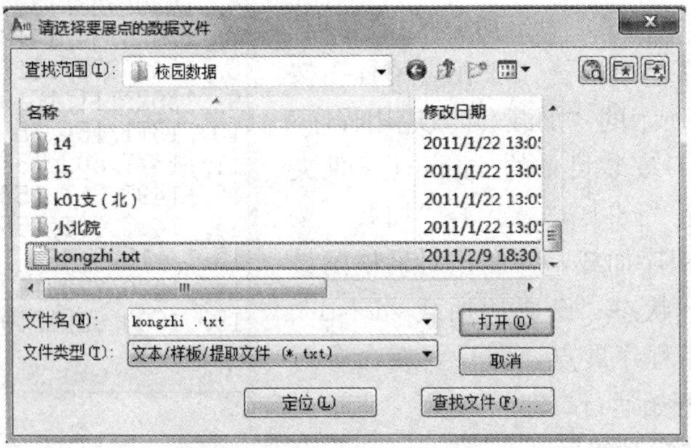

图 8-15 选择坐标数据文件

系统关闭对话框，并且瞬间在绘图区看到了展出的点。

命令行提示：

命令：zd

读入数据共耗时：0.015 秒 展点共耗时 0.015 秒展点数：16 个 每展一点耗：0.0009313226 秒

展点结束，可以看到点标记和高程分别以不同的颜色展到两个图层。

5. 插入控制点符号

将“点样式”设置为默认的样式，点大小为 1%（相对于屏幕设置大小）。

按点位坐标和高程对照坐标数据，找到对应点号，选择控制点符号图块，在点位处插入，并分别输入属性。插入方法与 8.3.1 中介绍的插入方法相同。

为图面清晰，控制点展绘完毕，关闭点标记层和高程层，图上只显示各控制点符号。

不同的展点程序读取的数据格式不同，这一点需要读者用心琢磨。绘制地形图最好还是用程序展点，尤其是碎部点的绘制，若用手工展绘碎部点，其绘图工作量难以承受。

课堂练习：完成随书光盘“课堂练习”的“第 8 章”的“练习 8 - 3”。

8.4　绘制碎部点

碎部点的坐标数据是在控制点或图根点上安置全站仪然后进一步采集的，在野外采集时将每一个控制点所测的碎部点存放在一个文件夹下，并有规律地命名。将这些碎部点展绘到已绘制好控制点的 AutoCAD 图形中，再根据野外测量时所绘制的草图，绘制各种地形图符号和线型。

8.4.1　展碎部点

按照前面用程序展控制点的方法，首先将从全站仪中导出的碎部点数据，按前面介绍的方法转换为如图 8 - 13 所示的格式并保存。这里特别提醒，由于碎部点量很大，文件较多，对文件命名要事先做好计划，便于展点和绘图。对点数太多的文件，在完成数据编辑后，可以分成数个小文件，将点号分段保存。这样做的好处是，不至于因为绘图范围内一下子出现太多的点号和高程文字而显得太乱，影响了绘图效率。

关闭“对象捕捉”，调用“zd”命令，开始展点，最好一次只展一个文件，将这些特征点绘成地形图符号后，再展与之相邻的碎部点。通过设置点样式和点的大小使展出的点醒目，便于绘图。在绘制碎部点地物符号时，多数情况下用不着高程数据，所以将高程数据层关闭。

8.4.2　绘制地物符号

地面上的地物在地形图上以符号的形式表现。下面分别来介绍各类符号的绘制方法。在绘制地物符号前关闭“高程”层，只显示点号。在某些特殊点用到高程的时，可临时打开“高程”层。

1. 依比例尺符号

（1）居民地和垣栅的绘制。居民地是大比例尺地形图上的主要地物要素。根据图式要求对 1∶500 和 1∶1000 的地形图，主要绘制房屋的外轮廓线，并注记房屋的结构和层数，1∶2000 的地形图上不注房屋结构简注，只注房屋层数。将“居民地”图层置为当前层，线型为连续型，线宽默认。

在实际外业测量中，如果是规则的四角房屋，一般仅测三个角的点位就可以了。对多点房屋或不规则房屋，在测量时尽量将其特征点都测出来，在条件不允许的情况下，还可以采用其他测量手段如皮尺丈量其某方向上的长度和宽度，将测量数据标注在草图上。

1）已知三点绘房屋。用 pline 命令依次连接 1、2、3 点，再利用端点捕捉功能，捕捉 1、3 点后，进行对象追踪，向 4 点的方向移动鼠标，直到在 1、3 两点都出现垂足捕捉时，点下鼠标得到第 4 点，最后闭合到第 1 点上，如图 8 - 16 所示。绘出的图形为一个图形元素。

2）对规则的多点房屋。使用 pline 命令，顺序连接各房角点。对没有测出的房角，使用对象捕捉、对象追踪，输入长度的方法，或两个垂直方向极轴追踪定点位。

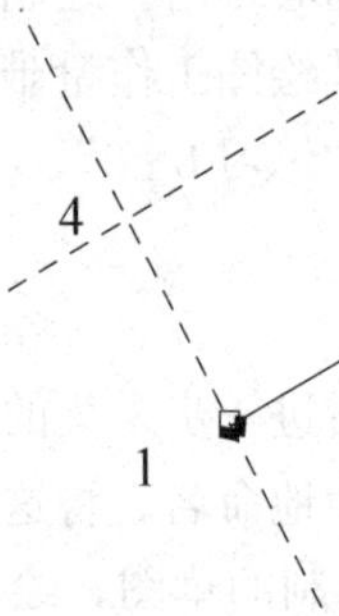

图 8 - 16　三点绘房屋方法

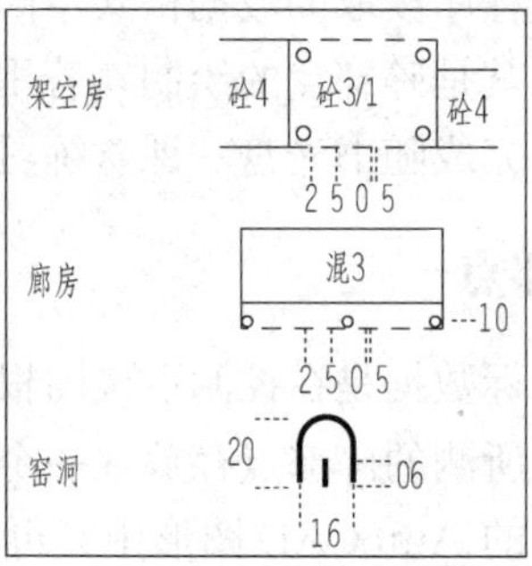

图 8 - 17　特殊房屋

3）对不规则的多点房屋，在野外可从不同控制点或图根点上，尽量多测其特征点。对个别确实测不到的，采用其他测量手段测其长度、宽度、大致轮廓（尤其是对弧线）、方位。详细标到草图上。绘制这种图形的方法类似规则多点房屋，用 pline 命令，结合 AutoCAD 提供的各种辅助绘图手段进行绘制。

4）对于架空房屋、廊房，窑洞、蒙古包等则需要在按上述方法绘制完轮廓线后，加绘一些不依比例尺的特定符号，在绘制这些符号时，要与不依比例尺符号一样，根据以后出图比例，绘出大小相应的符号，如架空房屋和廊房图式中的小圆圈，要求直径为 1mm，对 1∶1000 的地形图直接在图上绘制直径为一个图形单位的小圆圈即可，如果要求的图形比例是 1∶2000，则绘制直径为 2mm 的小圆圈。最后全图缩放，则符号的大小正相当，如图 8 - 17 所示。

还有一些依比例绘制房屋的附属设施，绘图方法都大致相同。

城镇和农村的街区房屋均应按外轮廓线准确绘制，街区与道路的衔接处应留出的 0.2mm 的间隔。

（2）植被的绘制。植被是指覆盖在地表上的各种植物的总称。它包括耕地、园地、林地、草地和其他像芦苇地、半荒植物地等。这类地物符号的范围，若界线明显者用地类界符号表示其轮廓，当地类界与其他地物，例如道路、河流、陡崖等重合时可省略，不绘地类界符号。界线不明确者则不绘出界线符号。有时，植被呈带状分布，宽度较小，只能用半依比例符号表示。在图上反映出分布范围和植被的类别特征，大面积的植被，在能表达清楚的情况下，可采用注记说明。

1）绘制植被分布边界。按照野外绘制的草图，用 pline 命令连接其外轮廓的特征点，得到轮廓范围，对不同的植被，根据图式要求，地类界限符号可采用不同的线型，即连续线或点虚线，若绘制多色图，颜色要符合与图式要求。

2）绘制配置符号。植被的类别在地形图上大多数是通过不同的植被符号表示的，如表 8 - 1 中 9 - 11 所示。图式中规定了各类植被符号的形状、大小、间距。这些符号一般呈梅花形均匀地分布在整个植被轮廓区域内。下面介绍两种绘制配置符号的方法。

①图案填充法。由第 7 章介绍的“测绘填充符号的定制”可知，填充图案需先定制后填充。图案定义文件（PAT）是纯文本文件，允许用户自己编写来扩充用户的图案库。用户可以按照第 7 章的介绍，自己动手编写图案定制文件。然而编写图案定制文件并不是一件轻松的事，需要很多精确的数据。做过图案填充定制的人员都知道，这些数据的计算是很伤脑

筋的，有些定制用手工根本无法计算。很多 AutoCAD 使用人员在不断探索填充图案定制技术。目前被用户广为流传的图案可视化定制程序 MKPAT. lsp（由国家电力公司成都勘测设计研究院任鸣春高工编写的）是用 AutoLISP 语言编写的，是一个 Hatch 命令图案 PAT 文件自动生成实用工具，使用这个工具可制作出任何复杂的图案来。该程序在 Internet 上可以找到，将该程序复制到 AutoCAD 2010 \ support 文件夹下，在 AutoCAD 2010 中从“管理”选项卡→“管理”面板→“加载应用成程序 .” 按钮，在“加载/卸载对话框”中，将该程序加载，并把它添加到“启动组”中。以后再启动 AutoCAD 2010 主程序，MKPAT 程序自动加载。

命令：mkpat

已在（0. 0000，1. 0000，0. 0000）创建零长度直线

已在（0. 0000，1. 0000，0. 0000）创建零长度直线

MKPAT 初始化 . . . OK!

绘图区就出现了编辑图案填充的状态如图 8 - 18 所示。

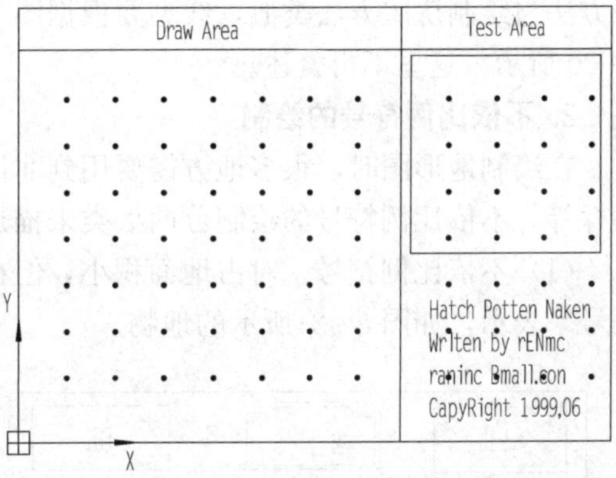

图 8 - 18　填充图案编辑界面

说明：本小程序带有帮助，运行本程序状态下，在命令行输入 PHELP，弹出“MK-PAT V3. 0 Demo”对话框，其中对 MKPAT 的使用和注意事项做了较为详细的说明。有兴趣的读者可以试用。

②手工绘制。分析一下各填充图案，它的基本图形单元并不复杂。只要先绘出基本图形单元，再进行一系列的图形编辑，完全可以绘制出符合要求的配置符号。现在以果园为例，介绍手工绘制填充图案的方法。

第一步：以 1∶1 的比例绘制基本图形单元，并以图块形式保存。

第二步：在已绘制好的果园外围轮廓线中，插入事先保存的图块。插入点在区域的左下角。然后将该基本图形单元阵列，选择矩形阵列，行偏移 10，列偏移 10，行、列数要事先用查询工具，查询一下该果园外轮廓的南北向和东西向的最宽处的大致长度，计算一下应该阵列的行数和列数。假如南北方向最宽处是 45，东西向最宽处是 62，应阵列 5 行，6 列。阵列出的图形并不符合要求，还需要编辑。

第三步：为了使配置符号呈梅花形分布，需要隔行平移配置符号，将需要平移的行中所有符号全部选中，以任意点为基点，在 X 方向向左（或向右）平移 5。

第四步：删除果园轮廓线以外的配置符号和与轮廓线相交的配置符号。对外轮廓的形状比较特殊的，在经过以上编辑后，轮廓线以内某些边角部位，按尺寸该有配置符号而还没有的，需要个别复制、粘贴，使轮廓内配置符号分布均匀，不缺不挤，尤其是边缘部位。绘制过程如图 8 - 19 所示。

注意：在绘制配置符号时，也要像前面介绍的插入控制点符号一样，需要根据最后成图比例，计算好基本图形单元插入时的比例因子，旋转方向为 0 方向。不仅如此，还要计算好阵列时列距和行距。前面叙述的行、列偏移量是按 1∶1000 的比例绘图时设置的，若最后的

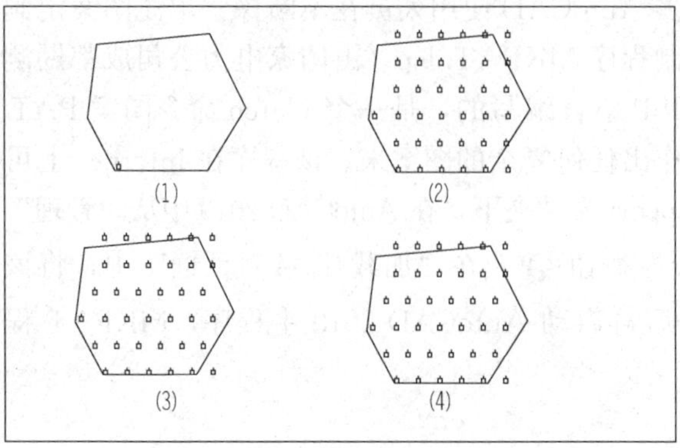

图 8 - 19　植被配置符号绘制过程

成图比例是 1∶500，则插入基本图形单元时的插入比例应为 0.5，阵列的行间距和列间距应为 5。若最后出图的图形比例是 1∶2000，则插入基本图形单元时的插入比例应为 2，阵列的行间距和列间距应为 20。这样经过缩放才能使成图中的配置符号符合要求。

依比例绘制的地形图植被符号，绘制过程都可仿照上述做法来完成。不同之处，就是配置符号基本单元图形不同，但都比较简单。

（3）其他的依比例符号。对一些占地面积较大的居民设施，如商场、宾馆、电视台等，体育设施如体育场、观礼台、游泳池，还有露天货栈等也需要依比例绘制其外轮廓线，其绘制方法与绘制房屋方法类似，线型要根据图式要求选用，其属性需要标注文字来说明，如图 8 - 20 所示。这里不再赘述。

2. 不依比例符号的绘制

在绘制地形图时，很多地方需要用到非比例符号，比如一些工业设施、农业设施、地质勘探等。不依比例符号的绘制分两大类来描述。

（1）不依比例符号。对占地面积小，但在作用和意义上不可忽略的地物，可用一个独立符号来表示，如图 8 - 21所示的地物。

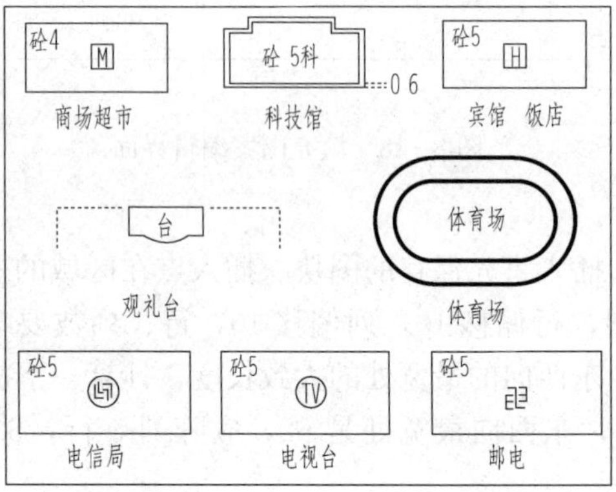

图 8 - 20　其他依比例尺符号（面积＋注记）

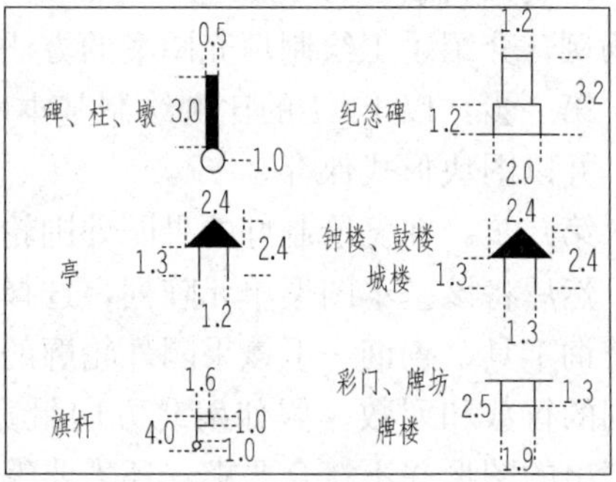

图 8 - 21　不依比例物符号

对不依比例的地物符号的绘制，与插入控制点符号类似，要事先建立一个地形图符号库。每个符号按 1∶1 的比例绘制成一个图形，以符号名称作为图块名称，保存为地物符号块，一个符号保存为一个图形文件。在图块制作时要注意，图块的插入点一定设在这种地物符号的定位点上。

在地形图绘制中，需要用到哪个符号，就直接使用图块插入命令，将其插入到该地物的实际坐标位置，并按成图比例尺设置 x、y 方向的比例因子，旋转方向为 0（因独立符号都垂直于南图廓线）。

（2）面积边界＋不依比例符号。当实地建筑物的占地面积在图上大于符号表示的面积时，需要依比例绘制地物边界，并在边界中间位置绘制建筑物符号，如图 8-22 所示。

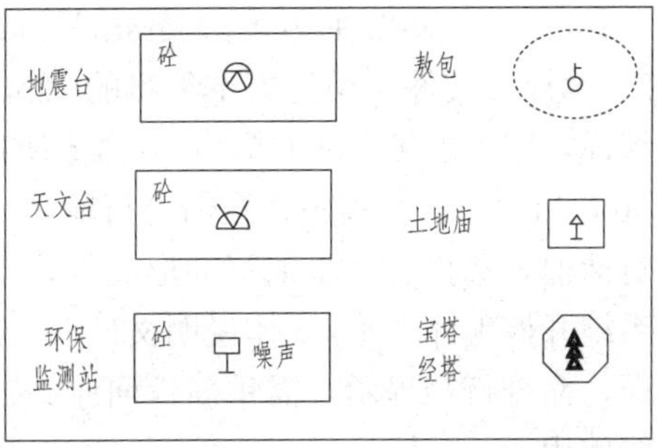

图 8-22　面积边界＋不依比例尺地物符

这类地物的绘制方法：①绘制建筑物边界。边界的线型分两种，一种是连续线，一种虚点线。绘制边界的方法可根据建筑物边界的实际形状分为圆形、矩形、规则多边形等形式。圆形以画圆的命令绘制，矩形根据实测数据，以画矩形命令绘制或用绘制房屋的方法来绘制，多边形用 Pline 命令绘制。②在绘制好的边界中间，插入相应的建筑物符号，插入的符号要处于边界中央，插入时应注意图形比例尺。

3. 半依比例尺符号的绘制

半依比例尺符号在地形图中是很重要的一部分，用此类符号绘制的地物种类很多，如围墙、篱笆、铁路、公路，管线、河流、水渠、境界等。它们共同的特点是在宽度方向一般不能按照比例绘制，但在长度方向上可以按比例。为读图、用图方便，地形图图式中对这些地物规定用不同的线型来表示，如图 8-23 所示。

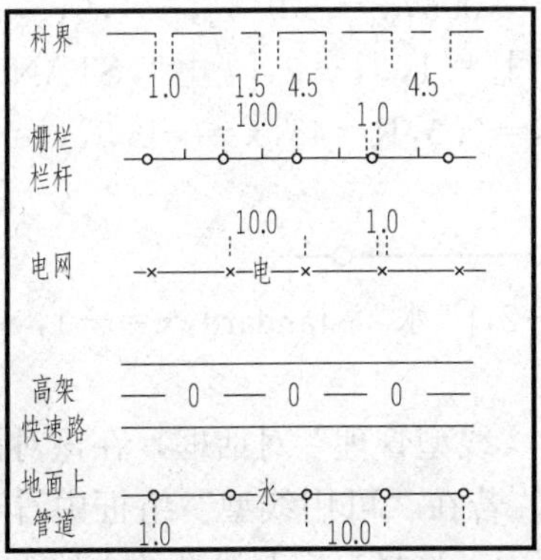

图 8-23　部分半依比例线状符号

AutoCAD 2010 提供了标准线型库文件 acad. lin 和 acadiso. lin，包括通用线型、ISO 线型和复合线型。尽管这些线型已经很丰富，但从图 8-23 中可以看出，有的线型 AutoCAD 2010 线型文件中还不具备。有的线型相对比例不能满足，这样就需要定制新的线型。

在第七章中已经介绍过线型的定制，地形图中需定制的线型很多。这里仅以几种复合线型的定制为例说明地形图中线型符号的绘制过程。

（1）自定义线型

1）建立形文件。系统在 c：\ program \ autoCAD \ sup-portt 文件夹下，有用于定制复合线型用的形定义文件 ltypeshp. shp，可用记事本打开观察阅读，从中了解形文件的建立及定义。然后在其中试着编写地形图中定制复合线型所需要的形（不要改动系统原有的代码），下面是几个复合线型用到的形代码。

```
*136，6，KUANG
1，010，014，018，01C，0
*137，6，ARROW
017，002，01F，001，019，0
*138，7，PLUS
020，002，018，014，001，02C，0
```

编写后要注意保存。在原有形文件中加入新内容，注意形编号不能重复，形名称不能重复。若是单独建立一个形文件，可打开一个记事本空文档，在其中编写形代码，然后将其保

存为 . shp 文件。存放在 c：\ program \ cad \ support 文件夹下。

2）编译形文件。用记事本编辑的 . shp 形文件，不能被 AutoCAD 系统直接调用，必须经过编译，成为能被 Load 或 Style 命令所接受的格式，即生成 . shx 文件。编译方法为：打开 AutoCAD 2010 主程序，在命令行输入 compile，然后回车，系统弹出“选择形或字体文件”对话框，选择上一步编写的形文件，点击“打开”。

系统开始编译“形/字体说明文件”，几秒钟后，命令行提示：编译成功。若形代码编写有错误，命令行会提示，需重新返回原 . Shp 文件中修改，然后再编译，形代码必须编译成功才能使用。

3）自定义复合线型。用“记事本”打开 AutoCAD 2010 提供的标准线型库文件 acadiso. lin，认真阅读理解系统定义的各种线型。然后在最下面写入所需要的新的线型，包括地形图中用到的简单线型和复合线型，并保存。下面是部分地形图复合线型的代码。

*XZJX,乡镇界线

A,4. 5,－1. 0,4. 5,－1. 5,1. 5,－1. 5

*ZHALAN,栅栏

A,4. 5,－1,[CIRC1,ltypeshp. shx,x＝－1,s＝0. 5],4. 5,[TRACK1,ltypeshp. shx,y＝0. 5,s＝0. 5]

*DIANWANG,电网

A,4. 5,－1,[PLUS,ltypeshp. shx,s＝0. 5,R＝45,x＝－0. 5,y＝－0. 3],－1,9,－1,[PLUS,ltypeshp. shx,s＝0. 5,R＝45,x＝－0. 5,y＝－0. 3],－1,3,－2,["电",STANDARD,X＝－1,y＝－0. 3],－1,3,－1,[plus,ltypesp. shx,s＝0. 5,R＝45,x＝－0. 5,y＝－0. 3],4. 5

*DMSG,地面水管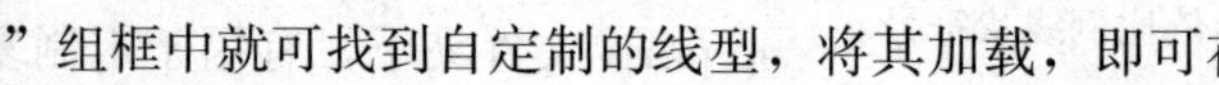

A,4. 5,－1,[circ1,ltypeshp. shx,x＝－1,s＝0. 5],3,－2,["水",standard,x＝－1,y＝－0. 5],－1,3,[circ1,ltypeshp. shx,s＝0. 5],－1,4. 5

4）加载新线型。在命令行中输入：linetype，系统弹出“线型管理”对话框，在该对话框中点击“加载（load)”，弹出“加载/重载线型”对话框。若在“可用线型”组框中看不到自己定制的线型，需点击“文件”按钮，在弹出的对话框中，选择自定制线型的文件并打开，这时在“可用线型”组框中就可找到自定制的线型，将其加载，即可在 AutoCAD 中使用。若线型代码编写错误，在加载线型时，会弹出对话框，提示线型定义有错误，此时需在返回线型文件中，修改代码。

（2）绘制线型符号。按照图式要求，参照野外草图，在相应的图层上，将合适的线型设置为当前层，用 pline 命令顺次连接各点，绘制出相应的线型地物。对用双线表示的各级公路可根据野外测量数据情况，若观测的是道路两侧的碎部点，则用相应的单线分别连接，若测的是路线中轴线上的碎部点，可以先定义多线的线型、多线的间距，按路的等级设置，然后用多线顺次连接各点。注意线型符号在弯曲线段需要过渡平滑，可以用 Spline 命令绘制。对线形地物中的一些附属设施，可插入事先绘制的独立符号。对有文字的线型符号，要注意绘制方向，保证其中文字的方向正确。

课堂练习：完成随书光盘“课堂练习”的“第 8 章”的“练习 8－4”。

8.5　等高线的绘制

等高线是地面上高程相等的各相邻点所连成的闭合曲线，用等高线表示地貌，不但能简单、正确地显示地貌的形状，而且还能根据它较精确地求出图上任意点的高程。用野外测定的地貌特征点来勾绘等高线。所谓地貌特征点是指山顶、鞍部、山脊线与山谷线上的坡度变换点和山脚点、山脚坡度变换点和山坡面倾斜交换点等。

在碎部展点时，高程和点号分两层展到了绘图区，现在关掉其他层，只留下高程层。

8.5.1　手工绘制等高线

1. 连接地性线

自山顶至山脚用细的连续实线连接山脊线上各变坡点，用细虚线将山谷线上各变坡点连接。通常地貌形态是山脊与山谷间隔排列，即两条分水线夹一条汇水线，两条山谷线加一条山脊线。

2. 求等高线通过点

地形线上各点均为坡度变化点，即相邻两点之间为同一坡度。通常变坡点高程不等于基本等高线高程。需要先求出等高线通过点，再求出基本等高线的位置。在两个变坡点之间的等高线，通过点的高程可按比例内插求得。

(1) 计算相关数据。如图 8-24 所示，A、B 为两个相邻的变坡点，$H_A=43.4\text{m}$，$H_B=39.5\text{m}$，AB 平距为 AB=7.8m，用内插的方法先求得 40m 和 43m 等高线通过的点。由相似

$$\frac{Bc}{7.8}=\frac{0.5\text{m}}{43.4\text{m}-39.5\text{m}}\Rightarrow Bc=1$$

三角形基本性质可得：

$$\frac{fa}{7.8}=\frac{0.4\text{m}}{43.4\text{m}-39.5\text{m}}\Rightarrow fa=0.8$$

从 B 点向 A 点量 1 得到 c 点，从 A 点向 B 点量 0.8 得到 f 点。再将 cf 三等分得到 d、e 两点。c、d、e、f 分别为 40m、41m、42m、43m 等高线通过的点。将所有相邻地貌特征点之间都用内插的方法得到等高线通过的点。

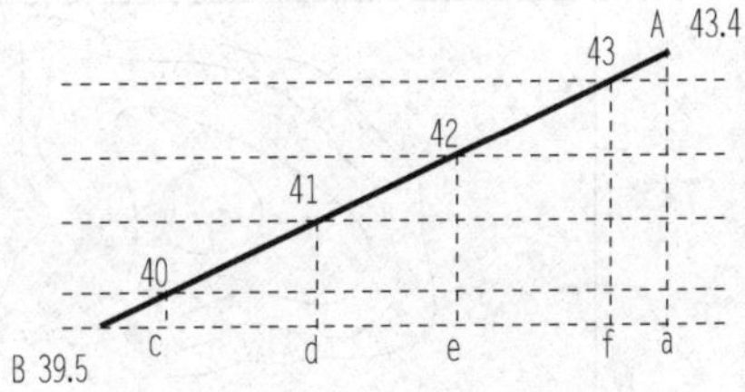

图 8-24　等高线比例内插

在 AutoCAD 绘图窗口中，用内插法时，两相邻特征点之间的平距，可以点击“实用工具”面板→“距离”按钮来查询。得到两点之间平距为 7.8。按照上面的内插公式，打开 AutoCAD 2010 中的计算器，计算距特征点最近的两条等高线 40m 和 43m 与这两相邻特征点 AB 连线的交点 c、f 距特征点之间的平距。

(2) 绘制等高线通过的点。首先将点设置成较醒目的样式，如“十”字，然后绘点。先绘 c、f 两点。

• 功能区：“常用”选项卡→“绘图面板”→“点”按钮→“多点”。

命令行中提示：

命令：multipoint

指定点：(用鼠标拾取 B 点)

指定下一点：1（打开对象追踪，用鼠标追踪 BA 方向，输入距离 1，得到 c 点）

指定下一点：0.8（用鼠标拾取 A 点，用鼠标追踪 AB 方向，输入距离 0.8，得到 f 点）

指定下一点：↙

用 line 命令连接 c、f 后，用“定数等分”绘点，再绘 d、e 两点。

对每两相邻点之间都按上述方法进行内插，求出等高线通过点。

3. 勾绘等高线

用 pline 将相邻的同高程点顺序相连。为了使绘出的等高线平滑，最后对多段线进行圆滑操作。圆滑时可以采用 Fit 方式和 Spline 方式，绘制时注意等高线的性质。图式中规定：首曲线选用连续线，线宽 0.15mm，记曲线线宽 0.3mm。等高线在遇到各种注记、不依比例符号时应断开，遇到房屋、河流、双线道路、水库、湖、塘、路堤等符号时绘制符号边缘。打开所有的非点号层，可以看到等高线与很多地物相交，利用打断两个点命令进行等高线的编辑。等高线的高程注记在平缓处，其字头朝向高处。

8.5.2 用程序自动绘制的等高线

利用野外实测数据生成等高线是数字化成图系统必须具备的功能，这也是计算机绘图中比较难解决的问题。各绘图软件都有自己绘制等高线的方法。等高线生成一般要经过建立 DTM、DTM 编辑、等高线内插，得到高程等值点、按顺序跟踪高程等值点，最后对等高线进行光滑。其中还涉及等高线注记、加粗、空白区的处理以及与其他地物关系的处理等内容。由于等高线是按连接顺序存放的等高线数据文件，数据量非常大，所以在绘图时可以将地形图中的等高线进行分区，将不同区的等高线放在不同的图层上，每次只对一个图层上的等高线进行编辑，并将其他图层上的等高线冻结，这样可以提高重新生成速度。有很多测绘人一直在探索用程序自动生成等高线的问题。

8.5.3 高程点及注记

高程点位以实测的点位表示，点的绘制用 Donut 命令，填充方式为实填充（系统变量 Fillmode 值设为 1），内径为零，外径为 0.5。高程数值标在点的左方和右方，也可以将点的符号作为高程值的小数点，精度记至 0.1m 或 0.01m。等高线的高程注记选择在平缓处，首先使用 Break 命令，用鼠标在等高线上适当位置单击，输入第一打断点和第二个打断点，得到注记高程数字的空间。再进行文字注记，注记字头应指向山顶或高地，字头不应朝向图纸的下方，地貌复杂的地方应注意配置。独立地物点的高程就是定位点高程。等高线注记及高程点注记如图 8-25 所示。

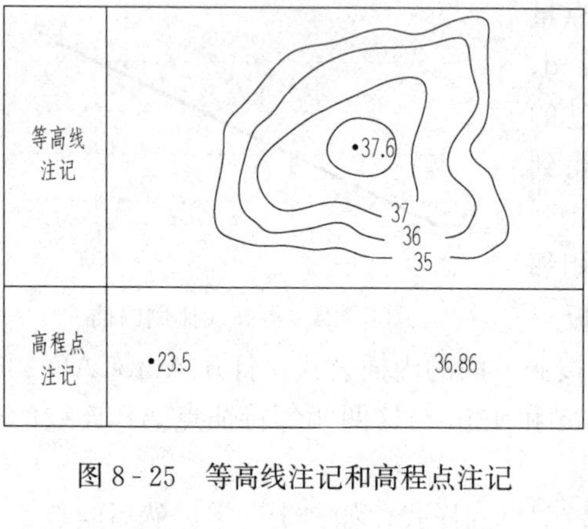

图 8-25　等高线注记和高程点注记

8.6 文字注记和图廓的绘制

8.6.1 文字注记

地形图中为了更清楚表示地物和地貌的特征，很多地方需要文字注记。2007 年颁布的 GB/T 20257.1—2007《国家基本比例尺地图图式第 1 部分 1∶500、1∶1000、1∶2000 大比例尺地形图的图式》中对所有的文字注记都有详细的规定。例如水系名称：海、海湾、海港、江、河、湖、沟渠、水库等名称，按自然形状排列注出，依其面积大小和长度选择字大小，但江、河名称的字大小上游和支流不能大于下游和主流。名称一般注在河流、湖泊的内部，当内部不能容纳时，可注在外侧。较长的河流每隔 15～20cm 重复注记名称。字体样式如图 8-26 所示。

地形图中的文字注记有两种，带文字注记的不依比例尺符号，如各种控制点符号都带有点号和高程信息，要事先绘制带属性的块，在设置属性时按图式要求选择文字样式和字高，最后写盘保存，然后在需要时插入带属性的块，文字与图形是同时绘制到图上的。另一种是先绘制图形，然后统一进行文字和数字标注，如居民地、面积较大的公共设施（体育场等）。现将注记层设为当前层，再用多行文字编辑功能完成注记。AutoCAD 2010 的文字编辑功能非常强大，完全可以满足图式中对文字注记的需要。

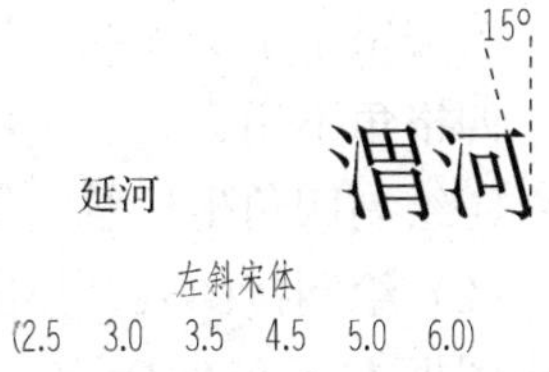

图 8-26　水系注记字体

提示：（1）在插入带文字的图块时，插入比例要结合实际的地形图比例尺。这样文字和图形才能符合图式要求，前面已经介绍过此问题，这里不再赘述。

（2）对需要同一样式、同一高度的文字，标注完一处，可用鼠标点击下一处需要标注的位置，在相同的条件下继续标注，一直到将所有同类的字体标注完毕为止。再换下一种字体或字高，重复以上步骤，标注其他项目。

由于地形图数据量较大，在绘制地形图时，可采用外部参考。按控制点先将地形图分为若干部分，将每一个部分绘在一个图形上，然后在地形图中分别引用各个部分图形；也可以将地形图上的内容按性质不同，分别绘制在不同图形上，每个图形上都设定一个图形校准点。先对每一图形进行编辑，然后在综合图中引用这些单一图形，由于单幅图的数据量相对于整幅图的数据量成倍地减少，所以可以加快单幅图形的编辑速度，提高单个图形的装入、贮存、重新生成速度。为了进一步提高重新生成速度，对于单个图形中的等高线，也可进行再分层。如果综合图需要再编辑，先确定编辑内容所在图形，然后编辑该图形，编辑后，在综合图形中直接引用即可。

8.6.2　地形图图廓的绘制

数字化地形图如果不输出打印，可将整个测区保存在一幅图中，查询也比较方便。但如果需要输出、打印地形图，则需按要求分幅，并对每一幅图添加图廓，整饰后，分别输出打印。

按照地形图图式的要求，现以绘制 1∶500、1∶1000、1∶2000 的大比例尺地形图正方形分幅图廓样式为例，介绍图廓绘制步骤。

在 AutoCAD 2010 中新建一个图形文件，图层 0 的各特性都默认随层，新建一个图廓文字层，整个图廓分两大部分绘制。

1. 绘制图线

（1）绘制内外图框及坐标网线交叉点。

1）绘制内图框。以 0 层为当前层。用绘图工具栏的矩形工具绘制一个左下角坐标为（0，0），右上角坐标为（500，500）的矩形。

2）绘制外图框。用偏移命令，将内图框向外偏移 11，得到外图框。选中外图框，用特性工具栏的线宽设置其线宽为 1.0。

3）绘制坐标网线交叉点。

①打开正交模式，在绘图区的空白处绘制一个正交的十字，纵横长都是 10mm。

②依其交叉点为基点将十字平移动到（0，0）处，用“阵列”命令将十字交叉线进行矩形阵列，阵列参数为，行数为 6、列数为 6、行偏移 100、列偏移 100。

③编辑十字交叉线。用“剪切”或“删除”命令，去掉十字交叉线留在内图廓边外的部分，四格角不用去。

④绘制四角坐标线。用“延伸”命令，将内图框的四个角的十字线延伸到至外图框。

（2）绘制接图表。接图表在外框的左上角，位置和尺寸如图 8 - 27（见文末插页）所示，当内图框左下角坐标为（0，0）时，从图上的尺寸可算出，接图表左上角的坐标为（0，539）。

1）插入表格。用绘图菜单中的“表格”命令，在“插入表格”对话框的“列和行设置”框中，设置列数为 3，列宽为 15，数据行数为 1，行高为 1。“设置单元样式”框中的三项都选为“数据”，点击“确定”按钮，将表格插入到（0，539）处，并且退出文字输入状态。

2）修改表格。按上述方法插入的表格行高并不是图式上要求的 8，还需要进行设置。首先选中表格，从右击快捷菜单中，点击“均匀调整行大小”，这时三行高度相同。其次，在表格特性管理器中，修改表高为 24。注意这里一定是先均匀调整行后修改表格高度。

3）输入文字。双击接图表的单元格，会弹出文字编辑器，设置字体为“黑体”，字高为 2.5，开始输入其中的文字，逐个单元格输入完毕。退出文字编辑器。单击中心单元格，在弹出的单元格编辑器中“背景填充中”选择“灰色”。（说明：表格中不能添加填充图案，如果要求必须填晕线，可以其他方法如：绘制单元格大小的矩形，晕线填充后，移动至中心单元格）。

（3）绘制图式比例尺。

1）在图廓的正下方，距外图框 20mm 处，绘制一条平行于图框下边界、长度为 100mm 的直线，再将该直线向上偏移 2mm，得到另一条直线。将下方的直线线宽设置为 0.6mm。绘制过程如图 8 - 28 所示。

2）在绘图区的空白处绘制边长为 2mm 的正方形，在其中绘制一条水平线，将其分成两部分，下部的高度为 1.2mm，将下面部分填充为 slod 图案。以该图的左下角为基点，将其移动至 0.6mm 宽直线的左端。

3）用“阵列”命令中的矩形阵列卡，设置阵列参数，行数为 1，列数为 5，行偏移为

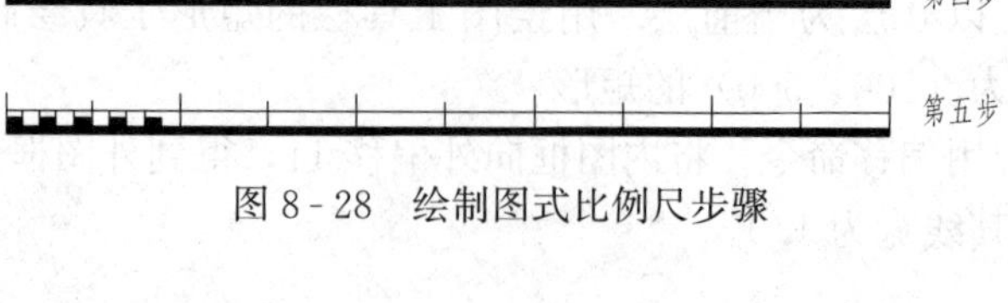

图 8 - 28　绘制图式比例尺步骤

0，列偏移为 4，阵列角为 0，将该图案阵列。

4）以下方直线左端为起点，垂直向上绘制长 4mm 的直线段，将该直线段进行矩形阵列，阵列参数为：行数为 1，列数为 6，行偏移 0，列偏移 20。

5）在下方直线距左端 10mm 处，向上垂直绘长 3mm 的直线段，将该直线段进行矩形阵列，阵列参数为：行数为 1，列数为 5，行偏移 0，列偏移 20。

比例尺上文字的内容应根据比例尺大小而定。

2. 文字标注

地形图图廓中的文字标注内容较多，字体多是各种等线体，字高各不相同。标注时需要做到字体、字高、位置三方面都正确。内容不丢不落。为此可以从图名开始，沿着外图框逆时针方向，按照图式中的要求进行逐一标注。现以图名为例介绍标注方法：

图名在图框的正上方中央位置，图名为两个汉字时，字间距为两个字宽度，图名为三个字时，字间距为一个字宽度。四个字以上的，字间距为 2～3mm。标注图名操作步骤如下：

（1）作辅助线。目的是保证文字位置正确。做法：在外图框的中间部分，绘制一段与外图框重合的直线段，重复运用偏移命令，将直线向上偏移 4 次，后一次以前一次偏移的直线为偏移对象，偏移距离分别为 5、5、3、6。用鼠标捕捉图框上边线的中点，向上作长度 20 的垂线。这样就标定出了图名的位置、坐标的位置以及行间隔。

（2）编辑文字。用“多行文字”命令，按命令行提示在绘图区的任意位置用鼠标指定输入文字区，弹出“多行文字”编辑器，从中选择“中等线体”（也可以用“T 微软雅黑”代替），字高 6，宽度因子 0.75。然后输入文字，注意字间隔。

（3）文字归位。将编辑好的图名文字以中间部分为基点，移动到辅助线确定好的位置，使图名中间处于竖垂线处，字体下边缘与最上面的水平辅助线相切。

重复（2）、（3）两步将图幅西南角的坐标标注在图名的下方，如图 8-29 所示。最后删除辅助线。

用类似的方法标注图框外其他文字，特别注意文字的位置。在每一处文字标注完毕后，删除多余的辅助线。

图 8-29　图名标注过程

3. 检查并保存

对照地形图图式仔细检查所绘图廓的各个部分，对多余的部分删除，漏注的部分补注，保证完全符合图式要求后，以 .dwt 模板文件格式保存。在需要时，直接调用，将标注的部分文字内容进行修改编辑即可。

4. 调用图廓

当需要将绘制好地形图输出、打印时，就要对地形图分幅、编号。按规范进行分幅，分成 50cm×50cm 的图幅，分幅后加上图廓，并进行编辑。步骤如下：

（1）打开图廓模板文件，将其另存为以本幅图名命名的 .dwg 文件。

（2）在地形图窗口，用交叉窗口选择，选中该图幅内的所有图形，以图幅左下角点位为基点进行带基点复制，然后粘贴到图框内。

（3）按实际情况修改图框的各部分文字内容。以内图框为边界，剪切内图框以外的图形。

（4）对被图幅分割的地物，若本图面积较相邻幅小，将名称注在图廓间，图内不注，面积与临幅相等时，则将名称注在方便的图幅内，临幅则注在图廓间，使两幅拼接式，避免注记重复。

（5）中断在内图廓线上的等高线，其高程不易判读时，应在图廓间适当注出其高程。

课堂练习：完成随书光盘“课堂练习”的“第 8 章”的“练习 8-5”。

小　结

地形图绘制是本教材的重点，介绍了利用 AutoCAD 2010 绘图基础、线型定制与开发等技术与野外用全站仪采集坐标数据绘制地形图。其中绘图前的数据准备要根据具体野外测量设备的数据格式与展点程序要求转换。线型和图案填充的定制是难点，但经细心琢磨可以理解和编制，对展点程序、自动绘制等高线程序可通过网络等途径学习，提高自己这方面的能力。2007 版的图式是目前绘制地形图的技术规范，要严格按照图式要求绘图。

习题与思考题

8-1　在地形图图式中选择几个有代表意义的不依比例符号，按图中要求尺寸以 1∶1 比例绘制成块，文字部分按块属性处理，每一个符号为一个带属性块，保存为一个图形文件。建立一个“地形图符号”文件夹，将所有的块保存其中。

8-2　结合自己现有的野外测量设备（可能是全站仪或 GPS-RTK），练习用数据传输软件进行数据的导出。观察导出的数据格式，练习用传输软件转换数据格式。

8-3　到网上查找“展点程序”和“图案填充程序”，查看说明，加载到 AutoCAD 中。

（1）练习使用程序进行展点。在展出的点上，插入习题 8-1 中保存的不依比例符号。

（2）以某个地形图填充符号为例，尝试用图案填充程序，制作填充图案。

8-4　新建一个记事本文件，将其 .Lin 格式的线型文件重命名为 dxt. Lin，对照地形图图式 64 页，试编写地级、县级行政界限的线型代码，并加载使用。

第 9 章　地籍及房地产图的绘制

地籍是以土地权属为核心，以地块为基础的土地及其附着物的权属、数量、质量、位置和利用现状的土地基本信息的集合，它不仅是全面、统一、依法、科学管理土地必不可少的资料，同时也是国家制定宏观经济政策的重要依据。

地籍图表述的是不动产的权属、位置、形状、数量等有关信息，为不动产产权管理、税收、规划、市政、环境保护、统计等多种用途提供定位系统和基础资料。房产图表述的是房屋和房屋用地的有关信息，为房产产权、产籍管理、房地产开发利用、交易、征收税费，以及为城镇规划建设提供数据和资料。

本章在介绍地籍及房地产图相关知识的基础上，利用前面章节学习过的知识，讲述利用 AutoCAD 2010 绘制地籍及房地产图的方法和步骤。

本章主要内容：

- 地籍图及房地产图的基础知识
- 地籍图的绘制
- 宗地图绘制与面积测算
- 地籍成果表的制作
- 房产图绘制
- 房地产面积测算

9.1　地籍图及房地产图的基础知识

9.1.1　地籍图的基本概念

地籍即土地的“户籍”，是记载土地及其上附着物的位置、界址、面积、质量、权属和用途等基本状况的簿册、数据和图纸等。地籍图是地籍测量绘制的图件，是一种详细划分土地权属（所有权或使用权）界限的大比例尺地图，用于说明或证明权属土地的位置和面积等。

所谓地籍图是按照特定的投影方法、比例关系和专用符号把地籍要素及其有关地物和地貌测绘在平面图纸上的图形，是地籍管理的基础资料之一。地籍图既要准确完整地表示基本地籍要素，又要使图面简明、清晰，便于用户根据图上的基本要素去增补新的内容，加工成用户各自所需的专用图。地籍图的基本特点如下：

（1）地籍图应以地籍要素为基本内容，突出表示界址点、线。

（2）地籍图作为基础图件应有较高的数学精度和必需的数学要素。

（3）由于地籍图具有多功能，因此必须表示基本的地理要素（河流、交通、境界等），和与地籍有关的地物要素（建筑物、构筑物等）。

9.1.2 地籍图的种类

按表示的内容可分为基本地籍图和专题地籍图；按城乡地域的差别可分为农村地籍图和城镇地籍图；按地籍图的测量方法可分为模拟地籍图和数字地籍图；按用途可以分为税收地籍图、产权地籍图和多用途地籍图。

在地籍图集中，我国现在主要测绘制作的有：城镇分幅地籍图（图 9-1）、宗地图、农村居民地地籍图（图 9-2）、土地利用现状图、土地所有权属图等。

为了满足土地登记和土地权属管理的需要，目前我国城镇地籍调查需测绘的地籍图为：

1. 宗地草图

宗地草图是描述宗地位置、界址点、线和相邻宗地关系的实地记录，在地籍调查的同时实地测绘，是处理土地权属的原始资料。宗地草图的特点是：现场绘制，图形近似，依比例尺、实地丈量注记的边长等。

2. 基本地籍图

基本地籍图是全面反映土地及其上附着物的位置和权属等状况的基本图，是测绘宗地图的基础资料；是土地管理部门在办理土地登记和发放土地使用权证书时，了解地块坐落位置、四周界址及其尺寸、土地使用状况和面积等的依据；也是建立地籍档案必不可少的资料。

地籍图上应表示的内容，一部分可通过实地调查得到，如地类编号、土地等级、土地质量、地籍编号、街道名称、单位名称、门牌号、河流、湖泊名称等；而另一部分内容则要通过测量得到，如各级行政界线、界址点坐标、必要的建筑物、构筑物及其他地籍、地形要素的位置等。地籍图内容主要包括：地籍要素、数学要素及地物要素。

（1）地籍要素。在地籍图上应表示的地籍要素包括：各级行政界线、界址点、界址线、地籍号、地类号、坐落位置、土地使用者或所有者及土地等级、利用分类等。

（2）地物要素。在地籍图上应表示的地物要素包括：建筑物、道路、水系、地貌、土壤植被、注记等。

（3）数学要素。在地籍图上应表示的数学要素包括：大地坐标系、内外图廓线、坐标格网线及坐标注记、控制点点位及其注记、地籍图比例尺、地籍图分幅索引图、本幅地籍图分幅编号、图名及图幅整饰等内容。

3. 宗地图

宗地图是以权属为单位的地籍图，即是以宗地为单位绘制的地籍图，它是土地权属的基本单元，一宗地原则上由一个土地使用者使用，由几个土地使用者共同使用又难以完全划清的也可合为一宗地，这种宗地称为混合宗地。宗地图详尽准确地表示了该宗地的地籍内容及该宗地周围的权属单位和四至，是核发土地权属证书和地籍档案的附图。

9.1.3 房产图的基本概念

房产图是一套与城镇实地房屋相符的平面图，是表述房屋和房屋用地有关信息的专用图，为房产产权、产籍管理、房地产开发利用、交易、征收税费以及城镇规划建设提供数据和资料。同时，利用房产图，可以逐幢、逐处地清理房地产产权，计算和统计房地产面积，作为房地产产权登记和转移变更登记的依据。总之，房产图在房地产产权、产籍管理中乃至整个房地产产业管理中都具有十分重要的作用。房地产图有如下特点：

1. 测图比例尺大

房地产测绘一般在城市和城镇内进行，图上表示的内容较多，有关权属界限等房地产要

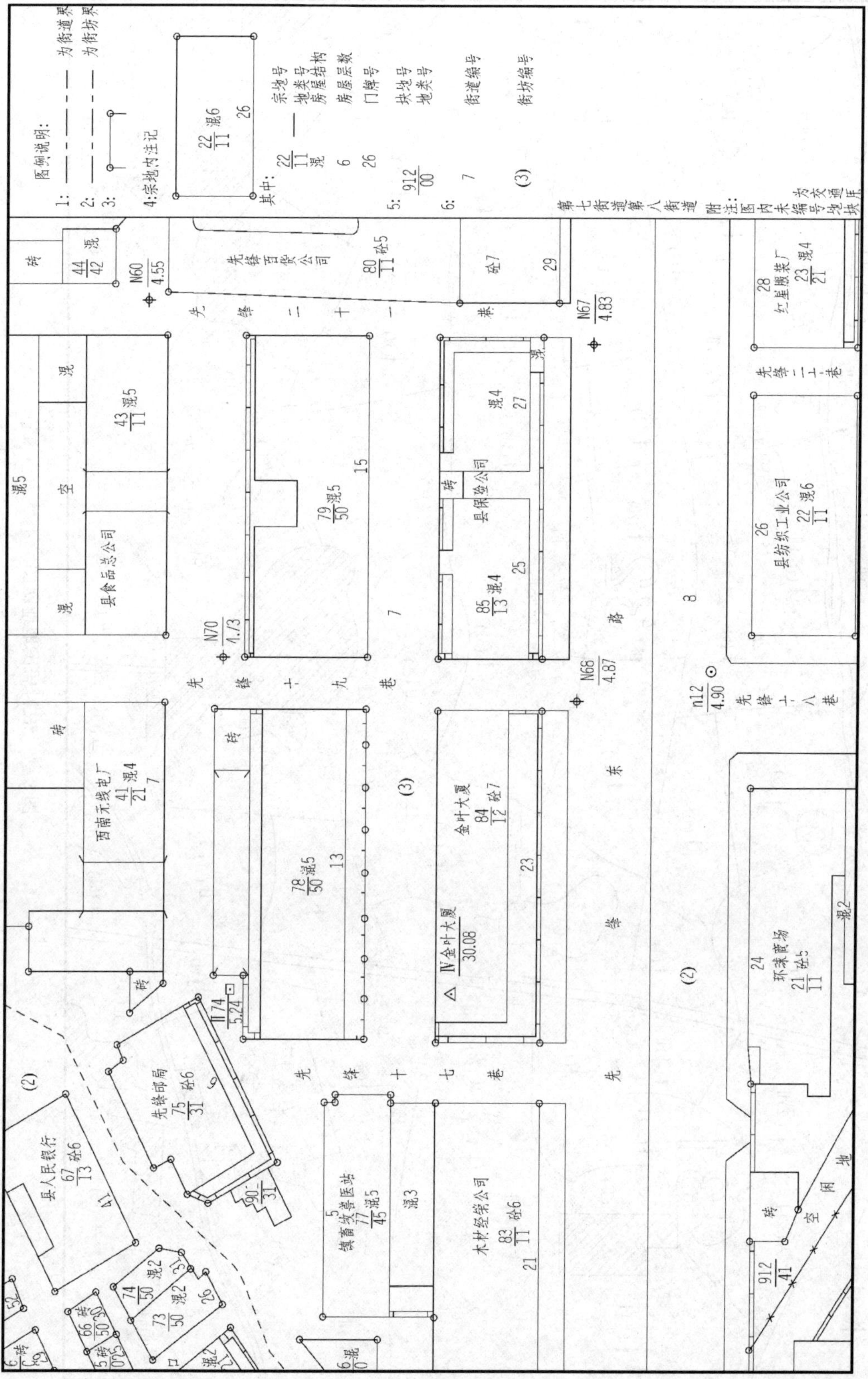
图例说明:
为街道界
为街坊界
4:宗地内注记
宗地号
地类号
房屋结构
房屋层数
门牌号
块地号
地类号
街道编号
街坊编号
附注:图内未编号者为交通块地
县食品总公司
西南无线电厂
先锋邮局
县人民银行
镇畜牧兽医站
木材经销公司
金叶大厦
县保险公司
县纺织工业公司
红星服装厂
环球商场
先锋百货公司
先锋东路
先锋十七巷
先锋十九巷
先锋二十一巷
先锋二十二巷
先锋二十八巷
空闲地

图 9 - 1　城镇分幅地籍图

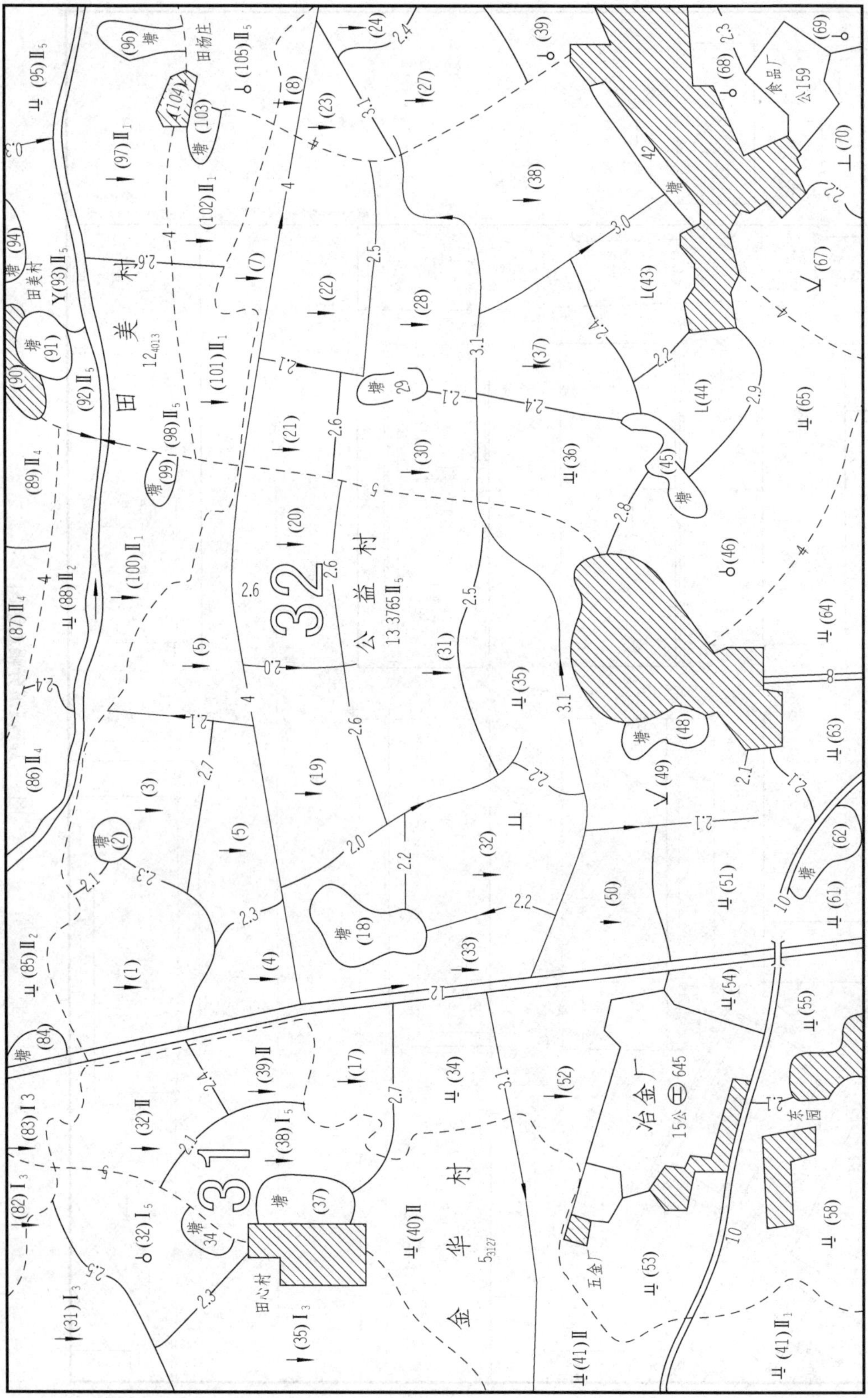

图 9-2　农村居民地地籍图

素都必须清晰准确地注记，因此房地产图的比例尺都比较大。

2. 测绘内容较多

地形测量测绘的主要对象是地貌和地物，而房地产测绘的主要对象是房屋和房屋用地的位置、权属、质量、数量、用途等状况，以及与房地产权属有关的地形要素。房地产测量对房屋及其用地必须定位、定性、定界、定量，即测定房地产位置，调查其所有权或使用权的性质，测定其范围和界线，还要测算其面积，调查测定评估其质量等。

3. 精度要求高

一般测绘可从图上索取或量取，精度就可以满足需要。但房地产测量精度要求较高，例如界址点的坐标、房屋建筑面积的量算精度等要求都比较高，一般不能直接从图上量取，而必须实测、实算。

4. 修测、补测及时

当房屋和用地的权属发生变化时，应及时修测；对房屋和用地的非权属变化也要及时变更，以保持房地产测绘成果的现实性、现状性，及保持图、卡、表册与实地情况一致，所以房地产测绘修、补测工作量较大。

9.1.4　房产图的种类

房地产测绘最重要的成果就是房地产平面图（简称房产图）。房产图分为三种：房产分幅图、房产分丘图及房产分户图。根据房地产管理工作的需要，首先要测绘房产分幅图；然后测定房屋四至归属及丈量房屋边长，计算面积，绘制房产分丘图；最后测定权属单元产权面积，绘制房产分户图。

1. 房产分幅图

房产分幅图（图 9-3）是全面反映房屋及其用地的位置和权属等状况的基本图，是测绘房产分丘图和房产分户图的基础资料，也是房产登记和建立产籍资料的索引和参考资料，比例尺一般为 1∶500。房产分幅图表示的内容有：控制点、行政境界、丘界、房屋、房屋附属设施和房屋围护物、房产要素和房产编号，以及与房产管理有关的地形要素和注记。

2. 房产分丘图

房产分丘平面图是房产分幅图的局部明细图，是根据核发房屋所有权证和土地使用权证的需要，以门牌、户院、产别及其所占用土地的范围，分丘绘制而成。每丘为单独一张，它是作为权属依据的产权图，即作为产权证上的附图，经登记后，便具有法律效力，是保护房地产产权人合法权益的凭证。因此，必须具有较高绘制精度，比例尺在 1∶100～1∶1000。房产分丘图表示的内容除房产分幅图表示的内容外，还包括：房屋权属线、界址点、界址点号、建成年份、用地面积、建筑面积和四至关系等各项房地产要素。

3. 房产分户图

房产分层分户图（简称分户图）是在分丘图的基础上进一步绘制的明细图，是以一户产权人为单位，表示房屋权属范围的细部图。房产分户图要求表示房屋权属范围的细部，明确异产毗连房屋的权利界线，是房产证的附图。房产分户图的比例尺一般为 1∶200，当一户房屋的面积过大或过小时，比例尺可适当放大或缩小，分户图房屋平面位置应参照分幅图、分丘图中相对应的位置关系，按实地丈量的房屋边长绘制，分户图上房屋的丘号、幢号、应与分丘图上的编号一致。分户图表示的主要内容包括房屋权界线、四面墙体的归属和楼梯、走道等部位以及门牌号、所在层次、户号、室号、房屋建筑面积和房屋边长等。

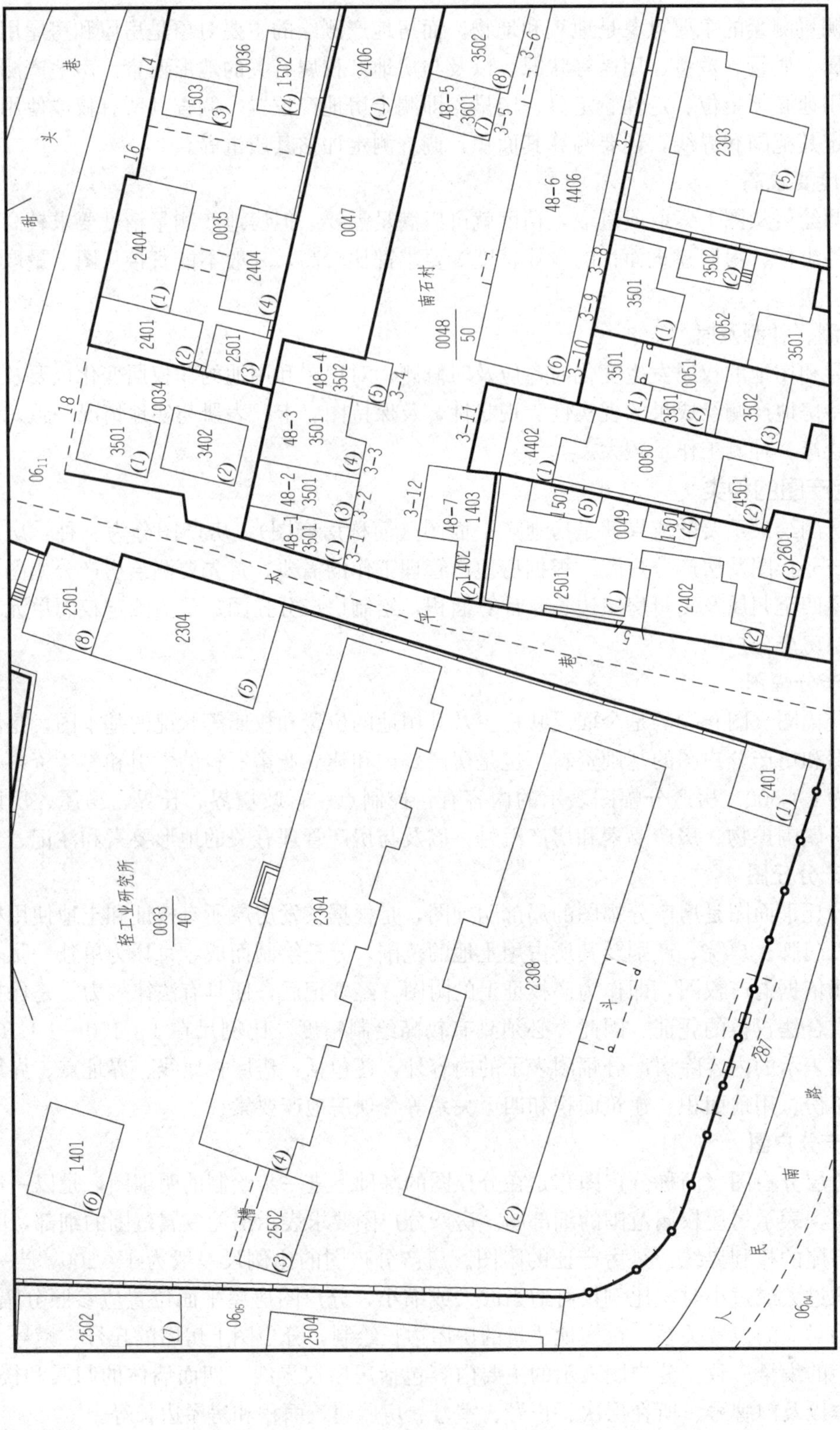

图 9-3 房产分幅平面图

9.2 地籍图的绘制

大多数城镇已经测有大比例尺地形图，所以可以在此基础上按地籍的要求绘制地籍图，但需要注意地形原图的比例尺和所编绘的地籍图的比例尺是否匹配的问题。例如一般不会用 1∶1000 比例尺的地形图编绘 1∶500 比例尺的地籍图，但反过来可以用 1∶500 比例尺的地形图编绘 1∶1000 比例尺的地籍图。此外在 AutoCAD 上绘制非比例尺符号及进行文字注记时，需要注意：这些非比例尺符号及文字注记的大小同地籍图的比例尺相关，例如在 1∶1000 比例尺地籍图上（dwg 文件）的非比例尺符号及文字尺寸是在 1∶500 地籍图上的 2 倍。地籍图绘制的一般要求如下：

（1）不同等级的行政境界相重合时只表示高级行政境界，境界线在拐角处不得间断，应在拐角处绘出点或线。

（2）当图上两界址点间距小于 1mm 时，用一个点的符号表示，但应正确表示界址线。当界址线与行政境界、地籍区（街道）界或地籍子区（街坊）界重合时，应结合现状地物符号突出表示界址线，行政界线可移位表示。

（3）当被图幅分割时应分别进行地籍号注记。若宗地面积太小注记不下时，允许移注在宗地外空白处并用指示线标明所注宗地。

（4）房屋外围轮廓以外墙勒脚以上为准，并注记房屋层数与建筑结构。装饰性或加固性的柱、垛、墙等不表示；临时性或已破坏的房屋不表示；墙体凸凹小于图上 0.2mm 不表示；落地阳台、有柱走廊及雨篷、与房屋相连的大面积台阶和室外楼梯等应表示。

（5）塔、亭、碑、像、楼等独立地物应择要表示，图上占地面积大于符号尺寸时应绘出用地范围线，内置相应符号或注记。公园内一般的碑、亭、塔等不可表示。

（6）电力线、通信线及一般架空管线不表示，但塔位占地面积较大的高压线及其塔位应表示。

（7）大面积绿化地、街心公园、园地等应表示。零星植被、街旁行树、街心小绿地及单位内小绿地等可不表示。

（8）平坦地区不表示地貌，起伏变化较大地区应适当加注高程点。

9.2.1 地籍图的精度要求及原则

1. 地籍图的精度要求

通常地籍图的精度包括绘制精度和基本精度两个方面。

（1）绘制精度。绘制精度主要指图上绘制的图廓线、对角线及图廓点、坐标格网点、控制点的展点精度，通常要求是：内图廓长度误差不得大于±0.2mm，内图廓对角线误差不得大于±0.3mm，图廓点、坐标格网点和控制点的展点误差不得超过±0.1mm。

（2）基本精度。地籍图的基本精度主要指界址点、地物点及其相关距离的精度。通常要求如下：

1）相邻界址点间距、界址点与邻近地物点之间的距离中误差不得大于图上±0.3mm。依测量数据装绘的上述距离中误差不得大于图上±0.3mm。

2）宗地内外与界址边相邻的地物点，不论采用何种方法测定，其点位中误差不得大于图上±0.4mm，邻近地物点间距中误差不得大于图上±0.5mm。

2. 地物测绘的一般原则

地籍图上地物的综合取舍，除根据规定的测图比例尺和规范的要求外，还必须首先充分根据地籍要素及权属管理方面的需要来确定必须测绘的地物，与地籍要素和权属管理无关的地物在地籍图上可不表示。

9.2.2 展绘点位

如果没有地形原图或者地形原图上的点不够，在外业需要测定地籍图碎部点的坐标，在内业成图之前首先要将点展入到 AutoCAD 中，展绘点位有两种方法：第一种是可以通过 CAD 里面的多点命令实现批量的画点，但此种方法不能展入点号，所以展入的点不能太多，否则容易分不清，造成绘图错误；当点比较多时一般采用第二种方法，即通过展点程序来展点，此种方法可以展入点号，点再多也不易造成混淆。无论采用哪种方法，展点前都需要根据展点的数据格式要求对数据进行处理，然后再将其展入，展完点后可以对绘图环境进行设置，即设置图形单位、文字样式、图层等。然后就可以进行地籍图符号的绘制了。

9.2.3 地籍图的符号绘制

地籍图符号绘制是制图工作中一项工作量很大的工作，绘制时需要根据图式规范设置符号的线型、颜色及注记文字采用的字体和字号等。地籍图的各类符号绘制方法如下：

（1）绘制比例符号，一般直接采用 AutoCAD 里面的直线、多段线、圆弧及样条曲线即可。

（2）绘制非比例符号，一般可以采用块的形式先建好符号库，在绘制图形时，根据比例尺设置插入比例将图块插入即可，同时需要注意符号的插入方向。

（3）绘制半比例尺符号，一般通过自定义线型来实现此功能。

（4）绘制面状符号，一般通过自定义填充文件来实现此功能。

9.2.4 图幅拼接

为保证相邻图幅的互相拼接，接图的图边一般均须测出图廓线外 5～10mm。地籍图接边差不超过规范规定的点位中误差的 $2\sqrt{2}$倍。小于限差平均配赋，但应保持界址线及其他要素间的相互位置。地籍图的接边方法是：

（1）分别用 AutoCAD 打开用于接边的两幅地籍图（dwg 格式）。

（2）在接边范围附近，以相同的边界用“修剪”命令，剪掉多余的部分。

（3）在 AutoCAD 经典工作空间，对其中一幅图执行“编辑”→“复制”命令，然后在窗口上显示出另一幅图，执行“编辑”→“粘贴要原坐标”命令，这样两幅图就合成了一幅图。

（4）由于测量误差的影响，同一实体可能出现断开的现象，此时可以通过绘图工具或编辑工具手动对其修改，对于误差较大的位置，应检查两幅图点位的精度，在确保点位误差在相应范围内，再对其修改。

9.2.5 图廓

地籍图的图廓尺寸和绘制要求与地形图图廓完全相同。请参阅第 8 章，可直接使用原来保存的图廓模板。

9.3 宗地图绘制与面积测算

宗地图（图 9-4）是以宗地为单位编绘的地籍图。它是在地籍测绘工作的后期，在对界址点坐标进行检核后，确认准确无误，并且在其他的地籍资料也正确收集完毕的情况下，依照一定的比例尺，以基本地籍图为基础制作成的反映宗地实际位置和有关情况的一种图件，其比例尺为 1∶100、1∶200、1∶500、1∶1000 和 1∶2000。如果在未测绘地籍图的地区，又急需宗地图时，可暂时利用宗地草图和勘丈数据绘制宗地图。

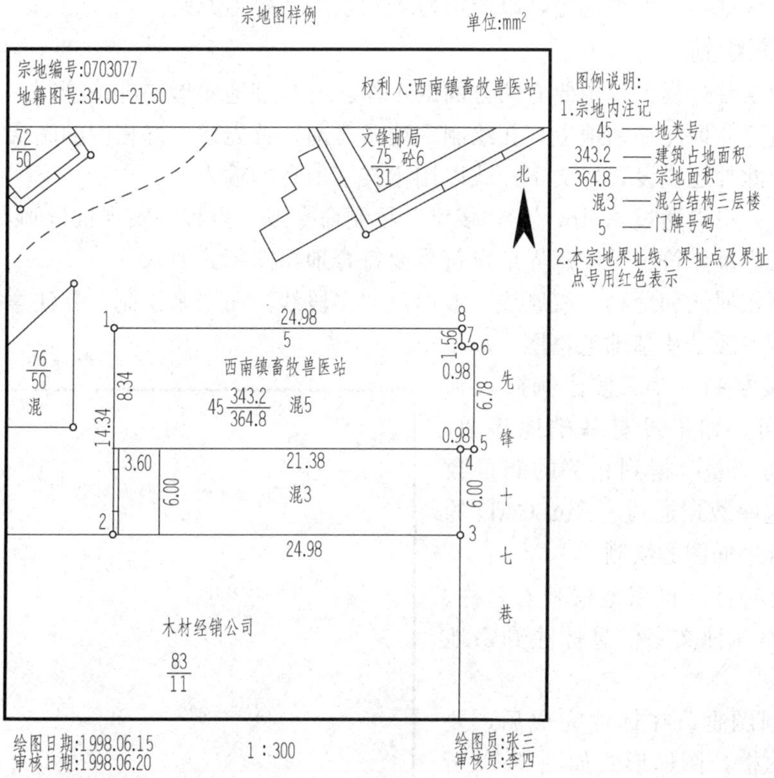

图 9-4　宗地图图样

9.3.1　宗地图内容

宗地图包括的内容主要有：

（1）图幅号、地籍号、坐落位置。图幅号表示该宗地所在地籍图的图幅号。

（2）单位名称、宗地号、地类号、占地面积。单位名称、宗地号、地类号和占地面积均注记在宗地图的中部。

（3）界址点、界址点号、界址线、界址边长。界址点以直径 0.8mm 的小圆圈表示，包含与邻宗地共用的界址点，从宗地左上角以 1 开始按顺时针方向编号。

（4）宗地内房屋和构筑物。

（5）邻宗地宗地号及界址线。

（6）相邻道路、街巷及名称。

此外，宗地图中还标出了指北方向，注明了比例尺，有绘图员和审核员的签名以及宗地图的绘制日期。

9.3.2　宗地图绘制的技术要求

（1）编绘宗地图时，应做到界址线走向清楚，坐标正确无误，面积准确，四至关系明确，各项注记正确齐全，比例尺适当。

（2）宗地图图幅规格根据宗地的大小选取，一般为 32 开、16 开、8 开等，界址点用 1.0mm 直径的圆圈表示，界址线粗 0.3mm，用红色或黑色表示。

（3）宗地图在相应的基础地籍图或调查草图的基础上编制，宗地图的图幅最好是固定的，比例尺可根据宗地大小选定，以能清楚表示宗地情况为原则。

9.3.3 宗地图绘制

在宗地图绘制过程中，主要有两方面的工作：一是宗地图形的准确绘制，另一个是宗地面积的准确量算并标注在宗地上。在绘制宗地图之前，首先建立好相应的图层，并设置图层的对象特性，此外还应设置好文字样式以用于文字信息的输入。

（1）展点。可以通过 AutoCAD“多点”绘制命令或展点程序实现批量画点。

（2）插入界址点符号。注意界址点符号要符合地籍图图式要求。

（3）绘制权属线和地物。权属线一般通过“多段线”命令来绘制，并注意权属线必须闭合。地物符号一般是从基础地籍图（dwg 格式）上直接复制，然后按比例插入到宗地图上即可。如果没有基础地籍图，则需要先进行测量，得到相关的测量数据，再利用这些数据通过、AutoCAD 的绘图命令进行平面图的绘制。

（4）文字标注。将宗地权利人名称、宗地号及地类等种文字信息标注到宗地图上。

（5）绘制图框。在标注完成后，要给宗地加上图框，图框形式如图 9-5 所示。宗地图边框可以在每次绘制完宗地图以后再绘制，这样总要做一些重复的基础工作，增加绘图的工作量，所以一般将宗地图框绘制成带属性块，在使用的时候根据需要调整好的 x、y 方向的插入的比例，然后利用 AutoCAD 的文字工具在图块上添加相应的文字即可。

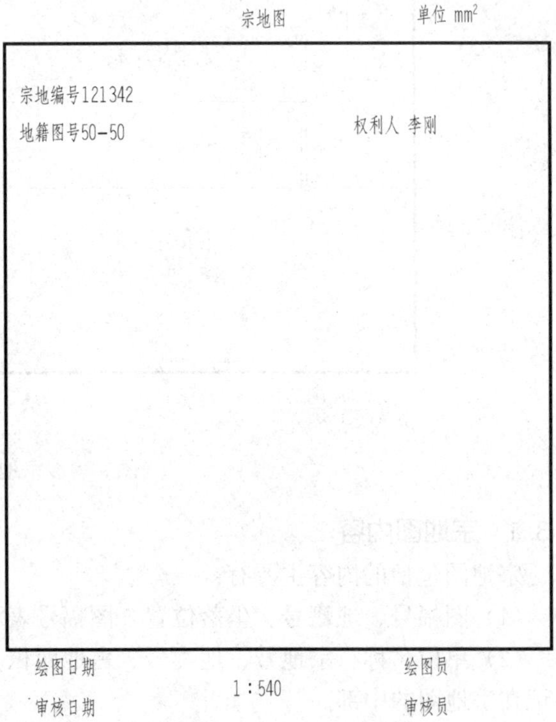

图 9-5 宗地图图框

课堂练习：完成随书光盘中“课堂练习”的“第 9 章”的“练习 9-1”。

9.3.4 面积量算

AutoCAD 2010 中提供了查询面积的功能，方法是：“常用”选项卡→“实用工具”面板→“测量”按钮→“面积”按钮。运行此命令后，命令窗口出现如下提示：

指定第一个角点或［对象（O）/增加面积(A)/减少面积(S)/退出(X)］

命令提示中各项的含义分别如下：

（1）指定第一角点。计算由指定点围成的图形面积，当选用此选项，并指定了第一点以后，AutoCAD 会继续出现如下提示：

指定下一个点或［圆弧（A)/长度(L)/放弃(U)］：

此时用户可以通过继续指定其他点来绘制折线，或输入命令的其他选项绘制圆弧或直接输入距离，然后按“Enter”键，完成计算所围区域中的面积。

(2) 对象 (O)。此选项要求指定一个图形对象，计算选定对象的面积，此选项也可以用于查询非封闭实体的面积。

(3) 加 (A)/减(S)。“加”选项计算各个定义区域对象的总面积，“减”选项从总面积中减去指定面积，应用此选项可方便量算出用户需要的面积，省去了再次计算的麻烦。

9.4　地籍成果表的制作

在完成各种地籍图绘制后，需要对量算的原始资料加以整理、汇总；绘出地籍成果表，绘出地籍的成果表包括：

9.4.1　地籍成果表的内容

(1) 界址点成果表。内容包括界址点号、坐标，如果外业测有高程，还包括每个界址点的高程。输出范围：宗地、街坊。

(2) 宗地面积计算表。一个宗地一个宗地的输出，内容包括界址点号、坐标、边长，以及宗地的建筑占地面积、建筑面积、建筑密度和建筑容积率。输出范围：宗地、街坊。

(3) 宗地面积汇总表。内容包括地籍号、地类代码、面积。输出范围：街坊、街道。

(4) 地类面积统计表。内容包括输出范围内按城镇土地分类统计的各类面积及汇总结果。输出范围：街坊、街道、区。

9.4.2　地籍成果表绘制方法

地籍成果表的绘制可以采用两种方法：

第一种方法：

首先在“Excel”软件中绘制好地籍成果表格，绘制完成之后，用鼠标选定其表格，再执行“编辑”菜单→“复制”命令；然后打开 AutoCAD 图形文件，执行“编辑”菜单→“选择性粘贴”命令，执行后弹出如图 9-6 所示对话框，然后在列表框中选择“AutoCAD 图元”选项，最后执行“确定”按钮，即可将表格插入到当前图形中。此时用户可以根据需要调整表格的位置及大小。

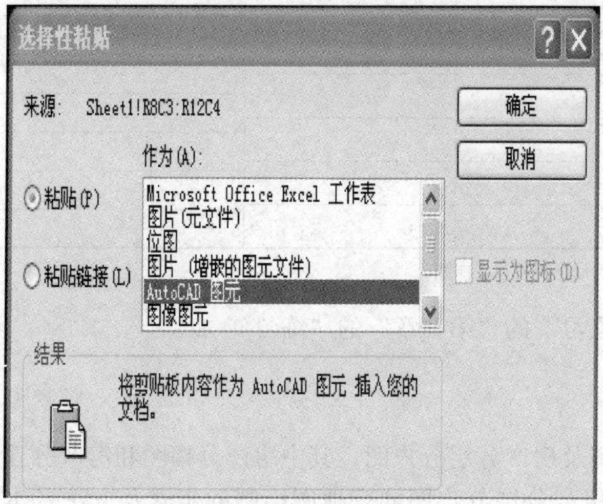

图 9-6　选择性粘贴对话框

第二种方法：

直接在 AutoCAD 中，利用“表格”绘制工具直接绘制，下面以宗地成果表（表 9-1）为例，介绍地籍成果表的绘制方法。

(1) 插入表格。执行“注释”选项卡→“表格”面板→“插入表格”按钮，在弹出的“插入表格”对话框中，将“列和行设置”中的列数量设置为 5，行数量设置为 15；在“设置单元格”样式中，将“第一行单元样式”设置为“标题”，其余部分样式设置为“数据”，然后在屏幕上选定插入点，即可插入表格，插入后可以对表格的大小进行调整。

（2）编辑表格。用鼠标选中表格的第 2 行至第 6 行的所有单元格，然后执行“按行合并”工具，即可将第 2～6 行分别合并为一个大的单元格；选中第 1、2 列的第 7、8 行，然后执行“按例合并”工具，则第 1、2 列的 7 和 8 行合并为一个大的单元格，用同样的方法将第 5 列中第 7、8 行合并；将最后一列第 9 行及以后的行全部选中，按列合并为一个大的单元格，再用“Line”命令，以第 4 列第 9 行单元格右边框的中点为起点，画垂直于表格右边框的短直线，然后再执行“矩形阵列”命令，对刚绘制的直线执行阵列复制，“列数”选择 1 列，“行数”输入 8，最后输入行偏移距离后（注意行偏移距离要同左侧单元格行距保持一致），即可用鼠标点击“确定”按钮进行矩形阵列复制；第一行右上角的两个小格用“Line”命令绘制即可，至此表格部分绘制完成。

（3）编辑表格中的文字。首先根据用户需要，修改文字的样式，然后通过双击相应的单元格即可实现进入文字输入；单元也可以通过文字工具中的“单行文字”或“多行文字”实现文字的输入。

表 9-1　　　　123324 宗地界址点成果表

界址点成果表				第 1 页 共 1 页
宗地标号：123324				
宗地名：塔山小学				
宗地面积（平方米）：				
建筑面积（平方米）：				
界址点坐标				
序　号	点　号	坐　标		边　长
		X	Y	

制表：　　　　　　　审核：　　　　　　　日期：

课堂练习： 完成随书光盘中“课堂练习”的“第 9 章”的“练习 9-2”。

9.5　房产图绘制

房产图包括房产分幅图、房产分丘图及房产分层分户图，其中房产分幅图和房产分丘图同地籍图绘制的步骤及方法基本相同，房产分层分户图同宗地图绘制的步骤及方法基本相同，所以本章不讲述房产图具体的绘制方法，只简要介绍各种房产图的技术要求。

9.5.1　房产分幅图及分丘图的技术要求

房产分幅图的内容及技术要求如下：

（1）行政境界。一般只表示区、县和镇的境界线，街道办事处或乡的境界根据需要表示：境界线重合时，用高一级境界线表示；境界线与丘界线重合时，用丘界线表示；境界线跨越图幅时，应在内外图廓间的界端注出行政区划名称。

（2）丘界线表示方法。明确无争议的丘界线用丘界线表示，有争议或无明显界线又提不出凭证的丘界线用未定丘界线表示。丘界线与房屋轮廓线或单线地物线重合时用丘界线表示。

（3）房屋。包括一般房屋、架空房屋和窑洞等。房屋应分幢测绘，以外墙勒脚以上外围轮廓的水平投影为准，装饰性的柱和加固墙等一般不表示；临时性的过渡房屋及活动房屋不表示；同幢房屋层数不同的应绘出分层线。架空房屋以房屋外围轮廓投影为准，用虚线表示；虚线内四角加绘小圈表示支柱。

（4）房屋附属设施。分幅图上应绘制房屋附属设施，包括柱廊、檐廊、架空通廊、底层阳台、门廊、门楼、门、门墩和室外楼梯，以及和房屋相连的台阶等。

（5）界标围护物。围墙、栅栏、栏杆、篱笆和铁丝网等界标围护物均应表示，其他围护物根据需要表示。临时性或残缺不全的和单位内部的围护物不表示。

（6）分幅图。分幅图上应表示的房地产要素和房产编号，包括丘号、房产区号、房产分区号、丘支号、幢号、房产权号、门牌号、房屋产别、结构、层数、房屋用途和用地分类等，根据调查资料以相应的数字、文字和符号表示。当注记过密容纳不下时，除丘号、丘支号、幢号和房产权号必须注记，门牌号可首末两端注记、中间跳号注记外，其他注记按上述顺序从后往前省略。

（7）其他。与房产管理有关的地形要素包括铁路、道路、桥梁、水系和城墙等地物均应表示。亭、塔、烟囱以及水井、停车场、球场、花圃、草地等可根据需要表示。

房产分丘平面图是房产分幅图的局部明细图，分丘图一般尽可能采用与分幅图相同的比例尺，分丘图的坐标系统与分幅图的坐标系统应一致。房产分丘图反映本丘内所有房屋权属界线、界址点点号、窑洞使用范围、挑廊、阳台、建成年份、用地面积、建筑面积、墙体归属和四至关系等各项房地产要素，以丘为单位绘制。分丘图上，应分别注明所有周邻产权所有单位（或人）的名称，分丘图上各种注记的字头应朝北或朝西。

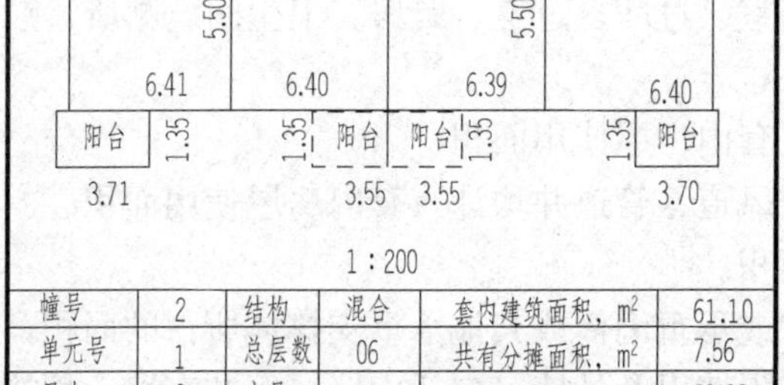

幢号	2	结构	混合	套内建筑面积，m²	61.10
单元号	1	总层数	06	共有分摊面积，m²	7.56
层次	2	户号	1	产权面积，m²	68.66
座落	太平巷3-8号1#楼1单元1-1-2-1室				
测绘人员			测绘单位(盖章)		
检核人员					
负责人					

图 9-7　房屋分户平面图

9.5.2　房屋分户平面图的技术要求

房屋分户图（图 9-7）是房产产权、产籍管理费的重要资料，各楼层应按不同的套型绘制分户图。分户图的方位应使房屋的主要边线与图框边线平行，按房屋的方向横放或竖放，并在适当位置加绘指北方向符号。分户图的技术要求如下：

（1）分户图的方位应使房屋的主要边线与图框边线平行，按房屋的方向横放可竖放，并在适当位置加绘指北方向符号。

（2）分户图的幅面可选用 787mm×1092mm 的 1/32 或 1/16 等尺寸，也可根据相关部门要求的证书附图的规格确定幅面尺寸。

（3）分户图的比例尺一般为 1∶200，当房屋图形过大或过小时，比例尺可适当放大或缩小。

（4）分户图上的房屋的丘号、幢号、应与分丘图及其他相关产权产籍管理的编号一致。房屋边长应实际丈量，注记取至 0.01m，注在图上相应位置。

（5）分户图应表示的主要内容包括房屋权界线、四面墙体的归属和楼梯、走道等部位以及门牌号、所在层次、户号、室号、房屋建筑面积和房屋边长等。

（6）分户图上的文字、数字注记：

1）房屋产权面积包括套内建筑面积和共有分摊面积，标注在分户图框内。

2）本户所在的丘号、户号、幢号、结构、层数、层次标注在分户图框内。

3）楼梯、走道等共有部位，需在范围内加简注。

课堂练习：完成随书光盘中“课堂练习”的“第 9 章”的“练习 9-3”。

9.6 房地产面积测算

房屋及其用地的面积是房地产产权产籍管理、核发权属证书的必要信息，也是房地产开发商进行经营决策、房地产权利人维护合法权益的必不可少的资料，同时也是房地产税费的征收、城镇规划和建设的重要依据。

房地产面积的测算指水平面积测算，包括房屋面积测算和用地面积测算。房屋面积测算包括房屋建筑面积、房屋使用面积和共有建筑面积的测算。用地面积测算包括房屋占地面积的测算、丘面积的测算、各项地类面积测算和共用土地面积的测算。下面简要介绍房地产面积计算的技术要点，面积计算的方法同宗地面积计算方法相同，在此不再赘述。

9.6.1 套面积计算（成套房屋建筑面积的计算）

成套房屋的建筑面积由套内建筑面积及共有建筑面积的分摊组成。套内建筑面积由套内房屋的使用面积、套内墙体面积和套内阳台建筑面积三部分组成。套内房屋的使用面积为套内使用空间的水平投影面积，按以下规定计算：

（1）套内房屋使用面积为套内卧室、起居室、过厅、过道、厨房、卫生间、厕所、贮藏室、壁柜等空间面积的总和。

（2）套内楼梯按自然层数的面积总和计入套内房屋使用面积。

（3）不包括在结构面积内的套内烟囱、通风道、管道井均计入套内房屋使用面积。

（4）内墙面装饰厚度计入套内房屋使用面积。

套内墙体面积是套内使用空间周围的维护或承重墙体或其他承重支撑体所占的面积，其中各套之间的分隔墙和套与公共建筑空间的分隔墙以及外墙（包括山墙）等共有墙，均按水平投影面积的一半计入套内墙体面积。套内自有墙体按水平投影面积全部计入套内墙体面积。

套内阳台建筑面积按阳台外围与房屋外墙之间的水平投影面积计算。其中封闭的阳台按其外围水平投影面积全部计算建筑面积，未封闭的阳台按水平投影的一半计算建筑面积。

9.6.2　共有建筑面积的分摊

根据房屋共有建筑面积的不同使用功能，应分摊的共有建筑面积可分为三大类：

(1) 幢共有建筑面积：指为整幢（包括住宅功能、写字楼功能、商场功能等）服务的共有建筑面积，如为整幢服务的配电房、水泵房等。

(2) 功能共有建筑面积：指为某一建筑功能（如住宅、写字楼、商场等）服务的共有建筑面积，如为某一建筑功能服务的专用电梯、楼梯间、大堂等。

(3) 本层共有建筑面积：指为本层服务的共有建筑面积，如本层共有走廊等。

课堂练习：完成随书光盘中“课堂练习”的“第 9 章”的“练习 9-4”。

小　结

本章简要叙述了地籍图及房产图的基础知识，讲述了利用 AutoCAD 2010 绘制地籍及房产图的方法和简要的操作步骤。但 AutoCAD 本身不具有专门绘制地籍图或房产图的功能模块，如果地籍图或房产图较为复杂，一般采用专门的数字地形地籍绘图软件，例如南方测绘公司的“CASS”软件。

习题与思考题

9-1　地籍图的内容包括哪些？同地形图内容相比有什么共同和不同之处？

9-2　在地籍图绘制中，非比例尺符号的插入比例同地籍图的比例尺大小有什么关系？

9-3　野外测得漳河化肥厂所属宗地的界址点的坐标分别是 J1（645.253，832.532），J2（617.234，514.671），J3（836.439，348.329），J4（1093.551，348.329），J5（1230.348，544.316），J6（1230.348，1044.988），J7（686.457，1044.988）的宗地图。宗地号为 00100102，地类号为 5，试绘出该宗地图。

第 10 章　道路测量工程图绘制

在道路工程建设初期，工程测绘人员需要对道路沿线进行测量，并将测量的数据整理后绘制成路线工程图，包括路线平面图、路线纵断面图和路线横断面图，作为道路设计和施工的依据。本章在介绍绘制道路绘图基本知识的基础上，用 AutoCAD 2010 来绘制路线平面图中的平曲线、路线纵断面图、横断面图。另外增加了 AutoCAD 在工程施工测量应用方面的内容，帮助读者解决一些工程实际问题。

本章主要内容：

- 道路绘图基本知识
- 路线平面图的绘制
- 道路纵断面图的绘制
- 道路横断面图的绘制
- AutoCAD 在施工测量中的应用

10.1　道路绘图基本知识

在道路工程测量中，根据测量的数据，要绘制出路线平面图、道路的纵断面图、道路的横断面图，作为道路设计和施工的依据。用 AutoCAD 绘制道路的纵、横断面图，首先要确定图纸的大小、比例尺，线型、线的粗细、文字高度、尺寸标注的式样等内容。下面来学习道路绘图的基本知识。

10.1.1　图幅

图幅是指图纸的幅面大小，也就是指图纸本身的大小规格，图框是图纸上表示绘图范围的边线。每项工程都会有一整套的图纸，为便于装订、保存和合理使用图纸，国家对图纸幅面进行了规定，见表 10-1。表中尺寸代号如图 10-1 所示。

表 10-1　　**图幅及图框尺寸**

尺寸代号 \ 图幅代号	A0	A1	A2	A3	A4
b×1	841×1189	594×841	420×594	297×420	210×297
a	35	35	35	35	25
c	10	10	10	10	10

根据需要，图纸幅面的长边可以加长，但短边不得加长。长边加长的尺寸应符合有关规定：长边加长时，图幅 A0、A2、A4 应为 150mm 的整倍数，图幅 A1、A3 应为 210mm 的整倍数。

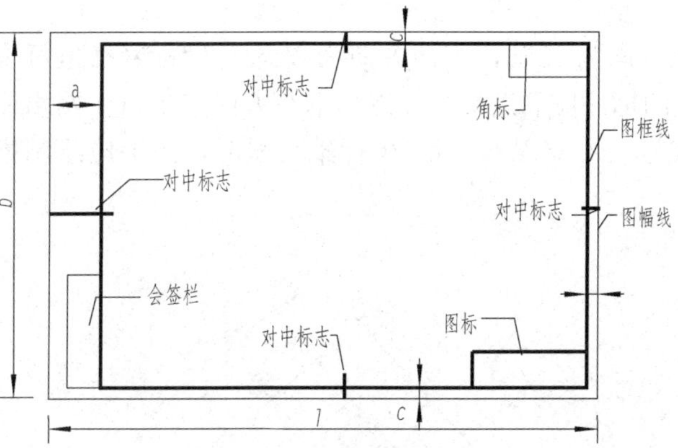

图 10-1　幅面格式

10.1.2　图线

画在图纸上的线条统称为图线。图纸上的实线、虚线、点划线、双点划线、折断线、波浪线等线型应符合国家标准的有关规定。

图线的宽度应根据图的复杂程度及比例大小，从《道路工程制图标准》规定的线宽系列：0.13、0.18、0.25、0.35、0.5、0.7、1.0、1.4、2.0mm 中选取，见表 10-2。

图线有粗、中、细之分。在同一张图纸内，相同比例的图样应采用相同的线宽。在绘图过程中，通常根据所表达的对象的复杂程度、比例的大小来确定基本线宽。粗线的宽度若为 b，则中线的宽度为 0.5b，细线的宽度为 0.35b。合理的线型比例应当与打印比例保持对应关系。当打印输出比例为 1∶n 时，线型比例应当设置为 n。

表 10-2　　**线 宽 组 合**　　（单位：mm）

线宽类型	线 宽 系 列				
b	1.4	1.0	0.7	0.5	0.35
0.50b	0.7	0.5	0.35	0.25	0.25
0.25b	0.35	0.25	0.18 (0.2)	0.13 (0.15)	0.13 (0.15)

在同一张图纸内相同比例的个图形，应采用相同的线宽组合，图纸图框和标题栏的线宽见表 10-3。

表 10-3　　**图纸图框和标题栏线宽**　　（单位：mm）

图纸幅面	图框线	标题栏外框线	标题栏分格线
A0、A1	1.4	0.7	0.35
A2、A3、A4	1.0	0.7	0.35

10.1.3　文字

文字、数字、字母或符号是工程图的重要组成部分。《道路工程制图标准》规定图中汉字应采用长仿宋体字（又称工程字）。在 AutoCAD 环境中，汉字字体通常采用 Windows 系统所带的 TrueType 字体“仿宋 _ GB2312”。在有些图纸中，汉字字体采用符合国标的类似手写仿宋体的形编译字体，如 Hzdx. shx、hztxt. shx、khz. shx 等。

图纸上常见的文字高度一般有以下几种：3.5mm、5mm、7mm、10mm、14mm、20mm。汉字的高宽比例为$\sqrt{2}$。大写字母的宽高比为 2/3，小写字母的高度应以 b、f、h、p、g 为准，字宽宜为字高的 1/2，a、m、n、o、c 的字宽宜为上述小写字母高度的 2/3。

10.1.4 坐标

坐标网格应采用细实线绘制，南北方向为 X 轴，东西方向为 Y 轴。坐标网格也可采用十字线代替，如图 10-2 所示。坐标值的标注应靠近被标注点，书写方向应平行于网格或在网格延长线上，数值前应标注坐标轴代号（X 或 Y），当无坐标轴代号时，图上应绘制指北标志。

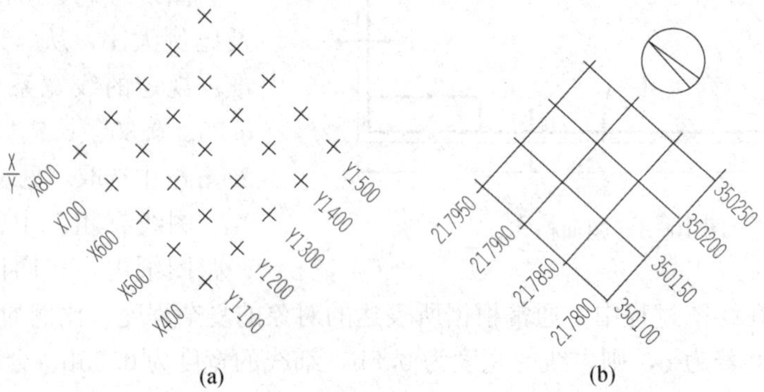

图 10-2　坐标格网及标线

当需要标注的控制坐标点不多时，宜采用引出线的形式标注，水平线上、下应分别标注 X 轴、Y 轴的代号及数值，如图 10-3 所示。当需要标注的控制坐标点较多时，图纸上可仅标注点的代号，坐标数值可在适当位置以表格形式表示。坐标数值的计量单位应采用米，并精确至小数点后三位。

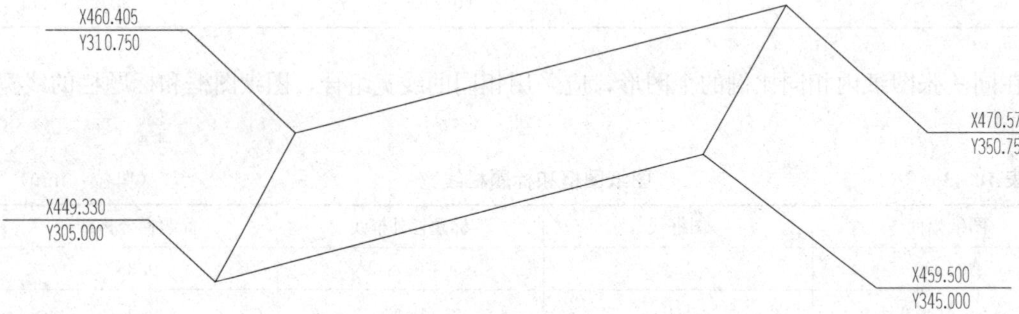

图 10-3　控制点坐标标注

10.1.5 比例

道路工程具有组成复杂、长宽高三项尺寸相差悬殊、形状受地形影响大等特点，因此它的图示方法与一般工程不完全相同。它的平面图就是一个带状地形图，纵向断面图是沿公路中心线的纵剖面图、横断面是道路中心线法线方向的断面图，根据这三种图所表示的内容的差异，通常采用的绘图比例各不同，绘图比例的选择应遵循图面布置合理、均匀、美观的原则，使绘出的图形有较好的可读性。

课堂练习：完成随书光盘“课堂练习”的“第 10 章”的“练习 10-1”。

10.2　路线平面图的绘制

路线平面图是沿道路路线方向发展的地形图。上面绘有道路中心线。其作用是表达路线的方向、平面线型、沿线两侧的一定范围内的地形、地物情况，以及结构物的平面位置。

如图 10-4 为某公路 K1＋500 至 k2＋314.52 段的路线平面图。

10.2.1　图示内容

路线平面图的主要内容包括地形和路线两部分。

1. 地形部分

（1）方位。为了表示路线所在地区的方位和路线的走向，在路线平面图上应画出指北针或坐标网。指北针在图上是用“”符号来表示的，箭头所指为正北方向。坐标方位的规定同地形图，即 X 轴为南北方向，向北为正，Y 轴为东西方向，向东为正。

（2）比例。路线平面图的地形图是经过勘测而绘制的，可根据地形的起伏情况采用相应的比例。城镇区一般采用 1∶500 或 1∶1000，山岭重丘区一般采用 1∶2000，微丘和平原区一般采用 1∶5000。如图 10-4 所示，该图比例为 1∶2000。

（3）地形。路线平面图中地形起伏情况主要用等高线表示，如图 10-4 所示。该图中相邻两根等高线之间的高差为 2m，图上的小黑点表示测点，其标高数值注在点的右侧。根据图中等高线的疏密可以看出，该地区南部和北部各有一座山峰，西部地势较低，东部地势较高。

（4）地物。在路线平面图中地面上的地物如河流、房屋、道路、桥梁、电力线、植被等，都是按规定图式绘制的。常用的地物图式基本与地形图中的地物图式相同。对照图式可知，图 10-4 的中部为大片的旱地，南部山坡有一片松林，并栽有果树，山脚下有一个名为两间房的村庄。图中还表示出了机井、电力线、公路、大车道以及小路等的位置。

2. 路线部分

（1）设计路线。由于路线平面图所采用的绘图比例较小，且公路的宽度相对于长度来说尺寸小得多，故无法按实际尺寸画出公路的宽度，因此在路线平面图中，设计路线是用粗实线表示道路中心线的。

（2）里程桩。道路路线的总长度和各段之间的长度用里程桩号表示。里程桩号应从路线的起点至终点由小到大依次顺序编号，并规定在平面图中路线的前进方向是从左向右的。里程桩分公里桩和百米桩两种。

公里桩宜标注在路线前进方向的左侧，用符号“”表示桩位，用“K×××”表示其公里数，且注写在符号的上方；百米桩宜标注在路线前进方向的右侧，用垂直于路线的细短线表示桩位，用字头朝向前进方向的阿拉伯数字表示百米数，注写在短线的端部。

（3）平曲线。道路路线在平面上是由直线段和曲线段组成的，在路线的转折处应设平曲线。最常见的较简单的平曲线为圆曲线，其基本几何要素有：①交角点 JD，是路线的两直线段的理论交点；②转折角 α，是路线前进时向左（α_z）或向右（α_y）偏转的角度；③圆曲线半径 R；④切线长 T_H，是切点与交角点之间的长度；⑤外矢距 E_H，是曲线中点到交角点的距离；⑥曲线长 L_H，是曲线两切点之间的弧长；⑦缓和曲线长 L_S，是从切点到圆曲线端点的长度。

在路线平面图中，转折处应注写交角点代号并依次编号，如 JD2 表示第 2 个交角点。还要注出曲线段的起点 ZY（直圆点）、中点 QZ（曲中点）、终点 YZ（圆直点）的位置。为了将路线上各段平曲线的几何要素值表示清楚，一般还应在图中的适当位置列出平曲线要素表。如果

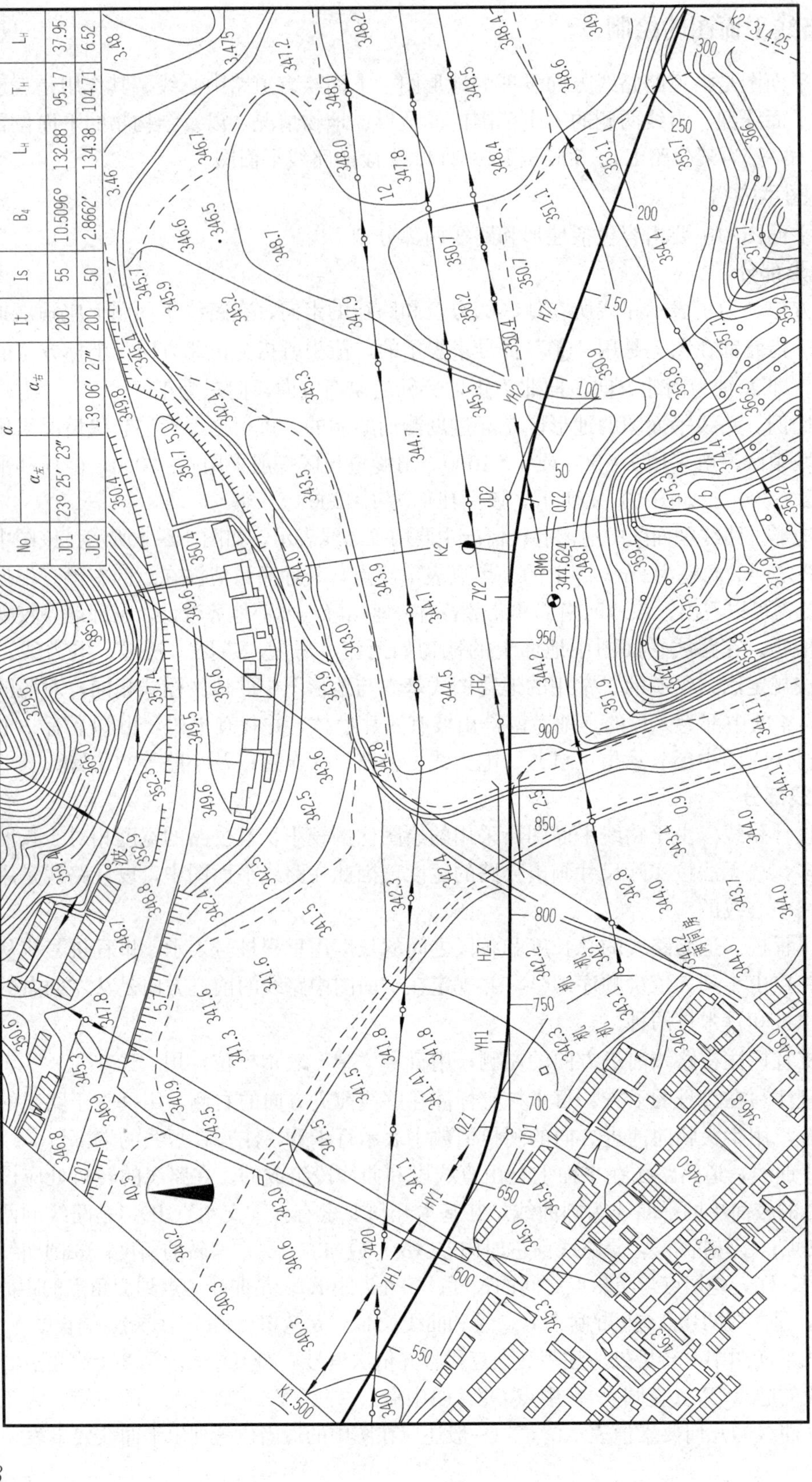

图 10-4　某公路路线平面图

设置缓和曲线，则将缓和曲线与前、后段直线的切点，分别标记为 ZH（直缓点）和 HZ（缓直点）；将圆曲线与前、后段缓和曲线的切点，分别标记为 HY（缓圆点）和 YH（圆缓点）。

10.2.2　用 AutoCAD 绘制路线平面图步骤及注意事项

路线平面图的绘制包括两部分内容：一部分是地形图的绘制，另一部分是在地形图上绘制路线中心线。

在道路的勘测阶段，测绘人员利用测量仪器、设备经过一系列野外测量和内业计算，得到测量数据，对数据进行编辑，设置绘图环境后，将这些数据按比例绘制到图纸上，即地形图的绘制，这项工作与第 8 章中的地形图的绘制方法相同。所以在这里只介绍路线中心线的绘制方法。

1. 数据准备

在路线中心线绘制前，根据道路设计人员定出的交角点和转角数据，计算平面曲线的相关要素，即圆曲线的半径 R、切线长 T_H、曲线长 L_H、外矢距 E_H 和缓和曲线的 L_S。计算结果见表 10-4。

图 10-2 中新设计的这段公路，有关设计数据如下：

路线导线的起始点、交点的坐标以及转折角 α、圆曲线半径 R、曲线的类型如下：

QD（500.000，1500.000）为本幅图中路线的起点。

JD1（408.846，1655.213），$\alpha_{左}=25°23'25''$，$L_S=61.92$，R=300，缓和曲线。

JD2（378.130，2003.863），$\alpha_{右}=18°06'27''$，$L_S=50.06$，R=500，缓和曲线。

ZD（266.518，2265.012）为本幅图中路线的终点。

表 10-4　**路线平曲线要素**

No	α		R	L_S	β_0	L_H	T_H	E_H
	$\alpha_{左}$	$\alpha_{右}$						
JD1	23°25′23″		300	61.92	10.5096°	132.88	95.17	37.95
JD2		18°06′27″	500	50.06	2.8662°	134.38	104.71	6.52

在实际工作中路线导线的坐标数据都是用 Excel 表格存放，这样简化了在绘图时输入坐标的麻烦。在 Excel 表格中编辑导线点坐标对，如图 10-5 所示，选中 D2 栏，输入公式"=C1&","&B1"，按回车键，系统自动生成了所需要的坐标对，选中 D2 栏，将光标指向第二栏右下角，系统出现黑色小十字标记，按住鼠标左键向下拖动十字标记，一直到 ZD，D2 栏就自动生成了对调后的各交点的坐标对。

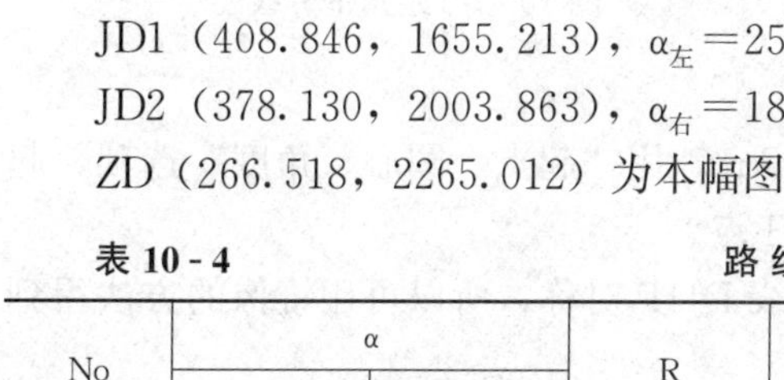

图 10-5　用 Excel 编辑坐标对（Y，X）

2. 绘制路线中心线

（1）绘制路线导线。将设置的导线图层置为当前层，使用多段线命令 pline 来绘制。在 AutoCAD 执行 pline 命令，要求输入起点时，将图 10-5 中 Excel 表中 D 列的坐标数据复制后粘贴于命令提示后，AutoCAD 自动依次读取各点坐标值，绘制出一个多段线，如图 10-6 所示。

（2）确定平曲线上的主点。路线在 JD1、JD2 处的转弯都是缓和曲线，要绘出这些曲

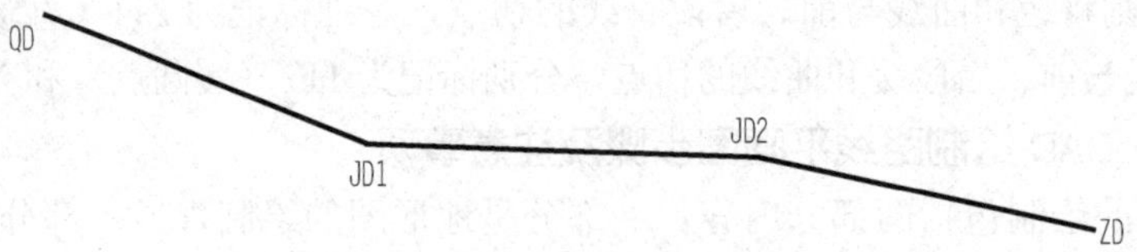

图 10 - 6　用 pl 命令绘出的路线导线

线，首先要定出曲线上的主点位置。以 JD1 处为例，介绍确定主点位置的方法。新建一个“fuzhu”（辅助）图层，颜色设为蓝色，将其置为当前层。

1）绘制 JD1 左角平分线 JD1P，如图 10 - 7 所示。

2）确定 QZ 点、YH 点、HY 点。

①确定 QZ 点。从 JD1 开始，沿 JD1 左角平分线 JD1P 向 P 方向量取外矢距的长度 $E_H=7.95$，此点即为 QZ 点。

②确定 YH 点。从 QZ 点向 P 方向量取圆曲线的半径 300，得到圆心，该圆弧所对应的圆心角是 $\frac{\alpha_{左}}{2}-\beta_0=\frac{23°25'23''}{2}-10.5096°=2.8551°$

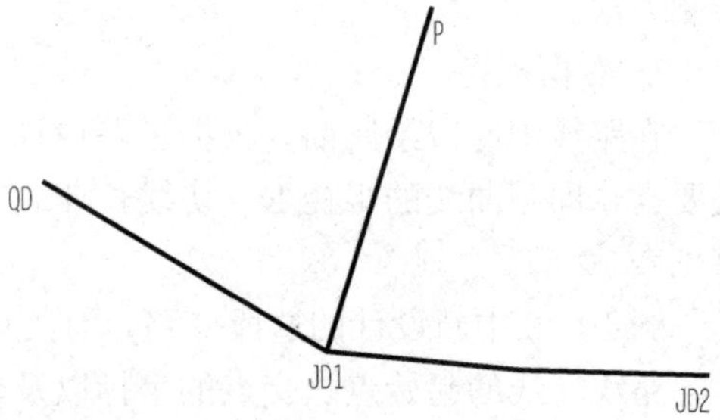

图 10 - 7　绘角平分线

（见表 10 - 4 路线平曲线元素表）。用绘制圆弧命令 Arc，用“起点、圆心、角度”选项，起点为 QZ 点，这样绘出的圆弧的另一个端点就是 YH 点。

③确定 HY 点。HY 点与 YH 点相对于角平分线 DJ1P 对称，所以可用镜像的方法得到 HY 点。

3）确定 ZH 点、HZ 点。从 JD1 点分别向 QD 和 JD2 分别量取切线长度 95.17，即得到 ZH 点和 HZ 点。

这样就确定了第一个交角点 JD1 处的平曲线各主点。用相同的操作方法，确定出 JD2 处的平曲线的各主点。将点样式设置成“十字”。

删除所有的辅助线得到如图 10 - 8 所示的图形。

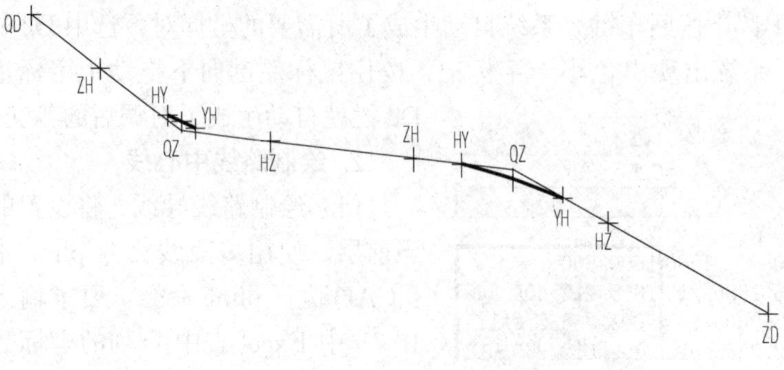

图 10 - 8　路线中线上的各主点

（3）缓和曲线的绘制。在 AutoCAD 2010 中采用真样条曲线命令 Spline 绘制，绘出的曲线非常接近公路中的平曲线缓和曲线的形状，在常用比例尺的情况下，肉眼分别不出二者在图纸上的区别，因此绘制通过 ZH—HY 和 YH—HZ 主点并与路线导线相切于 ZH 和 HZ 点，与圆弧相切于 HY 和 YH 点的真样条曲线即为所要绘制的曲线。

同理，绘出其他三段缓和曲线。

（4）连接路线中线的直线段。用 Line 命令，连接路线中线的各直线段。

（5）绘制特征点位置线、里程桩线、百米桩线并标注文字。

1）绘制特征点位置线。将标注层置为当前层。用偏移命令，将路线中线向上偏移 5 个图形单位。

用绘制直线命令 Line，在路线上的每一个主点处绘制短直线，分别与路线导线和上侧的偏移线垂直相交。

2）绘制公里桩、百米桩标注线。将路线导线向下方分别偏移 5 个单位和 15 个单位，得到两条偏移线。路线各交点的里程已知，以起始点 QD（因为 QD 的里程是整百米）为例，用直线命令分别绘制公里桩、百米桩标注线。

用偏移命令对刚绘制的百米桩标直线进行偏移，偏移距离为 100，在同一条线段上可继续偏移，绘出其他的百米桩线。但经过交点后，就需要在交点处，绘制与下一线段相垂直的标志线，再计算下一个百米桩距此应偏移的距离，然后进行偏移。依次由左向右绘制出各百米标志线。

3）编辑标志线和位置线。对各标志线和位置线进行剪切、延伸，使公里桩长度为 15 个单位，主点位置线和百米桩长度为 5 个单位。最后删除路线导线的偏移线等辅助线，只留下路线中线，路线导线、主点位置线、公里桩标志线和百米桩标志线。

4）绘制公里桩符号和交角点符号。公里桩符号用绘制圆环 Donut 命令，内径是 0，外径是 5。交角点符号用绘制圆的命令 Circle，直径为 3，圆心在交角点上。对小圆圈内的部分进行修剪。

（6）标注文字。把文字标注层置为当前图层。用多行文字编辑功能进行文字标注，字高 3.5mm，字体仿宋体，宽度比例 0.7，倾斜角度－90°，标注里程桩号，使其与标志线平行，且垂直于路中线。

提示：若标注的文字大小方向不同，可选用不同高度和旋转角度，分批标注。

若标注的文字位置和角度不太合适，可利用移动和旋转命令进行修改。如图 10-9 所示，在 AutoCAD 2010 下完成的路线平面图。

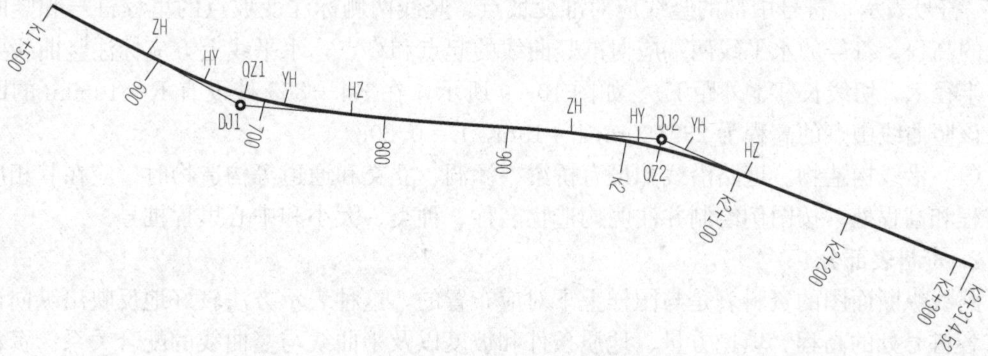

图 10-9　路线平曲线图

（7）平曲线要素表的绘制。在道路平面图的右上角，需要插入平曲线要素列表，具体操作步骤见第 6 章 6.4 内容。以表格的右上角为基点，将绘制好的表格移动到路线平面图的右上角。

课堂练习：完成随书光盘“课堂练习”的“第 10 章”的“练习 10 - 2”。

10.3 道路纵断面图的绘制

路线纵断面图是指的是沿路线中线的竖向剖面图。由于公路中心线是由直线和曲线组合而成的，所以纵向剖切面既有平面又有曲面，为了清晰地表达路线的纵断面情况，特采用展开的方法，将此纵断面展为平面，并绘制在图纸上，这就形成了路线纵断面图。

路线纵断面图的作用是表达路线中心的纵向的形状、沿线地面的高低起伏状况以及地质和沿线设置构造物的概况。图 10 - 11 所示为某公路 K4＋800 至 K5＋275 段的路线纵断面图。

10.3.1 纵断面的图示内容

路线纵断面图包括图样和资料表两部分，一般图样画在图纸的上部，资料表布置在图纸的下部。

1. 图样部分

（1）比例。路线纵断面图的横向表示路线的里程（前进方向），竖向表示设计线和地面的高程。由于路线和地形的高程变化比起路线的长度要小得多，为了在路线纵断面图上清晰地显示出高程的变化和设计上的处理，绘制时一般竖向比例要比横向比例放大 10 倍。横向（里程）比例尺和竖向（高程）比例尺根据实际工程要求选取，里程比例尺一般选择 1∶1000，1∶2000，1∶5000，与之对应的高程比例尺选择 1∶100，1∶200，1∶500。为了便于画图和读图，还应在纵断面图的左侧按竖向比例画出高程标尺。

（2）设计线和地面线。在纵断面图中，粗实线为公路纵向设计线，是由直线段和竖曲线组成的，它是根据地形起伏和公路等级，按相应的公路工程技术标准而确定的，设计线上各点的标高通常是指路基边缘的设计高程。不规则的细折线为设计中心线处的地面线，它是根据原地面上沿线各点的实测中心桩高程而绘制的。比较设计线与地面线的相对位置，可确定填挖地段和填挖高度。

（3）竖曲线。在设计线的纵向坡度变更处，即变坡点，应按公路工程技术标准的规定设置竖曲线，以利于汽车平稳行驶。竖曲线分为凸形和凹形两种，在图中分别用“┬”和“┴”符号表示，符号中部的竖线应对准变坡点，竖线两侧标注变坡点的里程桩号和竖曲线中点的高程。符号的水平线两端应对准竖曲线的起点和终点，水平线上方应标注竖曲线要素值（半径 R、切线长 T、外距 E）。如图 10 - 9 所示，在 K4＋865 处设有 R＝1000m 的凹曲线，该竖曲线中点的高程为 232.20m(T＝15m，E＝0.20m)。

（4）沿线构造物。道路沿线如设有桥梁、涵洞、立交和通道等构造物时，应在其相应设计里程和高程处，按图例绘制并注明构造物名称、种类、大小和中心里程桩号。

2. 资料表部分

路线纵断面图的资料表是与图样上下对应布置的，这种表示方法较好地反映出纵向设计线在各桩号处的高程、填挖方量、地质条件和坡度以及平曲线与竖曲线的配合关系。资料表主要包括以下栏目和内容：

（1）地质概况。根据实测资料，在该栏中注出沿线各段的地质情况。

（2）高程资料。表中有设计高程和地面高程两栏，它们应和图样互相对应，分别表示设计线和地面线上各点（桩号）的高程。

（3）填挖高度。设计线在地面线下方时需要挖土，设计线在地面线上方时需要填土，挖或填的高度值应是各点（桩号）对应的设计高程与地面高程之差的绝对值。

（4）坡度及坡长。标注设计线各段的纵向坡度和水平长度距离。该栏中的对角线表示坡度方向，左下至右上表示上坡，左上至右下表示下坡，坡度及坡长分注在对角线的上下两侧。如图 10-11 所示，该栏中第一格的标注“1.1/65”，表示从 K4＋800 至 K4＋865 坡段设计纵坡为 1.1%，设计长度为 65m，此段路线是上坡。

（5）里程桩号。沿线各点的桩号是按测量的里程数值填入的，单位 m，桩号从左向右排列。在平曲线的起点、中点、终点和桥涵中心点等处可设置加桩。

（6）直线及平曲线。在路线设计中，竖曲线与平曲线的配合关系直接影响着汽车行驶的安全性和舒适性，以及道路的排水状况，故《公路路线设计规范》对路线的平纵配合提出了严格的要求。由于道路路线平面图与纵断面图是分别表示的，所以在纵断面图的资料表中，以简约的方式表示出平纵配合关系。在该栏中，以“——”表示直线段，以“╱‾‾╲”、“╲__╱”或“└─┘”和“└─┘”四种图样表示平曲线段，其中前两种表示设置缓和曲线的情况，后两种表示不设缓和曲线的情况，图样的凹凸表示曲线的转向，上凸表示右转曲线，下凹表示左转曲线。

10.3.2　用 AutoCAD 绘制路线纵断面图的步骤及注意事项

绘图前应设计好比例尺，这里以横向比例为 1∶2000，纵向比例为 1∶200 的纵断面的绘制为例。

1. 设置图层

根据道路纵断面图中包括的内容，需要设置“biaoti”（标题栏），“dimian”（地面线）层、“sheji”（设计线）层、“biaozhu”（标注）层等，每一层的线型均为 continus、线宽各图层不同。如图框和设计线线宽为 1.0，标题栏用 0.7，坡度线用 0.35 等，为使图形容易分别，还可将各图层设置成不同的颜色。

2. 设置图形单位和文字式样

设置方法与本章第一节的设置相同。

3. 绘制纵断面的标题栏

将“biaoti”层置为当前层，先按 1∶1000 比例，如图 10-11 所示，从 K4＋800 到 K5＋275，本幅图包含的里程数为 475m，再加上标题栏左端的文字占的宽度，标题栏底线长绘制 505，将标题栏底线依次向上偏移，得到“直线与曲线”、“里程”、“地面高程”、“设计高程”、“坡度”、“土壤地质栏”，每一栏的宽度，以填写项所占尺寸为准，比如“直线与曲线栏”需偏移 10，在最后标注文字时，若宽度不合适还可调整。绘制一条垂直线，长度从标题栏底线绘制到顶线，位置距最左端 20，作为标题与内容的分界线。

4. 绘制标尺

绘一条垂线，起点在标题竖线的顶端，向上绘制，长度 20（代表的高度为 2m），将其线宽设置为 2.0，然后将该线再向上复制，使其首尾相接，这样绘出的看起来是一条直线，但却是两个图形对象，将这两个对象设置成对比度较大的两种颜色。根据地面高程情况，再将这两个对象同时向上复制数次，这样标尺就绘成了。

5. 设置坐标原点

（1）编辑数据。在绘图前，将外业测绘的数据整理到 Excel 表中，如图 10-10 所示，B 列为各地面点的桩号，C 列为各地面点的实测高程，D 列为各地面点的里程数值，E 列为绘图用的各地面点的坐标值（将里程数值作为横坐标 X，高程值扩大十倍后作为纵坐标 Y，在 E2 栏编辑公式：D2&"," &C2 * 10，具体操作方法在 8.2.1 中已介绍过），因纵横坐标比例尺不同，故需要对实测的高程数值扩大十倍，作为各点路面转折点的纵坐标，横坐标就是实测的里程数值。

（2）设置坐标原点。坐标的原点需设置在标尺的底部，原点横坐标值是本幅图最左端的里程数，纵坐标要比实测的所有转点高程最小值还要小一些，如本例中原点坐标设为（1150，82）。

（3）移动原点。为了方便用坐标展绘地面线，需将前面绘制的标题栏和标尺等所有图形对象以标尺底部为基点（图形的原点），移动到 AutoCAD 世界坐标系的（4800，2280）处。目的使纵断面图的坐标原点的坐标与 AutoCAD 世界坐标系的坐标一致，以便输入各点坐标来绘制地面点。

6. 绘制地面线

将“dimian”层置为当前层，使用多段线命令 Pline，将图 10-10 中的 E 列数据复制后粘贴到命令行的“指定起点”后，AutoCAD 就自动绘制地面线。绘制结果如图 10-11 中的折线（地面线）。

7. 绘制设计线

将“sheji”层设置为当前层，使用多段线命令 Pline 绘制设计线。绘制时将各里程桩的里程作为横坐标，各里程桩处的设计高程作为纵坐标。操作步骤与绘制地面线类似。对竖曲线位置，采用三点绘制圆弧的方法，三点依次是竖曲线起点、变坡点位置设计标高处、竖曲线终点。

8. 绘制竖曲线标志符号

在设计线图层中，用 Line 命令绘制各竖曲线标志符号。

	B	C	D	E
1	桩号	高程 (y)	里程 (X)	地面(X,Y)
2	K4+800	231.47	4800	4800,2314.7
3	K4+830	231.42	4830	4830,2314.2
4	K4+865	233.01	4865	4865,2330.1
5	K4+878	234.31	4878	4878,2343.1
6	K4+900	233.18	4900	4900,2331.8
7	K4+925	234.93	4925	4925,2349.3
8	K4+941	235.31	4941	4941,2353.1
9	K4+950	238.04	4950	4950,2380.4
10	K4+981.5	238.17	4981.5	4981.5,2381.7
11	K4+995	237.67	4995	4995,2376.7
12	K5+000	235.81	5000	5000,2358.1
13	K5+001.2	236.06	5001.2	5001.2,2360.6
14	K5+010	238.17	5010	5010,2381.7
15	K5+020.7	239.74	5020.7	5020.7,2397.4
16	K5+048	240.11	5048	5048,2401.1
17	K5+080	240.61	5080	5080,2406.1
18	K5+100	240.03	5100	5100,2400.3
19	K5+130	241.44	5130	5130,2414.4
20	K5+147.3	239.5	5147.30	5147.3,2395
21	K5+203.3	236.7	5203.30	5203.3,2367
22	K5+250.6	234.7	5250.60	5250.6,2347
23	K5+275.1	233.5	5275.10	5275.1,2335

图 10-10　地面线转点坐标

注意：符号中部竖线的横坐标就是竖曲线转点里程，符号的水平线两端的横坐标应分别是竖曲线的起点和终点里程。为使图形美观，各竖线标志符号应大致在同一个高度。

9. 绘制标题栏中的相关线

在“直线与曲线”栏中，依据路线设计中线各主点的里程绘制。

在“里程桩号”栏中，百米里程位置和曲线的主点位置绘制竖短线为里程桩标志，先绘出最左边的第一条里程桩标志，然后使用偏移命令，按里程间隔偏移。这样绘出的标志长短相同。按设计数据，用 Pline 命令绘制坡度/坡长线。

10. 标注文字

本图要求的比例是 1∶2000，前面绘图是按 1∶1000 的比例尺，先将图中所有内容全部选中，用 Scale 命令缩小 2 倍，使绘制的图形成为所需要的 1∶2000 的图形。在此比例下开始标注文字，选用 AutoCAD 2010 的单行文字标注，对大小，方向相同的文字标注，可用鼠标点击适当的位置，输入完一处文字，再点击下一处位置，输入文字。一次 Text 命令，可连续多次输入文字，直到退出命令。不同高度、不同方向的文字需重新输入 Text 命令，重新设置文字高度和文字方向，再进行文字输入，直到将图中所有需文字标注完毕。

提示：标尺上高程的标注，要按照实际代表的高程数值标注，见图 10 - 11 中标尺。

11. 标注水准点

桥涵构造物等标注的位置与其桩号对应，对标注符号，先定义图块，再利用图块插入命令插入。绘制完成的道路纵断面图如图 10 - 11 所示。

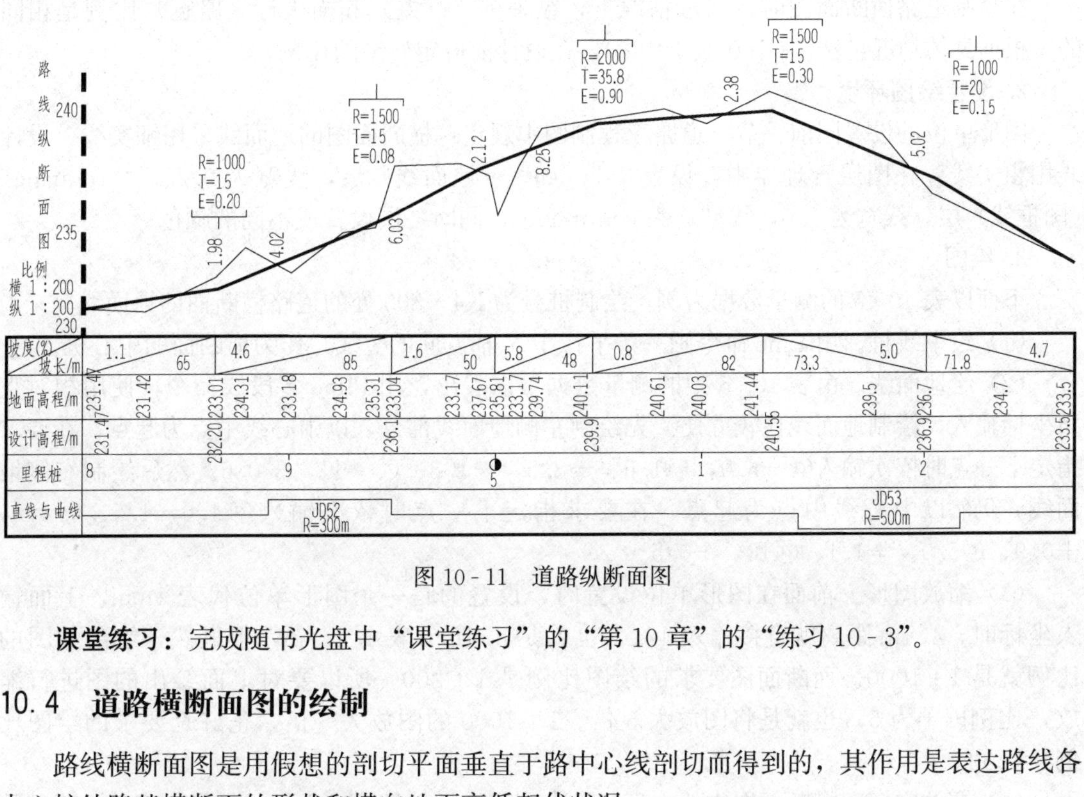

图 10 - 11　道路纵断面图

课堂练习：完成随书光盘中“课堂练习”的“第 10 章”的“练习 10 - 3”。

10.4　道路横断面图的绘制

路线横断面图是用假想的剖切平面垂直于路中心线剖切而得到的，其作用是表达路线各中心桩处路基横断面的形状和横向地面高低起伏状况。

10.4.1　道路横断面图相关知识

在道路横断面外业测量中，对每一个需测横断面的位置，都要进行测量，测得了各中桩在横断面方向上各变坡点相对于中桩地面的高差，根据外业实测数据，整理得出各里程桩的横断面的资料见表 10 - 5，表中按路线前进的方向分左侧、右侧。分数的分子表示测段两端的高差，分母表示测段的水平距离。高差为正表示上坡，为负表示下坡。根据这些数据绘制出各里程横断面图，再根据设计要求，画出路基断面设计线，得到一系列的路基横断面图，以此来计算公路的土石方量和作为路基施工的依据。

表 10-5　　道路横断面测量数据

左　侧				桩　号	右　侧			
	…	…			…		…	
	$\frac{-0.6}{11.0}$	$\frac{-1.8}{8.5}$	$\frac{-1.6}{6.0}$	K4+800	$\frac{+1.5}{4.6}$	$\frac{+0.9}{4.4}$	$\frac{+1.1}{5.0}$	$\frac{+0.5}{10.0}$
平	$\frac{-0.5}{7.8}$	$\frac{-1.2}{4.2}$	$\frac{-0.8}{6.0}$	K4+820	$\frac{+0.7}{7.2}$	$\frac{+1.1}{4.8}$	$\frac{-0.4}{7.0}$	$\frac{+0.9}{6.5}$
	…	…			…		…	

10.4.2　用 AutoCAD 绘制路线横断面图步骤及注意事项

1. 比例

在绘制道路横断面图时，一般情况下，纵坐标（高差）和横坐标（路宽）比例是相同的，根据具体情况可选 1∶100 或 1∶200，在设计前应定好绘图比例。

2. 设置绘图环境

图形单位的设置同前一节。道路工程制图中规定：横断面图的地面线采用细实线，设计线用粗实线。在图层管理器中，设置“dimian”（地面线）层，线宽为 0.25；“tukuang”（图框线）层，线宽为 1.0，线型均为 continuous，同时各层设置成不同的颜色。

3. 绘图

下面以表 10-5 的测量数据为例，绘制桩号为 K4+800 处的道路横断面的地面线。

（1）绘中线桩。用 Line 命令画一条平行于 Y 轴方向的竖线，作为横断面的中心桩。

（2）绘地面线。由表 10-5 中的测量数据可以看出，用 Pline 多段线命令，使用相对直角坐标输入，绘制地面线比较方便。先绘制左侧地面线部分，以中心线中点为起点，在要求指定下一点时依次输入@−6.0，−1.6、−8.5，−1.8、@−11，−0.6。然后绘制右侧地面线，仍然以中心线中点为起点，在要求指定下一点时依次输入@4.6，1.5、@4.4，+0.9、@5.0，+1.1、@10，+0.5。

（3）缩放图形。前面在图形单位设置时，设置的是一个图形单位代表 1mm，上面输入坐标时，4.4m 距离就直接输入 4.4，也就是 4.4mm 表示 4.4m，很显然，绘出的图的比例就是 1∶1000。而断面图要求的绘图比例是 1∶200，所以要对上面绘出的图进行缩放，比例因子为 5，也就是将图放大 5 倍。1∶1000 的图放大 5 倍，正好是要求的绘图比例1∶200。

（4）标注文字。横断面图中的文字标注内容很少，仅标注中心桩的桩号。在缩放后的图上标注文字，更容易确定适宜的文字高度。可达到更好标注效果。这里文字的高度选用 10，比较合适，当要求的绘图比例尺发生改变时，最好试一试不同高度的文字的标注效果，最后确定选用的文字高度。

提示： 在输入点位时，用的是相对直角坐标法，相对直角坐标的值是当前点相对于前一个点的横、纵坐标的改变量。该改变量正好对应左右两侧的距离和高差的数值。但在输入时，左侧的点横坐标应为负（在距离值前加“−”），右侧的点横坐标为正（原距离值），高差值与测量数据相同。

如：左侧 A 点的测量数据是$\frac{-1.6}{6.0}$，则它相对于中桩的坐标（@－6.0，－1.6）；B 点测量数据是$\frac{-1.8}{8.5}$，它的相对坐标（@－8.5，－1.8）。右侧 D 点的测量数据是$\frac{+1.5}{4.6}$，则它相对于中桩的坐标（@4.6，1.5）；E 点的测量数据是$\frac{+0.9}{4.4}$，它相对坐标（@4.4，0.9）。

经过以上操作绘出了 K4＋800 处的横断面图，如图 10－12 所示。

采用上述方法，可继续绘出其他桩号的横断面图，在同一张图纸内绘制的路基横断面图，应按里程桩号顺序排列，从图纸的左下方开始，先由下而上，再自左向右排列，如图 10－13 所示。同一幅图中横断面的数量，要根据图幅和绘图比例计算后确定。若一幅图中有多个断面，则要按 1∶1000 的比例绘出所有的断面后，再按要求的比例缩放图形，最后统一标注。

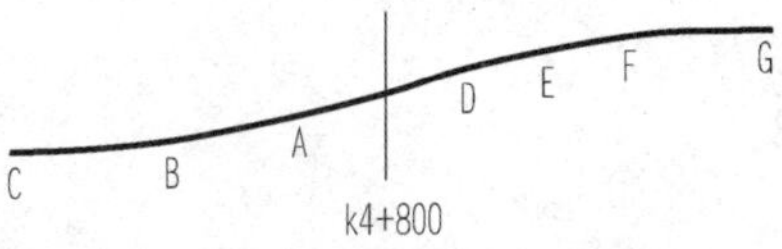

图 10－12　K4＋800 处的横断面图

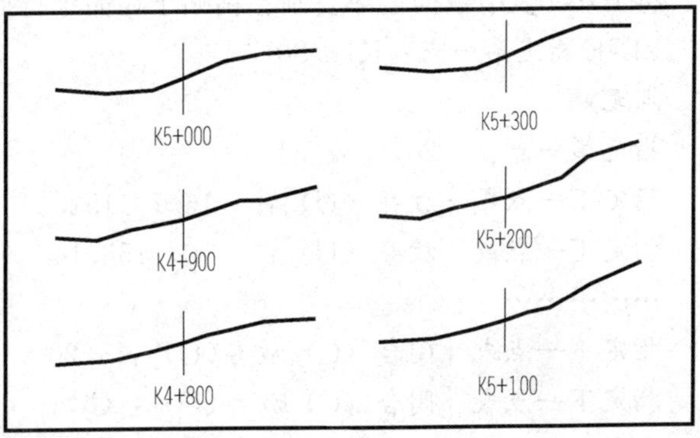

图 10－13　某道路横断面图

在每张路基横断面图的右上角应写明图纸序号及总张数，在最后一张图的右下角绘制图标。

10.4.3　用 AutoCAD 与 Excel 表自动绘制道路横断面图

在道路工程测量中，道路横断面的测绘是一项重要工作。一般要求每 20m 施测一个道路横断面，在地形变化大的位置还要加测横断面。因此绘制道路断面图工作量是非常巨大的，如果用上面介绍的传统的方法绘制是非常繁琐的，修改起来很麻烦。在此介绍一种自动绘制道路横断面图的方法。

1. 数据准备

因为横断图上的每一点都是由横坐标水平距离 D、纵坐标高程 H 来表示，Auto CAD 坐标系向上为 X，向右为 Y。在绘横断面各点的坐标就是（H，D），因此要把野外测量的横断面上的点编辑为“H，D”的形式放在 Excel 中，AutoCAD 能够识别 Excel 单元格中坐标数据。在这里设定道路中心线处水平距离 D＝0，中心线左侧的点距中心线的水平距离为负，右侧为正。如：道路中心线右侧 10.5m 位置的高程为 150.655m，就表示为“10.5，150.655”；在道路中心线左侧 8.8m 位置，高程为 151.430m 的点，可以表示为“－8.8，151.430”。将野外测量的横断面方向上各变坡点相对于中桩地面的高差和水平距离整理到 Excel 表中，同时也将设计断面数据用相似的方法编辑整理后录入 Excel 表，参看随书光盘第 10 章中的“绘制横断面数据 .Xls”。格式要求如下：

（1）每一个横断面数据（包括原地面测量数据和设计断面数据）只占用一行。

（2）每一个数据都要处理成（距离，高程）的形式且占用一个单元格。

（3）每一行中的横断面数据自左向右顺序依次是：原地面数据一——设计断面数据——

CAD 命令，其中原地面数据的顺序是距离中桩最左边的数据依次到距离中桩最右边的数据，设计断面数据是距离中桩最右边数据依次到距离中桩最左边的数据。

（4）每一行结尾几个单元格分别输入 Auto CAD 命令 C、UCS、N、0，5、L。

提示：每行中原地面数据列数可能不同，设计路基断面数据列数可能相同，每一行的最后五列都是 C、UCS、N、0，5、L。

2. 自动绘制道路横断图

打开 Auto CAD 软件，新建一个公制单位图形文件：

“常用”选项卡→“绘图”→“直线”按钮。

将 Excel 表中数据全部复制、粘贴于在命令行提示后，命令自动执行如下：

LINE 指定第一点：K1＋80

点无效。

指定第一点：－20，152.31

指定下一点或［放弃（U)］：－16.7，152.54

指定下一点或［放弃（U)］：－10，153.14

……………

指定下一点或［闭合（C)/放弃(U)］：－20，154.23

指定下一点或［闭合（C)/放弃(U)］：C

命令：UCS

当前 UCS 名称：＊没有名称＊

指定 UCS 的原点或［面（F)/命名(NA)/对象(OB)/上一个(P)/视图(V)/世界(W)/X/Y/Z/Z 轴(ZA)］<世界>：N

指定新 UCS 的原点或［Z 轴（ZA)/三点(3)/对象(OB)/面(F)/视图(V)/X/Y/Z］<0，0，0>：0，5

命令：L

AutoCAD 就逐行自动读取数据，连续绘制横断面图，并且速度很快。

3. AutoCAD 的执行过程

（1）点击“直线”，执行绘制直线 line 命令。

（2）从 Excel 表中复制所有数据粘贴到命令行后。

（3）AutoCAD 读取第一个单元格是里程号，因为它的格式不是坐标格式，所以以无效点处理。Auto CAD 默认 Excel 从左面单元格移至右面单元格相当于键入回车键（Enter)，所以命令行提示指定下一点时，下一个单元格中的数据就被读取。如此反复，依次从左向右逐格读取，一直到行末最后一个坐标数据；然后得到 C（闭合）命令，这个断面绘制完。

（4）紧接着 Auto CAD 在命令行又自动得到“UCS”命令，即建立一个新用户坐标系，回车后，得到“N”，即输入新原点，命令行提示后粘贴“0，5”，即新坐标原点相对原坐标原点移动（0，5），即向上移动了 5 格单位，这是为了使每一个横断面图上下错开位置。错开的距离需根据最大填挖高度确定，使断面图之间的有一定间隔。

（5）AutoCAD 得到一个“L”（line）命令，开始重复执行（1）～（4）步骤。用 Excel 中的下一行数据 K2＋40 绘制断面，并依次循环完成所有横断面的绘制。这样绘出的横断面图为 1∶1000，如果要打印出图，还需要设置打印比例。

4. 标注桩号

按 Excel 中的第一列（桩号）数据，依自上而下的顺序，将 AutoCAD 中绘好的横断面图自下而上依次对应标注桩号，并注意检查，以防标错。

5. 绘制图框

按照所选择的打印图纸绘制图框，把绘制好的每一个横断面图复制到图框中，并修改桩号标注，使其大小适宜。

课堂练习：完成随书光盘“课堂练习”的“第 10 章”的“练习 10-4”。

10.5　AutoCAD 在施工测量中的应用

AutoCAD 软件不仅有强大的绘图功能，同时具有高精度的计算功能。在工程测量中使用 AutoCAD 处理测量内业的数据计算，是一种全新直观的图形计算方法，它可以大大提高工程技术人员的工作效率。另外配合 AutoLisp 语言，还可以编制一些常用的计算程序，得到计算结果。

10.5.1　用 AutoCAD 图解交会坐标

测区内加密控制点，经常用到测角交会或测距交会的方法，在外业测量后，要运用数学公式进行繁琐的内业计算，得到未知点坐标。这些内业计算不仅麻烦，一旦出现错误还不容易检查出来。如果利用 AutoCAD 绘图来计算，就非常简单。下面就举例测角和测距交会，确定未知点坐标的方法。

1. 前方测角交会

已知两控制点 A（741.934，1643.616）、B（731.750，1722.216），为了计算未知点 P 的坐标，在外业中观测了∠A＝45°56′44″和∠B＝63°45′48″。

现在来利用 AutoCAD 系统软件，求解 P 点坐标。

（1）设置图形单位：长度类型选“小数”，精度为 0.000，角度类型选“度/分/秒”，精度为 0d00′00″，其他默认。

（2）用 line 命令绘制直线段 A、B：

“绘图”面板→“直线”按钮。

指定第一点：731.750，1722.216

指定下一点或［放弃（U）］：741.934，1643.616

指定下一点或［放弃（U）］：

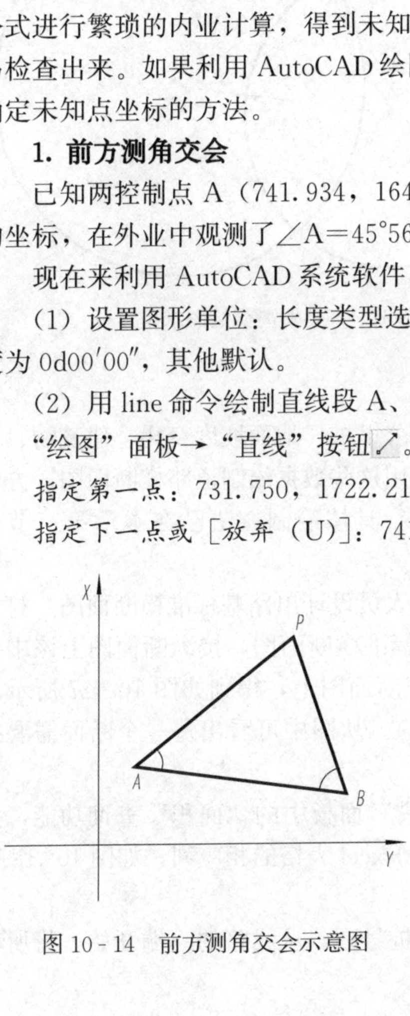

图 10-14　前方测角交会示意图

由于 AutoCAD 的坐标系与测量坐标系的不同，图 10-15 中绘出的 AB 线段的方向与图 10-14 中不同，但是不影响计算结果。为防止混淆，在直线段两端注记上 A、B。

（3）用 line 命令绘制两条与 AB 重合但长度大于 AB 的直线段，分别是 AM 和 BN。

（4）旋转直线对象：将 AM 以 A 为基点旋转 −45°56′46″（顺时针旋转为负），将 BN 以 B 点为基点旋转 63°45′48″。在图上可以看到 AM 和 BN 相交点就是未知点 P。

（5）用 ID 命令查询 P 点坐标，P 点的坐标为X＝1702.663，Y＝789.009。或用坐标标注直接标出 P 点坐标，如图 10－15 所示。

提示：在旋转直线时，旋转角度的输入格式为 45d45′45″，度用 d，分、秒用英文状态下的 ′、″ 符号。

2. 测距交会

已知控制点 A（624.657，1641.390）、B（676.747，1648.201），在野外用全站仪测的 AP 水平距离为 35.673m，BP 水平距离为 44.655m，求 P 点坐标。

（1）单位设置和绘制 AB 直线段同前方测角交会。

（2）用绘制圆的命令，以 A 为圆心，以 AP 水平距离为半径，画圆。同理以 B 为圆心，以 BP 水平距离为半径画圆，两圆交点 P 和 P′，由外野实测方位可判断 P 点为所求未知点。

（3）用 ID 命令查询 P 点坐标，P 点的坐标为 X＝1673.539，Y＝610.011，或用坐标标注直接标出 P 点坐标，如图 10－16 所示。

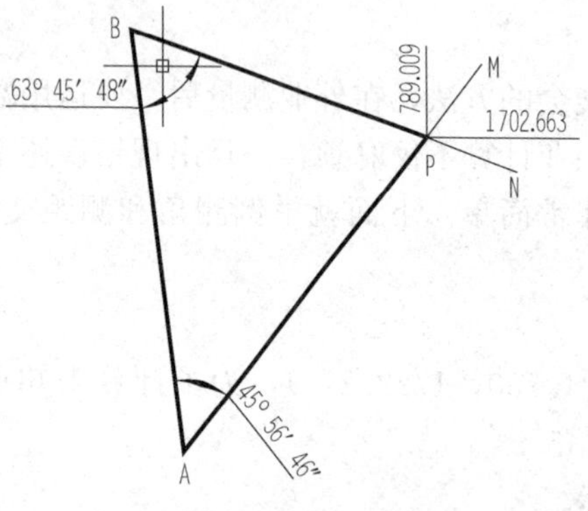

图 10－15　用 AutoCAD 绘图计算过程及结果

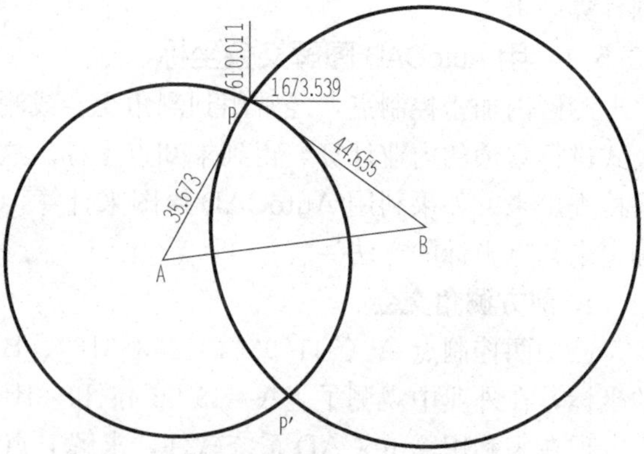

图 10－16　距离交绘图求坐标

10.5.2　用 AutoCAD 和 Excel 表计算土方量

在道路横断面测量中，沿着道路中线，在百米桩、公里桩、地面坡度变化、建筑物、构筑物等处进行横断面测量，得到了相应的外野数据。利用这些数据绘制道路横断面图，方便计算土方量。在绘制横断面图时纵横坐标比例尺一致，具体绘制方法已在本章第三节介绍过。

（1）套绘标准断面。在勘测结束后，公路工程设计人员设计出路基标准横断面图。打开用 AutoCAD 绘制的原地面横断面图，把设计好的路基标准横断面图，按纵断面图上该中桩的设计高程，与横断面相同的比例尺，套绘到实测的横断面图上，得到如图 10－17 所示的图形。图中绘出三种典型路基（半填半挖、路堑、路堤）。从图中可看出每一个断面需要挖方和填方的部分。

（2）查询断面填挖面积。利用 AutoCAD“实用工具”面板中的“面积”查询功能，查询一个断面中需填方的面积和需挖方的面积，然后填入 Excel 表格的相应列，如图 10－18 中的 C 列和 E 列。

（3）计算相邻断面之间的水平距离。在 Excel 表的桩号列，从线路的一端开始，将所有测量横断面的中线桩号依次自上而下，填入表格；用后一行减去前一行，得到两相临断面的水平距离，见图 10 - 18 中的 G 列（间距）。

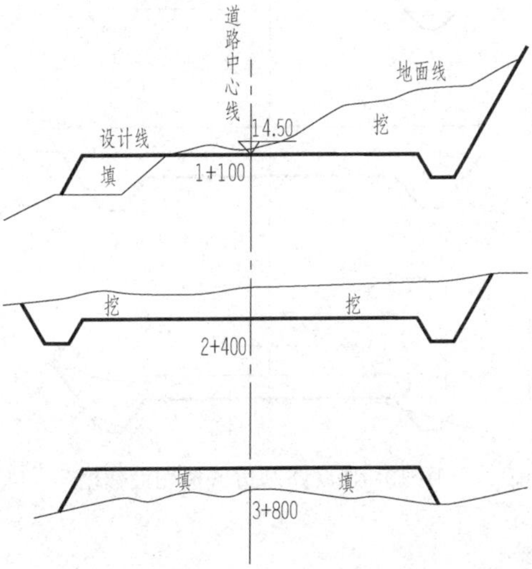

图 10 - 17　三种典型路基的横断面

桩号	里程 m	填方 m²	平均填方 m²	挖方 m²	平均挖方 m²	间距 m	填方量 m³	挖方量 m³
				公路路基土石方计算				
K0+000	0	268.50		0.00				
			222.70		32.50	50.00	11135.00	1625.00
K0+050	50	176.90		65.00				
			132.70		115.20	50.00	6635.00	5760.00
K0+100	100	88.50		165.40				
			67.15		172.85	50.00	3357.50	8642.50
K0+150	150	45.80		180.30				
			22.90		284.75	18.90	432.81	5381.78
K0+168.9	168.9	0.00		389.20				
			7.95		339.60	71.90	571.61	24417.24
K0+240.8	240.8	15.90		290.00				
			32.95		238.35	59.20	1950.64	14110.32
K0+300	300	50.00		186.70				
			75.00		177.80	50.00	3750.00	8890.00
K0+350	350	100.00		168.90				
小计							27832.555	68826.84

图 10 - 18　Excel 土方量计算表

（4）计算相邻断面间填、挖方面积平均值。将 C 列（填方面积）相邻行求平均值得到 D 列（平均填方面积）；将 E 列（挖方面积）相邻行求平均值得到 F 列（平均挖方面积）。

（5）计算相邻断面间填、挖方量。

填方量(H 列)＝平均填方面积(D 列)×间距(G 列)

挖方量(I 列)＝平均挖方面积(F 列)×间距(G 列)

（6）计算总的土方量。在表格的最后一行的填方量列用求和函数∑，所有的填方量求和，再把所有的挖方量求和，得到总的土方量。

10.5.3　用 AutoCAD 图解路基边桩测设数据

路基边坡桩测设就是根据设计断面图和各中桩的填挖高度，把路基两旁的边坡与原地面的交点在地面上钉设木桩（边桩），作为路基的施工依据。确定边桩的位置即是确定每个断面上边桩距中桩的水平距离。通常有两种方法：图解法和解析法。解析法计算繁琐，而一般手绘米格纸图解麻烦又不精确。若用 AutoCAD 图解则十分简单，步骤如下：

（1）把标准横断面套绘到实测横断面上（前面已经讲过）。

（2）设置标注样式。打开“标注样式”对话框，创建名字为“bpz”的新样式，以“standard”为基础。在“新建标注样式”对话框中的“主单位”选项卡中，设置“线性标注”精度为 0.00，测量比例因子中的“比例因子”为 100（因为横断面图的比例为 1∶100，若横断面图形比例为 1∶200，则此处设置为 200），其他项均为默认设置。

（3）标注尺寸。横断面图上设计线与地面线的交点就是开口桩的位置，利用 AutoCAD 的线性标注功能，在图上将中桩与开口桩的水平距离标注出来，如图 10 - 19 所示。精度达到厘米级完全可满足施工要求。将标注好尺寸的图纸打印出来，作为施工现场防线的依据。当然各点的填高和挖深也都可从图上标注出来。

提示：在放边坡桩时，将全站仪安置在中线桩上，沿横断面方向测设图上的水平距离，打桩标定。

10.5.4 AutoCAD 在施工坐标转换中的应用

工程在规划设计阶段，都需要先测图后设计，所以规划设计的坐标系就是测图坐标系。而要施工的建筑物或构筑物的主轴线一般与坐标轴不平行、不重合，若建筑物或构筑物数量多，开挖和主体工程施工往往复杂庞大，测量放样工作就会频繁且工作量大。若以测图坐标来放样，测设数据计算困难，有时还不能满足要求。

如图 10-20 为某工程施工平面图（略图），图中有 G1、G2、G3 三个平面控制点和主要建筑物轴线交点 A、B、C、D 等，各点坐标数值（测图坐标系 X′O′Y′下的坐标）见表 10-6。

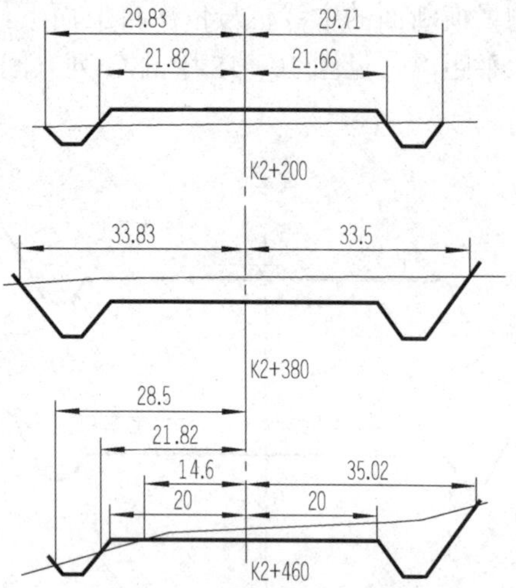

图 10-19　路基边坡桩测设数据

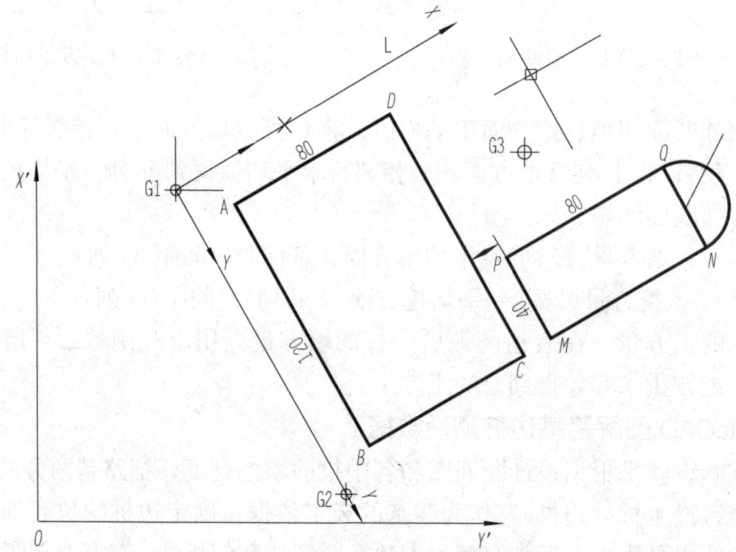

图 10-20　在 AutoCAD 中进行坐标系转换

表 10-6　**设计坐标系下各点坐标**

点号 坐标	G1	G2	G3	A	B	M	N
X	1862.28	1730.317	1879.126	1855.372	1751.449	1798.198	1832.84
Y	756.921	833.11	913.232	784.004	844.004	924.977	904.977

为了简化测设工作，现利用 AutoCAD 将测图坐标转化为施工坐标即图中坐标系 XG1Y 下的坐标。设计院都有用 AutoCAD 绘制的设计图电子版，在进行施工坐标转换时，可向设计院索要设计图的电子版（如果实在没有，也可自己按坐标把主要点位绘制下来），直接把原图整体转换。转换步骤如下：

（1）打开图形。在 AutoCAD 下打开设计图形。

（2）做辅助线。用 line 命令绘直线段 G1G2，重复 line 命令绘制通过 G1 的直线段 G1L，调用几何约束“垂直”按钮，使 G1L 垂直于 G1G2。下面要建立以 G1 点为原点，以 G1L 为 X 轴，以 G1G2 为 Y 轴的施工坐标系。

（3）建立施工坐标系。选择在功能区，“视图”选项卡→“坐标”面板→“三点”按钮，命令行提示：

当前 UCS 名称：＊没有名称＊

指定 UCS 的原点或［面（F）/命名(NA)/对象(OB)/上一个(P)/视图(V)/世界(W)/X/Y/Z/Z 轴(ZA)］＜世界＞：_3

指定新原点＜0，0，0＞：(打开对象捕捉，用鼠标拾取 G1 点)

在正 X 轴范围上指定点＜1.0000，0.0000，0.0000＞：(用鼠标拾取 L 点)

在 UCS XY 平面的正 Y 轴范围上指定点＜−0.5000，0.8660，0.0000＞：(那个鼠标拾取 G2 点)

施工坐标系已建立完成，此时观察十字光标，已经变成了与施工坐标系方向一致的十字。还可以通过“坐标”面板→“命名 UCS”按钮，打开“UCS”对话框，在“命名 UCS”选项中对新建的用户坐标系命名为“施工”，并置为当前。在“设置”选项卡中，将“显示于 UCS 原点”前的复选框打上勾，点击“确定”返回绘图区。这时在绘图区就可以看到 G1 点处有一个用户坐标系图标。

（4）使用施工坐标系。建好施工坐标系后就可以在该坐标系下，查询、计算测设数据，表 10 - 7 为施工坐标系下各控制点和主要点的坐标。在施工放线时可以通过 AutoCAD 查询任意一个特征点的坐标，尤其是复杂不容易计算的部位。

表 10 - 7　　　　**施工坐标系下各点坐标**

点号 / 坐标	G1	G2	G3	A	B	M	N
X	0	0	143.792	20	20	113.5	193.5
Y	0	152.378	63.567	19.525	139.525	139.525	139.525

使用 AutoCAD 进行坐标转换，速度快、效率高，只要遵循上述方法，不会出错，可以在任何工程的测图坐标与施工坐标转换中应用。

课堂练习：完成随书光盘“课堂练习”的“第 10 章”的“练习 10 - 5”。

小　　结

本章在介绍道路工程制图基本知识的基础上，较为详细地讲述了利用 AutoCAD 绘制道路平面图、纵、横断面图的方法。道路纵、横断面的绘制在实际中用的较多，尤其是与 Excel 表结合实现自动绘制，可大大提高绘图效率。这些知识很容易掌握，只要用心琢磨、悉心体会，还可能会想出更好的方法。在本章的最后又介绍了用 AutoCAD 解决施工测量中数据计算问题，这些知识非常实用，且容易理解和掌握。

习 题 与 思 考 题

10 - 1　试述路线平面图的图示内容。

10 - 2　道路纵断面图中应包含哪些内容？里程和高程使用不同的比例尺，在绘图时应如何处理？

10 - 3　表 10 - 8 是用水准仪和皮尺测出的某公路 K5＋345 处的横断面测量数据。若用全站仪仍测该横断面，若仍用上述表格表示，数据又该是什么样的？

表 10 - 8　　习 题 10 - 3 数 据

左侧				桩号	右侧			
$\frac{0.8}{8.0}$	$\frac{-1.8}{8.5}$	$\frac{-1.0}{4.5}$	$\frac{-1.6}{4.0}$	K5＋345	$\frac{+1.8}{6.4}$	$\frac{+0.9}{4.4}$	$\frac{+1.5}{5.0}$	$\frac{+0.5}{9.2}$

10 - 4　用 AutoCAD 解决施工测量问题，实质上是使用了 AutoCAD 智能的精确计算功能，在以后的工作实际中还会遇到很多施工测设数据计算或面积、体积的测算问题。假如现在要你计算某个山头的体积，如何根据图中的等高线来完成此项工作？

第 11 章　图形打印与输出

图纸是指导各类工程生产的重要技术依据，在测绘工程工作中，用 AutoCAD 绘制好的图形，一般都需要打印成图纸，以方便工程设计者或其他用户使用。设计和绘图工作的最终成果直观地体现在打印的图纸上。所以打印图纸是绘图工作的最后一步，也是很重要的一步。

AutoCAD 提供了布局空间以方便打印。布局模拟图纸页面，用户可以方便地设置各种视口、打印页面及打印内容，从打印机、绘图仪等输出设备输出图纸。另外，AutoCAD 还为用户提供了将 AutoCAD 的格式文件输出到其他程序如 3DS MAX、Photoshop 中的功能，以便进一步处理。

本章主要内容：

- 模型与布局
- 视图的设置及样板图框的调用
- 创建布局
- 打印设置及输出

11.1　模型与布局

AutoCAD 有两种绘图空间，即模型空间和图纸空间。模型空间适用于绘制图形，图纸空间适用于绘图输出的图纸的最终布局及打印。模型空间与图纸空间可方便地相互切换。

11.1.1　模型空间

模型空间是一个三维的绘图、设计空间，用户可在模型空间内方便地绘制、编辑各种图形而不用考虑图纸的大小以及图形的布局。如果不需要对图形进行重新布局，可通过模型空间直接输出图形。

可以使用一个或多个视口来显示模型的不同视图。当设置多个视口时，只有一个视口是当前视口，用户只能在当前视口中绘制和编辑图形。例如在某变形监测方案设计中，需要参考监测区和监测对象的地形图，我们就可以在模型空间中设置两个视图，如图 11 - 1 所示。

11.1.2　图纸空间

图纸空间是显示二维视图的一个区域，主要在图形输出时使用。在图纸空间中所创建的视口成为浮动视口。这些视口的数目和位置都不受限制，视口的大小和形状也可以是任意的。一个视口可以覆盖在其他视口上，视口还可以作为对象被编辑，各个视口中的对象可以采用不同的比例，冻结和解冻特定的图层，给出不同的标注和文字说明。

11.1.3　模型空间与图纸空间的切换

模型空间与图纸空间的切换的方法有下列几种：

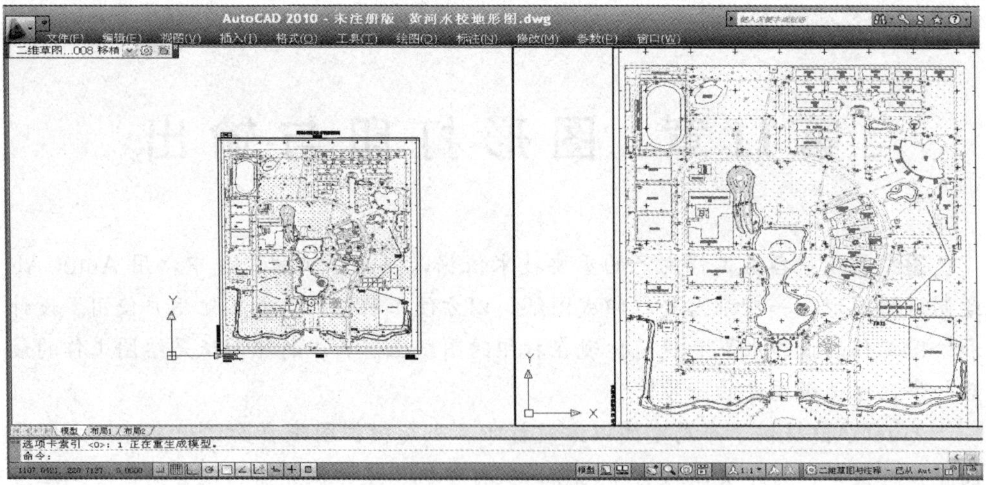

图 11-1 模型空间设置了两个视图

（1）通过 AutoCAD 窗口状态栏中的标签切换 模型 布局1 布局2 。

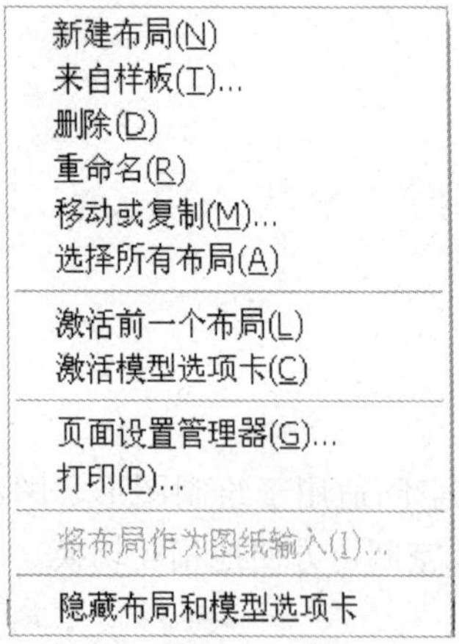

图 11-2 选项卡的下一级菜单

（2）右键单击“模型”模式或“布局”模式，选择“隐藏布局和模型选项卡”，则在状态栏显示两个图标：。单击打开模型空间，单击打开布局空间。

（3）将系统变量 Tilemode 的值设置为 1，工作空间是模型空间；当其值设置为 0 时，工作空间是图纸空间。

11.1.4 “模型”选项卡与“布局”选项卡的操作

右键单击“模型”选项卡与“布局”选项卡，将弹出如图 11-2 所示的下一级菜单，通过该菜单，可以实现多项操作。如图 11-3 所示，建立并命名了四个“布局”。

图 11-3 建立并命名的“布局”

11.2 视图的设置及样板图框的调用

视图是指从不同的角度看形体所得的投影，如主视图、左视图、鸟瞰视图等。可以对不同的视图命名并加以保存，以便随时将其恢复使用。如图 11-1 所示在绘图空间中的同一张图纸上绘有某测区的全貌地形图和某山体的变形监测图，如果要将其打印到同一张图纸上，并且出图的比例尺不同时，需要将该测区的全貌地形图和该山体的变形监测图分别命名并加以保存，待布图时恢复使用。

视口是指在模型空间或图纸空间中显示图形某部分的区域。将绘图区分为一个或几个平铺的视口，可以同时显示几个不同的视图。系统默认设置为一个视口。

一个绘图空间可设置为一个或若干个视图，也可设置为一个或若干个视口。一个视图可分为一个或若干个视口，一个视口只能对应设置一个视图。

“视图”面板如图 11-4 所示，“视口”面板如图 11-5 所示。

图 11-4　“视图”工具栏

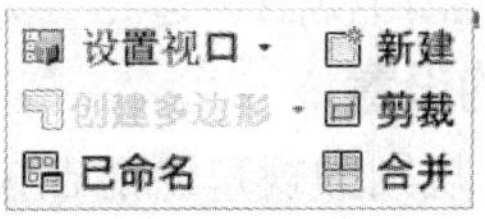

图 11-5　“视口”工具栏

11.2.1　视图的设置

视图只能在模型空间内设置。设置视图的方法有如下几种：

- 功能区：“视图”选项卡→“视图”面板→“命名视图…”按钮。
- 命令行：view。

激活命令后，显示如图 11-6 所示的“视图管理器”对话框。

该对话框的左侧列出了当前所有的视图，包括“模型视图”和“预设视图”。中间列出了已选择的视图的相关信息，包括名称、USC 等。右侧列出了可对已选择的视图能进行的一些设置：

（1）“置为当前”。单击该按钮可以将选中的命名视图设置为当前视图。

（2）“新建”。单击该按钮，将弹出如图 11-7 所示的“新建视图”对话框，在此可以新建一命名视图。

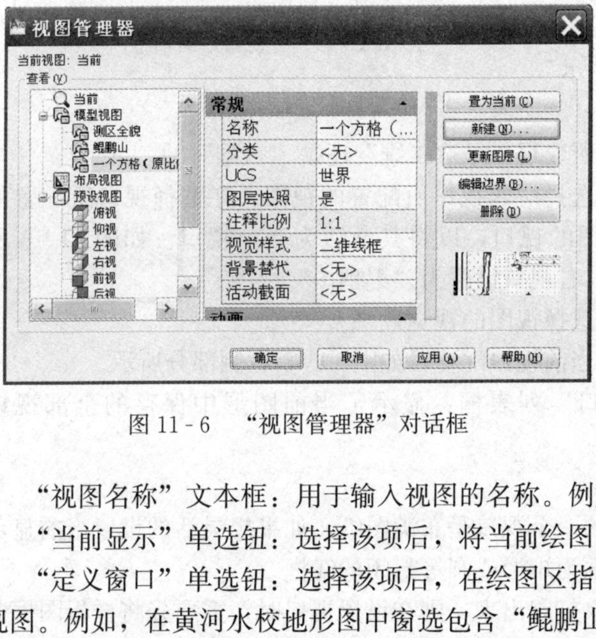

图 11-6　“视图管理器”对话框

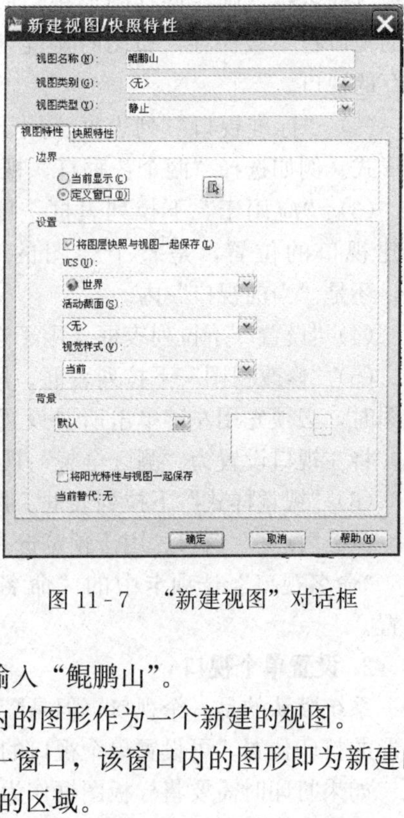

图 11-7　“新建视图”对话框

“视图名称”文本框：用于输入视图的名称。例如输入“鲲鹏山”。

“当前显示”单选钮：选择该项后，将当前绘图区内的图形作为一个新建的视图。

“定义窗口”单选钮：选择该项后，在绘图区指定一窗口，该窗口内的图形即为新建的视图。例如，在黄河水校地形图中窗选包含“鲲鹏山”的区域。

单击“新建视图”对话框中的“确定”按钮，新建一个视图并返回至“视图管理器”对话框。

（3）“更新图层”。单击该按钮可以改变对象所在的图层。

（4）“编辑边界”。单击该按钮可以改变视图所选择的定义区域。

（5）“删除”。单击该按钮可以删除所选择的视图。

如图 11-1 所示为新建两个视图：测区全貌和鲲鹏山。其中测区全貌的视图“边界”为

“当前显示”；鲲鹏山视图“边界”为“窗口”。

11.2.2 视口的设置

一个或多个规则的视口既能在模型空间内设置也可在图纸空间内设置。设置浮动视口或多边形视口、将对象转换为视口和裁剪现有的视口的命令，只能在布局空间中使用。

1. 设置规则视口的方法

设置规则视口的方法有如下几种：

- 功能区：“视图”选项卡→“视口”面板→“新建”图标。
- 命令行：vports。

激活命令后，显示如图 11 - 8 所示的“视口”对话框，默认显示“新建视口”选项卡。

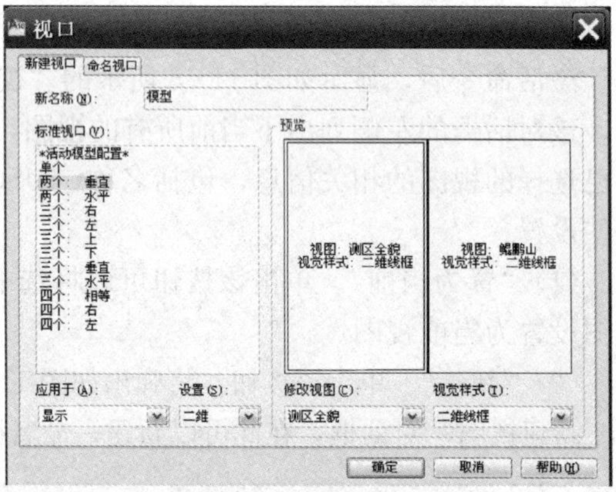

图 11 - 8　“视口”对话框

（1）“新名称”文字编辑框。用于输入新建视口的名称。若创建视口时没有在此指定视口的名称，则在保存图形视口时用户定义的视口将不被保存，布图时不能使用没有保存的视口。

（2）“标准视口”列表框。用于选择视口形式。例如选择“两个：垂直”视口。

（3）“应用于”下拉列表框。用于选择所建视口的位置，是整个绘图的“显示”区，还是“当前视口”内。

（4）“设置”下拉列表框。用于选择所建视口是“二维”还是“三维”的。

（5）“修改视图”下拉列表框。用于选择所建视口所配置的视图。在选择视口所配置的视图时，必须先用左键单击所要设置视图的视口，以将其激活为当前视口。如图 11 - 8 所示，将左视口设置为“测区全貌”视图，右视口设置为“鲲鹏山”视图。

（6）“视觉样式”下拉列表框。用于选择视图的视觉效果。

（7）“预览”窗口。用于预览选择的当前视口配置，如图 11 - 8 右侧部分所示。

“命名视口”选项卡中的“命名视口”列表框：显示了当前图形中保存的全部视口配置。

2. 设置单个视口

系统默认的是一个视口，但是默认的一个视口是布满图纸，如果想灵活的设置当前显示图形的打印位置，可设置单个视口的线框为矩形或圆等封闭的线框。

如果打印时需要将样板图框作为对象打印出来，则在设置视口时，需要先将样板图框制作成图块，然后在绘图区插入并在其图框内绘制图形。

设置单个视口操作步骤为：

（1）在图纸空间画一个矩形或圆等封闭的线框。

（2）将该线框转化为视口。方法如下：

功能区：“视图”选项卡→“视口”面板→“从对象创建”按钮 从对象创建。

（3）根据操作提示，选择绘制的封闭线框，则将当前图形显示在封闭线框内。

3. 设置多边形视口

如果想设置当前显示图形为多边形，可以在图纸空间用多段线画一个封闭的线框，然后将其转化为视口。

设置多边形视口操作步骤为：

(1) 在图纸空间用多段线画一个封闭的线框。

(2) 将该多边形线框转化为视口。方法有如下几种：

功能区："视图"选项卡→"视口"面板→"创建多边形"图标。

(3) 根据操作提示，选择绘制的多边形封闭线框，则将当前图形显示在封闭线框内。

11.2.3　设置视口图形比例

打印出图时，需要设置出图的比例，如测区全貌的比例尺为 1∶5000，而鲲鹏山的比例尺为 1∶500。此时可以在各自的视口中设置不同的出图比例。

在视口内双击鼠标左键，该视口变为当前视口。从状态栏右侧的"视口比例"下拉列表框中选择该视图的比例，再在视口外双击鼠标左键，则设置完毕。在打印出图前，为了防止图形的放大和缩小，可以点选该视口，点击状态栏中的"锁定/解锁视口"按钮，使其"锁定"即可。

课堂练习：完成随书光盘"课堂练习"的"第 11 章"的"练习 11-1"。

11.3　创建布局

在 AutoCAD 中，一个图形文件可以创建多个布局以显示不同的视图，其中每个布局代表一张单独的打印图纸。也就是说布局是一绘图空间。在绘图区底部选择相应的选项卡，就能看到相应的布局。一般情况下，创建一个新的布局，要包含以下几个步骤：

(1) 指定布局的页面设置，如打印设备、图纸尺寸、打印区域、打印比例、图纸方向等。

(2) 插入标题栏。

(3) 创建浮动视口并将其置于布局。

(4) 设置浮动视口的视图比例。

(5) 按照需要在布局中创建注释和几何图形。

(6) 打印布局。

11.3.1　使用向导创建布局

使用向导创建布局将引导用户逐步完成新建布局的过程。可以从头创建布局，也可以基于现有的布局样板创建布局。调用向导创建布局的方法有如下几种：

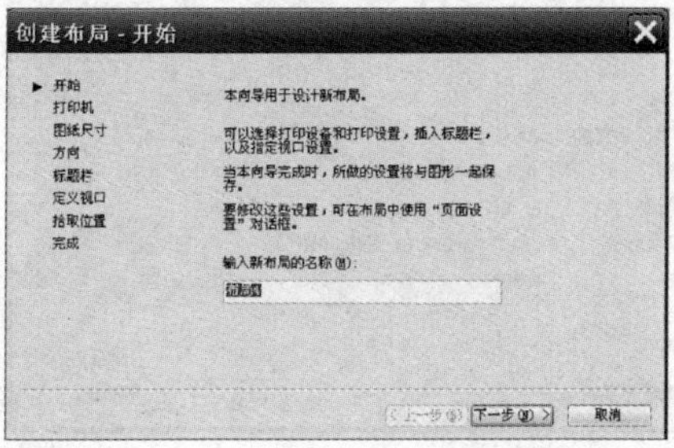

图 11-9　"创建布局—开始"对话框

- 菜单栏："工具"→"向导"→"创建布局…"。
- 命令行：layoutwizard。

调用该命令后，AutoCAD 将显示如图 11-9 所示的"创建布局—开始"对话框。

下面依次对各个步骤进行介绍。

(1) "开始"。指定新建布局的名称。

(2) "打印机"。为新布局选择配置的打印机。

(3) "图纸尺寸"。选择布局所使用图纸尺寸和图纸单位。

（4）“图纸方向”。选择图形在图纸的上打印的方向。

（5）“标题栏”。选择应用于此布局的标题栏。可以选择插入标题栏或外部参照标题栏。

（6）“定义视口”。选择要向布局中添加视口的类型、比例以及行、列和间距。可供选择的视口形式有如下几种：

1）“无”。不创建视口。

2）“单个”。创建单一视口。

3）“标准三视工程视图”。创建工程图中常用的标准三维视口。标准的三维工程配置是包括俯视图、主视图、侧视图和等轴测视图在内的 2×2 阵列。

（7）“拾取位置”。指定视口在图纸空间中的位置。

（8）“完成”。结束向导创建命令，并根据以上设置创建了一新的布局。

用向导创建一个新的布局后，也可随时调用“页面设置”对话框来修改该布局的任何设置。

11.3.2 创建布局

用户也可以不用向导，自己根据创建新布局所需的步骤来一步一步地设置。

1. 设置布局的页面

页面设置是打印设备和其他影响最终输出外观和格式的设置的集合。可以修改这些设置并将其应用到其他布局中。在“模型”选项卡中完成图形之后，可以通过单击“布局”选项卡开始创建要打印的布局。

设置页面的操作可以通过“页面设置管理器”，也可以通过“打印…”来完成。

调用“页面设置管理器”的方法有如下几种：

- 功能区：“输出”选项卡→“打印”面板→“页面设置管理器”图标。
- 命令行：pagesetup。

用上述任何一种方式激活命令后，系统将弹出如图 11-10 所示的“页面设置管理器…”对话框。

该对话框界面及功能如下：

（1）当前布局或当前图纸集。列出了要应用页面设置的当前布局。如果是从图纸管理器中打开“页面设置管理器”，则显示当前图纸集的名字。如果是从某个布局打开的“页面设置管理器”，则显示的是当前布局的名称。

（2）页面设置。该下拉列表框中显示了当前页面设置、将另一个页面设置置为当前、创建新的页面设置、修改现有的页面设置，以及从其他图纸中输入页面设置。

1）当前页面设置。显示应用于当前布局的页面设置。

2）页面设置列表。列出了可应用于当前布局的页面设置，或列出了发布图纸集时可用

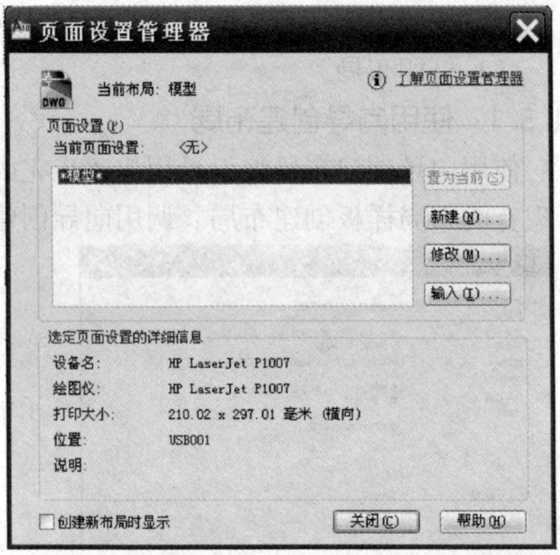

图 11-10 “页面设置管理器”对话框

的页面设置。

3）“置为当前”。该按钮可将所选的页面设置置为当前布局的页面设置。“置为当前——”对图纸集不可用。

4）“新建”。该按钮可显示“新建页面设置”对话框，从中可以为新建页面设置输入名称，并制定所要使用的基础页面设置。

5）“修改”。该按钮可显示“页面设置”对话框，从中可以编辑所选页面设置的设置。

6）“输入”。该按钮可显示“从文件选择页面设置”对话框，从中可以选择文件格式，从所选格式的文件中输入一个或多个页面设置。如果选择 DWT 文件格式，“从文件选择页面设置”对话框中将自动打开 template 文件夹。单击“打开”，将显示“输入页面设置”对话框。

2. 新建或修改页面设置

单击“页面设置管理器”中的“新建”或“修改”，将打开如图 11 - 11 所示的“页面设置”对话框。

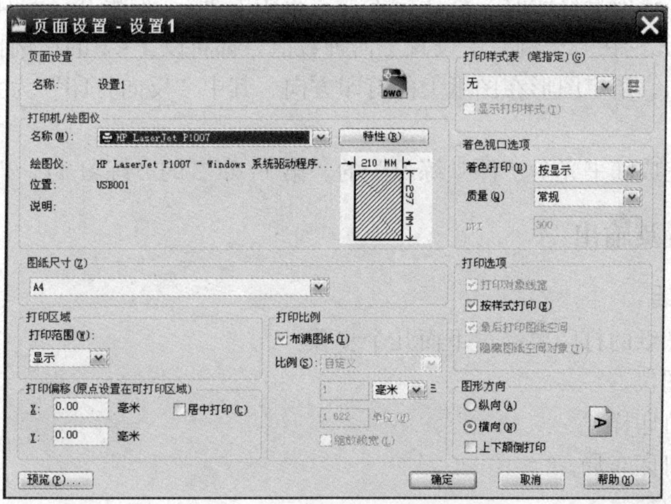

图 11 - 11 “页面设置”对话框

该对话框中常用设置功能如下：

（1）“打印机/绘图仪”选项组。在“名称”下拉列表框中可以选择打印或布局时的使用的已配置的打印设备。

（2）“图纸尺寸”下拉列表框。在该下拉列表框可以选择的打印设备可用的标准图纸尺寸。

（3）“打印区域”选项组。在“打印范围”下拉列表框中，可以选择要打印的图形区域。

1）布局。打印当前布局中指定图纸尺寸的可打印区域内的所有内容，其原点是从布局中的（0，0）点计算得出。

2）范围。打印包含对象的图形的部分当前空间。当前空间内的所有几何图形都将被打印。

3）显示。打印“模型”选项卡当前视口中的视图或“布局”选项卡上当前图纸空间中的视图。

4）窗口。打印指定的图形部分。单击 窗口(O)< 按钮可以重新使用鼠标选定要打印区域的两个交点或输入坐标值。

（4）打印偏移选项组。根据“指定打印偏移相对于”选项（“选项”对话框，“打印和发布”选项卡）中的设置，指定打印区域相对于可打印区域左下角或图纸边界的偏移。“页面设置”对话框的“打印偏移”区域在括号中显示指定的打印偏移选项。

图纸的可打印区域由所选择的输出设备决定，在布局中以虚线表示。修改为其他设备时可能会修改可打印区域。

1）X。输入正值，打印原点为相对于“打印偏移定义”选项中设置的指定 X 正向方向的偏移量，否则为 X 负向方向的偏移量。

2）Y。输入正值，打印原点为相对于“打印偏移定义”选项中设置的指定 Y 正向方向的偏移量，否则为 Y 负向方向的偏移量。

3）居中打印。自动计算 X、Y 方向的偏移量，在图纸上居中打印。

（5）打印比例。其比值为打印单位与图形单位的比值。打印布局时，默认缩放比例为 1∶1。从“模型”选项卡打印时，默认设置为“布满图纸”。如果在“打印区域”中选择了“布局”选项，则无论在“比例”中设置了何种数值，都将以 1∶1 的比例打印布局。

（6）打印方向。指定图形在图纸上的打印方向。其中“反向打印”为上下颠倒的放置并打印图形。

课堂练习：完成随书光盘“课堂练习”的“第 11 章”的“练习 11-2”。

11.4 打印设置及输出

11.4.1 打印图纸

一般来说，图纸的打印要经过下面几个步骤：

（1）添加绘图仪。

（2）设置好打印样式。

（3）设置好打印布局。

（4）打印输出。

1. 添加绘图仪

如果当前绘图的计算机上没有打印图纸所需要的绘图仪，则可通过如下几种方法添加绘图仪。

- 功能区：“输出”选项卡→“打印”面板→“绘图仪管理器”按钮 绘图仪管理器。
- 功能区：“输出”选项卡→“打印”面板→“打印选项对话框”按钮 ↘→“打印和发布”选项卡→“添加或配置绘图仪…”。
- 命令行：plottermanager。

输入命令后将弹出“绘图仪管理器”对话框，如图 11-12 所示。

如果要使用现有的输出设备，可双击“绘图仪管理器”对话框中输出设备的名称，在弹出的“绘图仪配置编辑器”中根据需要设置“基本”“端口”和“设备和文档设置”选项卡。“设备和文档设置”选项卡的显示如图 11-13 所示。

如果要添加新的输出设备，可双击“绘图仪管理器”对话框中的“添加绘图仪向导”图标，然后按向导提示一步一步完成添加。

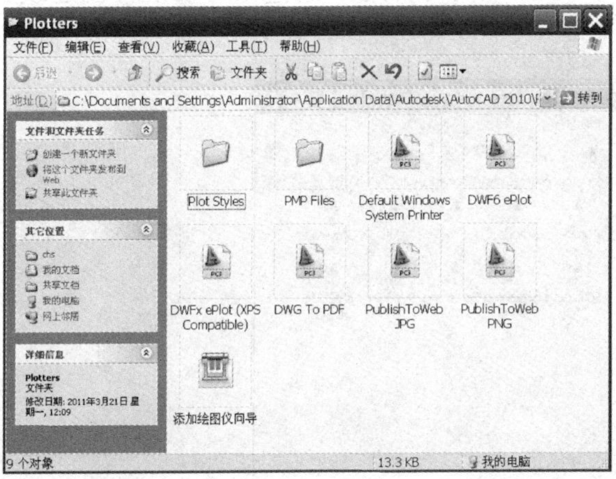

图 11 - 12　“绘图仪管理器”对话框

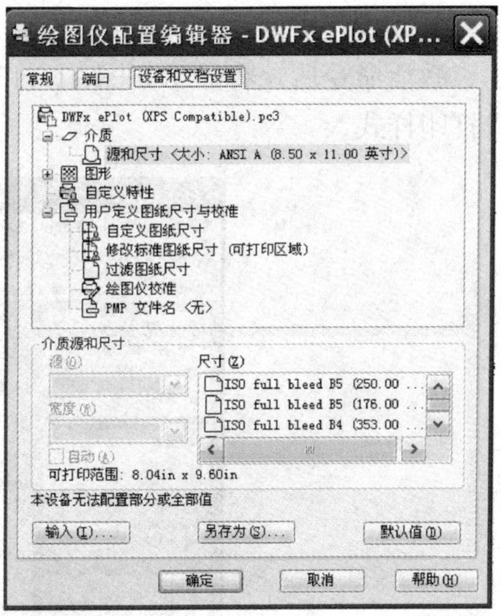

图 11 - 13　“设备和文档设置”选项卡

配置好输出设备后，如果以后经常要使用该配置，可在系统配置中将该输出设备设置成默认的输出设备。其方法是：右击命令行空白处→“选项…”→“打印和发布”，在默认的打印输出设备下拉列表框中选择要默认的输出设备即可。如图 11 - 14 所示是将 HP LaserJet 1007 设置为默认的输出设备。

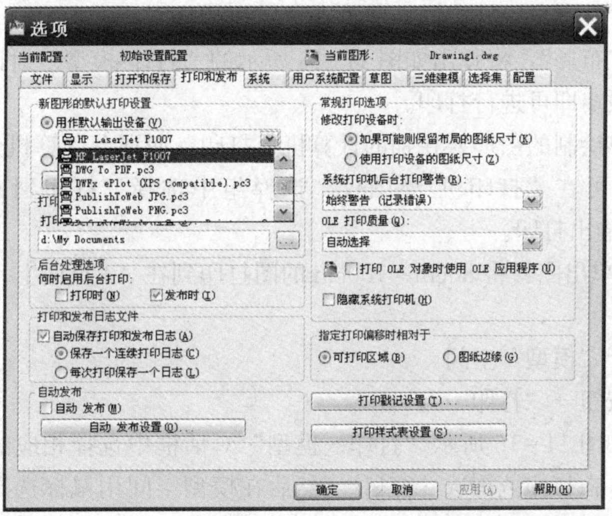

图 11 - 14　将 HP LaserJet 1007 设置为默认的输出设备

2. 设置打印样式

打印样式是一种对象特性，可以将打印样式指定给对象或图层。打印样式控制对象的打印特性，用于修改打印图形的外观，包括对象的颜色、线型和线宽等。也可指定断电、连接和填充样式，以及抖动、灰度、笔指定和淡显等输出效果。可以通过以下几种方法来创建或编辑打印样式。

- 应用程序按钮：“打印”→“打印样式管理器…”。

• 其他方式：“控制面板”→“Autodesk 打印样式管理器”。

激活命令后，将显示如图 11 - 15 所示的 Plot styles 对话框，通过该对话框可创建或编辑打印样式。

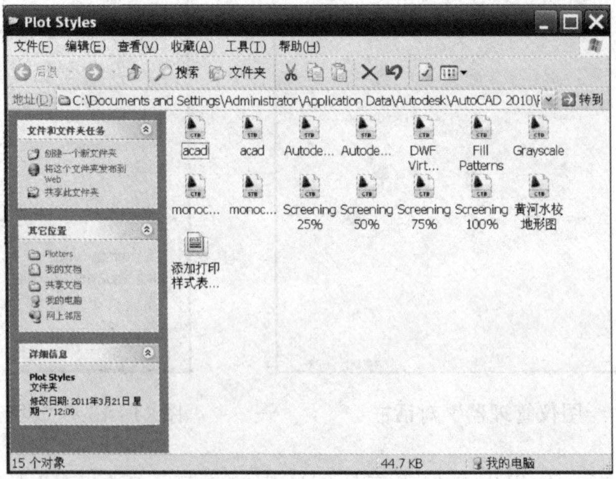

图 11 - 15 打印样式管理器

3. 打印图形

如果在打印前已经设置好图形的视图和视口，即设置好了布局，那就直接点击——进行图纸输出即可，如果没有设置好布局，则单击“应用程序”→“打印…”，根据用户设置的是打印“模型”或“布局”，将弹出如图 11 - 16 所示的“打印-模型”对话框，在该对话框中设置好各项打印选项，即可进行打印。

说明：如果用户绘制的图形要在别的计算机上打印，而那台计算机上又没有安装 Autocad 软件，则打印时可在“打印机/绘图仪”选择组中选择“打印到文件”，将其保存为 word 文档，然后再输出打印。

【例 11 - 1】 简单出图：将 80cm×100cm 的图打印到在 A4 页面上。

方法一：

（1）绘图区处于“模型”空间。

（2）应用程序按钮→“打印…”。

（3）在弹出的如图 11 - 16 所示“打印—模型”对话框中选择相应的打印机名称、图纸尺寸、图形方向等；在打印范围选“窗口”，然后在模型空间用鼠标选择包含整个图形的窗口。预览打印效果，最后按“确定”进行打印。打印效果如图 11 - 17 所示。

方法二：

（1）绘图区处于“图纸”空间，右键单击“测区全貌”选项卡，在下一级菜单中选择弹出的“页面设置管理器…”，然后选择相应的打印机名称、图纸尺寸、图形方向等；在打印范围中选择“布局”。

（2）功能区：“视图”选项卡→“视口”面板→“已命名”按钮→“视口”对话框→“新建视口”选项卡→“标准视口”框→“单个”→“确定”。

（3）在命令行提示选项中选择“布满”。预览打印效果如图 11 - 17 所示。

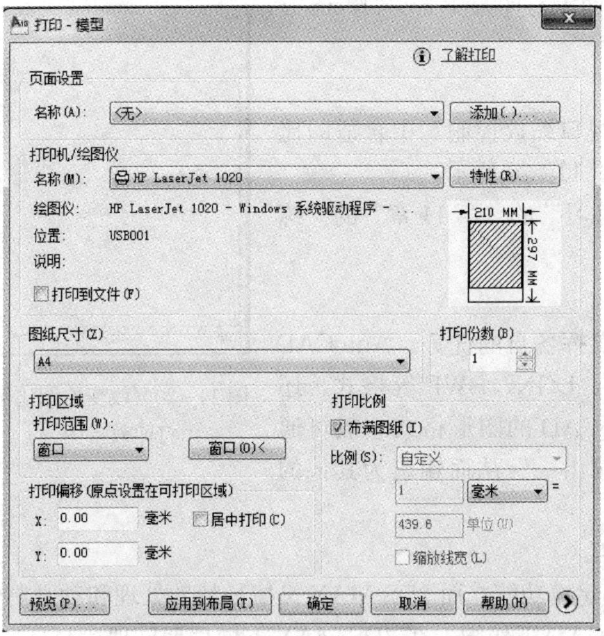

图 11-16　“打印—模型”对话框

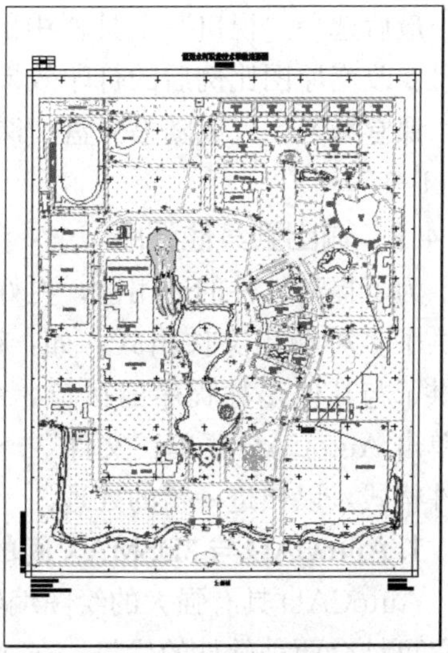

图 11-17　打印效果图

【例 11-2】　精准出图：在 A4 页面上打印某 10cm×10cm 方格内的图形（使用原图比例尺）。

操作要点：

（1）在“模型”空间，点击“视图”选项卡→“命名视图”按钮，然后新建一个包含所需方格的视图，并将其“置为当前”。

（2）把所需要的图框制作成一所带属性的图块，在“一个方格（原比例尺）”空间插入图块。

（3）选择“视图”选项卡→“视口”面板中的“新建”图标，在弹出的“视口”对话框中的“新建视图”选项卡中的“标准视口”下拉列表框中选择“单个”，“修改视图”下拉列表框中选择所要的视图。如图 11-18 所示。

（4）选择视口中的图框作为视口的范围。

（5）激活“一个方格（原图比例尺）”选项卡，单击打印“标准工具栏”中的打印图标。打印效果如图 11-19 所示。

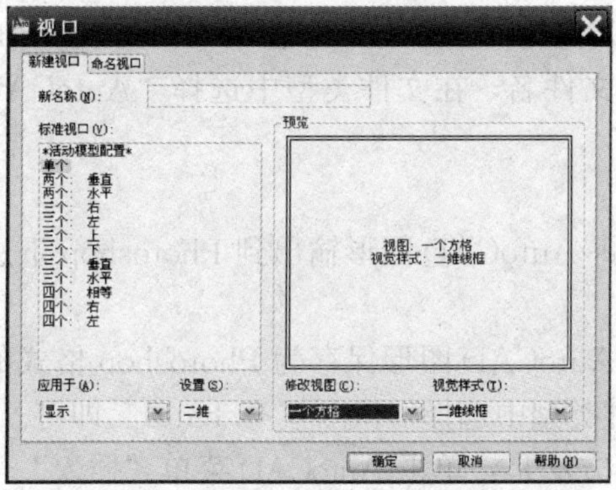

图 11-18　“布局”选项卡中新建一个视图

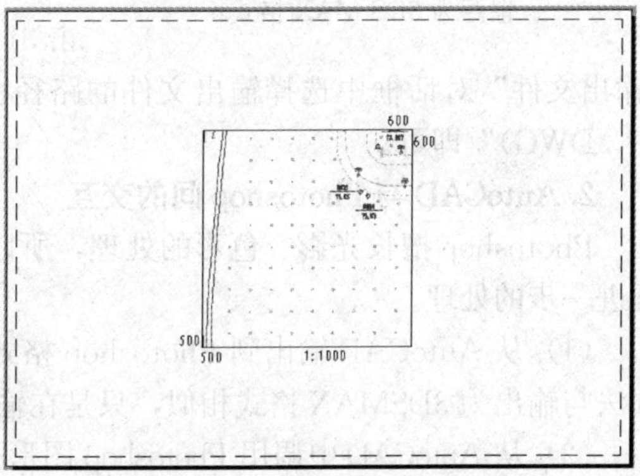

图 11-19　原图比例打印效果图

【例 11-3】 精准出图：在 A4 页面上打印某 10cm×10cm 方格（改变原图比例尺）。

操作要点：请参考［例 11-2］。

最后选择“视口”工具栏中的“视口缩放控制”中合适的比例尺。改变原图比例后的打印效果如图 11-20 所示。

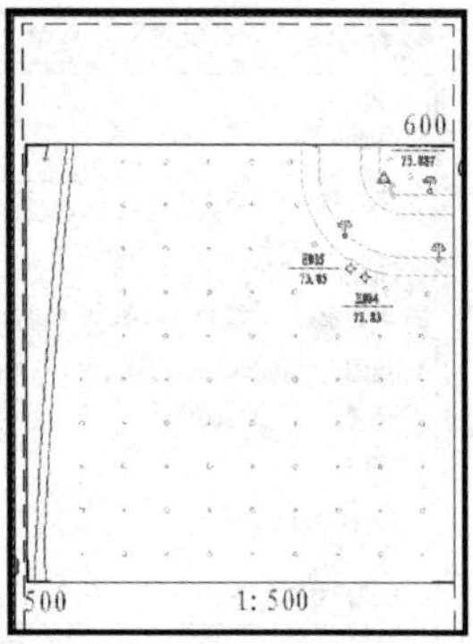

图 11-20　改变原图比例打印效果图

课堂练习： 完成随书光盘“课堂练习”的“第 11 章”的“练习 11-3”。

11.4.2　输出到其他程序

为了提高软件的通用性，更好的发挥各自的优势，AutoCAD 提供了多种输出文件格式，如：PDF、DGN、DWF 等格式，还提供了与其他多种程序的接口。AutoCAD 的图形格式一般可通过单击 AutoCAD 菜单“文件”→“输出…”从而输出为其他的文件格式，以便进一步的处理。

1. AutoCAD 与 3DSMAX 间的交互

AutoCAD 具有强大的绘图编辑和建模功能，而 3DS MAX 又擅长特效处理和动画制作，所以可结合两种软件的优势，在 AutoCAD 下作图，在 3DS MAX 下做后期处理。

（1）从 AutoCAD 输出到 3DS MAX 格式。将 AutoCAD 图形保存为 3DS MAX 格式的方法是：

单击“应用程序”按钮→“输出”→“其他格式”，在弹出的“输出数据”对话框中选择保存文件的路径、输入文件名，在文件类型中选择“3D Stdio（*.3ds)”，如图 11-21 所示。

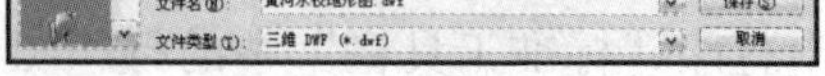

图 11-21　AutoCAD 图形保存为 3DS MAX 格式

（2）从 3DS MAX 中调用 AutoCAD 图形。在 3DS MAX 中打开 AutoCAD 图形的方法是：打开 3DS MAX 程序，单击 3DS MAX 菜单“文件”→“输入…”，在弹出的“输入文件”对话框中选择已保存文件的路径、输入文件名，在文件类型中选择“AutoCAD（*.DWG)”即可。

（3）从 3DS MAX 输出到 AutoCAD 格式。将 3DS MAX 图形保存为 AutoCAD 格式的方法是：单击 3DS MAX 菜单“文件”→“输出…”，在弹出的“输出文件”对话框中选择输出文件的路径、输出文件名，在文件类型中选择“AutoCAD（*.DWG)”即可。

2. AutoCAD 与 Photoshop 间的交互

Photoshop 擅长光影、色彩的处理，所以也可将 AutoCAD 图形输出到 Photoshop 下进行进一步的处理。

（1）从 AutoCAD 输出到 Photoshop 格式。将 AutoCAD 图形保存为 Photoshop 格式的方法与输出为 3DSMAX 格式相似，只是在输出文件类型中选择“位图（*.bmp)”即可。

（2）从 AutoCAD 中调用 Photoshop 图形。调用方法是：单击 AutoCAD 菜单“插入”→“光栅图像参照…”，在弹出的“选择参照图像文件”对话框中选择要调用的图像，如图 11-

22 所示。

选择图像后，单击“打开”按钮，在弹出的“图像”对话框中设置图像的插入点、缩放比例和旋转角度后即可将 *.bmp、*.jpg、*.gif 等格式的图像插入到 AutoCAD 绘图区。如图 11-23 所示。

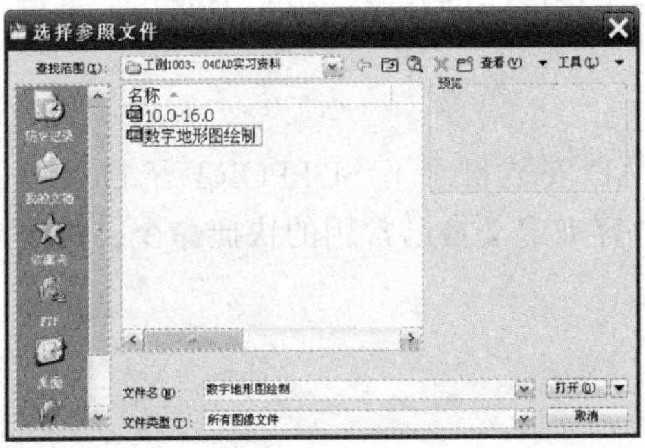

图 11-22　在 AutoCAD 中调用 Photoshop 图形

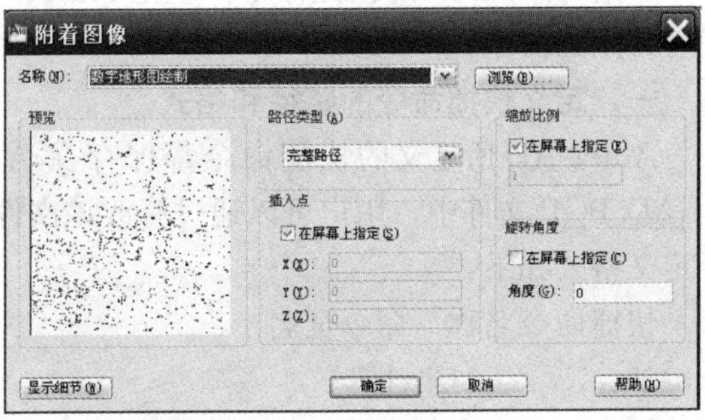

图 11-23　将数字地形图绘制 .jpg 插入到 AutoCAD 中

课堂练习：完成随书光盘“课堂练习”的“第 11 章”的“练习 11-4”。

小　结

本章介绍了模型空间和图纸空间的概念与操作，视图、视口的概念与建立方法，如何创建布局，如何根据需要进行打印的设置与操作等。为了方便读者掌握还给出了实例，这些知识对读者从事实际绘图、出图工作非常有帮助。本章最后简单介绍了 AutoCAD 与其他程序（如 3DSMAX 和 Photoshop）的交互操作。

习题与思考题

11-1　为什么要引入模型空间和图纸空间？

11-2　“布局”是什么？如何创建布局？如何设置布局？

11-3　修改视图的打印比例的方法有哪些？

11-4　设置好图形输出设备，然后输出第 10 章的“练习 10-3”所绘的道路纵断面图。

附录　AutoCAD 常用快捷命令和快捷键

所谓 AutoCAD 的快捷命令，就是 AutoCAD 为了提高绘图效率，用一个或几个字母来代替常用的命令。

一、定义快捷命令的路径和格式

AutoCAD 所定义的快捷命令都保存在 AutoCAD 安装目录下 SUPPORT 子目录中的 ACAD. PGP 文件中，用户可以通过修改该文件的内容来定义自己常用的快捷命令。快捷命令定义格式如下：

快捷命令名称　命令全名

如：C，　＊Circle

即表示在命令行中输入 C，就相当于输入了 Circle。用户定义完成后保存，就可使用。

二、快捷命令的命名规律

(1) 快捷命令通常是该命令英文单词的第一个或前面两个字母，有的是前三个字母。

比如，圆弧 Arc 的快捷命令是“A”，填充 Bhatch 的快捷命令是“BH”；

在使用过程中，试着用命令的第一个字母，不行就用前两个字母，最多用前三个字母。也就是说 AutoCAD 的快捷命令一般不会超过三个字母。

(2) 如果有些命令第一个字母都相同的话，那么常用的命令取第一个字母，其他命令可用前面两个或三个字母表示。比如“R”表示 Redraw，“RA”表示 Redrawall；比如“L”表示 Line，“LT”表示 LineType，“LTS”表示 LTScale。

(3) 个别例外的需要去记忆。比如“修改文字”DDEDIT，就不是“DD”，而是“ED”；还有“DAR”表示 Dimarc，“T”表示 Mtext，“X”表示 Explode。

(4) 还有一类的快捷命令，就是用“Ctrl 键＋一个字母”组成的快捷键，或者用功能键 F1～F8 来定义。

常见的快捷命令

一、字母类

1. 对象特性

快捷命令	命令	中文含义
ADC	ADCENTER	设计中心
CH/MO	PROPERTIES	修改特性
MA	MATCHPROP	属性匹配
ST	STYLE	文字样式
COL	COLOR	设置颜色
LA	LAYER	图层操作
LT	LINETYPE	线形
LTS	LTSCALE	线形比例
LW	LWEIGHT	线宽
UN	UNITS	图形单位

ATT	ATTDEF	属性定义
ATE	ATTEDIT	编辑属性
BO	BOUNDARY	创建边界
AL	ALIGN	对齐
EXIT	QUIT	退出
EXP	EXPORT	输出其他格式文件
IMP	IMPORT	输入文件
OP	OPTIONS	自定义CAD设置
PRINT	PLOT	打印
PU	PURGE	清除垃圾
R	REDRAW	重新生成
REN	RENAME	重命名
SN	SNAP	捕捉栅格
DS	DSETTINGS	设置极轴追踪
OS	OSNAP	设置捕捉模式
PRE	PREVIEW	打印预览
TO	TOOLBAR	工具栏
V	VIEW	命名视图
AA	AREA	面积
DI	DIST	距离
LI	LIST	显示图形数据信息

2. 绘图命令

PO	POINT	点
L	LINE	直线
XL	XLINE	射线
PL	PLINE	多段线
ML	MLINE	多线
SPL	SPLINE	样条曲线
POL	POLYGON	正多边形
REC	RECTANGLE	矩形
C	CIRCLE	圆
A	ARC	圆弧
DO	DONUT	圆环
EL	ELLIPSE	椭圆
REG	REGION	面域
MT	MTEXT	多行文本
T	MTEXT	多行文本
B	BLOCK	块定义
I	INSERT	插入块

W	WBLOCK	定义块文件
DIV	DIVIDE	等分
H	BHATCH	填充

3. 修改命令

CO	COPY	复制
MI	MIRROR	镜像
AR	ARRAY	阵列
O	OFFSET	偏移
RO	ROTATE	旋转
M	MOVE	移动
E/DEL键	ERASE	删除
X	EXPLODE	分解
TR	TRIM	修剪
EX	EXTEND	延伸
S	STRETCH	拉伸
LEN	LENGTHEN	直线拉长
SC	SCALE	比例缩放
BR	BREAK	打断
CHA	CHAMFER	倒角
F	FILLET	倒圆角
PE	PEDIT	多段线编辑
ED	DDEDIT	修改文本

4. 视窗缩放

P	PAN	平移
Z+空格+空格		实时缩放
Z		局部放大
Z+P		返回上一视图
Z+E		显示全图

5. 尺寸标注

DLI	DIMLINEAR	直线标注
DAL	DIMALIGNED	对齐标注
DRA	DIMRADIUS	半径标注
DDI	DIMDIAMETER	直径标注
DAN	DIMANGULAR	角度标注
DCE	DIMCENTER	中心标注
DOR	DIMORDINATE	点标注
TOL	TOLERANCE	标注形位公差
LE	QLEADER	快速引出标注
DBA	DIMBASELINE	基线标注

DCO	DIMCONTINUE	连续标注
D	DIMSTYLE	标注样式
DED	DIMEDIT	编辑标注
DOV	DIMOVERRIDE	替换标注系统变量

二、常用 CTRL 快捷键

CTRL+1	PROPERTIES	修改特性
CTRL+2	ADCENTER	设计中心
CTRL+O	OPEN	打开文件
CTRL+A		全选
CTRL+J		执行上一个命令
CTRL+K		超链接
CTRL+L		切换正交模式
CTRL+M		重复上一个命令
CTRL+N	NEW	新建文件
CTRL+P	PRINT	打印文件
CTRL+S	SE	保存文件
CTRL+Z	UNDO	放弃
CTRL+X	CUTCLIP	剪切
CTRL+C	COPYCLIP	复制
CTRL+V	PASTECLIP	粘贴
CTRL+B	SNAP	栅格捕捉
CTRL+F	OSNAP	对象捕捉
CTRL+G	GRID	栅格
CTRL+L	ORTHO	正交
CTRL+W		对象追踪
Ctrl+P		打印当前图形
CTRL+Q		退出
CTRL+U		极轴
CTRL+Y		重复上一个操作
CTRL+Z		撤销上一个操作
CTRL+Shift+C		带基点复制（B）
CTRL+Shift+S		另存为（A）
CTRL+Shift+V		粘贴为块（K）
CTRL+［		取消当前命令
CTRL+\		取消当前命令

三、常用功能键

F1	帮助
F2	打开/关闭“文本窗口”
F3	打开/关闭“对象捕捉”

F4	打开/关闭“数字化仪”
F5	等轴测平面设置
F6	打开/关闭“坐标”
F7	打开/关闭“栅格”
F8	打开/关闭“正交”
F9	打开/关闭“捕捉”
F10	打开/关闭“极轴追踪”
F11	打开/关闭“对象捕捉追踪”

参 考 文 献

[1] 王征．中文版 AutoCAD 2010 实用教程．北京：清华大学出版社，2009.
[2] 张立明，等．AutoCAD 2010 道桥制图．北京：人民交通出版社，2010.
[3] 史宇宏．中文版 AutoCAD 2010 从入门到精通．北京：北京希望电子出版社，科学出版社，2010.
[4] 李军杰．测绘工程 CAD. 郑州：黄河水利出版社，2008.
[5] 何倩玲，等．CAD 2010 基础教程（建设行业专业技能培训教材）．北京：中国建筑工业出版社，2011.
[6] 周健．AutoCAD 2007 实用教程．北京：机械工业出版社，2007.
[7] 刘瑞新．AutoCAD 2004 中文版应用教程．北京：机械工业出版社，2004.
[8] 洪波．地籍测量与房地产测绘．北京：中国电力出版社，2009.
[9] 王斌，等．中文版 AutoCAD 2006 实用培训教程．北京：清华大学出版社，2005.
[10] 刘国庆，郑桂水．AutoCAD 2004 基础教程与上机指导．北京：清华大学出版社，2004.
[11] 东方人华．AutoCAD 2004 中文版入门与提高．北京：清华大学出版社，2005.
[12] 高培森，等．AutoCAD 2005 中文版基础教程．北京：机械工业出版社，2005.
[13] 刘翔，杨聪．AutoCAD 2004 实用教程．北京：科学出版社，2004.
[14] 薛焱，等．AutoCAD 2004 基础教程．北京：清华大学出版社，2004.
[15] 杨素敏，等．AutoCAD 2000 定制与开发．北京：人民邮电出版社，2000.
[16] 杨德麟，等．大比例尺数字测图的原理、方法与应用．北京：清华大学，1998.
[17] 廖新玉，等．快速绘制道路横断面图的一种新方法 [J]．测绘科学，2008（3）.
[18] 王小平．AutoCAD 技术在施工测量中的应用 [J]．常州信息职业技术学院学报，2009（1）.
[19] 冯荣成．AutoCAD、全站仪和 Excel 在工程测量中的应用 [J]．水运工程，2007（7）.

参考文献

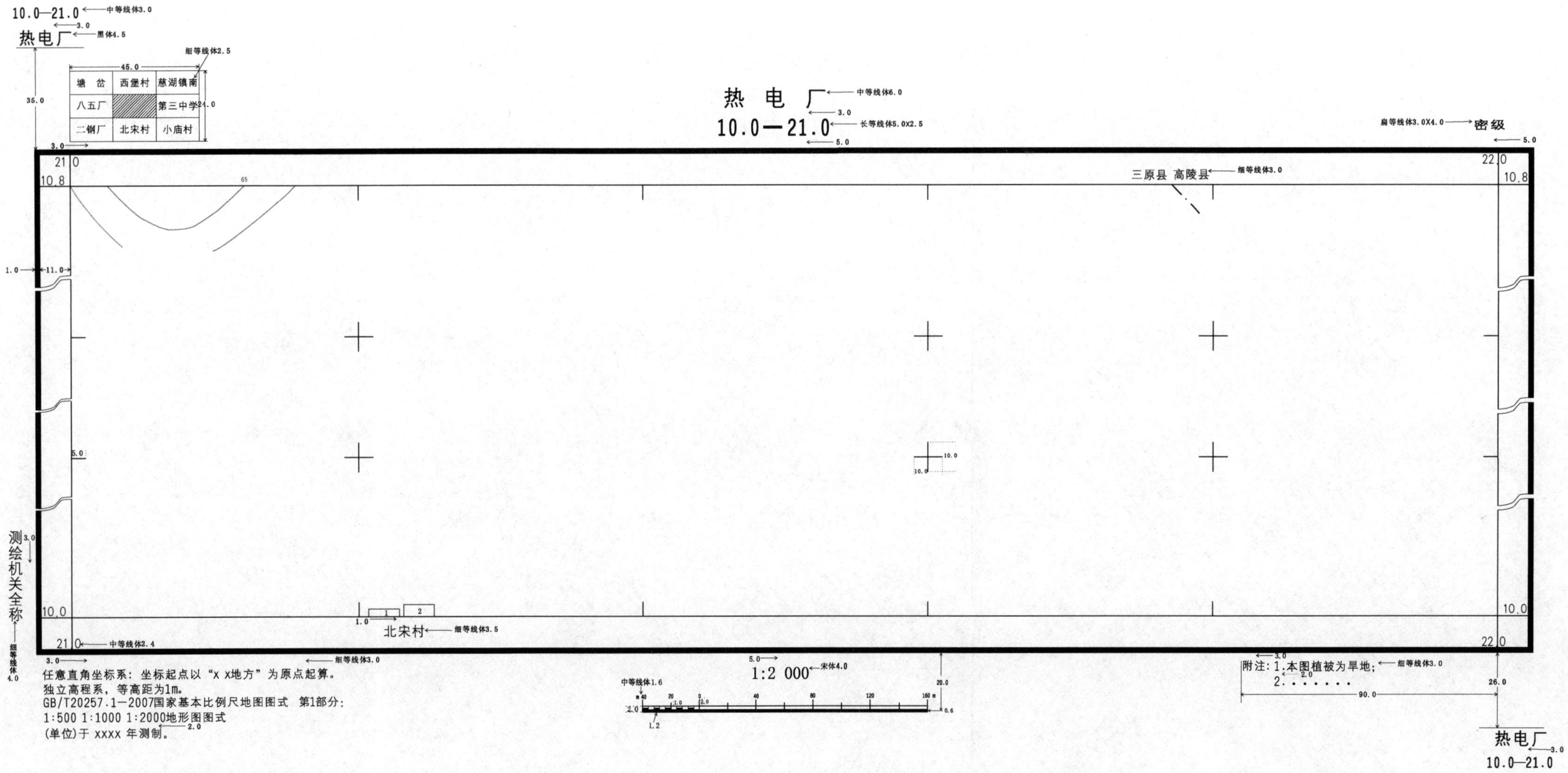

图 8-27 GB/T 20257.1—2007 1∶500、1∶1000、1∶2000 地形图正方形或矩形分幅的图廓样式